机械设备维修问答丛书

压力容器管理与维护问答

第2版

中国机械工程学会设备与维修工程分会
“机械设备维修问答丛书”编委会 组编

主　编　杨申仲

副主编　岳云飞　吴循真

机械工业出版社

本书是“机械设备维修问答丛书”之一，由中国机械工程学会设备与维修工程分会组织编写。

全书共分9章及附录。第1章介绍国内外压力容器概况；第2章介绍压力容器基本知识；第3～6章介绍压力容器行政要求及事故处理，设计、制造及安装要求，管理、运行及维护保养，检验；第7、8章介绍气瓶基本知识及安全使用，各类钢瓶管理和检验评定；第9章介绍压力容器、气瓶安全培训和人员考核；附录为试题选编。

本书取材广泛，由现行的法律法规、技术标准、监察规程、专业文献及压力容器、气瓶专业维护新技术、新方法等汇集而成，可供广大特种设备维护、操作、管理人员和相关专业工程技术人员参考使用，也可作为相关培训机构培训用书。

图书在版编目（CIP）数据

压力容器管理与维护问答/中国机械工程学会设备与维修工程分会，“机械设备维修问答丛书”编委会组编；杨申仲主编．—2版．—北京：机械工业出版社，2018.3

（机械设备维修问答丛书）

ISBN 978-7-111-58419-3

Ⅰ.①压… Ⅱ.①中…②机…③杨… Ⅲ.①压力容器-设备管理-问题解答②压力容器-维护-问题解答 Ⅳ.①TH49-44

中国版本图书馆CIP数据核字（2017）第266282号

机械工业出版社（北京市百万庄大街22号 邮政编码100037）

策划编辑：沈 红 责任编辑：沈 红

责任校对：肖 琳 封面设计：张 静

责任印制：李 洋

河北鑫兆源印刷有限公司印刷

2018年1月第2版第1次印刷

169mm×239mm · 27.25印张 · 515千字

0001—2000册

标准书号：ISBN 978-7-111-58419-3

定价：89.00元

机械设备维修问答丛书

编　委　会

序　言

由中国机械工程学会设备与维修工程分会主编，机械工业出版社1964年12月出版发行的《机修手册》(8卷10本)，深受设备工程技术人员和广大读者的欢迎。为了满足广大设备管理和维修工作者的需要，经机械工业出版社和中国机械工程学会设备与维修工程分会共同商定，从《机修手册》中选出部分常用的、有代表性的机型，充实新技术、新内容，以丛书的形式重新编写。

从2000年开始，中国机械工程学会设备与维修工程分会，组织四川省设备维修学会、中国第二重型机械集团公司、中国航天工业总公司第一研究院、兵器工业集团公司、沈阳市机械工程学会、陕西省设备维修学会、陕西鼓风机厂、上海市设备维修专业委员会、上海重型机器厂、天津塘沽设备维修学会、大沽化工厂、大连海事大学、广东省机械工程学会、广州工业大学、山西省设备维修学会、太原理工大学、北京化工大学、江苏省特检院常州分院等单位进行编写。

从2002年到2010年已经陆续出版了26本，即《液压与气功设备维修问答》《空调制冷设备维修问答》《数控机床故障检测与维修问答》《工业锅炉维修与改造问答》《电焊机维修问答》《机床电器设备维修问答》《电梯使用与维修问答》《风机及系统运行与维修问答》《发生炉煤气生产设备运行与维修问答》《起重设备维修问答》《输送设备维修问答》《工厂电气设备维修问答》《密封使用与维修问答》《设备润滑维修问答》《工程机械维修问答》《工业炉维修问答》《泵类设备维修问答》《锻压设备维修问答》《铸造设备维修问答》《空分设备维修问答》《工业管道及阀门系统维修问答》《焦炉机械设备安装与维修问答》《压力容器设备管理与维护问答》《压缩机维修问答》《中小型柴油机使用与维修问答》《电动机维修问答》等。

根据工业经济持续发展趋势，结合企业对设备运行中出现的新情况、新问题，针对第1版量大面广的《液压与气动设备维修问答》(已出版)《压力容器管理与维护问答》《工业管道及阀门维修问答》《工厂电气设备维修问答》《工业锅炉维修与改造问答》《泵类设备维修问答》《空调制冷设备维修问答》《数控机床故障检测与维修问答》等进行了修订。

我们对积极参加组织、编写和关心支持丛书编写工作的同志表示感谢，也热忱欢迎从事设备与维修工程的行家里手积极参加丛书的编写工作，使这套丛书真正成为从事设备维修人员的良师益友。

中国机械工程学会
设备与维修工程分会

前　言

随着工业技术迅速发展，我国压力容器、气瓶等特种设备数量迅速增加，形式、种类越来越多，结构越来越复杂，但由于管理上的缺陷，导致事故不断发生。为了认真贯彻国务院关于企业安全生产的规定，通过加强压力容器设备管理，特别针对压力容器及气瓶的材料、设计、制造、安装、使用、检验和安全附件等环节已做出具体规定，并必须强制贯彻执行。为了提高管理水平，提高操作人员的理论水平和实际工作能力，努力做到安全运行、安全操作，保障人身安全和保护国家财产，中国机械工程学会设备与维修工程分会和机械工业出版社对本书进行了修订，以适应新形势的需要。

本书共分9章及附录。

第1章国内外压力容器概况。简要介绍我国压力容器发展及近年来压力容器事故情况；我国压力容器安全监察工作重点；国内外压力容器安全监督检测管理情况；专门介绍压力容器RBI检验先进技术在国内外应用等情况。

第2章压力容器基本知识。介绍压力容器分类、基本结构、选用材料的具体要求；同时介绍压力容器使用的工作介质情况；对剧毒介质、有毒介质和易燃介质的划分标准及预防措施。

第3章压力容器行政要求及事故处理。介绍压力容器行政许可分级实施规定、许可工作程序；国家对特大安全事故行政责任追究规定；简述压力容器安全事故分析报告；积极开展故障诊断技术，避免事故发生等。

第4章压力容器设计、制造及安装要求。介绍压力容器设计、制造及安装综合管理规定和要求；压力容器焊接及焊后热处理要求；压力容器连接通用件选用规定等。

第5章压力容器管理、运行及维护保养。主要介绍压力容器安全管理要求、压力容器安全操作规程的内容；压力容器运行管理和维护保养的规定和注意事项；专门介绍压力容器破坏形式。

第6章压力容器检验。主要介绍压力容器产品安全性能监督检验具体规定；压力容器技术检验要求；压力容器致密性试验和耐压试验要求；压力容器无损检验具体方法及要求等。

第7章气瓶基本知识及安全使用。主要介绍气瓶安全使用要求；气瓶制造、充装、定期检验具体规定；气瓶安全装置及安全附件的要求；气瓶的漆色、运输、储存的要求；气瓶技术检验的具体规定；气瓶水压试验及气密性试验方法；简述气瓶爆炸原因及气瓶爆炸事故分析报告案例等。

第8章各类钢瓶管理和检验评定。主要介绍钢质无缝气瓶材料、制造工艺、检验规则等有关内容；液化石油气、机动车用液化石油气、小容积液化石油气及汽车用压缩天然气钢瓶各自特点及有关要求；乙炔瓶安全使用要求；乙炔瓶充装、运输、贮存应遵守的规定；液氨钢瓶安全使用要求等。

第9章压力容器、气瓶安全培训和人员考核。本章介绍特种设备安全培训工作的重要性；特种设备(压力容器)作业人员监督管理和考核规则等有关内容。

附录试题选编。主要选编特种设备综合管理试题；压力容器培训考核试题；气瓶培训考核试题；安全事故调查与处理试题；压力容器及气瓶安全培训班试卷；乙炔气焊专业操作人员安全培训班试卷。

本书第1版，第1章由杨申仲、李秀中、毛小虎编写；第2章由洪孝安、杨申仲、吴循真编写；第3章由杨炜、杨申仲、吴循真编写；第4章由杨申仲、谭根龙、刘鹏编写；第5章由杨申仲、李秀中、毛小虎编写；第6章由杨申仲、谭根龙、杨炜编写；第7章由杨申仲、杨炜、刘鹏编写；第8章由杨申仲、朱同裕、杨炜编写；第9章由杨申仲、李秀中、朱同裕编写；附录由杨申仲、李秀中、毛小虎整理。

本书第2版第1章由杨申仲、杨炜、岳云飞、吴循真、缪云、顾梦元修订；第2章由杨申仲、杨炜、岳云飞、李阳修订；第3章由杨申仲、李阳、谷玉海、柯昌洪修订；第4章由杨申仲、陈鸿、胡家喜修订；第5章由杨申仲、王华庆、钟海胜、胡家喜修订；第6章由杨申仲、谭根龙、吴循真修订；第7章由杨申仲、岳云飞、陈道琰修订；第8章由杨申仲、陈道琰、陈鸿、柯昌洪修订；第9章由杨申仲、岳云飞、谷玉海、缪云、顾梦元修订；附录由杨申仲、岳云飞、吴循真整理。

《压力容器管理与维护问答》编写组

目　录

第3章 压力容器行政要求及事故处理

第4章 压力容器设计、制造及安装要求

第5章 压力容器管理、运行及维护保养

第6章 压力容器检验

第7章 气瓶基本知识及安全使用

第8章　各类钢瓶管理和检验评定

第9章 压力容器、气瓶安全培训和人员考核

附录 试题选编

第1章　国内外压力容器概况

1-1　我国压力容器发展与存在的问题是什么？

答： 随着我国工业技术迅速发展，压力容器、气瓶等特种设备数量以平均每年10%的数量迅速增加，其广泛应用于工业、农业、国防、医疗卫生、民用等行业和领域。由于压力容器结构特殊，类型复杂，操作条件苛刻，发生事故的可能性较大。它与其他生产装置和设备不同，压力容器发生事故时，不仅本身遭到破坏，往往还会诱发一系列恶性事故，给国民经济和人民财产造成重大损失，因此对它的安全问题应该特别重视。我国和世界其他各国一样，对压力容器都设有专门的机构，进行安全管理和监督检查，并要求按规定的技术规范进行设计、制造和安装；加强对压力容器管理和操作人员的培训、考核，必须正确使用和维护压力容器，确保压力容器安全、经济运行、安全操作，确保人身安全和国家财产安全。

1-2　我国压力容器安全监察工作要点是什么？

答： 我国压力容器安全监察工作总的要求：

以科学发展观为统领，进一步巩固、完善全过程安全监察基本制度，不断强化安全监察工作体系建设，组织开展“隐患治理年”活动，力争各项考核指标达到100%合格，在“建体系、保安全、促发展”上取得更大成就。

具体工作要点：

1. 加强五个工作体系建设，进一步夯实安全监察工作基础

（1）加快完善法规标准体系建设　积极推进特种设备（压力容器）安全法的贯彻执行工作，完成规范性文件转换为安全技术规范（TSG）的工作，扎扎实实地做好安全技术规范体系建设。

（2）强化动态监管体系建设　强化全国安全监察人员轮训工作，推行安全监察人员分类考核发证的试点工作。加强培训、管理，形成协调配合的工作机制。着力推进同级监察、检验数据库实时互联和数据共享，开发数据交换软件，建立国家和省级数据交换平台。

（3）大力开展安全责任体系建设　加快贯彻执行特种设备安全责任体系的指导性文件。制定有效措施，督促企业落实特种设备安全管理的主体责任，强化法人治理机制。继续完善各级质监部门和检验检测机构责任制，严格责任追究，落实工作到位。

（4）积极推进安全评价体系建设　开展特种设备（压力容器）安全状况评

价，针对各类设备的不同特点，实行设备分类监管，对发生事故可能造成群死群伤的特种设备，建立、完善重点监控措施，各省（区、市）全面推进特种设备安全监察工作绩效评价试点。

（5）不断完善应急救援体系建设　建立健全省级应急反应协调指挥机构。加强与有关部门的合作联动，整合相关应急救援队伍和抢险资源。加强事故调查处理，制定事故调查规范，组织建立事故调查专家队伍，开展基层质监部门事故调查人员的培训，提高事故调查处理的能力。

2. 全面推进特种设备（压力容器）安全监察的各项工作

（1）以治大隐患、防大事故为目标，深入开展隐患治理活动　明确特种设备（压力容器）重大事故隐患定义，督促企业制定隐患治理工作方案，并建立隐患治理长效机制，落实隐患治理工作目标和工作进度。建立隐患治理分级管理机制，对隐患治理情况实行量化评价考核。力争将特种设备隐患治理纳入重大安全生产隐患治理专项，同时得到国家和地方政府的立项支持。

（2）加强现场安全监察工作　认真贯彻《特种设备现场安全监督检查规则》，加大现场检查力度，规范工作行为。落实《特种设备重点监控工作要求》，全面开展重点监控工作，防止特别重大事故发生。改善安全监察工作条件，研究加强基层安全监察机构建设的措施，促进地方局配备现场安全监察必备设备和防护用品等。

（3）加大对重大活动和重点工程的安全保障力度　开展重大活动期间特种设备安全保障工作经验交流活动，组织全国安全监察、检验力量，支持相关省市做好重大活动安全保障工作，完善保障工作方案。

（4）继续深化行政许可改革　进一步完善特种设备（压力容器）行政许可分级管理 办法，提高地方审批发证比例。强化准入把关，调整许可条件，加大证后监管力度，严格实行淘汰退出制度。推行检验检测人员和作业人员考试、审批、监督三分离改革，将具体考试工作交由考试机构实施，加强对考试机构的监督。

（5）推进检验机构可持续发展　强化检验检测机构能力建设，加强检验机构装备建设和检验人员的继续培训工作；充分发挥检验机构对安全监察工作的技术支撑和管理支撑的双重作用；积极探索改进监督检验和定期检验工作，强化检验责任意识；促进特种设备检验机构科研工作规范化，推动 RBI、TOFD、隐蔽管道不开挖检测和信息技术等新技术的应用。

（6）加大宣传工作力度　利用电视、广播、报纸和网站等媒介广泛宣传特种设备（压力容器）安全工作，进一步提高全社会特种设备（压力容器）安全法制意识，继续做好安全主题宣传活动。

1-3　近年全国特种设备基本情况如何？

答：近年全国特种设备基本情况如下：

1. 特种设备登记数量情况

截至2015年底，全国特种设备总量达1100.13万台，比2014年底上升6.14%。其中：锅炉57.92万台、压力容器340.66万台、电梯425.96万台、起重机械210.44万台、客运索道985条、大型游乐设施2.04万台、场（厂）内专用机动车辆63.02万台。另有：气瓶13698万只、压力管道43.63万km，2015年底各类特种设备数量及所占比例如图1-1所示。

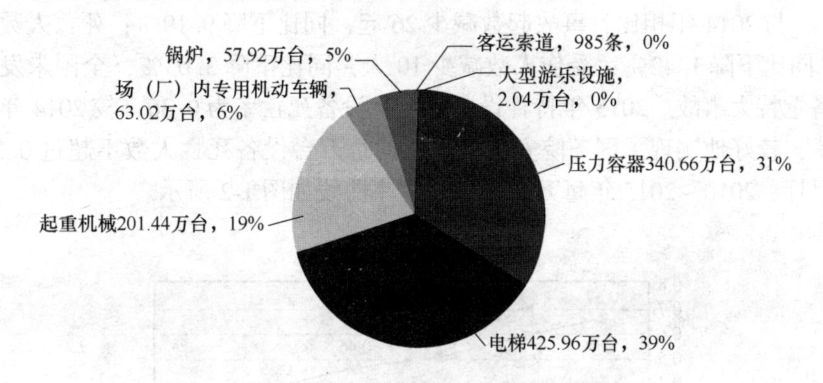

图1-1　2015年底各类特种设备数量及所占比例

2. 特种设备生产和作业人员情况

截至2015年底，全国共有特种设备生产（含设计、制造、安装、改造、修理、气体充装）单位62706家，持有许可证68804张，其中：设计单位3241家，制造单位16780家，安装改造修理单位21555家，移动式压力容器及气瓶充装单位21130家。

截至2015年底，全国特种设备作业人员持证1047.64万张，比2014年上升8.70%，其中2015年考核发证148.83万张。

3. 特种设备安全监察和检验检测情况

截至2015年底，全国共设置特种设备安全监察机构2550个，其中国家级1个、省级32个、市级469个、县级2048个。全国特种设备安全监察人员共计23648人，较2014年增加7908人，主要原因是市县级政府机构改革出现部门“二合一”“三合一”等情况，使得基层监察人员数量大幅增加。

截至2015年底，全国共有特种设备综合性检验机构485个，其中质检部门所属检验机构295个，行业检验机构和企业自检机构190个。另有：型式试验机构48个，无损检测机构433个，气瓶检验机构1924个，安全阀校验机构314个，房屋建筑工地和市政工程工地起重机械检验机构173个。

2015年，全国各级特种设备安全监管部门开展特种设备执法监督检查127.94万人次，发出安全监察指令书12.93万份。特种设备检验机构对109.62万台特种设备及元部件的制造过程进行了监督检验，发现并督促企业处理质量安全问题3.44万个；对151.21万台特种设备安装、改造、修理过程进行了监督检验，发现并督促企业处理质量安全问题37.25万个；对545.71万台在用特种设备进行了定期检验，发现并督促使用单位处理质量安全问题131.77万个。

4. 特种设备安全状况

（1）事故总体情况

2015年，全国共发生特种设备事故和相关事故257起，死亡278人，受伤320人，与2014年相比，事故起数减少26起，同比下降9.19%；死亡人数减少4人，同比下降1.42%；受伤人数减少10人，同比下降3.03%，全国未发生特种设备重特大事故。2015年特种设备每万台设备死亡率为0.36，较2014年下降7.69%，较好地实现了国务院安委会下达的每万台设备死亡人数不超过0.38的控制目标，2010~2015年每万台设备死亡率曲线如图1-2所示。

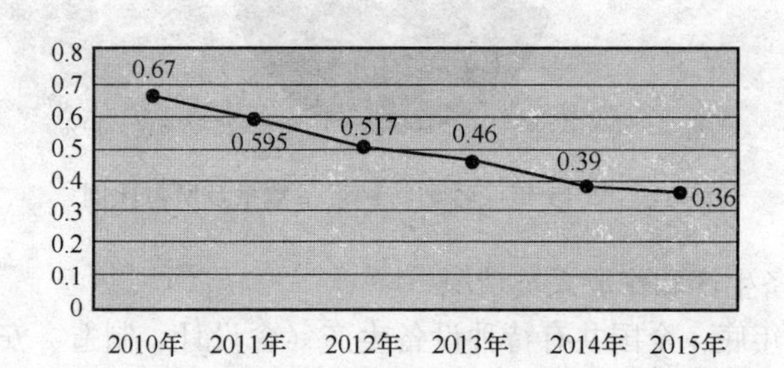

图1-2　2010~2015年每万台设备死亡率曲线

（2）事故特点

按设备类别划分，锅炉事故18起，压力容器事故27起，气瓶事故29起，压力管道事故3起，电梯事故58起，起重机械事故79起，场（厂）内机动车辆事故32起，大型游乐设施事故9起，客运索道事故2起。其中，电梯和起重机械事故起数和死亡人数所占比重较大，事故起数分别占22.57%、30.74%，死亡人数分别占16.55%、41.01%。

按发生环节划分，发生在使用环节219起，占85.21%；维修、检修环节15起，占5.84%；安装、拆卸环节17起，占6.61%；充装、运输环节6起，占2.34%。

按涉事行业划分，发生在制造业89起，占34.63%；发生在建设工地和建筑业49起，占19.07%；发生在交通运输与物流业18起，占7.00%；发生在社会及公共服务业93起，占36.19%；其他行业8起，占3.11%。

按损坏形式划分，承压类设备（锅炉、压力容器、气瓶、压力管道）事故的主要特征是爆炸或泄漏着火；机电类设备（电梯、起重机械、客运索道、大型游乐设施、场（厂）内专用机动车辆）事故的主要特征是倒塌、坠落、撞击和剪切等。

(3) 事故原因

1) 锅炉事故。锅炉事故发生在使用环节16起、安装环节1起、修理环节1起，其中，违章作业或操作不当原因8起，设备缺陷和安全附件失效原因4起。

2) 压力容器事故。设备缺陷和安全附件失效引发事故6起，违章作业或操作不当引发事故4起，非法设备使用引发事故5起。

3) 气瓶事故。在气瓶事故中违章作业或操作不当引发事故2起，设备缺陷和安全附件失效引发事故2起，气体泄漏2起。

4) 压力管道事故。压力管道事故均为管道破裂介质泄漏直接造成人员伤害或引发爆燃造成人员伤害，事故原因主要是管道质量原因或人员违章操作。

5) 电梯事故。电梯事故发生在使用环节38起，安装、改造、修理维保环节20起。事故原因中，安全附件或保护装置失灵等设备原因引发事故39起；违章作业或操作不当引发事故13起；应急救援（自救）不当引发事故2起；管理不善或儿童监护缺失以及乘客自身原因导致的事故4起。

6) 起重机械事故。起重机械事故原因主要是违章作业或操作不当，另有设备原因引发事故6起，吊具原因引发事故4起。

7) 场（厂）内专用机动车辆事故。场（厂）内专用机动车辆事故中31起为叉车事故，1起为旅游观光车事故。违章作业或操作不当引发事故30起，设备原因引发事故2起。

8) 大型游乐设施事故。在大型游乐设施事故中安全保护装置失灵等设备原因引发事故4起，违章作业原因引发事故3起。

9) 客运索道事故。客运索道事故中2起事故均为天气原因导致设备故障，造成乘客高空滞留。

5. 承压设备运行检查

承压设备运行检查违规情况很多，2014年对各类承压设备进行检查，检查总量663987台，违规数量达62198台，占总数的9.37%；2014年每种类型违规情况见表1-1。

表1-1　2014年每种类型违规情况　　（单位：台）

承压设备类型	检查总数量	违规数量	占总数百分比
高压/高温锅炉（S）（M）（E）	72279	5129	7.10%
低压蒸汽锅炉（H）	49546	8570	17.30%
热水供暖/供应锅炉（H）	266992	35743	13.39%
压力容器（U）（UM）	223081	7273	3.26%
饮用水加热器（HLW）	52089	5483	10.53%
总计	663987	62198	9.37%

（1）高压/高温锅炉（S）（M）（E）

（单位：台）

项　目	违规数量	违规数量占总检查数量百分比	违规数量占总违规数量百分比
安全泄放装置	763	1.06%	14.88%
低水位/流量感应装置	256	0.35%	4.99%
压力控制	158	0.22%	3.08%
温度控制-人工操作或高温限制	41	0.06%	0.80%
燃烧器管理	626	0.87%	12.21%
液位计-玻璃管液位计、牛眼液位计、光纤液位计	266	0.37%	5.19%
压力/温度显示器	106	0.15%	2.07%
保压项目（PRI）：锅炉管、泵、系统阀、膨胀箱	2913	4.03%	56.79%

（2）低压蒸汽锅炉（H）

（单位：台）

项　目	违规数量	违规数量占总检查数量百分比	违规数量占总违规数量百分比
安全泄放装置	1229	2.48%	14.34%
低水位/流量感应装置	653	1.32%	7.62%
压力控制	616	1.24%	7.19%
温度控制-人工操作或高温限制	134	0.27%	1.56%
燃烧器管理	1187	2.40%	13.85%
液位计-玻璃管液位计、牛眼液位计、光纤液位计	630	1.27%	7.35%
压力/温度显示器	279	0.56%	3.26%
保压项目（PRI）：锅炉管、泵、系统阀、膨胀箱	3842	7.75%	44.83%

1-4　近期我国压力容器用钢与国际水平相比情况如何？

答：近年来，我国冶金装备工业条件有了很大改善，压力容器用钢材的规格也随之扩大，钢材质量逐渐提高，一些生产技术难度大的新钢种研制成功，相关钢板和钢锻件标准的技术水平有了提高，达到了国际先进水平，特别是低温用钢锻件标准的技术水平优于国外先进水平的标准。具体从以下几个方面进行阐述。

1. 低温用钢板

GB 3531—2014《低温压力容器用钢板》中各钢号的技术指标达到国际先进水平，且优于日本和美国相应标准水平。

（1）－70℃级　09MnNiDR 钢中 w_{Ni} 为 0.30%～0.80%，板厚范围由原来 6～60mm 扩大到 6～120mm，钢板－70℃横向 KV_2≥60J。在欧盟标准 EN 10028-4:2009 中，11MnNi5-3 钢中 w_{Ni} 为 0.30%～0.80%，板厚范围为 5～80mm，钢板－60℃横向 KV_2≥27J。在日本低温压力容器用钢钢板标准 JIS G 3127 中，SL2W55 钢中镍的质量分数为 2.10%～2.50%，板厚范围为 6～50mm，钢板－70℃纵向 KV_2≥21J。美国 ASME 低温压力容器用钢钢板标准中，SA203Gr. A 钢中镍的质量分数为 2.10%～2.50%，板厚小于或等于 50mm 的钢板，－68℃纵向 KV_2≥18J；板厚大于 50～75mm 的钢板，－60℃纵向 KV_2≥18J。综上所述，我国－70℃级低温用钢钢板 09MnNiDR 的技术指标明显优于国外相近的钢号。09MnNiDR 已广泛用于低温压力容器，其单层容器壳体的最大厚度为 94mm，热交换器管板的最大厚度为 120mm，多层夹紧容器筒体的最大厚度为 122mm。

（2）－196℃级　9% Ni 钢，该钢命名为 06Ni9OR 钢，该钢中 w_P≤0.008%，w_S≤0.004%；钢板－196℃横向 KV_2≥100J，远高于美国 ASME 标准中相应钢号 SA553-Ⅰ型－196℃横向 KV_2≥27J 的规定。

2. 低合金高强度钢锻件

NB/T 47008—2017《承压设备用碳素钢和合金钢锻件》提高了各钢号的技术指标，目前技术指标达到了国际先进水平。

1）NB/T 47008 中 16Mn 钢 w_P≤0.025%，w_S≤0.015%。20MnMo 和 20MnMoNb（标准抗拉强度下限值为 620MPa）钢 w_P≤0.025%，w_S≤0.015%。16Mn 钢锻件的冲击吸收功指标为 0℃ KV_2≥34J。20MnMo 和 20MnMoNb 钢锻件的冲击吸收功指标为 0℃ KV_2≥41J。

2）NB/T 47008—2017 中增加了 5 个钢锻件牌号，以及超高压容器用 35CrNi3MoV、36CrNi3MoV 等 2 个钢锻件牌号；还增加了 25、25Cr2MoV、25Cr2CrMo1V、20Cr1Mo1VNbTiB、20Cr1Mo1VTiB、38CrMoAl 等 6 个配套阀的专用构件用锻件牌号。

3. 低合金高强度钢板

1）整合成新的 GB 713—2014《锅炉和压力容器用钢板》中列入的低合金高强度钢板有 Q345R（由 16MnR、16Mng 和 19Mng 整合而成）、Q370R（原 15MnNbR）、18MnMoNbR 和 13MnNiMoR（由 13MnNiMoNbR 和 13MnNiCrMoNbg 合并而成）。GB 713—2014 的关键技术指标（如磷、硫含量，冲击吸收功指标）有一定的提高，达到了国际先进水平，与欧洲标准 EN 10028—2:2014 年的水平相当，优于日本和美国相应的标准。在钢中磷、硫含量（熔炼分析）方面：Q345R（Q370R）钢板 w_P≤0.025%（0.020%）、w_S≤0.10%，18MnMoNbR 和 13MnNiMoR 钢板中 w_P≤0.020%、w_S≤0.010%。在钢板的冲击吸收功（横向试样）指标方面：Q345R 钢板，0℃ KV_2≥41J；Q370R 钢板，－20℃ KV_2≥47J；

18MnMoNbR 钢板，0℃A_{KV}≥47J；13MnNiMoR 钢板，0℃ KV_2≥47J。钢的磷、硫含量降低，钢板冲击吸收功指标的提高，增大了压力容器的安全性。

Q345R 和 13MnNiMoR 是单层卷焊容器主要使用的钢板。在 GB 713—2014 中这两个钢号钢板的厚度范围均有所扩大，Q345R 的最大厚度由 16MnR 的 120mm 扩大到 250mm，13MnNiMoR（标准抗拉强度下限值为 570MPa）的最大厚度由 120mm 扩大到 150mm。容器壳体厚度的增大，对无损检测提出了更高的要求。

W37OR 钢板大量用于制造公称容积 1000～5000m^3 的球形储罐，球壳板的最大厚度已超过 50mm。目前正使用该钢板制造公称容积 10000m^3 的天然气球罐。

2）GB 19189—2011《压力容器用调质高强度钢板》中技术指标已达到国际先进水平的标准，标准中列入了四个抗拉强度下限值为 610MPa 的钢号，其中 07MnCrMoVR 和 12MnNiVR 为低合金高强度钢。

①07MnCrMoVR 为低焊接裂纹敏感性钢。该钢不仅有高的强度，同时还具有优良的焊接性能和韧性，是高参数球形储罐（盛装腐蚀的介质除外）的理想钢号。目前已用该钢板制造了公称容积为 5000m^3 的天然气球罐，现已具备了制造公称容积 10000m^3 以上球形储罐的条件。

②12MnNiVR 为大线能量焊接用钢。在线能量为 100kJ/cm 条件下钢板热影响区仍具有良好的韧性。该钢板主要用于公称容积 $1\times10^5m^3$（内径 81m）以上的大型原油储罐。

4. 低温用钢锻件

1）NB/T 47009—2017 中列有 16MnD、20MnMoD、08MnNiMoVD、10Ni3Mo-VD09MnNiD、08Ni3D 和 06Ni9D 低温用钢锻件。

在国内外低温压力容器用钢材标准中，钢材的关键技术指标——低温冲击吸收功值规定得比较低，通常就是该钢材焊接接头所应保证的冲击吸收功指标。众所周知，钢材焊接后其热影响区中粗晶区的冲击吸收功要较原钢材有一定的、甚至较大的降低。

近年来已将 09MnNiD 钢锻件，－70℃ KV_2≥47J 的技术指标修改提高到－70℃ KV_2≥60J，使钢锻件关键技术指标达到国际水平标准。

2）3 个常用的钢锻件低温冲击吸收功指标如下：16MnD 钢锻件－40℃（－45℃）KV_2≥47J，08MnNiMoVD 钢锻件－40℃ KV_2≥80J，09MnNiD 钢锻件－70℃KV_2≥60J。16MnD 钢锻件一般与 16MnDR 钢板匹配使用。08MnNiMoVD 钢锻件主要用于球形储罐，与 07MnCrMoVR（－20℃级球罐用钢板）和 07MnNiMoVDR（－40℃级球罐用钢板）球壳板匹配使用。09MnNiD 钢锻件既可与 09MnNiDR 钢板匹配使用，也可用于制造锻焊结构压力容器。

3）NB/T 47009—2017 中增加了一个－196℃低温用合金钢锻件 06Ni9D。该钢 w_P≤0.008%，w_S≤0.004%，钢锻件－196℃ KV_2≥60J。另外，在美国 ASME 标准

中，SA350-LF3 为 3.5% Ni 低温用钢锻件，其低温冲击吸收功指标为 -101℃ KV_2 ≥ 20J，远低于 08Ni3D 钢锻件。

5. 中温抗氢用钢锻件

1）NB/T 47008—2017 中列有 20MnMoNb、15CrMo、12Cr1MoV、14Cr1Mo、12Cr2Mo1、12Cr2Mo1V、12Cr3Mo1V、12Cr5Mo、35CrMo 中温（抗氢）用钢锻件。其中 12Cr1MoV、1Cr5Mo 主要作为中温钢使用。

2）NB/T 47008—2017 对上述钢号的磷、硫含量和冲击吸收功指标进行了不同程度的提高，使整个标准的技术水平达到了国际先进水平。

3）NB/T 47008—2017 中 12Cr3Mo1V（3.0Cr-1.0Mo-0.25V）和 12Cr2Mo1V（2.25Cr-1.0Mo-0.3V）用于高参数加氢装置的钢号。标准中这 2 个钢号 w_P ≤ 0.012%，w_S ≤0.005%；钢锻件冲击吸收功指标 -20℃ KV_2 ≥60J。如 12Cr3Mo1V 钢锻件用于批量生产加氢装置；12Cr2Mo1V 钢锻件大量用于单层厚壁锻焊结构加氢装置，其反应器单台质量为 2040t，共 2 台，也是世界上单台最重的压力容器，代表着我国压力容器材料、设计、制造和无损检测综合技术水平的标志性产品。

1-5　RBI——设备检验技术在国内外的应用情况如何（案例）？

答：当前设备技术发展迅猛，分别朝着集成化、大型化、连续化、高速化、精密化、自动化、流程化、综合化、计算机化、超小型化、技术密集化的方向发展。先进的设备与落后的检验、维修能力的矛盾严重地困扰着企业，成为企业发展的瓶颈。特别与炼油、化工行业迅猛发展的矛盾更为突出。由于这些行业的工厂生产设备大多数是压力容器、压力管道、压缩设备，包括相当数量的各种气瓶等，这些设备运行时处于高温、高压状态，加上介质往往具有腐蚀性或毒性，为了确保设备安全运行，做好对设备状态管理是十分重要的，而加强对设备检验是十分重要的环节，为此国际上采用 RBI——基于风险评估的设备检验技术，从而保证这些工厂安全、可靠、经济地运行，并得到最佳经济效益。

RBI（Risk Based Inspection）技术即为以风险评估管理为基础的设备管理检验技术，最早由美国 APTECH 工程服务公司提出，目前在世界上处于领先地位。

目前，我国已可以运用 RBI 技术对 GB/T 26610.1～26610.5—2014《承压设备系统基于风险的检验实施导则》进行贯彻执行。

（1）什么是 RBI 技术　即采用先进的软件，结合丰富的工厂实践经验和腐蚀、冶金学方面的渊博知识及经验，对炼油厂、化工厂等工厂的设备、管线进行风险评估及风险管理方面的分析。依据分析的结果提出一个根据风险等级制订的设备检测计划。其中包括会出现何种破坏事故、哪些地方存在着潜在的破坏可能、可能出现破坏的概率；应采用什么正确的测试方法进行检测等。并可对现场人员进行培训来正确地实施、成功地完成这些检测工作。

（2）如何实施 RBI 技术　RBI 技术的实施是一个长期的过程，它包括分析阶段、制订检测计划、实施 RBI、对实施效果的检查、审核、修正及提高。后续的工作是根据不断取得的检测数据来进行的，可对主体设备（反应器、换热器等）、辅助设备（泵站等）及管线进行 RBI 分析。为进行 RBI 分析，就必须有一个强有力的软件系统。这是核心，是 RBI 技术的重要组成部分。这个软件以 APTECH 公司的专利“RDMIP”为最佳。它较美国石油研究所的软件 API 和 Tischuk 公司的 T-REX 软件要先进，应用范围更为广泛。

（3）RBI 技术在中国燕山实施　2005 年中国石油化工股份有限公司北京燕山分公司开展定期检验，首次在定期检验中全面利用 RBI 技术。

RBI 检验技术使工厂设备的维护、维修由原来机械的、人为的安排，转为按设备、设施、运行的薄弱环节及风险等级做出科学的安排。这就消除了一些不必要的停机维护，延长了维修周期，使得工厂的生产设备在风险管理下可控制、可预见地运行。燕山石化原本计划在 2006 年对厂内的压力容器、压力管道等特种设备进行大检修，但 2005 年时通过做 RBI 技术项目进行风险评估后，发现这些设备可以开到 2007 年 7 月份。这样，延长的维修周期给企业带来的经济效益至少是上亿元，以一个裂解车间为例，设备停 1 天的损失就达 3000 万元。

（4）什么是基于风险的检验（RBI）　基于风险的检验是一个识别、评估和预估工业风险的流程（由于腐蚀和压力爆裂），在 RBI 过程中，工程师可以设计出与衰退预测或观察机制最有效匹配的检查战略（什么、何时、如何检验）。

（5）RBI 有哪些关键收益　重型工业企业的经营者可以从实施 RBI 中获得以下收益：

增加对可能会出现潜在风险的设备的知识；更可靠地确保设备和工厂运营；提高安全水平；对设备设施有关项目检验更优化，更科学化；消除一些不必要的停机维护；建立或进一步完善相关的数据库，包括设备设计能力、流程特性、机械损害和检验战略等。

（6）主要项目

[案例 1-1]

1）液体管线失效。这一事故导致了严重的河水污染。通过分析确定是因一种早期机械损伤所导致的破裂。用有限元分析确定了管线中局部应力的部位。采用先进断裂学疲劳分析技术确定了将来可能出现失效破坏的时间。

2）地下天然气管道爆破。原以为是这根地下天然气管道破裂引发附近一家过氯酸氨生产厂的火灾，通过分析证明正好相反，是该厂的失火引起的后动造成天然气管破裂。

3）阿曼至印度的天然气输气管项目。为阿曼至印度的天然气输气管项目完成了整个项目的（设计、安装、运行）险情分析，对主要险情做出了可能的风险程度评估。

4）日本的液化天然气采购合同续约可靠性分析。日本自世界上最大的一家液化天然气生产公司采购液化天然气的20年合同已经到期，应再续约20年。但日本方面对该厂是否能再安全、可靠地供应20年天然气无把握。要求Aptech公司对该供应商做评估。Aptech制订了一项评估方案，对该厂54个主要的影响寿命的因素进行分析。提出了每个因素延长其寿命的建议方案，并找出了潜在的对使用寿命有威胁的因素，涉及材料选择及海水冷却系统腐蚀问题带来的威胁。对这些问题也提出了针对性的解决方案：对某碳钢管路，只要按计划做到取样、分析及连续监测，此管线再换管前仍可安全运行。对海水冷却系统，Aptech开发了检测及预警软件系统来防止突发性事故，使这个工厂取得了与日本续签20年的供气合同。

5）在中国台湾的某家大型化工企业成功地应用了RBI技术。这家大型化工企业由于对环境造成严重污染（被评为D级）而被勒令停产。这家企业的实际生产能力只达到原设计的40%以下。Aptech公司应邀对该企业做了生产过程安全管线及机械整体性分析的工作及安排，随后又提供了后期咨询服务。9个月后，该企业被环保部门评为B级，恢复了生产，且生产能力达到了设计能力的90%。

1-6　美国压力容器事故和违规情况如何？

答：美国压力容器事故和违规情况如下：

（1）美国锅炉、压力容器事故概况　美国锅炉、压力容器事故统计是从1991年开始进行的。美国国家锅炉压力容器检验师协会（NB）在每年夏季公报上公布上一年度事故统计报告。这些数据是NB从各成员单位的监管机构以及制造检查机构填报的锅炉、压力容器事故报告中统计整理得到的。根据事故产生的原因，从设计、制造、安装、修理、使用、维护保养各环节到设备的安全阀、控制装置、锅炉燃烧器等主要附件原因进行分类。从2000～2010年详情见表1-2。不同种类的设备事故宗数如图1-3、图1-4所示。

表1-2　锅炉、压力容器事故汇总表

事故统计年	事故起数(总数)/起	锅炉/压力容器/起	受伤人数/人	死亡人数/人
2000	1033	990/43	22	5
2001	1006	985/21	27	12
2002	874	861/13	17	8
2003	789	775/14	12	4
2004	852	838/14	14	11
2005	866	851/15	17	5
2006	910	895/15	10	9
2007	829	800/29	10	26
2008	566	545/21	51	12
2009	611	596/15	22	14
2010	401	390/11	8	4

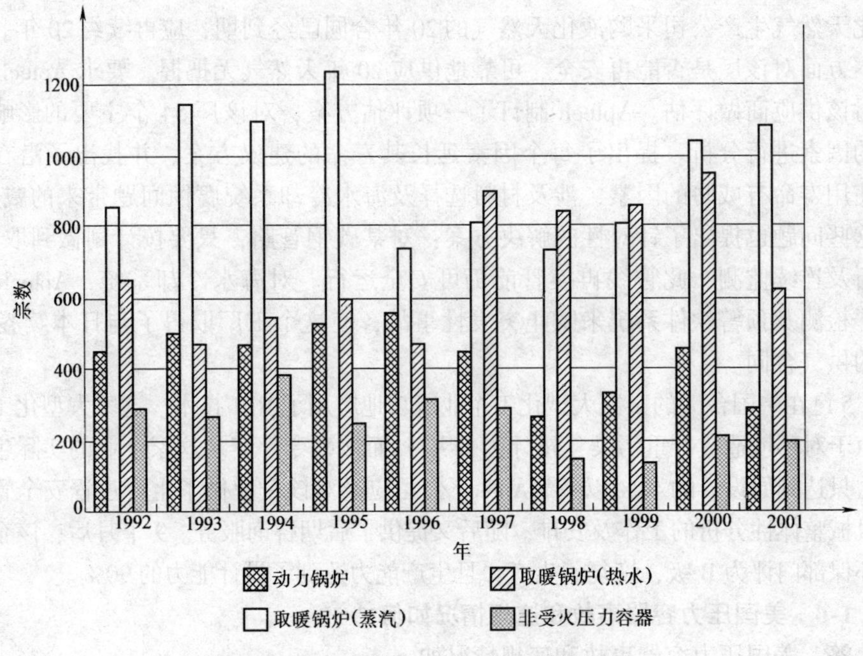

图 1-3　不同种类的设备事故宗数

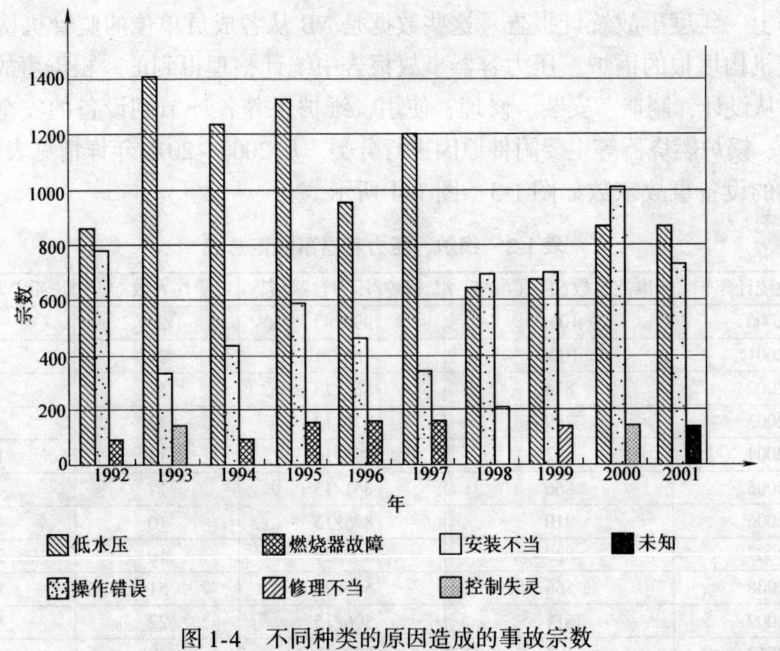

图 1-4　不同种类的原因造成的事故宗数

（2）美国锅炉、压力容器违规情况具体数据　从1992年起，NB开始从监管机构会员中收集的违规种类和数量的数据，通过这些数据与事故数据比较，找出监管检查的重点。这些违规包括锅炉压力容器的制造、安装、使用、维护和修理。1999年有17个监管机构为NB提供了这类信息，2001年有28个监管机构为NB提供了这类信息，NB希望进一步加大这些信息采集的力度，覆盖更多的监管地区。

表1-3 1999年违规报告情况

项　目	违例数量/起	占总数百分比
锅炉控制	3697	18%
锅炉管道及其他系统	469	2%
锅炉制造数据报告或铭牌	45	0
锅炉元件	10365	51%
锅炉压力释放装置	2830	14%
压力容器	2615	13%
修理和改造	210	1%
检查总数/起	268187	
违规总数/起	20231	
违规与检查数量比例	8%	

表1-4 2001年违规报告情况

项　目	违例数量/起	占总数百分比
锅炉控制	16565	36%
锅炉管道及其他系统	7908	17%
锅炉制造数据报告或铭牌	703	1%
锅炉元件	9342	20%
锅炉压力释放装置	8040	17%
压力容器	3676	8%
修理和改造	364	1%
检查总数/起	473185	
违规总数/起	46598	
违规与检查数量比例	10%	

表1-5 2002年违规报告情况

项　目	违例数量/起	占总数百分比
锅炉控制	12017	33%
锅炉管道及其他系统	7751	21%
锅炉制造数据报告或铭牌	785	2%
锅炉元件	6076	16%
锅炉压力释放装置	6858	19%
压力容器	2999	8%
修理和改造	232	<1%
检查总数/起	430629	
违规总数/起	36718	
违规与检查数量比例	9%	

表1-3为1999年违规报告情况，表1-4为2001年违规报告情况，表1-5为2002年违规报告情况。

1-7　美国压力容器监察部门是如何开展工作的？

答： 1. 美国锅炉、压力容器监管情况

在美国，锅炉、压力容器如何监管由各个州、领地和少数几个自治城市立法机关自行决定。各地立法机关通过立法规定用于监管锅炉与压力容器的管理和安全技术要求，并授权成立专门的监管机构（Jurisdiction）或授权检查机构（Authorized Inspection Organization）强制执行。各州监管的锅炉主要分为高压和低压两种，最大允许工作压力大于15psi(0.1MPa)为高压锅炉，否则为低压锅炉。不管是高压锅炉还是低压锅炉，通常

都是在各州法规监管的范围之内，但监管程度不同。压力容器通常则是大于等于15psi（0.1MPa）才属于监管的范围。

（1）规范制造类注册　大多数州要求承压设备必须按照ASME锅炉、压力容器规范制造，并在国家锅炉压力容器检查协会（NB）注册。NB注册确保制造过程经独立第三方制造检查机构（Qualified Inspection Agency）派出的NB认可制造检查员（NB Authorized Inspector）进行了检查，从而保证了锅炉符合有关设计和制造标准（在美国是ASME标准）的要求。NB在注册中把锅炉制造检查的重要数据永久性地保存，这为业主、监管机构和检查员查阅参考提供了很大方便。NB的另一重大贡献是统一全国锅炉压力容器检查员资格水平。NB的第三大贡献是统一承压设备的修理资格。NB现在的主要工作还包括制定并维持锅炉与压力容器检查规范（NBIC），制造厂的注册登记，接受制造检查机构，对业主（用户）检查机构（OUIO）的认可，向各州立法机关推荐其制定的《锅炉与压力容器安全管理法案》蓝本，经营安全释放阀实验室教育、培训和咨询等。

（2）承压设备定期检查周期　在各个州的定期检查周期是不同的，高压锅炉通常要求每年进行1次内部检查（停炉检查）和1次外部检查（在用检查）。压力容器的定期检查周期从1年1次到5年1次不等。

（3）监管形式　各州法律授权监管机构的首席锅炉检察官负责执行法规，并为首席锅炉检察官（Chief Inspector）聘请一些有资格检查员作为职员，实施其指派的职责，这些职员也称为检察官（Deputy Inspector）。法规要求在制造承压设备过程中进行检查（制造监检）并在使用过程中建立一个定期检查制度，不断跟踪该承压设备的安全状况。

2. 国家锅炉压力容器检验师协会（NB）的监察工作

（1）国家锅炉压力容器检验师协会（NB）　它自1919年建立以来，一直致力于统一的锅炉与压力容器安全法规、资格和标准。具体目标是：统一管理锅炉与压力容器的安全法规；统一锅炉与压力容器安全运行有关的特殊设计，容器结构安全，附件及装置的认可标准；制定并维持一个统一的锅炉与压力容器检查规范NBIC；统一执行代理检查的设备制造注册制度；统一对NB认可检查员进行资格认可和考核；编辑和分发重要信息给NB成员、NB认可检查员及有关学会、制造厂、监管机构、业主或用户等；促进和推行安全阀或压力容器附件的检测手段和结果。

锅炉注册由制造商向NB提交原始制造资料，NB永久性地保存这些资料，这些制造资料文件由制造商和NB认可检查员共同证明。注册不仅仅是整理报告那样简单，而是3个环节的最终结果，包括按照ASME标准制造锅炉，由NB认可制造检查员进行制造过程检查和最终递交符合规范的证明文档。

（2）主要工作

1）NB 现在的主要工作内容包括：制定并维持锅炉与压力容器检查规范（NBIC），修理单位的认可，认可制造检查机构，对业主（用户）检查机构（OUIO）的认可，NB 认可检查员的考试，制造厂及其设备的注册登记，向各州立法机关推荐其制定的《锅炉与压力容器安全管理法案》。

2）制定锅炉与压力容器检查规范（National Board Inspection Code，NBIC 或 NB-23）。美国锅炉与压力容器安全管理有两大规范，一是 ASME 锅炉与压力容器规范，另一个就是 NB 锅炉与压力容器检查规范：锅炉和压力容器检查手册。

3）修理单位的认可及负责修理钢印。NB 意识到统一锅炉、压力容器及安全阀修理工作的必要性和益处，向申请 NB 认可的合格修理机构签发认可证书和钢印。这些申请认可的修理机构，必须遵守 NB 所要求的程序和规定，修理认可分为三类：

“R”（修理）——锅炉与压力容器的修理；

“NR”（核部件修理）——核部件的修理、制造和更换；

“VR”（阀修理）——压力释放阀的修理。

4）NB 认可检查员的考试。NB 认可检查员（commissioned inspector）需经过严格资格考核程序。NB 认可检查员必须通过 NB 在有关监管机构举行两天严格的统一考试，证明熟悉 ASME 和 NB 规范并能实际应用。NB 为各辖区制定统一的考试内容，以便用统一的尺度来考核在各辖区内工作的锅炉与压力容器检查员的能力。由 NB 成员组成考委会对 NB 认可检查员候选人进行考试，考委会监督和管理考试，并把试卷送回 NB 进行判卷。投考人可以先参加考试，但必须满足全部条件后才能得到 NB 认可检查员资格。

5）执行“NB”标志后面打印 NB 注册号码的规定。2003 年 1 月 1 日以后统一为专用的“NB”钢印 + 和按制造顺序的“注册号码”。2003 年 1 月 1 日前，全球大约有 3000 家 NB 认可的锅炉、压力容器制造商收到“NB”标记新钢印，新钢印于 2003 年 1 月 1 日必须启用，也允许收到新钢印后马上投入使用，“NB”标志如图 1-5 所示。

图 1-5　“NB”标志

3. NB 锅炉和压力容器修理单位的认可程序

NB 锅炉和压力容器修理单位的认可程序规定了对修理单位进行审查的组成人员，认可修理单位的基本条件，审查内容，审查程序及管理办法，向 NB 申请借用修理钢印，使用修理钢印的管理，修理数据报告，质量保证体系等。

(1) 审查内容

1) 持有 ASME 认证印记钢印的，不需要再审查可取得 NB 的修理批准书，但书面的质量保证体系须包括其修理的内容。

2) 所有变更和修理工作均须符合 ASME 规范有关卷的要求，所选用的工作方法须适合于原结构及修理要求。

3) 修理的文件须记录在规定的表格内，包括修理批准书号及检查员姓名、证件以及负责该验收工作的人员。

4) 一切压力容器部件的焊接，均须由 NB 或 ASME 规范规定考试合格的焊工，按规定的方法进行焊接。

5) 修理工作须由 NB 批准的组织或 ASME 批准的制造厂负责，设计前须取得检查员及负责验收工作的业主同意。

6) 修理单位须建立与修理范围相适应的质量保证体系。

7) 审查机构须检查质量控制制度及其贯彻情况，检查周期可按单位的实际情况或业主（用户）、审查机构、NB 或公众的要求。

(2) 关于发放和使用修理钢印的管理办法

1) NB 制定发放和使用修理钢印的管理办法。这些管理办法对持有修理批准书者具有约束作用。

2) 修理钢印均由 NB 颁发。持有 ASME 认可证书和规范认证钢印的制造厂[除“H”（铸铁锅炉外的采暖锅炉）“V（锅炉安全阀）”“NV（核装置安全阀及安全阀）”“HV（采暖锅炉安全阀）”“UV（压力容器安全阀）”及“UM（小型压力容器）”认证印记外]，可认为已符合上述要求而不需审查。在 ASME 认可范围之内，可使用 NB 修理认证钢印，NB25 年来签发“R”钢印数量如图 1-6 所示。

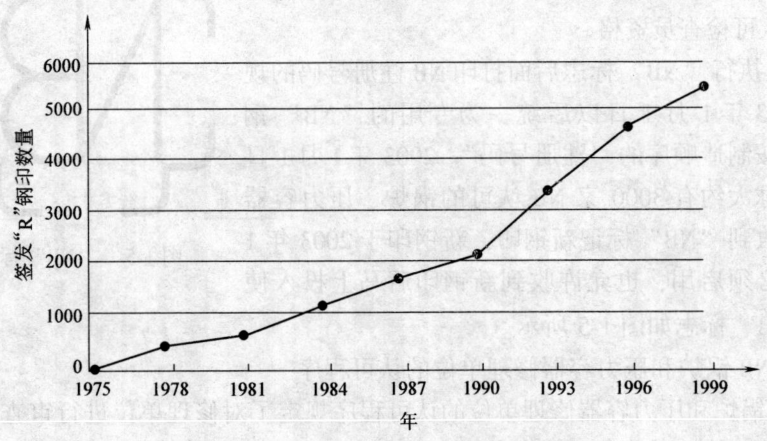

图 1-6　NB25 年来签发“R”钢印数量

3) 使用认可证书需付为期 3 年的费用，钢印则需付借用费。

（3）质量保证体系

1）持有 NB 修理钢印的修理单位，必须建立书面的质量保证体系，必须贯彻制度中包括的一切有关材料、修理、设计、焊接、制造、验收及认可检查员的检查要求。

2）质量保证体系包括制定修订的程序、内容和执行日期等条款。

3）按情况不同，制度的内容可繁可简，且须予以保密。

4）认可修理单位使用的质量保证体系须符合 NB 检查规范和监管机构的要求。

4. ASME 锅炉与压力容器标准委员会

ASME 锅炉与压力容器委员会现在各级部门共有900多人，委员会每年举行四次会议，这些委员均代表他们个人而不代表他们所在的公司。其主要职责就是建立锅炉与压力容器设计、制造、检查的安全规范（标准），并对有关规范（标准）进行解释。

现行的 ASME 锅炉与压力容器标准化委员会机构设置如图 1-7 所示。

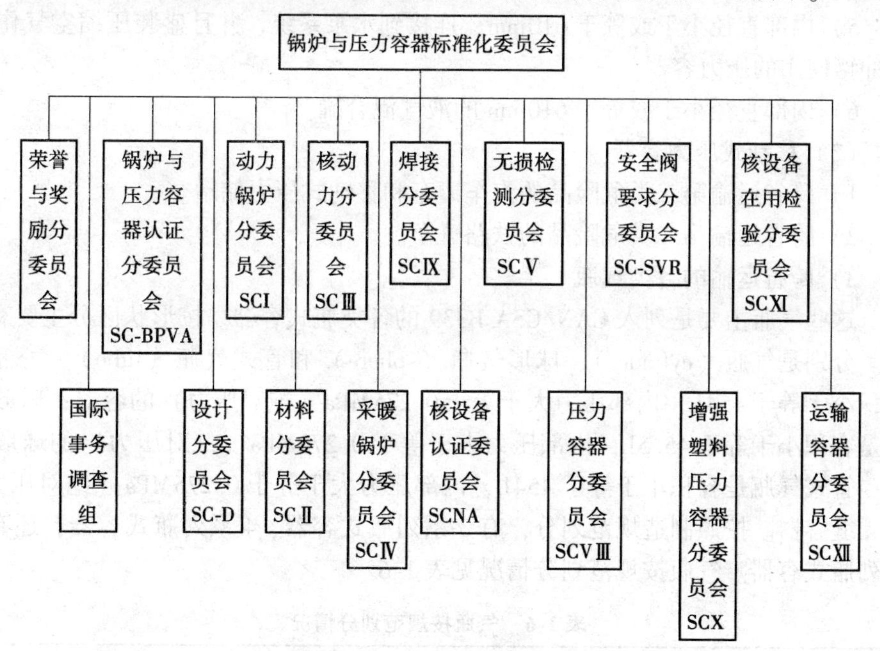

图 1-7 ASME 锅炉与压力容器标准化委员会机构设置

秘书——ASME 锅炉与压力容器委员会的秘书是工作人员。

总务委员会——是 ASME 锅炉与压力容器委员会的正式委员会，约有 30 名成员，由制造厂商、用户、供货厂商、咨询工程师、保险公司以及州（或省）和联邦政府机构的代表组成。

执行委员会——由5~9名总务委员会成员组成，包括总务委员会主席和副主席，主要职能是处理有关政策和人事方面的事务。

1-8 加拿大对压力容器是如何开展安全监察的？

答：加拿大对压力容器开展安全监察工作具体如下：

1. 加拿大联邦政府管辖范围

加拿大联邦管辖的固定式锅炉和压力容器范围是由加拿大《劳动规范》第二卷《职业安全与卫生》和《职业安全与卫生规则》划定。运输危险品的移动式罐车、气瓶和移动式储罐管辖范围由《危险品运输规则》划定。具体如下。

（1）固定式压力容器　联邦系统所使用的除下述容器范围以外的固定式压力容器：

1）容积小于或等于40L的压力容器。

2）使用压力小于或等于100kPa的压力容器。

3）内部直径小于或等于152mm的压力容器。

4）内部直径小于或等于610mm，用于储存热水的压力容器。

5）内部直径小于或等于610mm，连接到水泵系统，并且盛装压缩空气作为缓冲罐使用的压力容器。

6）内部直径小于或等于610mm的液气混合罐。

（2）移动式压力容器

1）跨省运输第二类危险品的汽车罐车和移动式压力储罐。

2）跨省运输第二类危险品的铁路罐车。

3）跨省运输的各类气瓶。

这些气瓶主要是列入CAN/CSA B339的各类瓶式容器。按形状区分主要有3种。分别是气瓶（cylinder）、球形气瓶（sphere）和管式气瓶（tube）。气瓶是容积小于等于454L，内部压力大于等于0.275MPa（绝对压力）的容器；球形气瓶是容积小于等于45.5L，内部压力大于等于0.275MPa（绝对压力）的球形容器；管式气瓶是容积小于等于454L，内部压力大于等于0.275MPa（绝对压力）的无缝容器。按照制造规范划分，有3系列瓶式容器、4系列瓶式容器，还有8系列瓶式容器。气瓶按规范划分情况见表1-6。

表1-6　气瓶按规范划分情况

序号	气瓶规范号	瓶体材料	压力/MPa	容积/L	其　他
1	TC-3AM	碳钢、碳锰钢、中锰钢	≥1.0	≤454	无缝
2	TC-3ANM	镍钢	1~3.5	≤68	无缝
3	TC-3ASM	奥氏体不锈钢	≥1.0	≤454	无缝
4	TC-3AXM	碳锰钢、中锰钢	12.4	>454	无缝管式气瓶

（续）

序号	气瓶规范号	瓶体材料	压力/MPa	容积/L	其他
5	TC-3AAM	合金钢	≥1.0	≤454	无缝
6	TC-3AAXM	合金钢	≥12.4	>454	无缝管式气瓶
7	TC-3ALM	铝合金	≥1.0	≤454	无缝
8	TC-3EM	碳钢	≤12.4		无缝，最大外径为51mm，最长为610mm
9	TC-3FCM	树脂浇注及纵环向连续缠绕，无缝铝合金内筒	6.2~34.5	≤91	瓶体全部复合
10	TC-3HWM	部分树脂复合，仅在环向连续缠绕无缝铝合金内筒	6.2~34.5	≤91	
11	TC-3TM	合金钢	≥12.4	>454	无缝管式气瓶
12	TC-4AAM33	碳钢或高强度低合金钢	≤3.3	≤454	焊接，无纵向焊缝
13	TC-4BM	碳钢	1.0~3.5	≤454	焊接允许一条纵焊缝
14	TC-4BM17ET	碳钢	≤1.7	≤5.5	采用电阻焊管子，钎焊或旋转焊制而成
15	TC-4BAM	碳钢或高强度低合金钢	1.5~3.5	≤454	一条纵焊缝，钎焊
16	TC-4BWM	碳钢或高强度低合金钢	1.5~3.5	≤454	一条纵焊缝，电弧焊
17	TC-4EM	铝合金	1.6~3.5	≤454	两段无缝铝管环向焊接
18	TC-4LM	不锈钢	0.3~3.5	≤454	绝热，加外层金属保护套，温度为-196℃
19	TC-8WM	碳钢	≤1.7	未规定	溶解乙炔焊接气瓶
20	TC-8WAM	高强度钢	≤1.7	未规定	带有充填物、焊接
21	TC-39M	碳钢或铝合金钢	≤3.5	≤25	不能重复充装的有缝或无缝气瓶、球形气瓶

2. 气瓶安全监察要求

（1）设计　气瓶设计由制造厂负责，设计资料（各种型号气瓶的图样、特殊技术文件以及设计修改）要向危险品运输委员会备案并取得批准。按照《运输危险品的气瓶、球形和管状容器》标准（CAN/CSA-B339），新设计的气瓶和改变设计的气瓶要做设计鉴定。设计鉴定由危险品运输委员会授予资格的气瓶检验师进行或在其监督下进行。

（2）制造

1）气瓶制造单位要向危险品运输委员会申请登记注册。申请中应包括申请厂基本情况、设计图样、设计计算和设计说明书、质量管理手册、制造过程描述，以及由制造厂聘请的气瓶检验师情况。凡经危险品运输委员会或运输部地区办公室审查通过的气瓶制造单位，由危险品运输委员会管理事务处向企业发放制造许可（有效期为五年），许可中包括对气瓶设计的批准，并指定给制造厂1个标志。

2）气瓶制造过程中，制造厂要按气瓶生产的批量抽取试验样瓶做拉力试验、压扁试验、焊接拉力试验、焊接弯曲试验、爆破试验、冲击试验和低压循环试验。

（3）充装使用要求　加拿大标准《运输第二类危险品用气瓶、球形、管状容器和其他容器的选择与使用》（CAN/CSA B340）对气瓶充装要求提出明确规定。

（4）检验管理要求　运输部对气瓶检验（包括修理）管理要求为，凡从事气瓶检验试验的单位首先要依据 CAN/CSA-B339 规定内容向运输部提交登记注册申请。申请资料包括企业情况、申请范围、质量控制程序、检验试验设备情况和聘请的气瓶检验师情况。

（5）气瓶检验周期　气瓶检验周期大致为5年检验1次，复合气瓶为3年检验1次。少数气瓶水压试验放宽到10年。气瓶检验合格后，检验单位须在气瓶上做如下标志：

XX YYY ZZ E

其中XX代表检验月份，YYY是危险品运输委员会指定给检验单位标志，ZZ代表检验年份，E表示为肉眼检验。

检验试验结果必须保留10年，并且随时准备接受运输部检验师的检查。

3. 联邦政府对压力容器的安全监察

（1）一般要求　加拿大《劳动规范》第二卷规定，保护雇员工作时的健康和安全是雇主的责任。雇主特别责任之一是要确保压力容器使用、运行和维护符合加拿大《劳动规范》规定的标准。雇主要确保工作场所和有关设备每年都要被检查1次。

（2）对压力容器监察要求

1）联邦政府对压力容器的图样、技术规范、设计计算都提交到设备所在省的管理部门（或授权管理机构）审查。

2）压力容器安装后、初次使用前，必须由检验师对每1台压力容器或压力管道系统进行检验，确认合格，并经设备所在地省级锅炉压力容器管理部门（或授权管理机构）对压力容器登记，核定批准最大允许工作压力和最高允许工作温度后才可以投入使用。

（3）定期检验。如加拿大《职业安全与卫生规则》对检验周期的规定。

1）金属腐蚀速度超过每年0.1mm的压力容器（不含掩埋的压力容器），每年至少进行1次外部检验，每2年至少进行1次内部检验，或在每年由NDT（专业）技师进行测厚的情况下，至少每3年进行1次内部检验。

2）金属腐蚀速度每年不超过0.1mm的压力容器（不含掩埋的压力容器），每年至少进行1次外部检验，每4年至少进行1次内部检验，或在每年由授权批准的NDE技师进行测厚的情况下，至少每6年进行1次内部检验。

（4）事故　联邦系统所属锅炉、压力容器等发生事故造成人员死亡、两个或更多人员伤残、锅炉压力容器严重损坏、爆炸等，使用单位必须在事故发生24小时内向人力资源部（劳动部）安全官员报告，72h内提交描述事故的书面材料。对于这些事故，人力资源部（劳动部）可以根据事故的严重程度组织调查或要求使用单位进行调查。

（5）违章与罚款　任何人违反《劳动规范》第二卷“职业安全与卫生”规定条款，直接导致雇员死亡、严重疾病或严重受伤，或有意违反并且知道这种违反行为可以导致雇员死亡、严重疾病或严重受伤，均为有罪并处以下列处罚：

1）经法律诉讼控告程序并经法庭确认有罪后，罚款100万加元以下，或处以不超过两年的监禁，或两罚并处。

2）即席裁决，罚款不超过10万加元。

1-9　加拿大对汽车罐车是如何进行安全监察的？

答：加拿大联邦政府对汽车罐车进行安全监察具体如下。

1. 运输容器种类简介

1）加拿大运输危险品容器有公路罐车储罐（highway tank）、气瓶（cylinder）、移动容器（portable tank，指装载到车里或车上，或暂时固定到车船上的配有采取机械手段装卸附件的容器）、铁路罐车（tank car tank，tank container和multi-unit tank car tanks）和散装储罐（intermediate bulk containers-IBCs）。这些容器从容积方面可分为小型容器（容积小于等于450L）和大型容器（容积大于450L），从加拿大运输部确定的容器规格类型方面又可分为TC1、…、TC51、TC56/57、TC60系列（这些均为移动容器），TC100系列、TC300系列、TC400系列等各种规格标准储罐，以及非标准储罐等。这些用于危险品运输的容器，只有一部分是压力容器。这是因为，按照加拿大《危险品运输法》，危险品共分为九类：第一类为爆炸物；第二类为压缩、深冷、液化或溶解物（在一定压力下的）；第三类为可燃和易燃液体；第四类为易燃固体、可自燃物质、与水接触后产生气体的物质；第五类为氧化物和有机过氧化物；第六类为有毒和传染性物质；第七类为放射性的核物质；第八类为腐蚀性物质；第九类为经认定能够造成人员、财产和环境危险的其他类物质。

2）TC331和TC51型标准储罐主要用于运输液化气体，TC341和TC338是低温压力容器，TC106A、TC110A是多间隔压力容器。

3）用于公路运输危险品的储罐主要依据加拿大标准《运输危险品的公路罐车储罐和移动式储罐》（CAN/CSA B620）和《运输第二类危险品的公路罐车储

罐、多隔间罐车储罐和移动容器的选择与使用》（CAN/CSA B622）进行设计制造与使用管理。

2. 汽车罐车的安全监察要求

（1）设计　加拿大运输部不对设计单位发放资格证或授权，但对设计人员有具体能力要求，并由危险品运输委员会向满足要求的设计人员发放登记证书和特定的登记号。

设计经设计审查机构审查后，制造厂要向加拿大运输部申请设计注册号（TCRN）。申请 TCRN 号时，申请材料应包括制造厂概况、设计的描述总结、设计应用范围，以及设计审查机构的设计审查报告 。如果危险品运输委员会认为设计符合要求，将给制造厂一个唯一的加拿大运输部登记号码 TCRN。每台出厂的公路罐车储罐合格证书和铭牌必须包括这个号码。

（2）制造　汽车罐车制造企业首先要获得美国机械工程协会 ASME“U”钢印制造资格证书，或由所在省的锅炉压力容器管理部门（或授权管理机构）发放的允许制造厂按 ASME 第八卷第一分卷制造压力容器的有效证书。制造厂必须按照 ASME 要求建立质量保证体系并获得认可。

（3）使用管理　加拿大《危险品运输规则》明确要求运输容器在被许可后才能用来运输危险品。危险品运输容器必须符合加拿大有关标准或美国有关标准要求。对于非标准运输容器，还需要向危险品运输委员会申请批准，办理“同等安全许可证书”后才可以投入使用。

（4）定期检验和修理改造

1）汽车罐车的检验、试验、安装、修理和改造单位，必须向危险品运输委员会规则事务处提出对一种运输容器或多种容器从事一项或多项授权活动的申请。申请项目分别为泄漏试验、罐体试验、流体试验、衬里检验、外观检验、内部检验、压力试验、修理、改造、安装、再热处理等。

2）汽车罐车和移动式压力容器的检验项目根据容器种类的不同而不同，具体见表 1-7 移动式压力容器检验周期与检验项目。

表 1-7　移动式压力容器检验周期与检验项目

容器类别	外部检验	内部检验	泄漏试验	衬里检验	压力试验	测　厚
TC331	1 年	5 年	1 年		5 年	—
TC338	1 年	—	—		5 年	—
TC341	1 年	10 年	—		10 年	—
TC351	2.5 年	5 年	—	5 年	5 年	—

注：1. 上述压力容器除 TC341 外，凡未加装人孔或检查孔的，水压或气压试验随内部检验同时进行。

2. 装运氯气的 TC331 容器每两年进行一次压力试验和泄漏试验。

1-10　澳大利亚对压力容器是如何开展监管工作的？

答：澳大利亚对压力容器开展监管工作具体如下：

1. 纳入管理范围的机构和活动

纳入政府监督管理范围的单位（机构）和活动包括各类特种设备（包括压力容器）的设计单位、设计鉴定评审机构、制造单位、进口单位、供应单位、安装单位、使用单位（雇主和自雇人员）、检验检测机构、认证认可机构、人员能力资格认定机构等，以及这些单位（机构）所从事的设计、制造、进口、供应、安装、试运行、使用、检验、检测、维修、改造、分解、保存、报废、事故、处罚、申述、人员考核等项活动。

纳入管理范围的人员包括：

1）设计鉴定评审人员、制造监检人员、定期检验人员、无损检测人员等。

2）焊工、焊接检查员、各类压力容器作业人员等。

2. 承压设备危险等级划分

澳大利亚标准《产品质量保证——第一部分：承压设备制造》（AS 3920.1）将锅炉、压力容器（包括气瓶和罐车）和工业管道根据其危害程度分为 A、B、C、D、E 5 个危险等级。

例如，危险等级 A 级（高度危险）为大型容器，如 4000t 乙烷容器、7000t 丁烷或丙烷容器、12000t 氨容器及 200t 氯容器等；危险等级 B 级（中度危险）为大多数压力容器和锅炉；危险等级 C 级和 D 级设备主要为盛装低度危险介质的小型设备；危险等级 E 级（可忽略的）为具有极低危险。

3. 压力容器设计、设计鉴定评审与设计登记

（1）资料　设计单位（人员）申请设计鉴定评审时，需要提交如下资料：

1）若干份包括设计情况（危险等级、设计标准、结构等级、基本尺寸）的完整图样。

2）设计计算书（包括所有需要的设计条件）。

3）所有零部件用材料和焊接细节（包括设计鉴定评审人员认为必需的其他细节）。

4）任何与安全有关的设计方面的资料。

（2）设计鉴定评审主要内容

1）材料。

2）承受压力情况。这要考虑到相关标准或购买商规格或两者所指定的所有使用条件，包括压力、温度的作用、外部负重和当地环境条件的影响（如地震、风、雪和冰等）。

3）支撑。

4）制造和测试要求及测试计划。

5）法兰、阀门和附件规格（如果这些部件是与承压设备一起供货的）。

6）运输和安装计划、流程。

7）设备设计寿命及到达使用寿命后的处理程序。

4. 制造、安装与修理改造

（1）质量管理体系要求　承压设备制造单位必须建立产品质量管理体系。需要通过审查的质量管理体系的要求如下：接受由澳大利亚-新西兰联合认证认可组织（JASANZ）授权和批准的认证认可机构所进行的首次质量管理体系审查，和以3年为周期所进行的换证审查，以及不超过6个月时间间隔的质量管理体系抽查。满足澳大利亚质量管理体系标准（等效采用ISO 9000系列标准）或安全管理机构认可的其他等效标准要求。制造单位应保证其经过认证认可审查的质量管理体系有效运行，并与其责任相符。

（2）制造监检主要内容　审查制造单位有可接受的检验和测试技术文件和程序；审核制造单位的质量管理体系是否有效运行；审核设计图样和设计计算；检查用于制造设备的材料是否符合要求；审核锻件和铸件在相应的阶段、按相应的次数检验，以保证其符合相关材料规格和承压设备标准；审核承压部件的焊接准备工作、形状、工装和清洁是否符合设计文件和相关承压设备标准；审核所使用的焊接工艺是否已按有关标准要求进行了评定；审核所使用的特定焊接和钎焊工艺；审核从事制造的焊工和钎焊工是否已按有关标准认证或考核，如因具体原因质疑焊工的能力时，监检人员可以要求重新考核来评定焊工能否继续焊接该承压设备；审核所需的热处理是否都已正确完成；审核已完成的产品焊接试样且其结果合格；审核需经施焊方法返修的材料、焊缝和其他缺陷已被修复合格；审核要求的无损检测和其他测试都已施行且结果合格；对承压设备内部和外部进行外观检查，以确保材料的标记已被正确移植，且厚度、表面和形状是合格的；现场观看水压试验和气压试验，以保证其符合相关的承压设备标准；检验内部和外部尺寸，以保证符合相关承压设备标准和设计文件确定的公差；审核设备钢印和铭牌钢印符合相应的承压设备标准；对制造单位的数据报告、检验和制造完成表上的检测计划进行复查并签字；肉眼检验安全防护附件（如果有）的安装情况是否符合相应承压设备标准。

（3）压力容器危险级别、制造质量管理体系、设计鉴定评审与制造监检关系　具体见表1-8。

5. 压力容器的使用

1）压力容器在使用中，使用单位应向具备资格的操作人员提供操作程序及其他有关数据。有关压力容器的所有应急程序、报警装置、自动切断及其他安全设施，都应符合操作手册的说明或符合一般认可的工业实施标准的规定。必要时，应由检验机构负责监督试验并予以认可。

2）气瓶使用单位（所有者）必须确保气瓶的检验与维护符合 AS 2030。对于气瓶检验站的雇主，在开展气瓶检验试验工作时，必须符合 AS 2030 和 AS 2337。气瓶充装站的雇主，必须确保那些符合 AS 2030，处于良好状态，且在检验有效期的气瓶（带有检验标志）才可以充装，充装工作要严格执行 AS 2030，充装介质必须与规定的气瓶充装介质相符。

表 1-8　压力容器危险级别、制造质量管理体系、设计鉴定评审与制造监检关系

设备危险级别	设计		制造	
	质量管理体系建立状况	设计鉴定评审	质量体系状况	制造监检
A	AS 3901	需要	AS 3902	需要
B	AS 3901	需要	AS 3902	不需要
	无 CQS	需要	或 无 CQS	需要
C	AS 3901	不需要	AS 3902	不需要
	无 CQS	需要	或 无 CQS	需要
D	AS 3901	不需要	无 CQS	不需要
	无 CQS	需要	—	—
E	无 CQS	不需要	无 CQS	不需要

注：1. CQS 是达到指定标准或等效标准的质量控制体系。
2. 对危险级别为 C、D 或 E 级的管道系统和安全附件无须设计鉴定评审或制造监检。
3. 对于 C 类移动式压力容器，执行 AS 3901 时，不需要设计鉴定评审或制造监检。

6. 检验

承压设备使用检验包括安装后检验（或试运行检验）、1 年后首次检验、外部检验及内部检验。检验工作由具有资格的检验机构负责，也可由注册检验师（澳大利亚个别州）负责。

1-11　新加坡对压力容器是如何开展安全监察工作的？

答：新加坡对压力容器开展安全监察工作具体如下：

1. 设计　法定设备采取设计文件审查制度。

1）任何法定压力容器在制造前必须由制造者向总检验师提交 3 套经过当地专业工程师（机械）校核并签字的图样和计算书供审查批准用。

2）任何法定压力容器必须按照下列规范设计，且应符合《工厂法》相关规定：a. 英国标准（BS）；b. 美国机械工程师协会规范（ASME）；c. 美国管式热交换装置制造商协会规范（TEMA）；d. 其他经过工厂总检验师批准的最新的英文版标准。

3）非法定压力容器的设计不需要经过批准，但其必须按上述经过批准的规范或标准进行设计。

2. 制造

1）新加坡境内的法定压力容器（包括蒸汽锅炉）制造厂不需要制造资质审

查和批准（不包括法人登记、注册），但目前新加坡境内已取得ASME资格证书的压力容器厂（包括蒸汽锅炉）共有17家（自愿）。在新加坡没有气瓶制造厂，所有气瓶全部依靠进口。

2）法定压力容器在上述设计被批准后，职业安全处（OSD）总检验师（ABI）将指派一名授权锅炉检验师对该压力容器制造进行监督检验，其检验项目如下：a. 核查材质证明书的力学试验和化学分析结果，并与规定校核；b. 对材料进行标志并打钢印；c. 批准焊接工艺规程（WPS）、工艺评定记录（PQR）；d. 批准焊工；e. 检查焊接准备工作，包括尺寸和焊缝坡口、定位焊等；f. 检查前一道焊缝清理和下一道焊缝的准备；g. 无损检测报告的检查和缺陷处理决定；h. 检查焊后热处理程序；i. 见证水压试验及其认为必要的其他试验。

在制造监督结束后，如授权锅炉检验师（ABI）认为合格，则将发给该压力容器一个制造编号，并将其打印在压力容器上。当制造者交付了规定的费用后，职业安全处将给该压力容器颁发一份制造监督检验合格证书或报告。

3. 定期检验

1）任何压力容器必须定期进行彻底检查。法定压力容器检验一般由授权锅炉检验师（具有官方检验师身份或个体授权锅炉检验师）来执行，各类非法定压力容器的定期检验则应由有法定资格的人员执行。

2）定期检验内容。所有压力容器在定期检验时均应进行彻底的检查。

3）定期检验报告。每次定期检验结束，均应由检验执行人提出定期检验报告。报告是规定格式的，其内容必须注明被检验压力容器的安全工作压力及为使该压力容器安全工作所必需的其他条件。定期检验报告的一份副本应当交给用户，另一份副本应在检验完成后28天内寄给总检验师。如果发现该被检压力容器不能安全使用（除非在规定时间内经过可靠的修理后达到要求），则执行检验的授权锅炉检验师（ABI）应当立即寄一份检验报告的副本给总检验师，以作备案。

4. 修理和改造

凡压力容器经过修理或改造将会影响承压部件或压力容器的安全使用并有可能引发危险事故时，这种修理或改造必须事先得到总检验师的书面批准，且这种修理或改造必须在一位授权锅炉检验师或有资格人员的监督下进行。修理或改造后，该压力容器还必须经过授权锅炉检验师的再检验，以确保这种修理或改造不影响该压力容器的安全使用。

5. 新加坡境外制造的进口压力容器安全监察

在新加坡境外制造而进口到新加坡使用的压力容器，包括法定压力容器；盛装腐蚀、有毒、易燃、易爆物质的压力容器；管道、泵、压缩机和任何其他用于运送蒸气、空气、制冷剂或任何腐蚀、有毒、易燃、易爆物质的设备；气体装置（用于制造和储存气体的设备及气瓶）。

（1）设计　必须按照 ASME、TEMA、BSI 或其他经过总检验师批准的压力容器（包括蒸汽锅炉）规范或标准进行设计并提供由被批准的海外检验机构批准的检验师（Approved Inspector）批准签字的图样和设计计算书。

（2）制造　国外的制造厂在为新加坡用户制造压力容器前，不需要取得新加坡政府认可的制造资质，但其必须由一家批准的海外检验机构派出的、被总检验师批准的检验师对该压力容器进行制造监督检验，其内容如下：a. 审查和批准设计图样及计算书，并在其上签字；b. 对制造厂设施的适宜性进行审查；c. 检查焊工资格，必要时对其进行考试并定级；d. 材质证明书的校核及材料复验；e. 执行制造过程的监督和焊接质量检查；f. 无损检测程序和报告的审查；g. 所采用规范要求的全部试验的见证。

制造监督检验后该批准的检验师应提交一份制造监督检验报告，标明日期并签字，总检验师只认可批准的海外检验机构批准的检验师签字的制造监督检验报告。

（3）检验　除了必须提交一份由批准的海外检验机构提供的、由批准的检验师签字的制造监督检验报告外，其余程序与新加坡境内制造的压力容器的要求相同。

（4）修理与改造　进口压力容器修理、改造的管理与监督和在新加坡境内制造的压力容器的要求相同。

第 2 章　压力容器基本知识

2-1　什么是压力容器?

答: 从广义上讲，凡承受流体压力的密闭容器均可称为压力容器。但容器的容积有大小；流体的压力也有高低，TSC 21—2016《固定式压力容器安全技术监察规程》中指出，压力容器是指同时具备下列 3 个条件的容器。

1）最高工作压力（p_W）大于或者等于 0.1MPa（不含液体静压力，下同）。其中：承受内压的压力容器，其最高工作压力是指正常使用过程中顶部可能出现的最高压力；承受外压的压力容器，其最高工作压力是指压力容器在正常使用过程中可能出现的最高压力差值；对于夹套容器是指夹套顶部可能出现的最高压力差值。

2）容积（V）大于或者等于 0.03m^3 并且内径（非圆形截面指截面内边界最大尺寸）大于或者等于 0.15m。其中：p——设计压力，p_W——最高工作压力，V——容积。容积是指压力容器的几何容积，即由设计图样标注的尺寸计算（不考虑制造公差）并圆整，且不扣除内件体积的容积。多腔压力容器（如换热器的管程和壳程、余热锅炉的锅筒（汽包）和换热室、夹套容器等）按照类别高的压力腔作为该容器的类别并按该类别进行使用管理。但应按照每个压力腔各自的类别分别提出设计、制造技术要求。对各压力腔进行类别划定时，设计压力取本压力腔的设计压力，容器取本压力腔的几何容积。

3）盛装介质为气体、液化气体及介质最高工作温度高于或者等于标准沸点的液体。其中：容器内主要介质为最高工作温度低于标准沸点的液体时，如气相空间（非瞬时）大于等于 0.03m^3，且最高工作压力大于或者等于 0.1MPa 时。均属于《固定式压力容器安全技术监察规程》的适用范围。

2-2　压力容器有哪些工艺参数?

答: 压力容器的主要工艺参数有压力、温度和介质。压力容器工艺参数是根据生产工艺要求来确定的，也是压力容器设计、操作运行的主要依据。

1. 压力

（1）工作压力　是指在正常工作情况下，压力容器顶部可能达到的最高压力（指表压力）。

（2）最高工作压力　是指容器顶部在工艺操作过程中可能产生的最大压力（即不包括液体静压力，压力超过此值时，容器上的安全装置就要动作，容器最高工作压力应不超过设计压力）。

（3）设计压力　是指设定的压力容器顶部的最高压力，与相应设计温度一起作为设计载荷条件，其值不低于工作压力。设计压力由容器的设计单位根据设计条件要求和有关规范确定。

TSG 21—2016《固定式压力容器安全技术监察规程》规定容器的设计压力，应略高于容器在使用过程中的最高工作压力。装有安全装置的容器，其设计压力不得小于安全装置的开启压力或爆破压力。盛装临界温度高于50℃的液化气体的容器，如有可靠的保冷措施，其设计压力应为所盛装气体在可能达到的最高工作温度下的饱和蒸气压力，如无保冷措施，其设计压力不得低于50℃时的饱和蒸气压力。

2. 温度

（1）使用温度　是指容器运行时，用测温仪表测得工作介质的温度。

（2）设计温度　是指压力容器在正常工作条件下，设定的元件温度（沿元件截面的温度平均值），设计温度与设计压力一起作为设计载荷条件。压力容器的设计温度不同于其内部介质可能达到的温度。压力容器的设计温度是指容器在正常工作过程中，在相应设计压力下，设定的受压元件的金属温度，其值不得低于元件金属可能达到的最高金属温度；对于按低温容器要求设计的压力容器，其设计温度不得高于元件金属可能达到的最低金属温度。

（3）试验温度　进行耐压试验时，容器壳体的金属温度。

3. 介质

介质是指压力容器内盛装的物料，有液态、气态或气、液混合态3种状态，压力容器的安全性与其内部盛装的介质密切相关，介质性质不同，则对容器的材料、制造和使用的要求也不同，介质有易燃易爆、毒性和腐蚀性介质。

腐蚀介质，如硝酸、硫酸、盐酸、环烷盐，强碱等均具有强腐蚀性，由于介质的种类和性质不同，加上工艺条件不同，则介质产生腐蚀性也不同。

2-3　按承受工作压力，压力容器是如何分类的？

答：可按压力和壳体承压方式进行分类。

（1）按压力分类　按所承受压力的高低，压力容器可分为低压、中压、高压、超高压4个等级，具体划分如下：a. 低压容器（代号L）$0.1\text{MPa} \leqslant p < 1.6\text{MPa}$；b. 中压容器（代号M）$1.6\text{MPa} \leqslant p < 10\text{MPa}$；c. 高压容器（代号H）$10\text{MPa} \leqslant p < 100\text{MPa}$；d. 超高压容器（代号U）$p \geqslant 100\text{MPa}$。

（2）按壳体承压方式分类　按壳体承压方式不同，压力容器可分为内压（壳体内部承受介质压力）容器和外压（壳体外部承受介质压力）容器两大类，这两类容器是截然不同的。首先，反映在设计原理上，内压容器的壁厚是根据强度计算确定的，而外压容器的设计则主要考虑稳定性问题；其次，反映在安全性上，外压容器一般较内压容器安全。

2-4 什么是剧毒介质、有毒介质和易燃介质?

答:

1. 定义

(1) 剧毒介质 是指进入人体量<50g 即会引起肌体严重损伤或致死的介质,如氟、氢氟酸、光气、氟化氢、碳酰氟等。

(2) 有毒介质 是指进入人体量≥50g 即会引起人体正常功能损伤的介质。如二氧化硫、氨、一氧化碳、氯化烯、甲醇、氧化乙烯、硫化乙烯、二硫化碳、乙炔、硫化氢等。

(3) 易燃介质 是指与空气混合的爆炸下限<10%或爆炸上限和下限之差值>20%的气体,如乙烷、乙烯、氯甲烷、环氧乙烷、环丙烷、氢、丁烷、三甲胺、丁二烯、丁烯、丙烷、甲烷等。

(4) 介质毒性程度的分级和易燃介质的划分

1) 压力容器中化学介质毒性程度和易燃介质的划分参照 HG/T 20660—2017《压力容器中化学介质毒性危害和爆炸危险程度分类标准》的规定。无规定时,按下述原则确定毒性程度:a. 极度危害(Ⅰ级)最高允许含量<$0.1mg/m^3$;b. 高度危害(Ⅱ级)最高允许含量$0.1\sim1.0mg/m^3$;c. 中度危害(Ⅲ级)最高允许含量$1.0\sim10mg/m^3$;d. 轻度危害(Ⅳ级)最高允许含量≥$10mg/m^3$。

2) 压力容器中的介质为混合物质时,应以介质的组分并按上述毒性程度或易燃介质的划分原则,由设计单位的工艺设计部门或使用单位的生产技术部门提供介质毒性程度或是否属于易燃介质的依据,无法提供依据时,按毒性危害程度或爆炸危险程度最高的介质确定。

2. 有毒介质对人体的伤害

在压力容器使用中,常常接触到许多有毒物质。这些毒物的种类繁多,来源广泛,如原料、辅助材料、成品、半成品、副产品、废气、废水、废渣等。在生产过程中,当毒物达到一定含量时便会危害人体健康。因此,在工业生产中预防中毒是极为重要的。

(1) 工业毒物与职业中毒 毒物是指较小剂量的化学物质,在一定条件下,作用于人体与细胞成分产生生物化学作用或生物物理变化,扰乱或破坏人体的正常功能,引起功能性或器质性改变,导致暂时性或持久性病理损害,甚至危及生命。在工业生产过程中所使用或产生的毒物称为工业毒物。在操作运行过程中,工业毒物引起的中毒称为职业中毒。

在实际生产过程中,生产性毒物常以气体、蒸气、雾、烟尘或粉尘的形式污染生产环境,从而对人体产生毒害。

1) 气体。指在常温常压下呈气态的物质,逸散于生产场所的空气中,如氯、一氧化碳、二氧化硫、烯烃等。

2）蒸气。由液体蒸发或固体升华而形成。前者如苯蒸气、汞蒸气，后者如碘蒸气等。

3）雾。是指混悬在空气中的液体微滴，多为蒸气冷凝或液体喷撒所形成。如涂装时所形成的含苯漆雾、酸洗作业时所形成的硫酸雾等。

4）烟尘。又称烟雾或烟气，是指悬浮在空气中的烟状固体微粒，其直径往往小于0.1μm，金属熔化时产生的蒸气在空气中氧化冷凝时可形成烟，如铅块加热熔解时在空气中形成的氧化铅烟，有机物加热或燃烧时也可以产生烟，如煤和石油的燃烧、塑料热加工时产生的烟等。

5）粉尘。是能较长时间飘浮于空气中的固体微粒，直径大于0.1mm，大都是固体物质经机械加工而形成的，如塑料粉尘等。

（2）工业毒物分类

1）按毒物的化学结构分为有机类和无机类。

2）按毒物的形态分为气体类（如硫化氢、二氧化硫等），液体类（如苯类、硫酸等），固体类（如沙尘等），雾状类（如硫酸酸雾等）。

3）按毒物的作用性质分为刺激性（如氯气、氟化氢），窒息性（如氮气），麻醉性（如乙醚），致热源性（如氧化锌），腐蚀性（如硫酸二甲酯），致敏性（如苯二胺）。

4）按损害的器官或系统分为神经毒性，血液毒性，肝脏毒性，肾脏毒性，全身性毒性等。

毒物急性毒性常按 LD_{50}（吸入2h的结果）进行分级，可将化学物质毒性分为剧毒、高毒、中等毒、低毒和微毒等五级，见表2-1。

表2-1　化学物质毒性分级

毒性分级	大鼠一次经口 LD_{50}/(mg/kg)	6只大鼠吸入4h死2~4只的含量/(mL/m^2)	免涂皮时 LD_{50}/(mg/kg)	对人可能致死量	
				g/kg	总量/g（60kg体重）
剧毒	<1	<10	<5	<0.05	0.1
高毒	>1	>10	>5	>0.05	3
中等毒	>50	>100	>44	>0.5	30
低毒	>500	>1000	>350	>5	250
微毒	>5000	>10000	>2180	>15	>1000

（3）急性中毒的抢救　急性中毒是指在短时间内接触高含量的毒物，引起机体功能或器质性改变，如不及时抢救，容易造成死亡或留有后遗症。

急性中毒多在现场突然发生异常时，由于压力容器或气瓶损坏或泄漏致使大量毒物外溢造成的。若能及时、正确地抢救，对于挽救中毒者生命，减轻中毒程度，防止并发症是十分重要的。

抢救急性中毒患者，应迅速、沉着地做下列工作。

1）救护者应做好个人防护。救护者在进入毒区之前，首先要做好个人呼吸系统和皮肤的防护，佩戴好呼吸器，避免使中毒事故扩大。

2）切断毒物来源。对中毒者抢救的同时，应采取果断措施切断毒源（如关闭阀门、停止加送物料等），防止毒物继续外逸。

3）防止毒物继续侵入人体。将中毒者迅速移至新鲜空气处，并保持呼吸畅通。

4）促进生命器官功能恢复。中毒者若停止呼吸，则要立即进行人工呼吸，强制输氧。

5）尽早使用解毒剂。采用各种解毒措施，降低或消除毒物对机体的危害作用。

2-5　压力容器使用中，介质的燃烧、爆炸机理是什么？

答：压力容器中的工作介质不少具有易燃、易爆的特性，且多以气体和液体状态存在，极易泄漏和挥发，一旦出现管理不善、设计不当、操作不慎或设备故障等情况，就可能导致发生火灾及爆炸事故。

1. 燃烧的种类

（1）燃烧的3个特征　放热、发光、生成新物质。

（2）燃烧的3个必要条件　可燃物、助燃物（可燃物和助燃物都有一定的含量和数量要求）和点火能源。由此可见，所有的防火措施都在于防止这3个条件同时存在，所有的灭火措施都在于消除其中的任一条件。

（3）燃烧的种类　燃烧现象按形成的条件和瞬间发生的特点，分为闪燃、着火、自燃、爆燃等4种。

1）闪燃是在一定的温度下，易燃、可燃液体表面上的蒸气和空气的混合气与火焰接触时，闪出火花但随即熄灭的瞬间燃烧过程。

2）着火是可燃物受外界火源直接作用而开始的持续燃烧现象。

3）自燃是可燃物质没有外界火源的直接作用，因受热或自身发热使温度上升，当达到一定温度时发生的自行燃烧现象。

4）爆燃是可燃物质和空气或氧气的混合物由火源点燃，火焰立即从火源处以不断扩大的同心球形式自动扩展到混合物的全部空间的燃烧现象。

2. 爆炸及其影响

1）爆炸是物质由一种状态迅速转变成另一种状态，并在瞬间以声、光、热、机械功等形式释放大量能量的现象。实质上爆炸是一种极为迅速的物理或化学的能量释放过程。

2）可燃气体、可燃蒸气或粉尘和空气构成的混合物，只有在一定的含量范围内遇到火源才能发生燃烧爆炸，这个含量范围称为爆炸极限。

在压力容器或管道中，如可燃气含量在爆炸上限以上，当压力容器有焊接裂纹或其他原因产生缝隙时，空气会立即渗漏进去，则随时有燃烧、爆炸的危险，所以对含量在上限以上的混合气，要随时密切关注，以防止事故发生。

表 2-2 为部分可燃气体和蒸气的爆炸极限。

表 2-2　部分可燃气体和蒸气的爆炸极限

分类		可燃气体或蒸气	化学式	相对分子质量	爆炸极限 (%) 下限 L_1	爆炸极限 (%) 上限 L_2	爆炸极限 mg/L 下限 Y_1	爆炸极限 mg/L 上限 Y_2
无机物		氢	H_2	2.0	4.0	75.6	3.3	63
		二硫化碳	CS_2	76.1	1.25	44	40	1400
		硫化氢	H_2S	34.1	4.3	45	61	640
		氰化氢	HCN	27.1	6.0	41	68	460
		氨	NH_3	17.0	15.0	28	106	200
		一氧化碳	CO	28.0	12.5	74	146	860
		氧硫化碳	COS	60.1	12.0	29	300	725
碳氢化合物	不饱和烃	乙炔	C_2H_2	26.0	2.5	81	27	880
		乙烯	C_2H_4	28.0	3.1	32	36	370
		丙烯	C_3H_6	42	2.4	10.3	42	180
	饱和烃	甲烷	CH_4	16.0	5.3	14	35	93
		乙烷	C_2H_6	30.1	3.0	12.5	38	156
		丙烷	C_3H_8	44.1	2.2	9.5	40	174
		丁烷	C_4H_{10}	58.1	1.9	8.5	46	206
		戊烷	C_5H_{12}	72.1	1.5	7.8	45	234
		己烷	C_6H_{14}	86.1	1.2	7.5	43	270
		庚烷	C_7H_{16}	100.1	1.2	6.7	50	280
		辛烷	C_8H_{18}	114.1	1.0	—	48	—
	环状烃	苯	C_6H_{16}	78.1	1.4	7.1	46	230
		甲苯	C_7H_8	92.1	1.4	6.7	54	260
其他有机化合物	含氧衍生物	环氧乙烷	C_2H_4O	44.1	3.0	80	55	1467
		乙醚	$(C_2H_5)_2O$	74.1	1.9	48	59	1480
		乙醛	CH_3CHO	44.1	4.1	55	75	1000
		丙酮	$(CH_3)_2CO$	58.1	3.0	11	72	270
		乙醇	C_2H_5OH	46.1	4.3	19	82	360
		甲醇	CH_3OH	32.0	5.5	36	97	480
		醋酸戊酯	$C_7H_{14}O_2$	130	1.1		60	
		醋酸乙酯	$C_4H_8O_2$	88.1	2.5	9	92	330

3）爆炸极限的影响因素。爆炸极限一般是在常温常压条件下测定出来的数据，它随着温度、压力、含氧量、惰性气体含量、火源强度等因素变化而变化，具体如下：a. 初始温度，混合气着火前的初始温度升高，会使分子的反应活性增加，导致爆炸范围扩大，即爆炸下限降低，上限提高，从而增加了混合物的爆炸危险性；b. 初始压力，混合气的初始压力增加（降低），爆炸范围随之扩大（缩小），压力对爆炸上限的影响十分显著，对下限的影响较小；c. 含氧量。混合气中增加氧含量，一般情况下对下限影响不大，但会使上限显著增高，爆炸范围扩大；d. 惰性气体含量，混合气体中增加惰性气体含量，会使爆炸上限显著降低，爆炸范围缩小；e. 点火源与最小点火能量，点火源的强度高，会使爆

炸范围扩大，增加爆炸的危险性；最小点火能量是指能引起一定含量可燃物燃烧或爆炸所需要的最小能量；f. 消焰距离。试验证明，通道尺寸越小，通道内混合气体的爆炸含量范围越小。当通道小到一定程度时，火焰就不能通过，火焰蔓延不下去的最大通道尺寸称为消焰距离。

2-6　预防易燃、易爆介质发生燃烧爆炸事故有什么措施？

答： 预防易燃、易爆介质发生燃烧爆炸事故，主要从两个方面：一是防止可燃物、助燃物形成燃烧爆炸系统；二是清除和严格控制一切足以导致着火燃烧爆炸的着火源。

1. 控制或消除燃烧爆炸条件的形成

（1）设计要符合规范　设计要充分考虑火灾爆炸的危险性，要符合防火防爆的安全技术要求，采用先进的工艺技术和可靠的防火防爆措施，以减少促成燃烧爆炸的因素，实现本质安全。

（2）正确操作，严格控制和执行工艺　在生产工艺控制上，应重点把好以下几个环节：控制温度，严防超温；控制压力，严防超压；控制原料的纯度；控制好加料速度、加料比例和加料顺序；严禁超量贮存，超量充装。

（3）加强设备维护，确保设备完好　火灾爆炸事故能否发生，其中一条重要的因素是设备状况的好坏。设备状况好，运转周期长，不发生跑冒滴漏，就能避免或减少事故的发生。

（4）加强通风排气，防止可燃气体积聚　有爆炸危险的生产岗位，要充分利用自然通风，采用局部或全面的机械通风装置，及时将泄漏出来的可燃气体排出，防止积聚引起爆炸。

（5）采用自动控制和安全防护装置　火灾爆炸危险性大的生产现场，应设置可燃气体、有毒有害气体含量自动报警器，以便及时发现和消除险情。

（6）使用惰性气体保护　向易燃易爆设备中加入惰性气体，可稀释可燃气体含量，使设备中的氧含量降到安全值，破坏其燃烧爆炸条件。

2. 阻止火灾蔓延措施

采用阻止火灾蔓延到盛装可燃气体的设备或生产系统中的各种措施，对于减少事故损失是非常重要的。常用的阻火设施主要有切断阀、止回阀、安全水封、阻水器等。此外，在建筑上还有防火门、防火墙、防火堤及防火安全距离等，都是防止火灾蔓延扩大的措施。

3. 防爆泄压措施

工艺装置均须设置防爆泄压设施，常用的泄压设施有安全阀、爆破片、防爆门、放空管等。有爆炸危险的厂房，还应有足够的泄压面积。

4. 加强火源的控制和管理

企业中可能遇到的火源，除生产过程中本身具有的加热炉火，反应热、电火花等以外，还有维修用火，机械摩擦热，撞击火星等。这些火源经常是引起易燃易爆物着火爆炸的原因。控制这些火源的使用范围，严格用火管理。

5. 加强易燃易爆物质的管理

了解生产中所使用的原料、中间产品和成品的物理化学性质及其火灾爆炸危险程度，了解生产中所用物料的数量。

2-7 压力容器是如何来划分类别的？

答：

1. 按压力容器，承受压力高低及贮存介质的性质划分

划分压力容器类别为有利于安全技术管理和监督检查，根据容器的压力高低、介质的危害程度，以及生产过程中的重要作用，将其适用范围的容器划分为3类。

（1）下列情况之一的为第三类压力容器

1）高压容器。常用的高压容器有：立式高压容器、型槽钢带绕制高压容器和多层绕板高压容器，其结构分别如图2-1～图2-3所示。

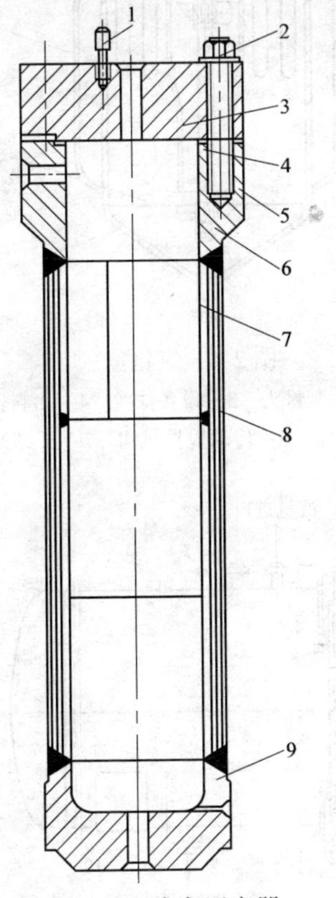

图2-1 立式高压容器

1—高压螺栓 2—主螺母 3—顶盖 4—密封垫 5—主螺栓 6—顶法兰 7—内胆 8—层板 9—底封头

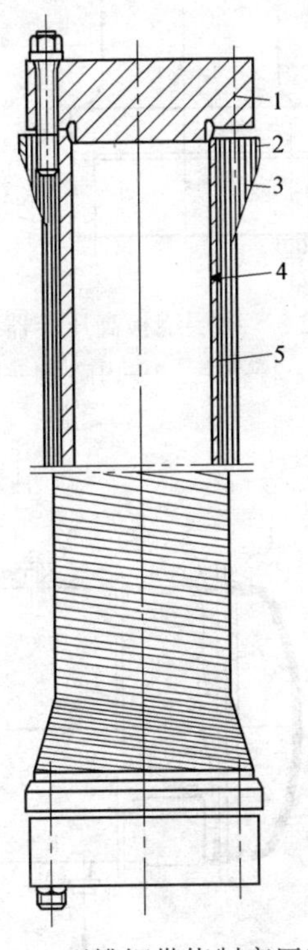

图2-2 型槽钢带绕制高压容器

1—端盖 2—箍环 3—法兰 4—内筒 5—绕带层板

2）中压容器（仅限毒性程度为极度和高度危害介质）。

3）中压贮存容器（仅限易燃或毒性程度为中度危害介质，且 pV 乘积大于等于 $10MPa \cdot m^3$）。常用的中压贮存容器有氢化釜和液氨储槽其结构分别如图 2-4 和图 2-5 所示。

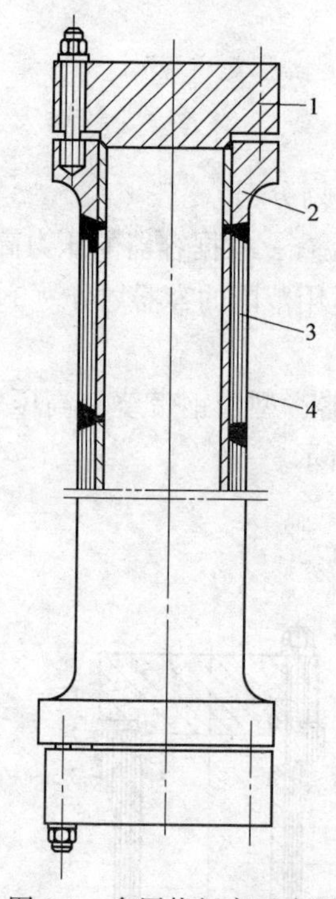

图 2-3　多层绕板高压容器

1—端盖　2—法兰　3—内筒　4—层板

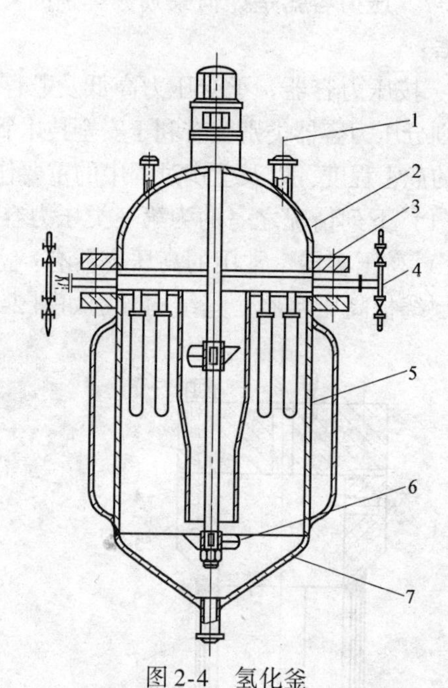

图 2-4　氢化釜

1—接管　2—上封头　3—设备法兰　4—出料辅助装置　5—筒体　6—传动搅拌机构　7—下封头

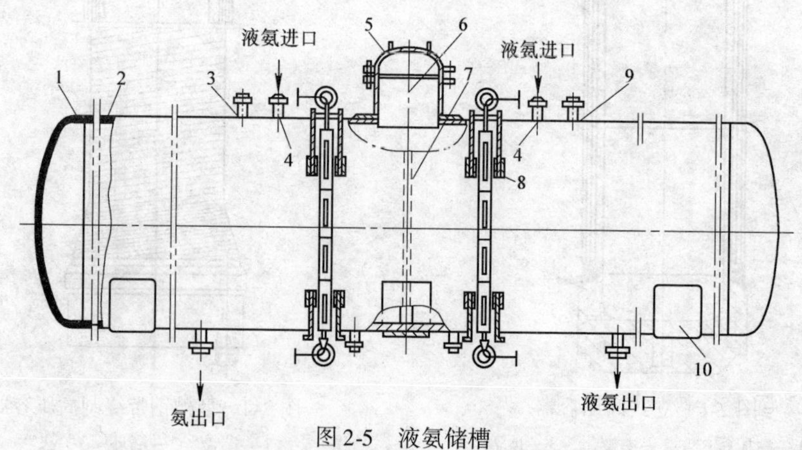

图 2-5　液氨储槽

1—封头　2—槽体　3—弛放气出口　4—液氨进口　5—人孔盖　6—人孔　7—隔板　8—玻璃板　9—安全阀接口　10—支撑板

4）中压反应容器（仅限易燃或毒性程度为中度危害介质，且 pV 乘积大于等于 0.5MPa · m^3）。常用的中压反应容器有氧化塔和乙炔吸附器，其结构分别如图 2-6 和图 2-7 所示。

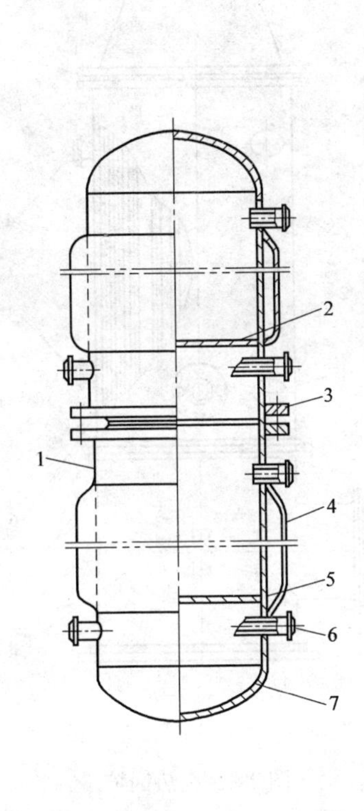

图 2-6　氧化塔

1—筒体　2—上筛板　3—下隔板　4—夹套
5—下筛板　6—接管　7—封头

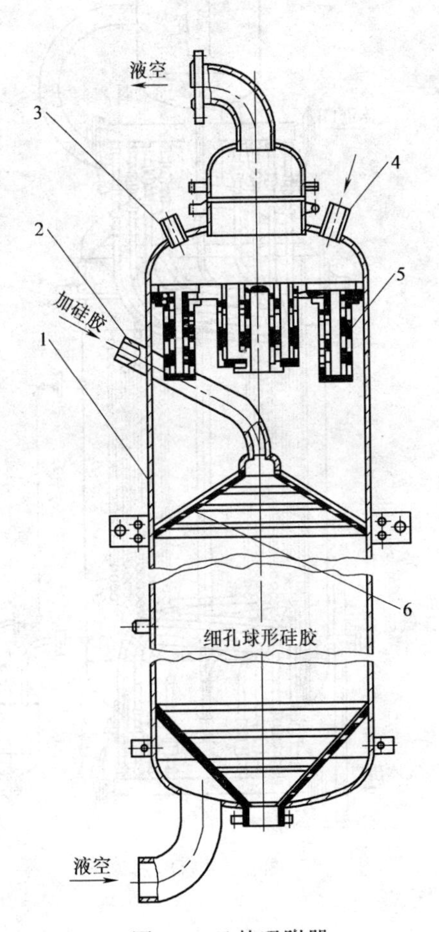

图 2-7　乙炔吸附器

1—筒体　2—加硅胶管　3—压力表接管
4—加温接管　5—过滤器　6—锥形过滤器

5）低压容器（仅限毒性程度为极度和高度危害介质，且 pV 乘积大于等于 0.2MPa · m^3），常用的低压容器有氨冷器，其结构如图 2-8 所示。

6）高压、中压管壳式余热锅炉。图 2-9 为废热锅炉，图 2-10 为热交换器。

7）中压搪玻璃压力容器。

8）使用强度级别较高（指相应标准中抗拉强度规定值下限大于等于 540MPa）的材料制造的压力容器。

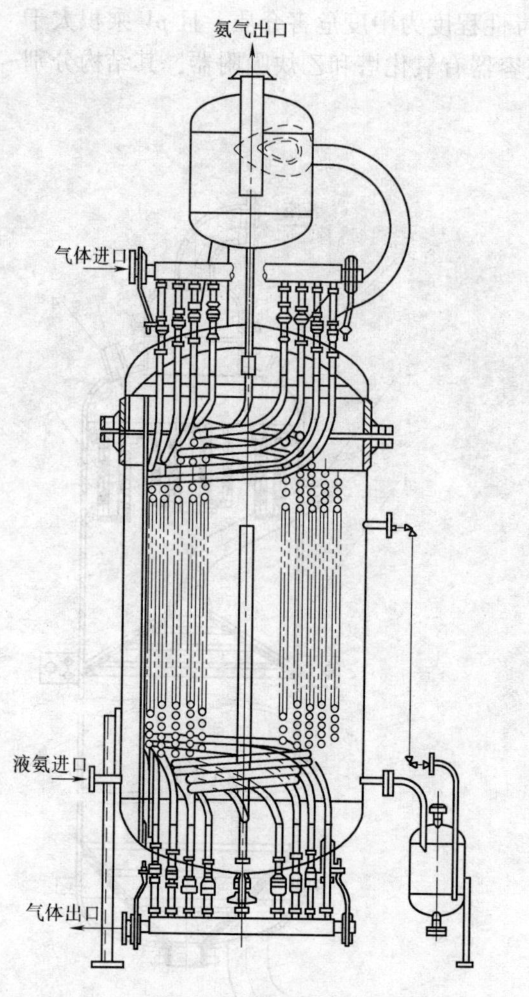

图 2-8　氨冷器

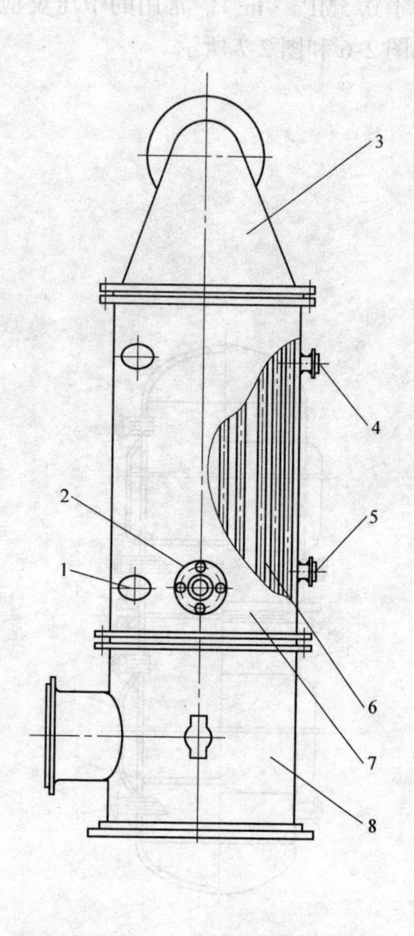

图 2-9　废热锅炉

1—手孔　2—排污口　3—废热锅炉顶盖
4—汽水上升管接口　5—下降水管接口
6—炉管　7—筒体　8—废热锅炉底座

9）球形储罐（容积大于等于 $50m^3$）。

10）低温液体贮存容器（容积大于 $5m^3$）。

（2）下列情况之一的为第二类压力容器

1）中压容器。

2）低压容器（仅限毒性程度为极度和高度危害介质）。

3）低压反应容器和低压储存容器（仅限易燃介质或毒性程度为中度危害介质）。

4）低压管壳式余热锅炉。

5）低压搪玻璃压力容器。

(3) 低压容器　低压容器列为第一类压力容器。

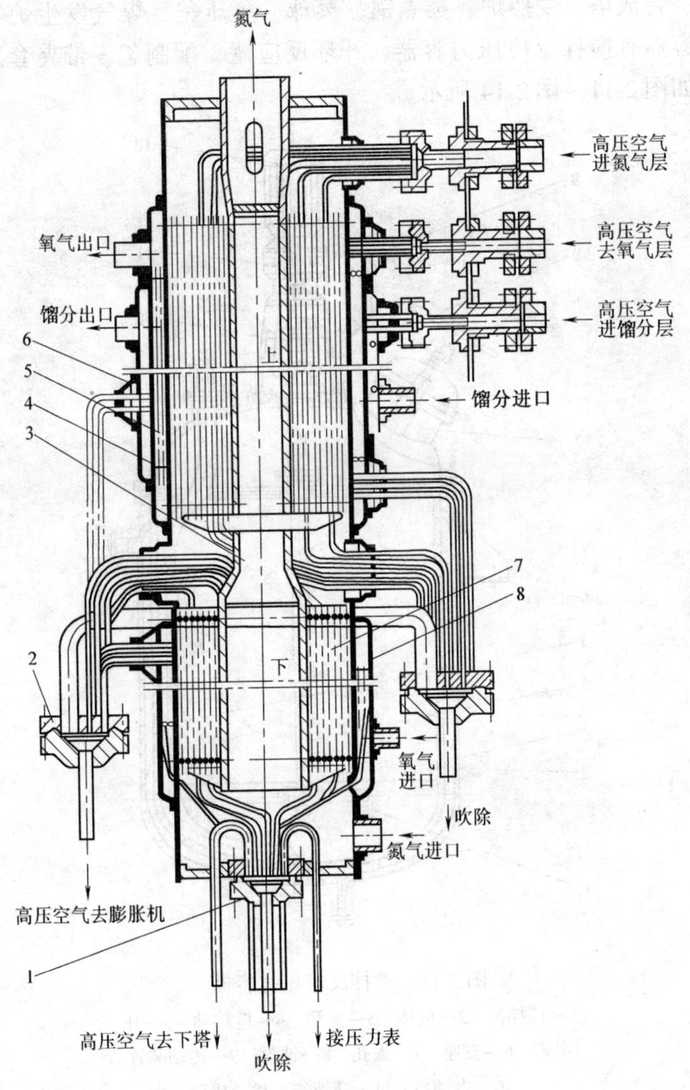

图 2-10　热交换器

1—Ⅱ集合器　2—Ⅰ集合器　3—中心管　4、7—氮隔层
5、8—氧隔层　6—馏分隔层

2. 按压力容器在生产工艺过程中的作用原理划分

压力容器可分为反应压力容器、换热压力容器、分离压力容器、贮存压力容器。

(1) 反应压力容器（代号 R） 主要是用于完成介质的物理、化学反应的压力容器，如反应器、反应釜、分解锅、硫化罐、分解塔、聚合釜、高压釜、超高压釜、合成塔、变换炉、蒸煮锅、蒸球、蒸压釜、煤气发生炉等。常用的反应压力容器有搅拌反应压力容器、开环反应罐、配制釜、带夹套发酵罐，其结构分别如图 2-11～图 2-14 所示。

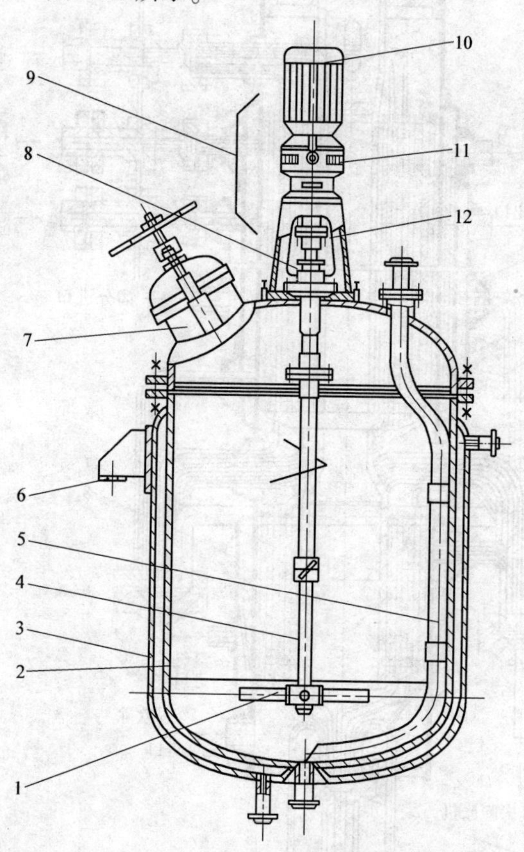

图 2-11 搅拌反应压力容器

1—搅拌器 2—筒体 3—夹套 4—搅拌轴 5—压出管 6—支座 7—人孔 8—轴封 9—传动装置 10—电动机 11—减速器 12—机架

(2) 换热压力容器（代号 E） 主要是用于完成介质热量交换的压力容器，如管壳式余热锅炉、热交换器、冷却器、冷凝器、蒸发器、加热器、消毒锅、染色器、烘缸、蒸炒锅、预热锅、溶剂预热器、蒸锅、蒸脱机、电热蒸汽发生器、煤气发生炉水夹套等。常用的换热压力容器有饱和热水塔、釜式重沸器、列管式换热器，其结构如图 2-15～图 2-17 所示。

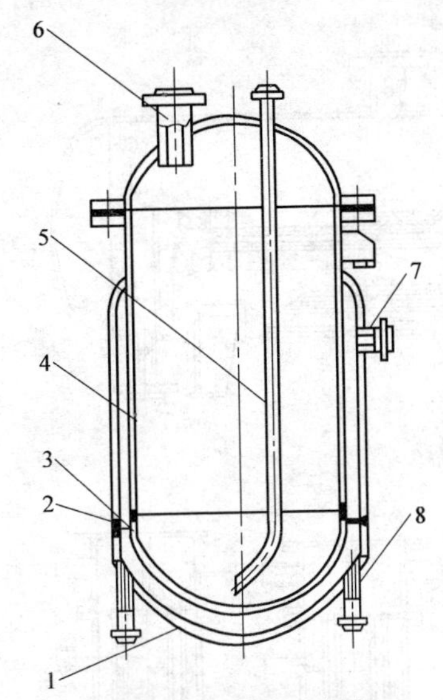

图 2-12　开环反应罐

1—夹套封头　2—夹套　3—封头　4—筒体
5—出料管　6—人孔　7—接管　8—电加热管

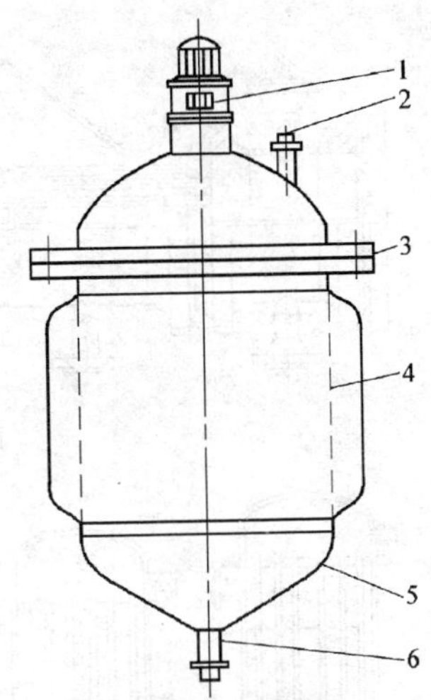

图 2-13　配制釜

1—传动搅拌机构　2、6—接管　3—设备法兰
4—筒体　5—下封头

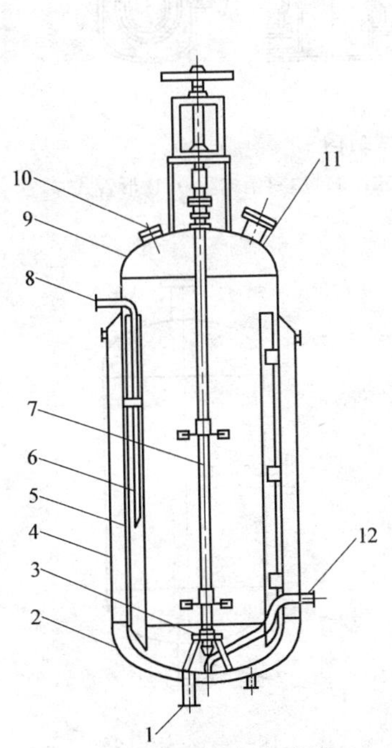

图 2-14　带夹套发酵罐

1、8、12—接管　2—封头　3—底轴承
4—夹套　5—内筒体　6—挡板
7—搅拌系统　9—封头　10—视镜
11—人孔　12—出水口

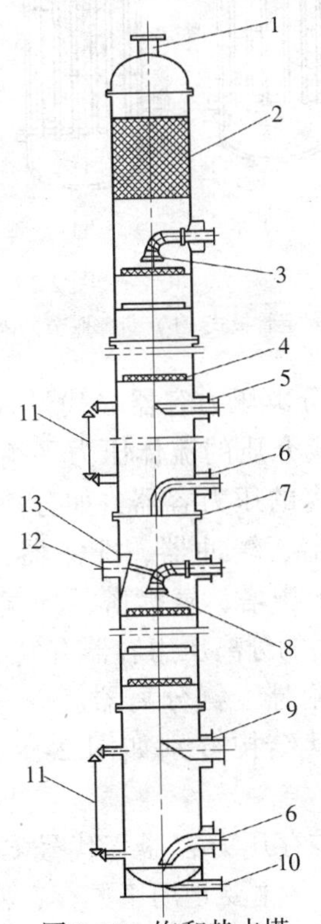

图 2-15　饱和热水塔

1—半水煤气出口　2—填料　3—热水进口　4—波纹板
5—半水煤气进口　6—热水出口　7—饱和塔底板
8—喷头　9—变换气进口　10—排污口
11—液位计　12—换气出口　13—挡板

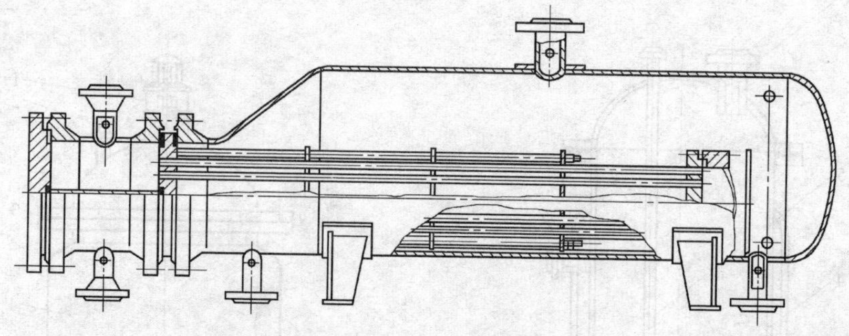

图 2-16　釜式重沸器

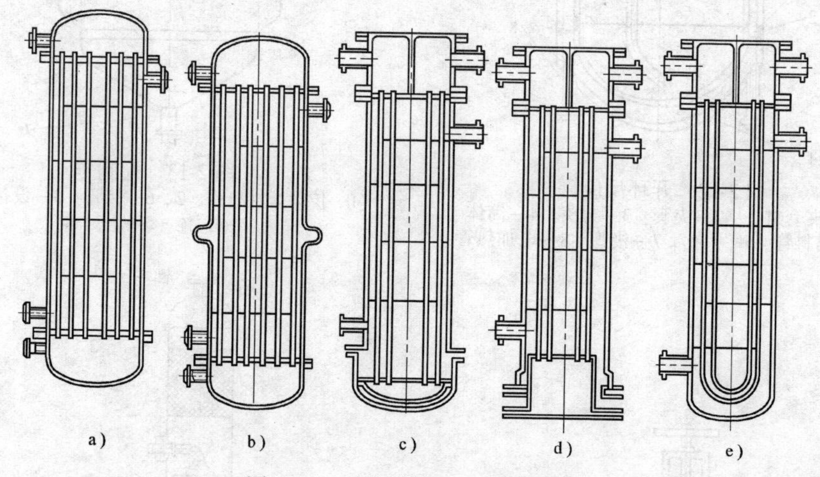

图 2-17　列管式换热器典型结构

a）固定管板式　b）带膨胀节的固定管板式　c）浮头式　d）填料函式　e）U 形管式

（3）分离压力容器（代号 S）　主要是用于完成介质的流体压力平衡缓冲和气体净化分离的压力容器，如分离器、过滤器、集油器、缓冲器、洗涤器、吸收塔、铜液塔、干燥塔、气提塔、分气缸、除氧器等。常用的分离压力容器有气液分离器、分子筛吸附器、氨分离器、空气过滤器、铜液塔，其结构分别如图 2-18 ~ 图 2-22 所示。

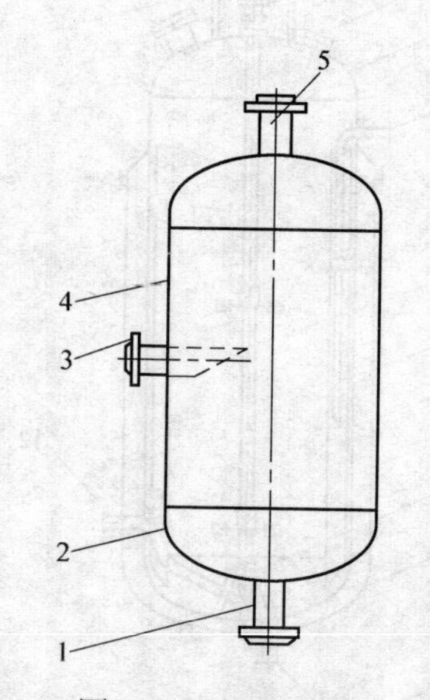

图 2-18　气液分离器

1—液体出口接管　2—封头　3—气体进口接管　4—筒体　5—气体出口接管

（4）贮存压力容器（代号 C，其中球罐代号 B）　主要是用于贮存、盛装气体、液体、液化气体等介质的压力容器，如各种形式的储罐。常用的贮存压力容器有高压储液桶、储气罐、集油器、球形储罐，其结构分别如图 2-23～图 2-26 所示。

在一种压力容器中，如同时具备两个以上的工艺作用原理时，应按工艺过程中的主要作用来划分品种。

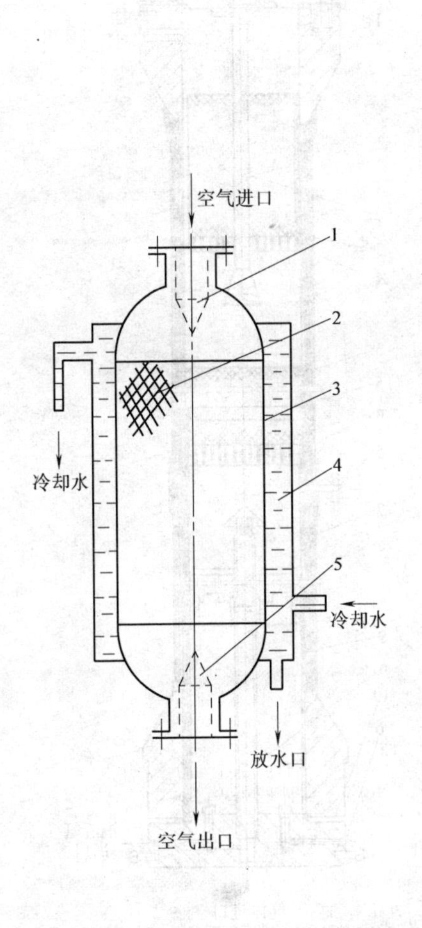

图 2-19　分子筛吸附器

1、5—过滤网　2—分子筛

3—筒体　4—冷却水套

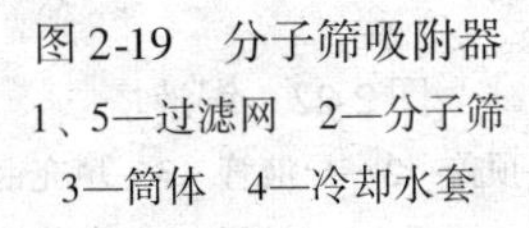

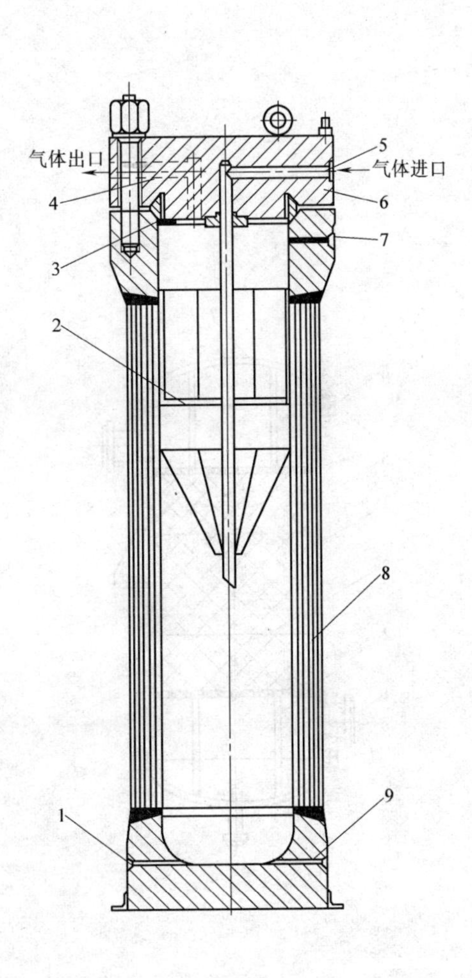

图 2-20　氨分离器

1—液氨排出口　2—挡板　3—铝制垫圈　4—气体出口　5—气体进口　6—顶盖　7—液位计气相管接口　8—筒体　9—液位计液相管接口

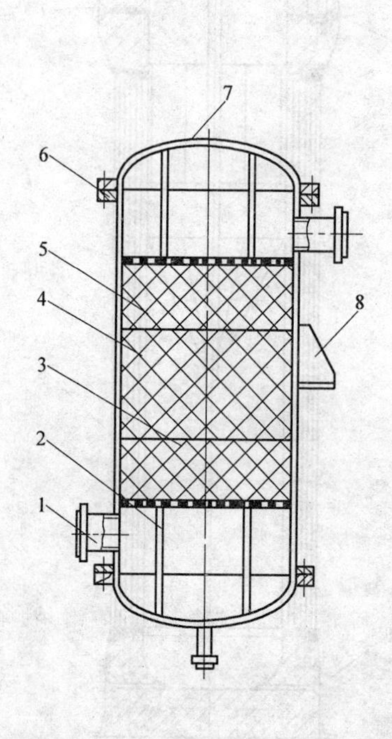

图 2-21　空气过滤器

1—接管　2—支撑杆　3—棉花层　4—活性炭　5—筒体　6—设备法兰　7—封头　8—支座

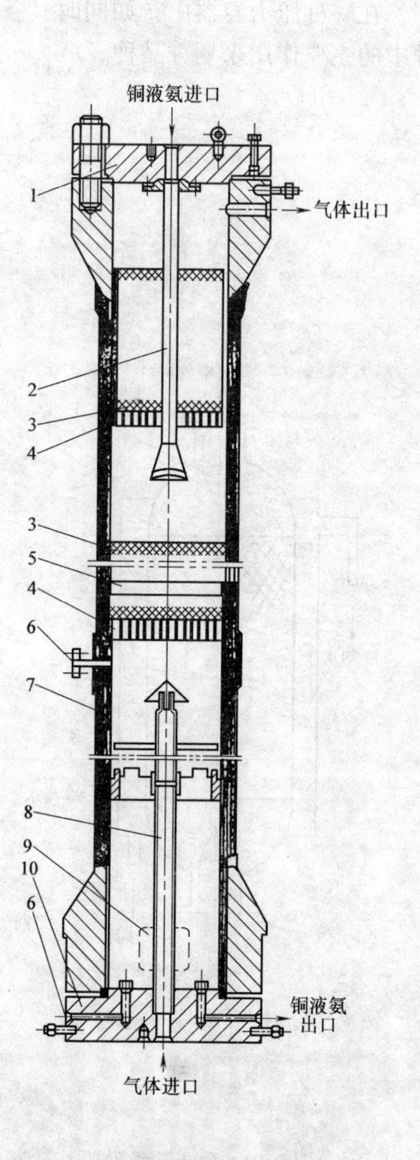

图 2-22　铜液塔

1—顶盖　2—导液管　3—填充钢环　4—铁栅　5—衬环　6—液位计接口　7—塔体　8—升气管　9—安装孔　10—底盖

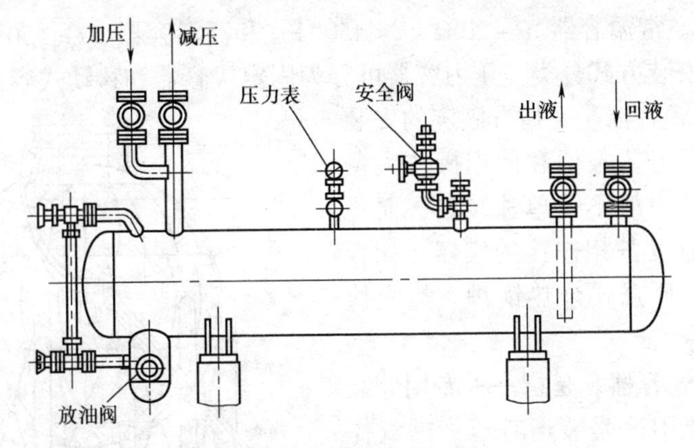

图 2-23 高压储液桶

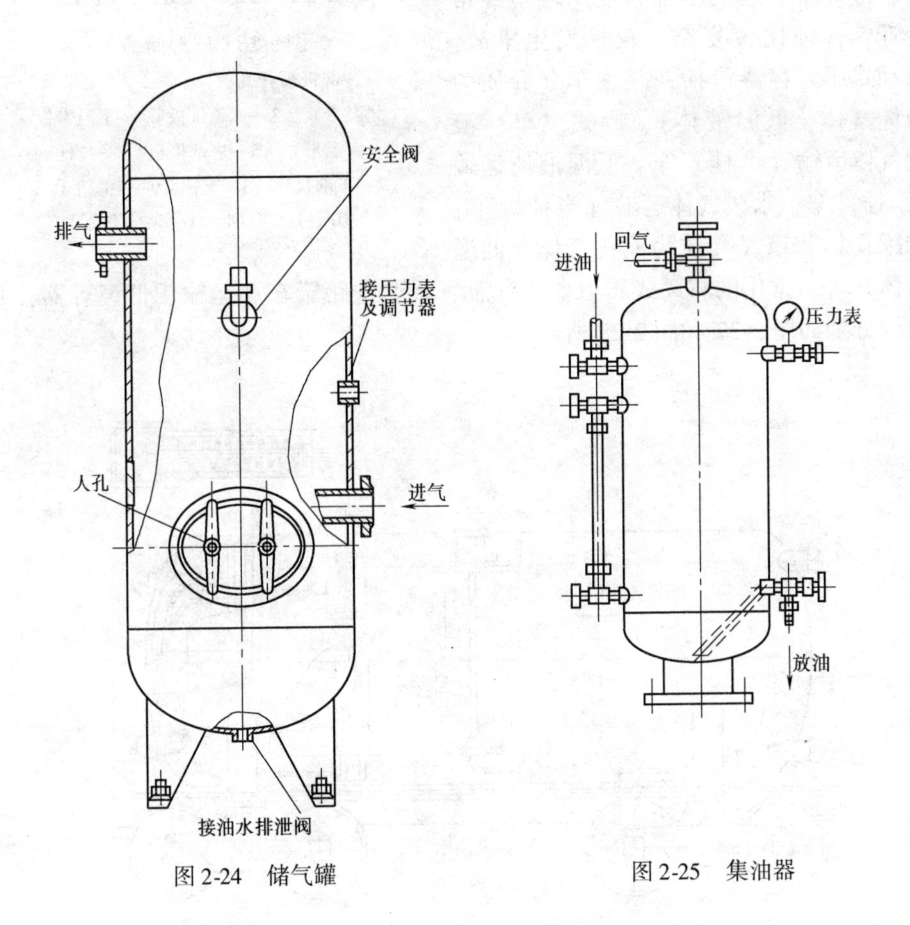

图 2-24 储气罐

图 2-25 集油器

3. 按设计温度、安装方式等划分

(1) 按设计温度分类 按设计温度（t）的高低，压力容器可分为低温容器

(t≤ -20℃)，常温容器（ -20℃ <t<450℃）和高温容器（t≥450℃)。

(2) 按安装方式分类　压力容器可分为固定式容器和移动式容器两大类。

1) 固定式容器。是指有固定的安装和使用地点，工艺条件和使用操作人员也比较固定，一般不是单独装设，而是用管道与其他设备相连接的容器。如合成塔、蒸球、管壳式余热锅炉、热交换器、分离器等。

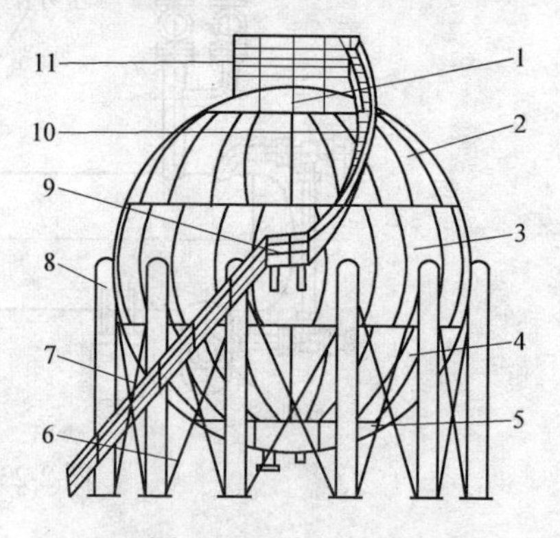

图2-26　球形储罐

1—顶部极板（北极板）　2—上温带板（北温带）　3—赤道带板　4—下温带板（南温带）　5—底部极板　6—拉杆　7—下部盘梯　8—支柱　9—中间平台　10—上部盘梯　11—顶部平台

2) 移动式容器。是指一种专用储装容器，其主要用途是装运有压力的气体或者液体等。这类容器，使用环境经常变迁，管理比较复杂，较易发生事故。移动式压力容器包括铁路罐车（介质为液体气体、低温液体)、罐式汽车［液化气体运输（半挂）车、低温液体运输（半挂）车、永久气体运输（半挂）车］和罐式集装箱（介质为液化气体、低温液体）等。常用的移动式压力容器有液氧低温铁路罐车和运输用低温容器，其结构分别如图2-27和图2-28所示。

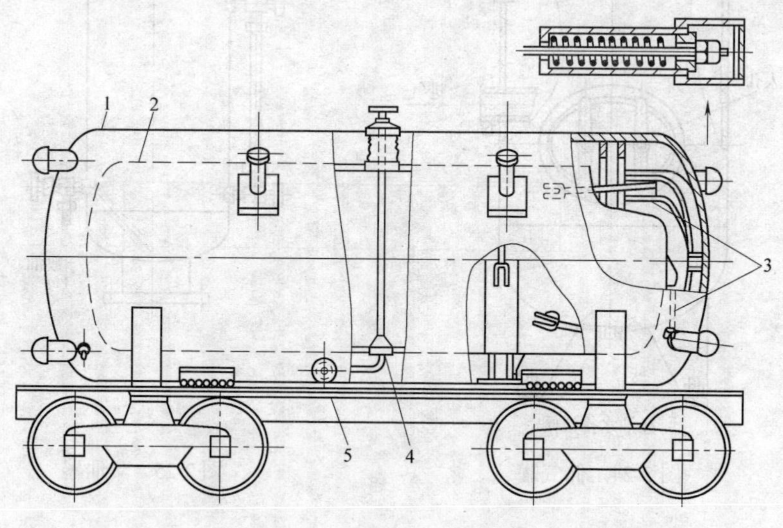

图2-27　液氧低温铁路罐车

1—外壳　2—内胆　3—压差液位计　4—安全阀　5—观察孔

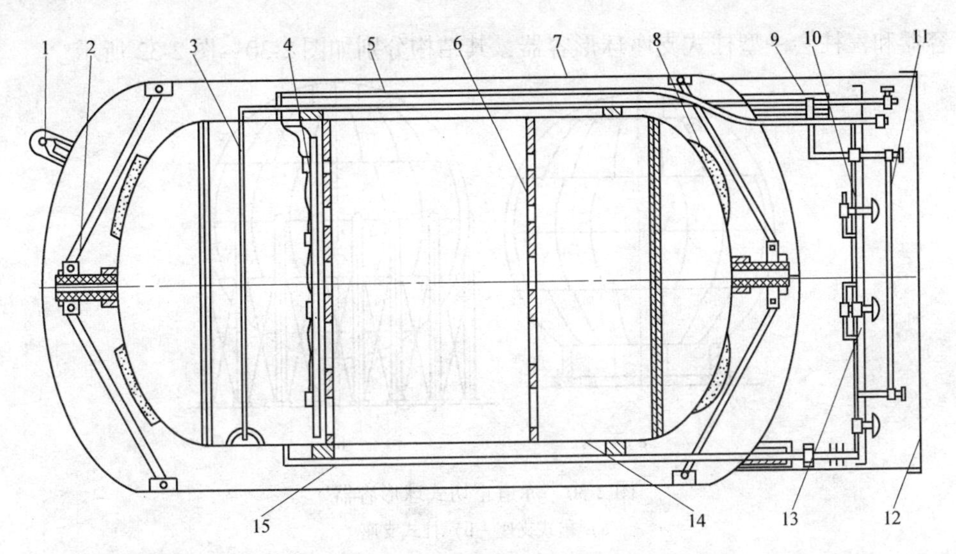

图 2-28　运输用低温容器

1—封口　2—支承　3—输液管　4—定位计　5—引线管　6—挡板　7—外壳　8—吸附剂　9—安全阀　10—增压系统　11—压差液位计　12—护板　13—仪表板　14—内胆　15—增长管

（3）按容器的壁厚分类

1）薄壁容器：指壁厚不大于容器内径十分之一的容器。

2）厚壁容器：指壁厚大于容器内径十分之一的容器。厚壁容器的结构如图 2-29 所示。

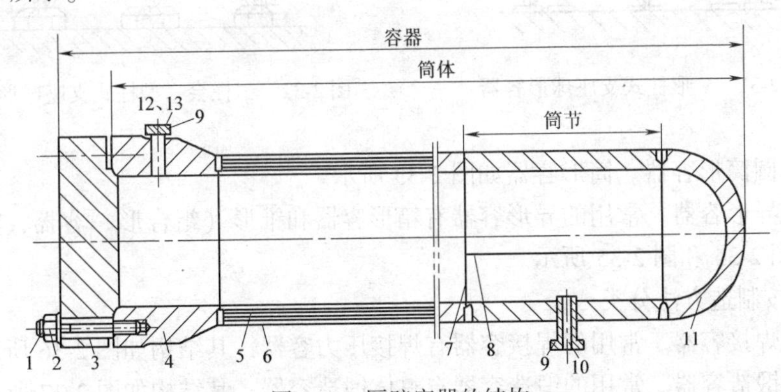

图 2-29　厚壁容器的结构

1—主螺栓　2—主螺母　3—平盖（顶盖或底盖）　4—筒体端部（筒体顶部或筒体底部）　5—内筒　6—层板层（或扁平钢带层）　7—环焊缝　8—纵焊缝　9—管法兰　10—接管　11—球形封头　12—管道螺栓　13—管道螺母

（4）按壳体的几何形状分类

1）球形容器：常用的球形容器有赤道正切式球形容器，V 形柱式支座球形容器和三柱会一型柱式支座球形容器，其结构分别如图2-30～图2-32所示。

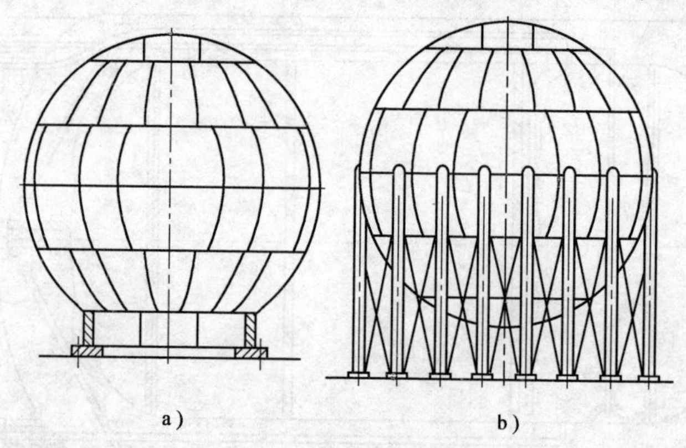

图2-30　赤道正切式球形容器

a）裙式支座　b）柱式支座

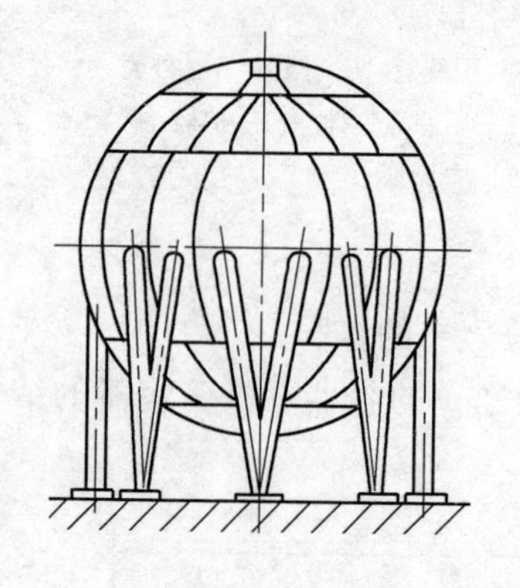

图2-31　V形柱式支座球形容器

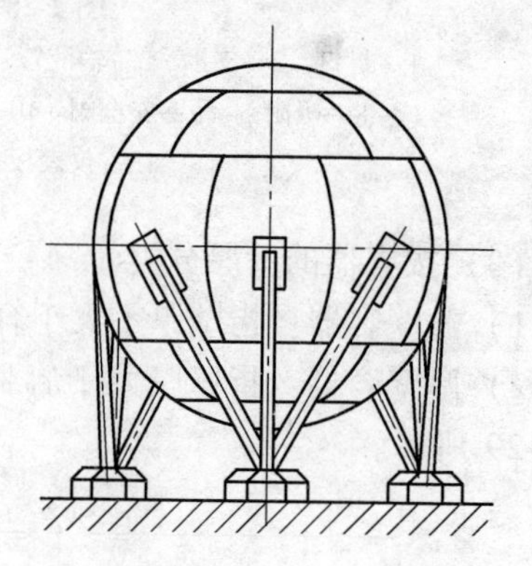

图2-32　三柱会一型柱式支座球形容器

2）圆筒形容器。筒形容器如图2-33所示。

3）异形容器。常用的异形容器有箱形容器和锥形（组合形）容器，其结构分别如图2-34和图2-35所示。

4. 按制造方法分类

1）焊接容器。常用的焊接容器有焊接压力容器，其结构如图2-36所示。

2）锻造容器。常用的锻造容器有整体锻造容器，其结构如图2-37所示。

3）机械加工容器。

5. 按结构材料分类

1）钢结构容器。

2）铸铁容器。

3）有色金属容器。

4）非金属容器。

6. 按容器的安放形式分类

按容器安放形式分为立式容器和卧式容器。

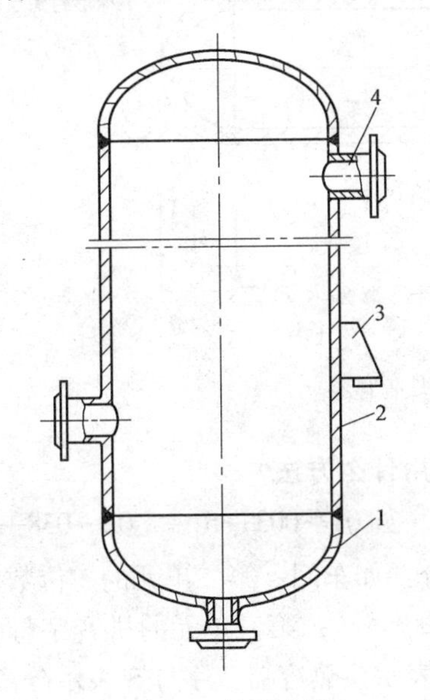

图 2-33　筒形容器

1—封头　2—筒体　3—支座　4—接管

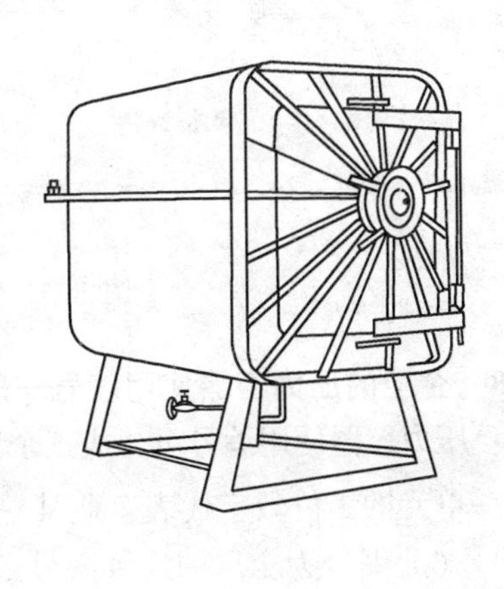

图 2-34　箱形容器

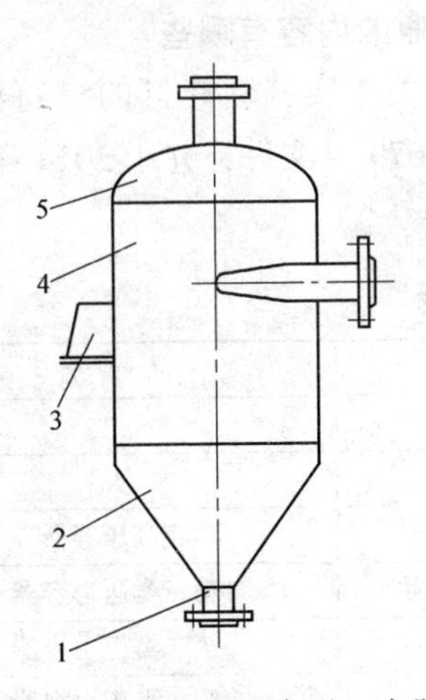

图 2-35　锥形（组合形）容器

1—接管　2—锥底　3—支座

4—筒体　5—封头

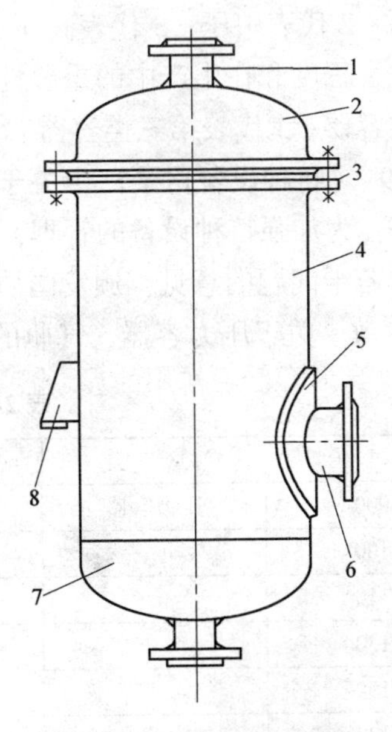

图 2-36　焊接压力容器

1—接管　2—端盖　3—法兰　4—筒体

5—加强圈　6—人孔　7—封头　8—支座

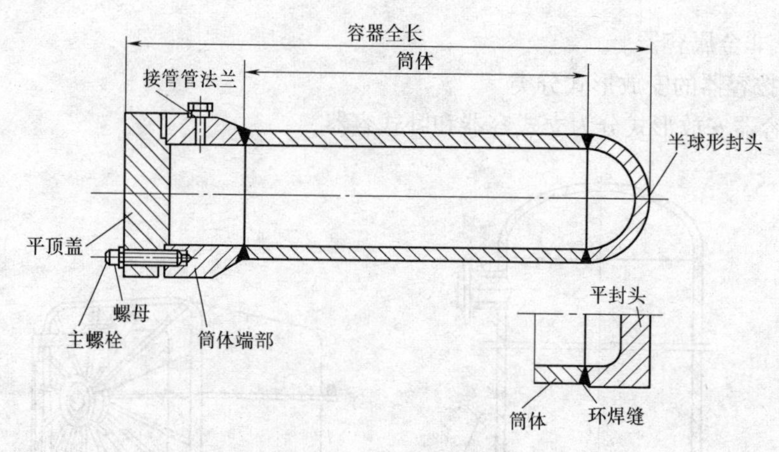

图 2-37　整体锻造容器

2-8　企业的压力容器使用编号一般采用什么方法？

答： 压力容器使用编号可分成三个单元，如 01—003—R_{1-2}、02—038—H_{2-2}。

第一单元的 2 位数字代表企业某一部分，如车间；第二单元的 3 位数字表示容器编号（此编号为全厂的连续编号，不设虚号）；第三单元的拼音字母代表容器的类别：字母 R 表示反应容器；字母 H 表示换热容器；字母 S 表示分离容器；字母 T 表示储运容器。字母下角标的第 1 位数字表示容器的设计压力等级：1 代表低压；2 代表中压；3 代表高压；4 代表超高压。第 2 位数字表示按容器压力、介质危害程度和在生产中的重要性划分的容器类别：1 代表第一类容器；2 代表第二类容器；3 代表第三类容器。

2-9　《特种设备目录》中关于压力容器和气瓶的内容有哪些？

答： 为加强特种设备的管理，国家质检总局关于实施新修订的《特种设备目录》若干问题的意见，颁发国质检特［2014］679 号文件，并于 2014 年 12 月 29 日生效。关于压力容器、气瓶的内容见表 2-3。

表 2-3　特种设备目录

代　码	种　类	类　别	品　种
2000	压力容器		
2100		固定式压力容器	
2110			超高压容器
2130			第三类压力容器
2150			第二类压力容器
2170			第一类压力容器
2200		移动式压力容器	
2210			铁路罐车

（续）

代　码	种　类	类　别	品　种
2220			汽车罐车
2230			长管拖车
2240			罐式集装箱
2250			管束式集装箱
2300		气瓶	
2310			无缝气瓶
2320			焊接气瓶
23T0			特种气瓶（内装填料气瓶、纤维缠绕气瓶、低温绝热气瓶）
2400		氧舱	
2410			医用氧舱
2420			高气压舱
F000	安全附件		
7310			安全阀
F220			爆破片装置
F230			紧急切断阀
F260			气瓶阀门
8000	压力管道		
8100		长输（油气）管道	
8110			输油管道
8120			输气管道
8200		公用管道	
8210			燃气管道
8220			热力管道
8300		工业管道	
8310			工艺管道
8320			动力管道
8330			制冷管道

2-10　压力容器基本结构有哪些？

答：

1. 基本结构

压力容器最基本的结构是 1 个密闭的壳体，根据受力壳体的应力分布，受压容器最适宜的形状应为球形。因为当容器的容积一定时，球体的表面积最小，在相同压力下它的壁厚最小，因而用料最省；但它制造相当困难，成本也较高。如果是反应容器，球形既不便于安装内部装置，也不利于内部相互作用的介质流动，故球形容器并不能普遍取代其他类型的容器。因此，工业生产中所用的中、低压容器大多数是圆筒形，一般由筒体、封头、法兰、人孔、接管、支座6个部分组成。

(1) 筒体　筒体是压力容器最主要的组成部分，与封头或端盖共同构成承压壳体，是储存物料或完成化学反应所需要的压力空间。常见的是圆筒形筒体，其形状特点是轴对称，圆筒体是一个平滑的曲面，应力分布比较均匀，承载能力较强，且易于制造，便于内件的设置和装拆，因而获得广泛的应用。根据GB/T 9019—2015《压力容器公称直径》的规定，为便于成批生产，筒体直径按表2-4、表2-5中所示的公称直径选用（带括号的尺寸应尽量不采用）。对焊接筒体表中公称直径是指它的内径，而用无缝钢管制作的筒体，亦可参考表2-5。

表2-4　压力容器公称直径（以内径为基准）　　（单位：mm）

300	(350)	400	(450)	500	(550)	600	(650)	700	800	900	1000
(1100)	1200	(1300)	1400	(1500)	1600	(1700)	1800	(1900)	2000	(2100)	2200
(2300)	2400	2600	2800	3000	3200	3400	3600	3800	4000	5000	6000
8000	9000	10000	11000	12000	13000	13200					

表2-5　压力容器公称直径（以外径为基准）　　（单位：mm）

公称直径	150	200	250	300
外径	168	219	273	325

圆柱形筒体按其结构又可分为整体式和组合式两大类。

(2) 封头　凡与筒体焊接连接而不可拆的，称为封头；与筒体及法兰等连接而可拆的则称为端盖。封头按形状可以分为3类，即凸形封头、锥形封头和平板封头，表2-6为常见封头形式及参数。

1) 凸形封头。有半球形、椭圆形、碟形和无折边球形等封头。

①半球形封头。半球形封头实际上是一个半球体，在相同直径和相同压力下，所需板厚最小。但因其深度大（与半径相同），整体压制困难。

②椭圆形封头。椭圆形封头由半椭球体及圆筒体（即直边）两部分组成。由于其曲率半径连续变化，没有形状突变，受力情况仅次于半球形封头，制造较球形封头容易。标准椭圆形封头的深度为直径的1/4（即 $D/2h=2$），椭圆形封头是目前压力容器使用最普遍的一种。

表 2-6　常见封头形式及参数

名　称		断面形状	类型代号	形式与参数关系
椭圆形封头	以内径为基准		EHA	$\frac{D_i}{2(H-h)}=2$ $D_N=D_i$
	以外径为基准		EHB	$\frac{D_0}{2(H-h)}=2$ $D_N=D_0$
碟形封头			DHA	$R_i=1.0D_i$ $r=0.15D_i$ $D_N=D_i$
			DHB	$R_i=1.0D_i$ $r=0.15D_i$ $D_N=D_i$
无折边锥形封头			CHA	$r=0.15D_i$ $\alpha=30°$ $D_N=D_i$
			CHB	$r=0.15D_i$ $\alpha=45°$ $D_N=D_i$
折边锥形封头			CHC	$r=0.15D_i$ $\alpha=60°$ $r_s=0.15D_{is}$ $D_N=D_i$
无折边球形封头			PSH	$R_i=1.0D_i$ $D_N=D_0$

③碟形封头。碟形封头又称带折边球形封头。它由几何形状不同的 3 个部分组成，中央为球面，与筒体连接的部分为圆筒体，球面体与圆筒体用过渡圆弧体连接。因过渡圆弧半径远小于球体半径，故其受力状况较上述两种封头差，通常用于压力较低、直径较大的容器。

④无折边球形封头。无折边球形封头是一块深度较小的球面体，结构简单、制造方便。但它与筒体连接处其形状突变而存有很高的局部应力，故适用于直径较小、压力较低的容器上。

2）锥形封头。介质中含有颗粒状、粉末状物质或为黏稠液体的容器，为便于物料汇集及卸料，容器底部常采用锥形封头。锥形封头有带折边锥形封头和无折边锥形封头两种。

3）平板封头。平板封头受力时强度最低，相同直径、相同压力下所需的厚度最大，除用做人孔盖及一些高压容器外，一般很少采用。

（3）法兰　由于生产工艺需要和安装检修的方便，不少容器需采用可拆的连接结构，如压力容器的端盖与筒体之间，接管与管道之间的连接，通常采用法兰结构。法兰通过螺栓、楔口等连接件压紧密封件保证容器的密封。故法兰连接是由法兰、螺栓、螺母及密封元件所组成的密封连接件。

法兰按照所连接的部件可分为容器法兰及管道法兰。前者用于容器的端盖与筒体连接；后者用于接管（管道）与管道之间的连接。法兰按其密封面形式又可分为平面法兰、凹凸面法兰及榫槽面法兰。

密封面组合形式如下：

1）强制密封。强制密封是通过紧固端盖与筒体法兰之间的连接螺栓或接管与管道法兰之间的连接螺栓等强制方式将密封面压紧，从而达到密封目的。

2）自紧密封。自紧式密封是利用容器内介质的压力使密封面产生压紧力来达到密封目的。它的密封力随着介质压力的增大而增大，因而在较高的压力下也能保证可靠的密封性能，如组合式密封、O 形环密封、C 形环密封、楔形密封、八角垫和椭圆垫密封。

（4）接管　为适应压力容器安全运行及工艺生产的需要而设置于封头（端盖）及筒体上，用于介质的进出、安全附件的安装等。常用的接管有 3 种形式，即螺纹短管、法兰短管与平法兰接管。

（5）人孔　根据容器的结构、介质等情况，应设置人孔或手孔等检查孔，供容器定期检验、检查或清除污物用。人孔和手孔按其形状可分为圆形及椭圆形两种，按其封闭形式可分为外闭式及内闭式两种，其结构分别如图 2-38 和图 2-39 所示。

（6）支座　支座是用于支承容器质量并将它固定在基础上的附加部件，支座的结构型式决定于容器的安装方式、容器质量及其他载荷，一般分为3大类：即立式容器支座、卧式容器支座及球形容器支座。常用的立式容器支座有悬挂式支座（耳式支座）、承式支座、裙式支座及腿式支座其结构如图2-40所示。其中裙式支座主要用于高大的直立或球形容器。卧式容器支座的结构型式主要有鞍式支座、圈座、承式支座等，其结构如图2-41所示，承式支座适用于小型容器，大中型容器常用鞍式支座。

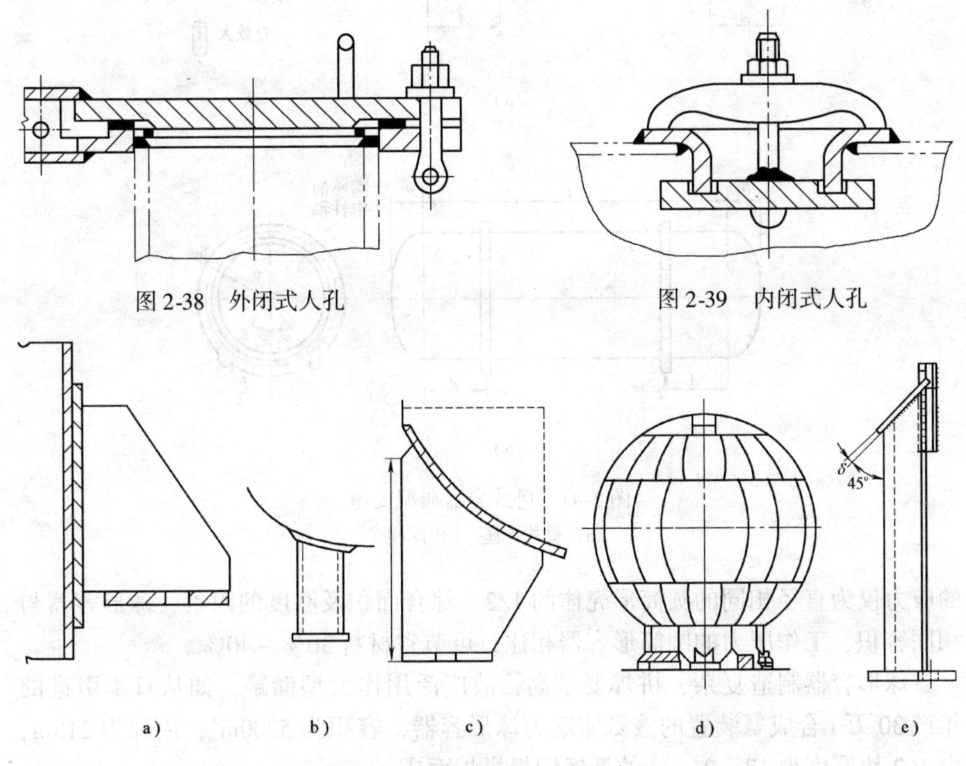

图2-38　外闭式人孔

图2-39　内闭式人孔

图2-40　压力容器（立式）支座

a）耳式支座　b）、c）承式支座　d）裙式支座　e）腿式支座

为了防止热膨胀对卧式容器造成附加应力，设计时允许采用1个固定支座，其余的采用活动支座。即将地脚螺栓孔开成长圆形，如图2-41aD向视图所示。螺母拧紧后倒退1圈，然后用第2个螺母锁紧，以便支座能在基础面上滑动。当卧式压力容器长度过长，可采用3个鞍式支座，一般应采用2个鞍式支座。

2. 特点

（1）球形容器　球形容器（图2-26）的本体是1个球壳，通常采用焊接结构，由于球形容器一般直径都较大，因而大多由许多块预先按一定尺寸压制成形的球面板拼焊而成。受力时其应力分布均匀，在相同的压力载荷下，球壳体

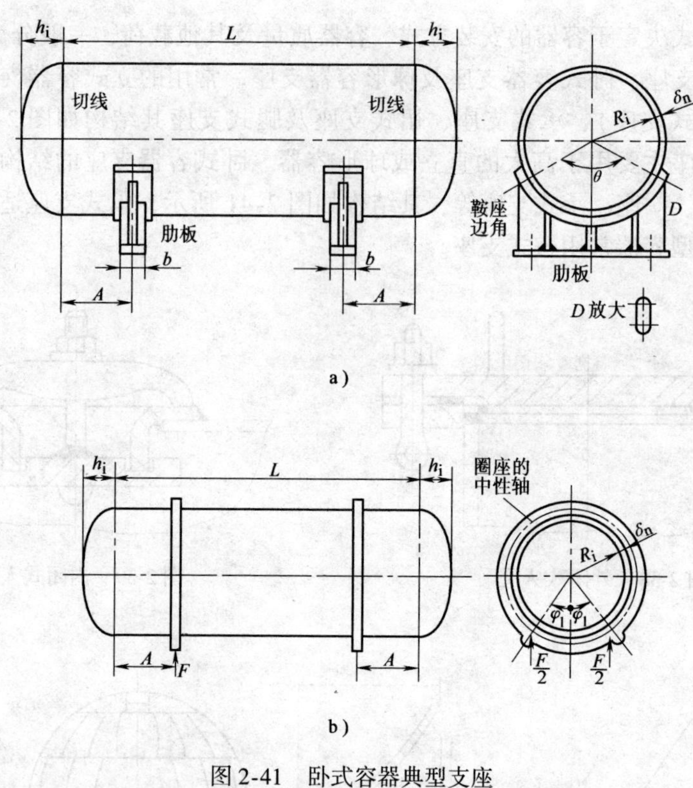

图2-41　卧式容器典型支座

a）鞍式支座　b）圈座

的应力仅为直径相同的圆筒形壳体的1/2。综合面积及厚度的因素，球形容器与相同容积、工作压力的圆筒形容器相比，可节省材料30%～40%。

球形容器制造复杂、拼焊要求高，故广泛用作大型储罐，如从日本引进的年产30万t合成氨装置的液氨储罐为球形容器，容积为5200m^3，内径为215m，由102块厚度为17～21mm的低锰钢板拼焊而成。

（2）圆筒形容器　圆筒形容器因其几何形状特点是轴对称，外观没有形状突变，因而受载应力分布也较为均匀，承载能力较强，与球形容器相比，受力状态虽不如球形容器，但制造方便，质量易得到保证，工艺内件易于安排装拆，故圆筒形容器是目前使用最广泛的1种。

（3）锥形容器　一般是由锥形体与圆筒体焊接而成的组合结构，这类容器在锥形体与圆筒体结合部仍存在较大局部应力，故这类容器通常因生产工艺有特殊要求时采用。

2-11　压力容器的应力对其安全有何影响？

答：压力容器在运行过程中，承受着压力载荷、容器质量载荷、温度及变化载荷和外界环境影响载荷等，这些载荷都会使容器产生整体或局部变形，并相应产生各种应力。

（1）应力产生根源

1）压力是压力容器最主要的载荷，由压力使容器壁上产生拉应力，由压力产生的应力则是确定压力容器壁厚的主要因素。

2）压力容器本身有一定质量，加上容器的工作介质、附件及附属装置等，这些质量作用在压力容器器壁上而产生应力。

3）压力容器在使用过程中，由于温度变化引起材料热胀冷缩，从而造成压力容器的应力变化。有些压力容器有衬里或用复合材料制成，由于材料的热胀系数不同也会产生温度应力。

4）有的压力容器安装在户外，在风力作用下压力容器会随风向而发生弯曲变形，迎风面和背风面分别产生拉应力或压应力，同时外界环境温度变化也会产生相应的应力。

（2）应力对压力容器安全的影响　由于变化的应力综合因素，会使压力容器发生整体变形或局部变形，当这些应力达到压力容器材料的屈服强度时，容器壁即产生显著的塑性变形，若应力继续增大，压力容器因过度的塑性变形而最终导致产生裂纹或破裂，使压力容器发生损坏，这样就会对压力容器安全运行造成严重的影响。

为了防止压力容器使用过程中早期失效或产生裂纹而导致严重的破坏事故，对压力容器在各种载荷下可能产生各种不同的应力都必须严格加以控制，而把应力限制在允许范围之内，要做到这一点，除设计人员精心设计外，特别是操作人员必须严格遵守操作规程，按工艺要求规范作业，使压力容器运行工况保持相对稳定，不超温、不超压是十分必要的。

2-12　压力容器对材料选用有何要求？

答：1）压力容器用材料的质量及规格应符合 TSG 21—2016《固定式压力容器安全技术监察规程》材料的规定材料生产单位应按相应标准的规定向用户提供质量证明书（原件），并在材料上的明显部位做出清晰、牢固的钢印标志或其他标志，至少包括材料制造标准代号、材料牌号及规格、炉（批）号、国家安全监察机构认可标志、材料生产单位名称及检验印鉴标志。

2）压力容器选材除应考虑力学性能和弯曲性能外，还应考虑与介质的相容性。压力容器专用钢材磷的质量分数（熔炼分析，下同）不应大于 0.030%，硫的质量分数不应大于 0.020%。如选用碳素钢沸腾钢板和碳素钢镇静钢板制造压力容器（搪玻璃压力容器除外），应符合 GB 150.2—2011《压力容器　第 2 部分：材料》的规定。碳素钢沸腾钢板和 Q235A 钢板不得用于制造直接受火焰加热的压力容器。

3）用于焊接结构压力容器主要受压元件的碳素钢和低合金钢，其碳的质量分数不应大于 0.25%。

4）钢制压力容器用材料（钢板、锻件、钢管、螺柱等）的力学性能、弯曲性能和冲击试验要求，应符合国家的有关规定。

5）用于制造压力容器壳体的碳素钢和低合金钢钢板，按照 TSG 21—2016 中《固定式压力容器安全技术监察规程》，2.2.1.4 钢板超声检测的要求执行。凡符合下列条件之一的，应逐张进行超声检测：a. 盛装介质毒性程度为极度、高度危害的压力容器；b. 盛装介质为液化石油气且硫化氢含量大于 100mg/L 的压力容器；c. 最高工作压力大于等于 10MPa 的压力容器；d. 对 GB 151—2014《热换热器》、GB 12337—2014《钢制球形储罐》及其他国家标准和行业标准中规定应逐张进行超声检测的钢板。

6）移动式压力容器。

① 钢板的超声检测应按 NB/T 47013.3—2015《承压设备无损检测　第 3 部分：超声检测》的规定进行。

② 按照 TSG R0005—2011《移动式压力容器安全监察规程》，对移动式压力容器罐体应每批抽 2 张钢板进行夏比（V 型缺口）低温冲击试验，试验温度为 -20℃或按图样规定，试件取样方向为横向。低温冲击吸收能量指标应符合有关规定。

7）压力容器用铸铁的要求。

① 必须在相应的国家标准范围内选用，并应在产品质量证明书中注明铸造选用的材料牌号。

② 设计压力和设计温度应符合下列规定：a. 灰铸铁制压力容器的设计压力不得大于 0.8MPa，设计温度为 0 ~ 250℃；b. 可锻铸铁和球墨铸铁制压力容器的设计压力不得大于 1.6MPa，设计温度为零下 10 ~ 350℃。

8）压力容器受压元件用铸钢材料应按照 TSG 21—2016 选用，并应在产品质量证明书中注明铸造选用的材料牌号。压力容器筒体、封头不宜选用铸钢材料（压力容器制造单位已有使用经验并经省级或国家安全监察机构批准的除外）。

9）对压力容器用有色金属（指铝、钛、铜、镍及其合金）的要求如下：

① 用于制造压力容器的有色金属，应按照 TSG 21—2016 选用，对有色金属有特殊要求时，应在设计图样或相应的技术条件上注明。

② 制造单位必须建立严格的材料保管制度，并设专门场所存放。

③ 有色金属制压力容器用材料的冲击试验要求，应符合相应标准的规定。

④ 有色金属制压力容器焊接接头的坡口应采用机械方法加工，其表面不得有裂纹、分层和夹渣等缺陷。

10）按照 TSG 21—2016 的规定，铝和铝合金用于压力容器受压元件应符合下列要求：

① 设计压力不应大于8MPa，设计温度范围为 -269 ~ 200℃。

② 设计温度大于65℃时，一般不选用镁的质量分数大于等于3%的铝合金。

11）按照 TSG 21—2016 的规定，铜及铜合金用于压力容器受压元件时，一般应为退火状态。

12）按照 TSG 21—2016 的规定，钛材（指工业纯钛、钛合金及其复合材料，下同）制造压力容器受压元件，应符合下列要求：a. 设计温度。工业纯钛不应高于230℃，钛合金不应高于300℃，钛复合板不应高于350℃；b. 用于制造压力容器壳体的钛材应在退火状态下使用；c. 钛材压力容器封头成形应采用热成形或冷成形后热矫形，对成形的钛钢复合板封头，应做超声检测；d. 钛材压力容器一般不要求进行热处理，对在应力腐蚀环境中使用的钛容器或使用中厚板制造的钛容器，焊后或热加工后应进行去应力退火；钛钢复合板爆炸复合后，应做去应力退火处理；e. 钛材压力容器的焊缝应进行渗透检测。

13）按照 TSG 21—2016 的规定，使用镍材（指镍和镍基合金及其复合材料，下同）制造压力容器受压元件，应符合下列要求：a. 设计温度。退火状态的纯镍材料不应高于650℃，镍-铜合金不应高于480℃，镍-铬-铁合金不应高于650℃，镍-铁-铬合金不应高于900℃；b. 用于制造压力容器主要受压元件的镍材应在退火状态下使用，换热器用纯镍管应在去应力退火状态下使用；c. 镍材压力容器封头采用热成形时应严格控制加热温度；对成形的镍钢复合板封头，应做超声检测；d. 镍材热成形的加热温度及加热炉气氛应严格控制，防止硫脆污染；e. 镍材压力容器一般不要求进行焊后热处理，如有特殊要求，应在图样上规定进行焊后热处理；镍钢复合板爆炸复合后，应做去应力退火处理；f. 镍材压力容器的焊缝应进行磁粉或渗透检测。

14）按照 TSG 21—2016 的规定，压力容器受压元件采用国外材料应符合下列要求：a. 应选用国外压力容器规范允许使用且国外已有使用实例的材料，其使用范围应符合材料生产国相应规范和标准的规定，并有该材料的质量证明书；b. 制造单位首次使用前，应进行焊接工艺评定和焊工考试，并对化学成分、力学性能进行复验，满足使用要求后，才能投料制造；c. 技术要求一般不得低于国内相应材料的技术指标；d. 国内首次使用且标准中抗拉强度规定值下限大于等于540MPa的材料，应按规定办理批准手续。

15）按照 TSG 21—2016 的规定，压力容器主要受压元件采用新研制的材料（包括国内外没有应用实例的进口材料）或未列入 GB 150—2011《压力容器》等标准的材料试制压力容器，材料的研制生产单位应将试验验证资料和第三方的检测报告提交全国压力容器标准化技术委员会进行技术评审并获得该委员会出具的准许试用的证明文件（应注明使用条件），并按规定办理批准手续。

16）按照 TSG 21—2016 的规定，用于制造压力容器受压元件的焊接材料，应按相应标准制造、检验和选用。焊接材料必须有质量证明书和清晰、牢固的标志。

17）按照 TSG 21—2016 的规定，制造压力容器的材料主要根据容器的工艺条件（压力、温度、介质特性）和容器制造方法来选用，总的要求是塑性好、韧性好和适当的强度极限，焊接容器要求材料焊接性好，其腐蚀性介质容器要求材料耐蚀性强。

Q235AF 沸腾钢碳的质量分数约为 0.14%～0.22%，有良好的塑性，常温下抗拉强度大于 380MPa，屈服强度大于 240MPa，伸长率大于 25%，但因为沸腾脱氧不完全，钢中夹带有氧化铁或气泡，因此组织疏松、质量较差。特别是焊后经一定时间可能出现自行脆裂，一般不宜用于制造焊接压力容器。

20g 锅炉钢板与 20 钢相同，含硫量较 Q235 低，具有较高的强度，抗拉强度可大于 410MPa，屈服强度在 240～260MPa，常用于制造温度较高的中压容器。

16MnR 普通低合金容器钢板碳的质量分数为 0.12%～0.2%，锰的质量分数为 1.2%～1.9%、抗拉强度为 510～640MPa，屈服强度为 265～345MPa，用这种钢材制造中、低压容器可减轻质量。

2-13　压力容器选材与介质环境有什么关系？

答：对碳素结构钢和低合金钢制压力容器在 NaOH，湿 H_2S 和应力腐蚀环境，高温、高压、氢腐蚀环境，以及液氨等四种介质环境中使用，其选材、制造、检验应遵循具体规定执行。具体内容如下：

1. 使用介质（NaOH 溶液）的限制

按照 HG/T 20581—2011《钢制化工容器材料选用规定》，碳素结构钢及低合金钢焊制化工容器如焊后或冷加工后，不进行消除应力热处理，则在 NaOH 溶液中的使用温度不得大于表 2-7 所列的温度。

表 2-7　NaOH 溶液中的使用温度上限

NaOH 溶液（质量百分数，%）	2	3	5	10	15	20	30	40	50	60	70
温度上限/℃	90	88	85	76	70	65	54	48	43	40	38

2. 湿 H_2S 应力腐蚀环境（化工容器）

（1）按照 HG/T 20581—2011，当化工容器接触的介质同时符合下列各项条件时，即为湿 H_2S 应力腐蚀环境：a. 温度≤（$60+2p$）℃，其中 p 为压力（表压），单位为 MPa；b. H_2S 分压≥0.000 35MPa，即相当于常温在水中的 H_2S 溶解度≥10^{-5}；c. 介质中含有液相水或处于水的露点温度以下；d. pH＜9 或有氰化物（HCN）存在。

（2）材料要求及限制　在湿 H_2S 应力腐蚀环境中使用的碳钢及低合金钢应符合下列要求：a. 材料标准规定的屈服强度 σ_s≤355MPa；b. 材料实测的抗拉强

度 σ_b≤630MPa；c. 材料使用状态应至少为正火+回火、退火、调质状态；d. 碳当量限制（当碳当量限制超标时，应加大硬度限制的检测频度）；e. 对非焊接件或焊后经回火热处理的材料，硬度限制：a）低碳钢，HV（10）≤220（单个值）；b）低合金钢，HV（10）≤245（单个值）；f. 壳体用钢板厚度>20mm时，其检测应按 NB/T 47013.3《承压设备无损检测　第3部分：超声检测》进行，符合Ⅱ级要求。

（3）制造要求　冷变形控制：

1）冷变形量≤2%时，不需处理。

2）冷变形量>2%~5%时，需消除应力热处理。

3）冷变形量>5%时，需正火或回火。

（4）焊接

1）所有焊缝均应经焊接工艺评定，包括对焊、补焊、管子与管板焊接、堆焊、角焊等。

2）在满足强度要求的前提下，尽可能采用低强度焊接材料。

3）焊接接头（包括焊缝、热影响区及母材）的硬度限制在规定要求范围内。

4）焊缝处的起弧、打弧点（包括临时焊缝处）均应在焊后热处理前打磨0.3mm以上，并做磁粉或着色检查。

（5）焊后热处理

1）原则上应进行焊后消除应力热处理，焊后热处理温度应按标准要求尽可能取上限，以保证焊接接头的硬度达到上述要求。

2）热处理尽量在炉内进行，当有困难时，应将含有接管等部件的筒节（或壳板）在炉内进行热处理。其余无法进行热处理的焊接接头也应采用保证硬度不大于185HBW的焊接工艺施焊。

3. 湿 H_2S 严重腐蚀环境（常规容器）

按照 HG/T 20581—2011，容器工作条件符合下列各工况时，即为湿 H_2S 严重腐蚀环境。

1）工作压力>1.6MPa。

2）H_2S-HCN 共存，且〔HCN〕>50×10^{-5}。

3）pH≤9。

4）当容器处于 H_2S 严重腐蚀环境时，除满足常规要求外，还应符合下列要求：a. 材料化学成分（质量分数）w（S）≤0.003%；w（P）≤0.025%；b. 板厚方向断面收缩率，ψ≥35%（3个试样平均）；ψ≥25%（单个试样最低值）。c. 所有焊接接头必须经焊后热处理。

2-14 压力容器（气瓶）充装哪些常用气体？

答：压力容器（气瓶）中常用充装的气体如下。

（1）氧气　氧的化学性质特别活泼，易与其他物质发生氧化反应并放出大量的热量，氧气具有强烈的助燃特性，若与可燃气体氢气、乙炔、甲烷、一氧化碳等达到一定比例混合，即成为易燃易爆的混合气体，一旦有火源或达到引爆条件应会引起爆炸；各种油脂与压缩氧气接触也会发生自燃。

（2）氢气　由于氢气有极活泼的化学性质，是1种极强的还原剂，有极强的渗透性和扩散性，氢气是最轻的气体，极易聚集在容器顶部形成爆炸性气体，在一定温度和压力条件下与碳反应生成甲烷，随着甲烷生成量增加，会使钢材发生氢脆损坏。

（3）氮气　氮气是1种窒息性气体，由于工业中常作为压力容器试验压力用气，当人处在 w（N）>94%的环境中，会对人造成严重缺氧而在数分钟内窒息死亡。

（4）一氧化碳　一氧化碳对人来讲是毒性很强的可燃气体，一氧化碳与人体的血红蛋白有很强结合能力，易造成人因缺氧中毒，常以急性中毒方式出现，若抢救不及时则有生命危险。

（5）乙烯　乙烯是1种稍有甜香气味的可燃性气体，乙烯化学性质活泼，与空气或氧气混合，能形成爆炸性气体，乙烯属低毒物质，但具有较强的麻醉作用。

（6）硫化氢　硫化氢是1种具有恶臭味的有害气体，在大气中的体积分数达到 10×10^{-6} 时，即可察觉，但当体积分数超过 10×10^{-6} 时，浓度继续升高但臭味反而减弱，所以不能依靠其臭味强弱来判断硫化氢浓度的大小。硫化氢是1种可燃性气体，与空气混合达到爆炸极限时，可能会发生强烈爆炸。

（7）氨　氨是1种无色、有强烈刺激臭味的气体，由于氨在有水分时将会腐蚀铜合金，在充装液氨的压力容器中不能采用铜合金的器件。氨对人体有较大毒性，主要是上呼吸道和眼睛的冲击，氨具有良好的热力性质，是1种使用极为广泛的中温制冷剂。

（8）氯　氯是1种带有刺激性臭味的剧毒气体，对人的皮肤、呼吸道有严重损害作用，甚至会导致死亡。氯是1种活泼的化学元素，具有强氧化功能，用途广泛，工业中常用作还原剂、溶剂。

（9）二氧化碳　二氧化碳是1种稍有酸味的窒息性气体，能压缩液化，当液态的二氧化碳压力降低时会蒸发膨胀，并吸收周围大量的热量而凝结成固体干冰，液态的二氧化碳膨胀系数较大，超装时容易发生气瓶爆炸。

（10）液化石油气　液化石油气是1种低碳的烃类混合物，在加压条件或降温条件下，会变成液体。它是1种很好的燃料，汽化后体积膨胀达250倍，其闪点、沸点都很低，在0℃以下，爆炸范围宽，比空气重，容易积聚在地面的低洼处，与空气混合形成爆炸性气体，遇到火源立即爆炸。

2-15　全国月平均最低气温低于、等于零下20℃和零下10℃有哪些地区？

答：在设计储存压力容器时，当压力容器壳体金属温度受到大气环境气温条件所影响时，其最低设计温度可以该地区气象资料为依据，选用历年来月平均最低气温的最低值，以确保压力容器在当地最低气温期间安全运行。

月平均最低气温是指当月各天的最低气温值相加后除以当月的天数，月平均最低气温的最低值，是气象部门实测10年逐月平均最低气温资料中的最小值。

全国月平均最低气温低于、等于零下20℃和零下10℃的地区如下：

根据国家气象局提供的10年全国气象台站月平均最低气温等值线图和有关资料，以县级行政区划为单位，画出月平均最低气温等值线。

（1）低于等于零下20℃的地区

1）新疆维吾尔自治区、西藏自治区、青海省、内蒙古自治区、黑龙江省、吉林省。

2）下列省中所列县和省直辖行政单位：a. 山西省，雁北地区的天镇、大同、怀仁、平鲁、右玉、阳高、左云等县，忻州地区的偏关和河曲县；b. 河北省，张家口地区的怀安、万全、崇礼、亦城、康保、沽源等县，承德地区的丰宁、隆化、围场、平泉等县；c. 辽宁省，朝阳市的凌源、喀喇沁左翼、朝阳等县，锦州市的北镇、义县、黑山等县，沈阳市的新民县，抚顺市的抚顺、清原、新宾等县，阜新市和彰武、阜新县，铁岭市和铁岭、开原市，调兵山市，北票市。

（2）低于等于零下10℃的地区

1）北京市、天津市、河北省、山西省、宁夏回族自治区。

2）下列省中所列县和地区：a. 陕西省，榆林地区，延安市，渭南地区的韩城市、蒲城、潼关、白水、华阴、澄城、合阳、大荔等县，铜川市的宜君县，咸阳市的彬县、长武、旬邑等县；b. 甘肃省，平凉地区，定西地区，庆阳地区，武威地区，张掖地区，酒泉地区，临夏回族自治州，甘南藏族自治州的临潭、卓尼、迭部、玛曲、碌曲、夏河等县，兰州市，金昌市，白银市，嘉峪关市；c. 四川省，阿坝藏族羌族自治州的马尔康、若尔盖、红原、金川、壤塘等县，甘孜藏族自治州的丹巴、炉霍、新龙、道孚、雅江、白玉、理塘、石渠、巴塘、德格、色达、稻城等县；d. 辽宁省，除（1）2）c. 中划为－20℃地区外的地区。

其他，如个别地区有小气候，应以当地气象资料为准。

第3章 压力容器行政要求及事故处理

3-1 什么是行政许可?

答: 行政许可是指行政机关根据公民、法人或者其他组织的申请，经依法审查，准予其从事特定活动的行为。

为了规范行政许可的设定和实施，保护公民、法人和其他组织的合法权益，维护公共利益和社会秩序，保障和监督行政机关有效实施行政管理，根据宪法，在2004年7月1日起施行《中华人民共和国行政许可法》。

(1) 设定和实施行政许可　应当依照法定的权限、范围、条件和程序；应当遵循公开、公平、公正的原则；应当遵循便民的原则，提高办事效率，提供优质服务。

(2) 设定行政许可　应当遵循经济和社会发展规律，有利于发挥公民、法人或者其他组织的积极性、主动性，维护公共利益和社会秩序，促进经济、社会和生态环境协调发展。

其中：对直接关系公共安全、人身健康、生命财产安全的重要设备、设施、产品、物品，需要按照技术标准、技术规范，通过检验、检测、检疫等方式进行审定的事项可以设定行政许可

(3) 行政许可的实施程序

1) 申请与受理。

2) 审查与决定。

3) 期限。具体是指除可以当场做出行政许可决定的以外，行政机关应当自受理行政许可申请之日起20天内做出行政许可决定。

4) 听证。

5) 变更与延续。

3-2 特种设备（压力容器）行政许可具体实施有何规定?

答: 为了规范特种设备（锅炉、压力容器、气瓶等）生产、使用及检验检测行政许可工作，以确保在用特种设备安全、经济运行。

(1) 特种设备行政许可包括以下项目

1) 特种设备设计许可。

2) 特种设备制造许可。

3) 特种设备安装、改造、维修许可。

4) 气瓶充装许可。

5）特种设备使用登记。

6）特种设备作业人员考核。

7）特种设备检验检测机构核准。

8）特种设备检验检测人员考核。

（2）特种设备的行政许可采取颁布许可证的形式　许可证由国家质检总局统一制定，其名称如下。

1）特种设备设计许可证。

2）特种设备制造许可证。

3）特种设备安装、改造、维修许可证。

4）气瓶充装许可证。

5）特种设备使用登记证。

6）特种设备作业人员证。

7）特种设备检验检测机构核准证。

8）特种设备检验检测人员证。

（3）特种设备许可项目中的许可级别、种类　根据规章、安全技术规范确定。

（4）特种设备行政许可工作　由国家质检总局（国家质量监督检验检疫总局）和各级质量技术监督管理部门（以下简称质检部门），按照有关规定分级负责管理。国家质检总局和省级质量技术监督管理部门根据工作情况可以将其负责的行政许可工作委托下一级部门负责进行。各级质检部门的特种设备安全监察机构（以下简称安全监察机构）负责具体实施。

1）国家质检总局负责特种设备设计、制造、安装、改造的行政许可以及检验检测机构的核准、检验检测人员的考核。具体工作由国家质检总局或者其委托的省级质量技术监督部门分别负责，以国家质检总局的名义颁发相应证书。

2）省级质量技术监督部门负责特种设备维修、气瓶充装单位的许可。具体工作可由省级质量技术监督部门负责，也可按照本地区的工作实际，委托设区的市（包括未设区的地级市和地级州、盟，以下简称市级）质量技术监督部门负责，以省级质量技术监督部门的名义颁发许可证。

3）特种设备使用或者特种设备安装、改造、维修在施工前应当向市级质量技术监督部门办理使用登记或者告知。

4）特种设备作业人员应当经特种设备安全监督部门考核合格。各级质检部门按照有关规定负责组织考核，并颁发相应证书，具体考核工作可以按有关规定委托相关机构负责。

（5）许可工作程序

1）负责实施特种设备生产（设计、制造、安装、改造、维修）许可、检验检测机构核准具体工作的部门应当在正式受理申请后的30个工作日内完成各项许可、核准工作，并颁发相关的许可、核准证件。

2）负责许可、核准的部门根据审查工作的需要可以设立特种设备许可办公室，负责接受许可、核准工作中有关文件的收发、转递、归档、建立数据库等事务性工作。

3）特种设备的许可、核准工作程序包括申请、受理、审查和颁发许可或核准证书。

4）特种设备安装、改造、维修单位在施工前，应当按照有关规定，向安全监察机构告知。安全监察机构认为存在不符合规定的问题时，应当在15个工作日内向施工单位书面说明原因和处理意见；如果在15个工作日内，没有书面通知施工单位，在进行日常的监督检查时，没有发现与告知材料不符的情况，不得以此为由进行行政处罚。

5）特种设备使用登记程序包括申请、受理、审查、颁发使用登记证。

6）人员考核程序包括申请、受理、组织考核和颁发资格证。

（6）行政部门的受理、审查、颁发相关证件，以及鉴定评审和考核机构的鉴定评审、考核收费　按财政、物价部门的规定执行。

1）各级质检部门应当建立许可工作程序，明确相关机构和人员的责任，按照特种设备许可审批表的要求，履行各项许可受理、审查、审核、批准手续。

2）申请许可、核准、登记、考核的单位或人员，以及负责组织鉴定评审、考核工作的机构应当按照有关规定的申请、登记、鉴定评审、考核表格内容建立电子信息资料，连同文字资料送交负责行政许可、核准、登记、考核的安全监察机构，安全监察机构应当建立和完善特种设备单位、人员、设备数据库，并利用计算机信息网络输入国家统一的数据库。

3）办理行政许可所用的申请书，施工前的告知书等有关文书，由质检总局统一制定。

4）鉴定评审、考核机构必须建立相应的管理制度、责任制度、工作程序和鉴定评审、考核人员的考核制度等。每年至少进行一次工作总结，报负责许可、核准具体工作的安全监察机构备案。

各级质检部门应当加强对鉴定评审、考核机构监督管理，每年至少进行1次检查。

3-3　压力容器行政许可分级实施范围有什么规定？

答：为了更好地推进压力容器、气瓶以及压力管道行政许可工作，国家质检总局颁布《特种设备行政许可分级实施范围》，并根据实际工作状况，国家质量监督检验检疫总局将部分行政许可工作委托省级质量技术监督局承担。同时将压力容器的设计、制造、安装许可证、检验检测机构核准证、检验检测人员证以国家质检总局名义颁发，相关证件由国家质检总局统一印制。各级质量技术监督部门要按照“谁审批、谁负责”的原则，认真履行职责、规范程序、明确责任，切实做好行政许可工作。表3-1为压力容器行政许可分级实施范围。

表3-1　压力容器行政许可分级实施范围

许可项目	设备种类	国家质检总局负责	省级质量技术监督局负责
		许可范围（类别、级别、类型或者品种）	
设计（单位）	压力容器	1）固定式压力容器（A）：超高压容器、高压容器（A1）；第三类低、中压容器（A2）；球形储罐（A3）；非金属压力容器（A4） 2）移动式压力容器（C）：铁路罐车（C1）；汽车罐车或者长管拖车（C2）；罐式集装箱（C3） 3）压力容器分析设计（SAD）	固定式压力容器（D）：第一类压力容器（D1）；第二类低、中压容器（D2）
	压力管道	1）长输管道（GA类） 2）工业管道（GC类的GC1级）：输送毒性程度为极度危害介质的管道；输送甲、乙类可燃气体或者甲类可燃液体且设计压力大于或者等于4.0MPa的管道；输送可燃、有毒流体介质，设计压力大于或者等于4.0MPa且设计温度大于或者等于400℃的管道；输送流体介质且设计压力大于或者等于10.0MPa的管道	1）公用管道（GB类） 2）工业管道（GC类的GC2级）：输送甲、乙类可燃气体或者甲类可燃液体且设计压力小于4.0MPa的管道；输送可燃、有毒流体介质，设计压力小于4.0MPa且设计温度大于或者等于400℃的管道；输送非可燃、无毒流体介质，设计压力小于10MPa且设计温度大于或者等于400℃的管道；输送流体介质，设计压力小于10MPa且设计温度小于400℃的管道
设计（文件鉴定） 制造（单位）	压力容器	气瓶（B）、氧舱（A5）（由国家质检总局核准的检验检测机构鉴定） 1）固定式压力容器（A）：超高压容器、高压容器（A1）；第三类低、中压容器（A2）；球形储罐现场组焊或者球壳板制造（A3）；非金属压力容器（A4）；医用氧舱（A5） 2）移动式压力容器（C）：铁路罐车（C1）；汽车罐车或者长管拖车（C2）；罐式集装箱（C3） 3）气瓶（B）：无缝气瓶（B1）；焊接气瓶（B2）；特种气瓶（B3）	固定式压力容器（D）：第一类压力容器（D1）；第二类低、中压容器（D2）

（续）

许可项目	设备种类	国家质检总局负责	省级质量技术监督局负责
		许可范围（类别、级别、类型或者品种）	
设计（文件鉴定） 制造（单位）	压力管道 （元件）	1）金属管子、管件、法兰、紧固件、支吊架（A）：公称压力大于或者等于6.4MPa的无缝钢管；公称直径大于或者等于250mm的无缝钢管；公称直径大于或者等于250mm的焊接钢管；有色金属管；公称压力大于或者等于6.4MPa且公称直径大于或者等于250mm的无缝管件；公称压力大于或者等于6.4MPa且公称直径大于或者等于500mm的有缝管件 2）非金属管子、管件、法兰（A）	金属管子、管件、法兰、紧固件、支吊架（B）：公称压力小于6.4MPa的无缝钢管且公称直径小于250mm的无缝钢管；公称直径小于250mm的焊接钢管；铸铁管；公称压力小于6.4MPa或者公称直径小于250mm的无缝管件；公称压力小于6.4MPa或者公称直径小于500mm的有缝管件；锻制管件；铸造管件；钢制法兰；紧固件；支吊架
安装改造（单位）	压力容器		全部
	压力管道	1）长输管道（GA类） 2）工业管道（GC类的GC1级）：输送介质毒性程度为极度危害的管道；输送甲、乙类可燃气体或者甲类可燃液体且设计压力大于或者等于4.0MPa的管道；输送可燃、有毒流体介质，设计压力大于或者等于4.0MPa且设计温度大于或者等于400℃的管道；输送流体介质且设计压力大于或者等于10.0MPa的管道。随制造许可范围一同申请	1）公用管道（GB） 2）工业管道（GC类的GC2级、GC3级）：输送甲、乙类可燃气体或者甲类可燃液体且设计压力小于4.0MPa的管道；输送可燃、有毒流体介质，设计压力小于4.0MPa且设计温度大于或者等于400℃的管道；输送非可燃、无毒流体介质，设计压力小于10MPa且设计温度大于或者等于400℃的管道；输送流体介质，设计压力小于10MPa且设计温度小于400℃的管道
检验检测机构		除气瓶检验站外的其他检验检测机构	气瓶检验站

（续）

许 可 项 目	设备种类	国家质检总局负责	省级质量技术监督局负责
		许可范围（类别、级别、类型或者品种）	
人员		1）压力容器（含气瓶、氧舱）、压力管道设计审批人员（移交行业组织实施并发证） 2）检验检测人员：高级检验师；检验师（初试）；氧舱、大型游乐设施、索道检验员；高级无损检测人员 3）安全监察人员（统一组织考核、发证） 4）作业人员：氧舱维护管理人员；带压堵漏人员；客运索道作业人员；游乐设施管理人员、安装人员	1）检验检测人员：锅炉、压力容器、压力管道、起重机械、电梯、厂内机动车辆检验员；检验师（复试）；初级、中级无损检测人员 2）安全监察人员（负责培训） 3）作业人员：除氧舱维护管理、带压堵漏人员、客运索道作业人员、游乐设施管理人员、安装人员以外的其他作业人员

注：1. 涉及境外所有的行政许可或者设计文件鉴定由国家质检总局或者其核定的检验检测机构负责。
2. 以型式试验形式实行制造许可的由国家质检总局负责；从事型式试验的检验检测机构由国家质检总局核定并批准。
3. 所有安全附件、安全保护装置、受压元件材料的制造许可由国家质检总局负责。

3-4　压力容器使用登记管理有什么规定？

答：为确保压力容器安全运行，按照 TSG 21—2016《固定式压力容器安全技术监察规程》，必须加强压力容器使用登记管理工作，规范使用登记行为，具体规定如下。

1）使用登记范围。按照 TSG 21—2016、TSG R0005—2011《移动式压力容器安全技术监察规程》等适用范围内的固定式压力容器、移动式压力容器（铁路罐车、汽车罐车、罐式集装箱）、气瓶和氧舱等。

2）使用压力容器的单位和个人按照规定办理压力容器使用登记，领取表 3-2 所示的“特种设备使用登记证”，未办理使用登记及未领取使用登记证的压力容器不得擅自使用。

表 3-3 为锅炉压力容器使用登记附页；表 3-4 为“压力容器登记卡（基本信息）”，表 3-5 为“压力容器登记卡”。

3）压力容器使用登记证在压力容器定期检验合格期间内有效。

4）国家质量监督检验检疫总局负责全国压力容器使用登记的监督管理工作，县以上地方质量技术监督部门负责本行政区域内压力容器使用登记的监督管理工作。

表 3-2　特种设备使用登记证（样式）

特种设备使用登记证

按照《锅炉压力容器使用登记管理办法》的规定，准予使用登记，此证仅在锅炉压力容器安全技术规范规定的检验期内经检验合格并加注检验合格标记后继续有效。

发证机构：(加盖公章)

发证日期：年　　月　　日

检验合格标记和下次检验日期：

年　月	年　月	年　月	年　月	年　月	年　月
年　月	年　月	年　月	年　月	年　月	年　月

表 3-3　锅炉压力容器使用登记附页

锅炉压力容器使用登记附页

使用证编号：________　注册代码：________

使用单位：________　单位内编号：________

设备类别：________　制造许可证号：________

设备名称或型号：________

制造单位：________

表 3-4　压力容器登记卡（基本信息）

使用登记证号码：________　注册代码：________

使用单位						
详细地址				邮政编码		
所在省		所在市		所在区、县		
法定代表人		电话（或总机）				
E-mail				传真		
主管负责人		主管负责人电话				
经办人		经办人电话		手机或传呼		
填表日期						
备注						

表 3-5　压力容器登记卡（样式）

压力容器登记卡

使用登记证号码：________________　注册代码：________________

注册登记机构				注册登记日期	
设备注册代码				更新日期	
单位内部编号		使用登记证编号		注册登记人员	
使用单位				使用单位组织机构代码	
使用单位地址	省　市　区（县）			邮政编码	
安全管理部门		安全管理人员		联系电话	
容器名称		容器类别		容器分类	
设计单位				设计单位组织机构代码	
制造单位				制造单位组织机构代码	
制造国		制造日期		出厂编号	
产品监检单位				监检单位组织机构代码	
安装单位				安装单位组织机构代码	
安装竣工日期		投用日期		所在车间分厂	
容器内径	mm	筒体材料		封头材料	
内衬材料		夹套材料		筒体厚度	mm
封头厚度	mm	内衬壁厚	mm	夹套厚度	mm
容器容积	m^3	容器高（长）	mm	壳体质量	kg
内件质量	kg	充装质量	kg	有无保温绝热	
壳程设计压力	MPa	壳程设计温度	℃	壳程最高压力	MPa
管程设计压力	MPa	管程设计温度	℃	管程最高压力	MPa
夹套设计压力	MPa	夹套设计温度	℃	夹套最高压力	MPa
壳程介质		管程介质		夹套介质	
氧舱照明		氧舱空调电动机		氧舱测氧方式	
罐车牌号		罐车结构型式		罐车底盘号码	
产权单位				产权单位代码	

安全附件及有关装置

名　称	型号	规　格	数量	制 造 单 位

检验单位				检验单位代码	
检验日期		检验类别		主要问题	
检验结论		报告书编号		下次检验日期	
事故类别		事故发生日期		事故处理	
设备变更方式		设备变更日期		设备变更日期	
变更承担单位				承担单位组织机构代码	

5）每台压力容器在投入使用前或者投入使用后30天内，使用单位应当向所在地的登记机关申请办理使用登记，领取使用登记证。

6）使用单位申请办理使用登记应当按照下列规定，逐台向登记机关提交压力容器及其安全阀、爆破片和紧急切断阀等安全附件的有关文件：a. 安全技术规范要求的设计文件、产品质量合格证明、安装及使用维修说明、制造、安装过程监督检验证明；b. 锅炉压力容器安装质量证明书参照表3-6样式；c. 移动式压力容器部分和承压附件的质量证明或产品质量合格证及强制性产品认证证书，见表3-7～表3-11，氧舱属于压力容器管理范围，需要填写氧舱使用登记（附页），见表3-12；d. 压力容器使用安全管理的有关规章制度。

表3-6　锅炉压力容器安装质量证明书（样式）

锅炉压力容器安装质量证明书

锅炉压力容器使用单位：________________

锅炉压力容器名称、类别及型号：________________

产品出厂编号：________　单位内编号：________

锅炉压力容器安装地址：________________

安装许可证号：________________

该台锅炉压力容器由本安装单位负责安装，特此证明安装质量符合锅炉压力容器安全技术规范的规定。

（安装单位公章）
日期：　年　月　日

安装单位名称：________________

地址：________　电话：________

单位法定代表人（签章）________________

技术负责人（签章）________________

7）登记机关接到使用单位提交的文件和登记文件：特种设备使用登记证见表3-2；锅炉压力容器使用登记附页见表3-3；压力容器登记卡（基本信息）见表3-4；压力容器登记卡见表3-5；锅炉压力容器安装质量证明书见表3-6；移动式压力容器使用登记附页见表3-7；移动式压力容器使用登记附页2见表3-8；移动式压力容器使用登记附页3见表3-9；移动式压力容器使用登记附页4见

表3-10；移动式压力容器使用登记附页5见表3-11；氧舱使用登记附页见表3-12等。应当按照下列规定及时审核、办理使用登记。

表3-7　移动式压力容器使用登记附页1

移动式压力容器使用登记附页

使用登记证编号：＿＿＿＿＿＿＿＿　单位内编号：＿＿＿＿＿＿＿＿

使用单位：＿＿＿＿＿＿＿＿　注册代码：＿＿＿＿＿＿＿＿

压力容器名称：＿＿＿＿＿＿＿＿

制造单位及制造许可证号：＿＿＿＿＿＿＿＿

充装介质：＿＿＿＿＿＿＿＿

启用日期：＿＿＿＿年＿＿＿＿月

按照《锅炉压力容器使用登记管理办法》的规定，移动式压力容器“特种设备使用登记证”与IC卡同时使用有效。

表3-8　移动式压力容器使用登记附页2

车牌号码（挂车号码、罐式集装箱编号）		
罐式集装箱联合国危险品编号		
整车特性	型号或罐式集装箱尺寸	
	结构型式	
	装卸方式	
	保温方式	
	底盘（车架）号码	
	空载质量	
	满载总质量	
附件	安全阀（数量/型号）	
	爆破片（数量/型号）	
	紧急切断阀（数量/型号）	
	液位计（数量/结构）	
	防撞设施（数量）	

（续）

罐体（铭牌）编号			
罐体特性	罐体容积		
	罐体外形尺寸		
	罐体材料（内、外筒）		
	设计压力		
	试验压力		
	最高工作压力		
	设计温度		
	允许最大充装量或充装系数		
	充装介质		
	人孔位置		
	铭牌位置、罐体颜色		
	罐体壁厚	筒体：封头：外筒体	

表 3-9　移动式压力容器使用登记附页 3

检 验 日 期	检 验 单 位	检 验 种 类	安全状况等级	下次检验日期	检　验　员

表 3-10　移动式压力容器使用登记附页 4

安全附件及承压附件检验记录								
检验日期	安全阀校验记录	爆破片更换记录	紧急切断阀	液位计	压力表	承压阀门	其他附件	检验员

表 3-11 移动式压力容器使用登记附页 5

充装记录					
充装日期	充装单位	充装量	充装起止时间	充装人员	复检人员

表 3-12 氧舱使用登记附页

氧舱使用登记附页

使用登记证编号：________ 单位内编号：________

氧舱名称：________ 注册代码：________

使用单位：________

制造单位及制造许可证号：________

医疗机构登记号：________

8）登记机关办理使用登记证，应当按照 TSG 21—2016《固定式压力容器安全技术监察规程》中附件 D“特种设备代码编号方法”编写代码。

设备代码为设备的代号、必须具有唯一性，由设备基本代码、制造单位代号、制造年份、制造顺序号组成，中间不空格。

设备代码由安全监察机构编制，是在设备第 1 次办理使用登记时派发的永久代码。无论所有者、使用地点、性能是否改变，同 1 台套设备的代码在设备使用、检验、修理、改造、移装、过户中始终保持其唯一性，直至设备报废。设备代码共有 17 位数字组成。图 3-1 为压力容器注册代码组成示意图。

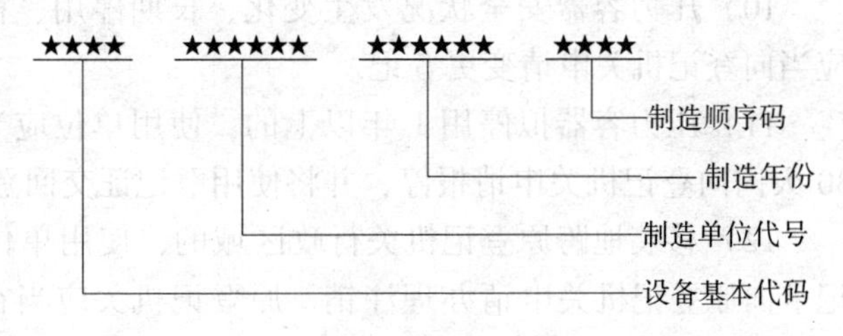

图 3-1 压力容器注册代码组成示意图

压力容器使用登记代码由安全监察机构在签发

压力容器使用登记证时编制，压力容器使用登记代码组成如下。

设备基本代码按表 3-13 特种设备分类代码编制（4 位阿拉伯数字）；制造单位代号由制造单位许可审批机关所在地的行政区域代码（2 位阿拉伯数字）和制造单位制造许可证编号的单位顺序号（3 位阿拉伯数字）组成；制造年份由制造产品制造的年份（4 位阿拉伯数字）组成；制造顺序号由制造单位自行编排的产品顺序号（4 位阿拉伯数字）组成。

表 3-13　特种设备分类代码

种　类	类　别	品　种	代　码
压力容器	固定式压力容器		2000
			2100
		超高压容器	2110
		第三类压力容器	2130
		第二类压力容器	2150
		第一类压力容器	2157
	移动式压力容器		2200
		铁路罐车	2210
		汽车罐车	2220
		罐式集装箱	2400
	氧舱		2400

9）登记机关向使用单位发证时应当退还提交的文件和一份填写的登记卡。使用单位应当建立安全技术档案，将使用登记证、登记文件妥善保存，表 3-14 为固定式压力容器使用证。

①使用单位应当将使用登记证悬挂或者固定在压力容器本体上（无法悬挂或者固定的除外），并在压力容器的明显部位喷涂使用登记证号码。

②使用单位使用无制造许可证单位制造的压力容器，登记机关不得给予登记。

③使用单位应建立压力容器档案卡片，见表 3-15。

10）压力容器安全状况发生变化、长期停用、移装或者过户的，使用单位应当向登记机关申请变更登记。

11）压力容器拟停用 1 年以上的，使用单位应当封存压力容器，在封存后 30 天内向登记机关申请报停，并将使用登记证交回登记机关保存。

12）移装地跨原登记机关行政区域的，使用单位应当持原使用登记证和登记卡向原登记机关申请办理注销。原登记机关应当在登记卡上做注销标记并向使用单位签发“锅炉压力容器过户或异地移装证明”，见表 3-16。

表 3-14 固定式压力容器使用证

编号____________________

压力容器名称____________________________

压力容器编号____________________________

注 册 编 号____________________________

使 用 单 位____________________________

压力容器安全监察机构（盖章）

本台压力容器已经地、市级（或省级）锅炉压力容器安全监察机构按“压力容器使用登记管理规则”的规定办理注册登记，准予使用。

发证日期________年________月________日

表 3-15 压力容器档案卡片

厂（公司） 车间 年 月 日

容器名称		容器编号		注册编号		使用证编号	
类别		设计单位		投用年月		使用单位	
制造单位		制造年月		出厂编号		安装单位	
筒体材料		封头材料		内衬材料		其他部件材料	

规格	内径		mm	操作条件	设计压力		MPa	安全阀或爆破片	名称		名称	
	壁厚		mm		最高压力		MPa		型号		型号	
	高（长）		mm		设计温度		℃		规格		规格	
	容积		m^3		介质				数量		数量	
有无保温、绝热									制造单位		制造单位	

质量/kg	壳体		安全状况等级		级 年 月 日	定期检验情况		备注	
	内件				级 年 月 日				
	总重				级 年 月 日				
					级 年 月 日				
					级 年 月 日				

注：1. 换热器的换热面积填写在压力容器规格的容积一栏内。

2. 两个压力腔的压力容器操作条件分别填写在斜线前后并加以说明。

填报部门负责人签章　　　　　　　　　　填表人签章

表 3-16 锅炉压力容器过户或异地移装证明（样式）

锅炉压力容器过户或异地移装证明

注册代码：＿＿＿＿＿＿＿＿＿＿ 原使用登记证号码：＿＿＿＿＿＿＿＿＿＿

锅炉压力容器名称：＿＿＿＿＿＿＿＿＿＿＿＿＿＿＿＿＿＿＿＿

制造单位：＿＿＿＿＿＿＿＿＿＿＿＿＿＿＿＿＿＿＿＿＿＿

制造编号：＿＿＿＿＿＿＿＿＿＿ 制造日期：＿＿＿＿＿＿＿＿＿＿

原使用单位名称：＿＿＿＿＿＿＿＿＿＿＿＿＿＿＿＿＿＿＿＿

原使用登记证签发日期：＿＿＿＿＿＿＿＿＿＿＿＿＿＿＿＿＿

原使用登记证注销日期：＿＿＿＿＿＿＿＿＿＿＿＿＿＿＿＿＿

压力容器的安全状况等级：＿＿＿＿＿＿＿＿＿＿＿＿＿＿＿＿

该锅炉压力容器过户或异地移装前，应进行定期检验。过户或异地移装的锅炉压力容器投入使用前，使用单位应向所在地安全监察机构申报重新办理使用登记手续。

原使用登记机构：

（公章）

年 月 日

13）使用压力容器有下列情形之一的，不得申请变更登记：a. 在原使用地未办理使用登记的；b. 在原使用地未进行定期检验或定期检验结论为停止运行的；c. 在原使用地已经报废的；d. 擅自变更使用条件进行过非法修理改造的；e. 无技术资料和铭牌的；f. 存在事故隐患的；g. 安全状况等级为 4 级、5 级的压力容器或者使用时间超过 20 年的压力容器。

14）压力容器报废时，使用单位应当将使用登记证交回登记机关，予以注销。

15）实施定期检验的检验机构应当在设备检验合格后，将定期检验合格标记和下次检验日期标注在使用登记证上。对于不合格的设备，检验机构应当及时告知登记机关。

16）压力容器定期检验后，检验机构应当按照《压力容器安全状况等级划分及说明》的规定，确定压力容器安全状况等级。

3-5 压力容器设计单位资格许可与管理规则有什么具体内容？

答：为了加强对压力容器设计单位的质量监督和安全监察，确保压力容器的设计质量，按照 TSG R1001—2008《压力容器压力管道设计许可规则》的规定，国家质检总局对压力容器设计单位开展资格许可与管理规则工作，具体如下：

1）从事压力容器、压力管道设计的单位（以下简称设计单位），必须具有相应级别的设计资格，取得“压力容器压力管道设计许可证”（以下简称“设计许可证”），见表3-17。

表3-17　压力容器压力管道设计许可证

压力容器压力管道设计许可证

编号：

（单位名称）______________________

经审查，批准你单位设计下述类别、级别和品种范围的压力容器或压力管道。

类　别	级别和品种范围	备　注

单位地址：

邮政编码：

审查机构：　　　　　　　　　　批准机构：

批准日期：　　　年　　　月　　　日

失效日期：　　　年　　　月　　　日

2）压力容器设计类别、级别的划分。

① A类：a. A1级是指超高压容器、高压容器（结构型式主要包括单层、无缝、锻焊、多层包扎、绕带、热套、绕板等）；b. A2级是指第三类低、中压容器；c. A3级是指球形储罐；d. A4级是指非金属压力容器。

② C类：a. C1级是指铁路罐车；b. C2级是指汽车罐车或长管拖车；c. C3级是指罐式集装箱。

③ D类：a. D1类是指第一类压力容器；b. D2类是指第二类低、中压容器。

④SAD类是指压力容器分析设计。

3）压力容器设计类别、级别、品种范围划分见表3-18。

表3-18　压力容器设计类别、级别、品种范围划分

级别及代号		品种范围备注
A1	超高压容器、高压容器	注明结构型式：单层、锻焊、多层包扎、绕带、热套、绕板、无缝等
A2	第三类低、中压容器	

（续）

级别及代号		品种范围备注
A3	球形储罐	
A4	非金属压力容器	
C1	铁路罐车	
C2	汽车罐车或长管拖车	
C3	罐式集装箱	
D1	第一类压力容器	
D2	第二类低、中压容器	
SAD	压力容器分析设计	

4）国家质检总局和省级质量技术监督部门（以下简称批准部门）负责《设计许可证》批准、颁发，并按分级管理的原则进行审批：a. 对A类、C类、SAD类压力容器设计单位的“设计许可证”，由国家质检总局批准、颁发。对D类压力容器设计单位的“设计许可证”，由省级质量技术监督部门批准、颁发。b. “设计许可证”有效期为4年，有效期满当年，持证单位必须按规定办理换证手续。逾期不办或未被批准换证，取消设计资格，批准部门注销原“设计许可证”。取得“设计许可证”的设计单位，可按批准的类别、级别、品种在全国范围内进行压力容器的设计工作。c. 设计单位从事压力容器设计的批准（或审定）人员、审核人员（以下简称设计审批人员），必须经过规定的培训，考试合格，并取得相应资格的“设计审批员资格证书”。d. 设计审批人员的“设计审批员资格证书”由所在设计单位设计许可证批准部门批准、颁发，有效期为4年。e. 取得A类或C类压力容器设计资格的单位和设计审批人员，即分别具备D类压力容器设计资格和设计审批资格；取得D2级压力容器设计资格的单位和设计审批人员，即分别具备D1级压力容器设计资格和设计审批资格。f. 设计单位设计资格许可的具体审查工作、设计审批人员的培训考核工作，由批准部门委托经备案的审查机构承担。g. 设计单位必须接受国家质检总局锅炉压力容器安全监察局（以下简称国家安全监察机构）和省市级质量技术监督部门锅炉压力容器安全监察机构（以下简称省市级安全监察机构）的监督检查，并应定期对设计人员进行培训和考核，以保证设计人员保持应有设计能力，掌握相关的新知识。

5）设计单位必须具备以下基本条件：a. 有企业法人营业执照或事业单位法人证书；b. 有中华人民共和国组织机构代码证；c. 有健全的质量保证体系和切实可行的设计管理制度；d. 有与设计级别相适应的技术法规、标准；e. 有专门的设计工作机构和场所；f. 有必要的设计装备和设计手段，具备利用计算机进行设计、计算、绘图的能力，计算机辅助设计和计算机出图率应达到100%，具备在互联网上传递图样和文字电子邮件所需的软件和硬件；对D类压力容器设计单位计算机辅助设计和计算机出图率应达到80%；g. 具有规定数量持有“设计审批员资格证书”的设计审批人员；h. 具有一定的压力容器设计经验，具有独立承担设计的能力。

6）设计单位应建立符合本单位实际情况的设计质量保证体系，并且切实贯彻执行。

7）申请A1级、A2级、A3级设计资格的单位，应具备D类压力容器的设计资格或具备相应级别的压力容器制造资格；申请C类设计资格的单位，应具备相应的压力罐车（罐箱）的制造资格；申请SAD类设计资格的单位应具备A类设计资格。申请GA1级设计资格的单位，应具备GA2级压力管道的设计资格；申请GC1级设计资格的单位，应具备GC2级压力管道的设计资格。

8）下列单位不能申请设计资格：a. 学会、协会等社会团体；b. 咨询性公司、社会中介机构；c. 各类技术检验或检测性质的单位；d. 与压力容器或压力管道设计、制造、安装无关的其他单位。

9）设计单位资格许可程序包括申请、受理、试设计、资格审查、批准和发证。

按照分级审批的范围，申请A类、C类、SAD类压力容器设计资格的单位，应向国家安全监察机构提交“压力容器压力管道设计资格申请书”等，见表3-19～表3-23。申请D类压力容器设计资格的单位，应向所在地的省级安全监察机构提交申请书。对符合规定的申请单位，国家或省级安全监察机构在核实后予以受理，并出具受理文件。

表3-19　压力容器压力管道设计资格申请书

压力容器压力管道设计资格申请书

单位名称______________________________

单位地址______________________________

邮政编码______________　电子邮箱______________

电话（区号）______________　传真______________

法定代表人______________________________

技术负责人______________________________

单位印章：

申请日期：　　　年　　月　　日

表 3-20　申请设计类别、级别、品种范围

单位申请设计下述类别、级别和品种范围的压力容器或压力管道，严格执行压力容器或压力管道的安全技术法规和技术标准，保证设计产品质量，请予审查。

类　别	级别、品种范围	备　注

表 3-21　设计单位各级设计人员概况

序号	姓名	出生日期	学历	毕业学校、专业、时间	职称	从事压力容器或压力管道设计工作时间	设计的主要产品名称	设计岗位

表 3-22　主要设计技术装备

序　号	名称及规格	数　量	主 要 性 能

表 3-23　试设计的压力容器产品

序号	产品名称	类别	设计时间	设计参数					设计人	校核人	设计质量评定等级
				主体材质	压力/MPa	温度/℃	介质	几何尺寸/mm			

①“设计许可证”由批准部门按照规定的格式统一印刷、统一编号（编号示意如图3-2所示）。

②设计单位在接到“设计许可证”后应参照设计资格印章格式要求，如图3-3所示，刻制设计资格印章，并应加强印章的使用管理。设计资格印章的印模应报送批准部门备案。

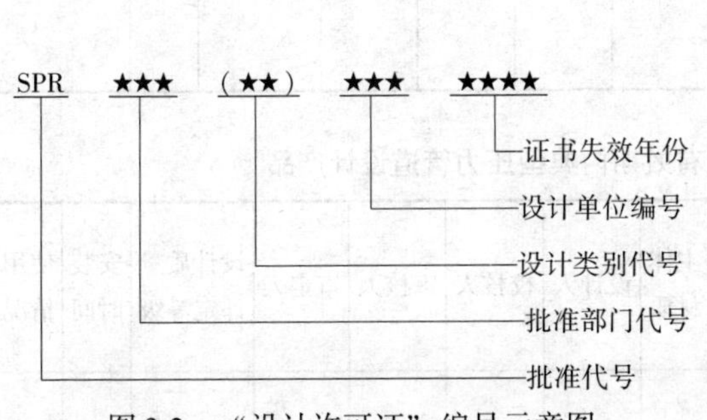

图3-2 “设计许可证”编号示意图

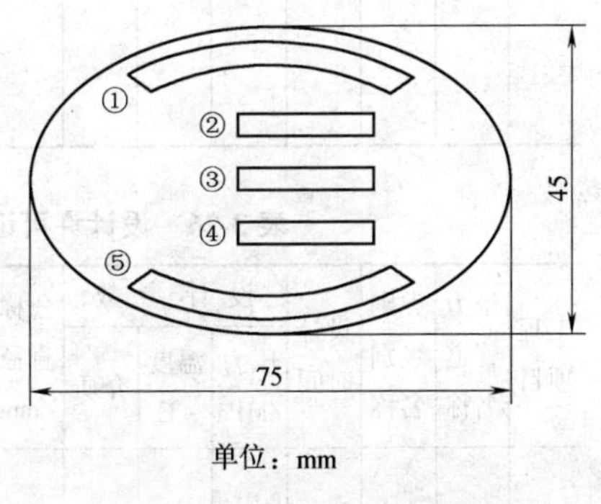

图3-3 设计资格印章格式

①—压力容器设计资格印章 ②—单位技术总负责人姓名 ③—设计单位设计许可证编号 ④—设计单位设计许可证批准日期 ⑤—设计单位全称

10）设计单位应在“设计许可证”有效期满6个月前向批准部门提交“更换设计单位设计许可证申请报告”，其申请报告由表3-17、表3-19、表3-24～表3-28组成。换证单位如逾期未提出申请，即自动放弃设计资格。

表3-24 更换压力容器或压力管道设计许可证申请书

更换压力容器或压力管道设计许可证申请书

申请单位＿＿＿＿＿＿＿＿＿＿＿＿＿＿＿＿＿＿＿＿

单位地址＿＿＿＿＿＿＿＿＿＿＿＿＿＿＿＿＿＿＿＿

邮政编码＿＿＿＿＿＿＿＿ 电子邮箱＿＿＿＿＿＿＿＿

电话（区号）＿＿＿＿＿＿＿＿ 传真＿＿＿＿＿＿＿＿

法定代表人＿＿＿＿＿＿＿＿＿＿＿＿＿＿＿＿＿＿＿

技术负责人＿＿＿＿＿＿＿＿＿＿＿＿＿＿＿＿＿＿＿

单位印章：

申请日期： 年 月 日

表 3-25　有效期内压力容器设计产品一览表

序号	名称	类别	设计时间	设计参数			主体材质	设计人	校核人	审核人	审定人	设计质量评定等级	制造时间	制造及使用情况
				压力/MPa	温度/℃	介质								

表 3-26　设计许可证有效期内典型压力管道设计产品

工程项目	压力管道名称	类别级别名称	设计时间	设计参数			公称直径/mm	主体材质	设计人	校核人	审核人	审定人	设计质量评定等级	安装时间	使用情况
				压力/MPa	温度/℃	介质									

表 3-27　申请换证单位的设计技术装备

序　号	名称及规格	数　量	主要性能

表 3-28　设计许可证有效期内设计压力容器数量统计

级别/台 年份	A1	A2	A3	A4	C1	C2	C3	D1	D2	SAD	合计
合计											

11）设计单位有以下情况之一的，应根据情节严重程度，由批准部门对其做出通报批评或取消设计资格的处理。对于负有相应责任的人员，应由设计单位做出相应的处理。

① 超出“设计许可证”批准的级别、类别或品种范围进行设计。

② 产品设计总图上有下列情况者：a. 无设计资格印章；b. 加盖的设计资格印章已作废或为复印形式；c. 在外单位的图样上签字或加盖设计资格印章，或者本单位设计范围之外的设计产品，由外单位人员签字或加盖设计资格印章；d. 标题栏内未按有关规定履行签字手续。

③ 因设计违反现行规程、标准等技术规范，导致重大质量事故或造成产品爆炸事故。

④ 涂改“设计许可证”，将“设计许可证”转让或变相转让给其他单位使用的。

12）省级安全监察机构应在每年 12 月 31 日前将本省当年颁发或换发的“设计许可证”（副本）报送国家安全监察机构。国家安全监察机构将定期统一公布取证和换证的单位名单及其设计类别、级别。

3-6　压力容器制造许可条件有哪些内容？工作程序有什么规定？

答：根据《锅炉压力容器制造许可条件》（2004 年 1 月 1 日实施）规定，压力容器制造许可条件主要内容由资源条件要求、质量管理体系的基本要求、压力容器产品安全质量要求三部分构成。

1）资源条件要求包括基本条件和专项条件，前者是制造各级别压力容器产品的通用要求，后者是制造相关级别压力容器产品的专项要求，企业应同时满足基本条件和相应的专项条件。

2）企业必须建立与制造压力容器产品相适应的质量管理体系并保证连续有效运转。企业应有持续制造压力容器的业绩，以验证压力容器质量管理体系的控制能力。

企业的无损检测、热处理和理化性能检验工作，可由本企业承担，也可与具备相应资格或能力的企业签订分包协议，分包协议应向发证机构备案。所委托的工作由被委托的企业出具相应报告，所委托工作的质量控制应由委托方负责，并纳入本企业压力容器质量保证体系控制范围。专项条件要求具备的内容不得分包。

企业必须有能力独立完成压力容器产品的主体制造，不得将压力容器产品的所有受压部件全部进行分包。

3）压力容器产品安全质量具体要求：

① 材料许用应力的系数（设计安全系数）按下列要求确定：基于材料常温抗拉强度的考虑，钢制压力容器一般不得低于 3.0；基于材料常温屈服强度考虑，碳素钢和低合金钢一般不得低于 1.6 高合金钢一般不得低于 1.5。按分析设计的钢制压力容器，基于材料常温抗拉强度考虑，一般不得低于 2.6；基于材料常温和设计温度的屈服强度考虑，一般不得低于 1.5。否则，应报国家质检总局

安全监察机构批准，钢制和有色金属压力容器的设计安全系数选取见表3-29。

表3-29　钢制和有色金属压力容器的设计安全系数　（单位：MPa）

材料			设计温度下的抗拉强度 σ_b	设计温度下的屈服强度 σ_s^t	设计温度下的持久强度（平均值）σ_d^t（10^5h后发生破坏）	设计温度下的蠕变极限平均值（每1000h蠕变率为0.01%的）σ_n^t
碳素钢和低合金钢			$n_b \geq 3.0$	$n_s \geq 1.6$	$n_d \geq 1.5$	$n_n \geq 1.0$
高合金钢			$n_b \geq 3.0$	$n_s \geq 1.5$	$n_d \geq 1.5$	$n_n \geq 1.0$
铝、铜、钛、镍及其合金	板、锻件、管、棒	钛	$n_b \geq 3.0$	$n_s \geq 1.5$	$n_d \geq 1.5$	$n_n \geq 1.0$
		镍	$n_b \geq 3.0$	$n_s \geq 1.5$	$n_d \geq 1.5$	$n_n \geq 1.0$
		铝	$n_b \geq 4.0$	$n_s \geq 1.5$		
		铜	$n_b \geq 4.0$	$n_s \geq 1.5$		
铸铁	灰铸铁		$n_b \geq 10.0$			
	球墨铸铁、可锻铸铁		$n_b \geq 8.0$			
铸钢	设计温度≥300℃		$n_b \geq 4.0$/铸造系数			
	设计温度＜300℃		$n_b \geq 1.5$/铸造系数			
螺栓	碳素钢		$n_b \geq 5.0$	$n_s \geq 2.7$（热轧） $n_s \geq 2.5$（正火）	$n_d \geq 1.5$	
	低合金钢 高合金钢			$n_s \geq 3.5$（调质） $n_s \geq 2.7$（调质）		
	马氏体钢 奥氏体钢			$n_s \geq 3.0$（调质） $n_s \geq 1.6$（固溶）		
	有色金属		$n_b \geq 5.0$	$n_s \geq 4.0$		

注：1. 当无法确定设计温度下屈服强度（条件屈服强度），而以抗拉强度为依据确定许用应力时 n_b 应适当提高。
2. 有色金属铸件的系数应在板、锻件、管、棒的基础上除以0.8。
3. 铸钢的铸造系数不应超过0.9。

② 采用应力分析设计的压力容器产品，压力容器制造企业应向国家质检总局安全监察机构备案。

③ 当采用标准规定以外的强度计算方法或试验方法进行设计时，压力容器制造企业应向国家质检总局安全监察机构备案。

④ 移动式压力容器的设计应报国家质检总局安全监察机构审查、备案。

⑤ 压力容器的所有A类、B类焊接接头如图3-4所示，这些接

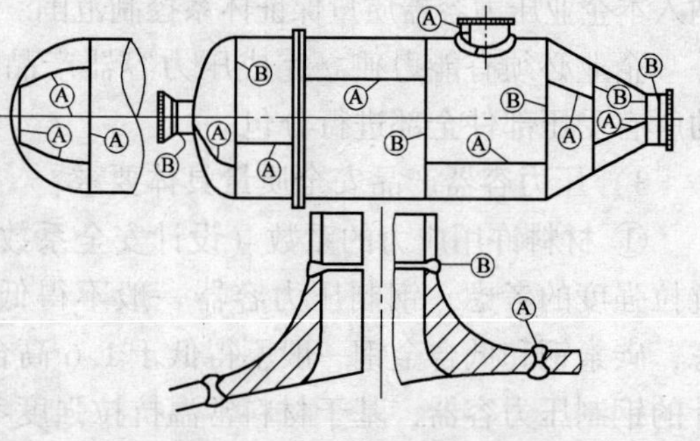

图3-4　A类、B类焊接接头示意图

头均需按相应标准和设计图样的规定进行无损检测（RT 或 UT）。焊接接头系数应根据受压组件的焊接接头形式及无损检测的比例确定，焊接接头系数规定见表 3-30。

⑥ 压力容器筒体与筒体、筒体与封头之间的连接及封头的拼接不允许采用搭接结构，也不允许存在十字焊缝。

⑦ 内径大于等于 500mm 的压力容器应设置 1 个人孔或 2 个手孔（当容器无法开人孔时）（夹套容器、换热器和其他不允许开孔的容器除外）。

⑧ 压力容器的快开门（盖）应装设安全联锁装置。

⑨ 用于移动式压力容器罐体的钢板和用于压力容器的低合金钢板，每批应抽两张钢板进行冲击试验，试验温度为 −20℃ 或按图样规定。冲击试验要求和冲击韧度合格指标按表 3-31 的规定。

表 3-30　压力容器的焊接接头系数

	全部无损检测①					局部无损检测①				
	钢	有色金属				钢	有色金属			
		铝②	铜②	镍②	钛		铝②	铜②	镍②	钛
双面焊或相当于双面全熔焊透的对接焊③	1.0	0.85 0.90	0.85 0.95	0.85 0.95	0.90	0.85	0.80 0.85	0.80 0.85	0.80 0.85	0.85
有金属垫板的单面焊对接焊缝	0.90	0.80 0.85	0.80 0.85	0.80 0.85	0.85	0.80	0.70 0.80	0.70 0.80	0.70 0.85	0.80
无垫板的单面焊环向对接焊缝	—	—	—	—	—	—	—	0.65 0.70	0.65 0.70	—

① 此表所指无损检测，对钢制压力容器以射线或超声波检测为准，对有色金属压力容器原则上以射线检测为准。全部无损检测指 100% 的射线或超声波检测；局部无损检测指 20% 或 50%（铁素体钢低温容器）的射线或超声波检测。

② 表中所列有色金属制压力容器焊接接头系数上限值指采用熔化极惰性气体保护焊；下限值指采用非熔化极惰性气体保护焊。

③ 相当于双面全熔焊透的对接焊缝指单面焊双面成形的焊缝，按双面焊评定（含焊接试板的评定），如氩弧焊打底的焊缝或带陶瓷、铜衬垫的焊缝等。

表 3-31　冲击试验要求和冲击韧度合格指标

钢材的标准抗拉强度下限值 σ_b/MPa	3 个试样的冲击吸收功平均值 KV_2/J
	10mm×10mm×55mm
≤450	18
>450～515	20
>515～650	27

注：试验温度下 3 个试样的冲击吸收功平均值不得低于表中规定。其中单个试样的冲击吸收功可小于平均值，但不得小于平均值的 70%。

⑩ 沸腾钢不允许用于制造压力容器的受压元件。

⑪ 铸铁用于压力容器的受压元件时，应符合表 3-32 的规定，且不得用于下

列压力容器的受压元件：a. 盛装毒性程度为极度、高度或中度危害介质的压力容器元件；b. 设计压力大于等于0.15MPa且介质为易燃物质的压力容器受压元件；c. 管壳式余热锅炉；d. 移动式压力容器。

表3-32　铸铁用于压力容器的受压元件规定范围

铸 铁 类 型	设计压力/MPa	设计温度/℃
灰铸铁	0.8	0～250
可锻铸铁或球墨铸铁	1.6	-10～350

⑫ 冷成形的碳素钢和低合金钢制凸形封头应在成形后进行消除应力热处理。

⑬ 符合下列条件之一的压力容器，需进行焊后整体消除应力热处理。a. 盛装毒性程度为极度、高度危害介质的压力容器；b. 壳体厚度大于16mm、设计温度低于-20℃的压力容器；c. 碳素钢厚度大于32mm（如焊前预热100℃以上时，厚度大于38mm）；d. 低合金钢厚度大于30mm（如焊前预热100℃以上时，厚度大于34mm）；e. 任意厚度的Cr-Mo低合金钢。

⑭ 常温下贮存混合液化石油气的压力容器及贮存能导致应力腐蚀的其他介质的压力容器，其所用钢板应逐张进行超声检测，焊后应进行消除应力热处理。

4）压力容器制造许可工作程序是指压力容器及安全附件制造许可申请、受理、审查、证书批准颁发及有效期满时的换证程序。

① 申请：a. 申请A级、B级、C级压力容器及安全阀、爆破片、气瓶阀门等安全附件制造许可的境内制造企业须向国家质检总局安全监察机构提交申请，申请资料应先经省级质量技术监督部门安全监察机构（以下简称省级安全监察机构）审核并签署意见；b. 申请D级压力容器制造许可的境内制造企业应向企业所在地的省级安全监察机构提交申请；c. 申请压力容器或安全阀、爆破片、气瓶阀门等安全附件制造许可的境外制造企业应向国家质检总局安全监察机构提交申请；d. 申请时企业应提交以下申请资料（申请资料应采用中文或英文，原始件为其他文种时，应附中或英译文）。

② 受理。负责受理申请的安全监察机构对企业提交的申请资料进行审查后，应在15个工作日内确定是否予以受理。对符合申请条件的制造企业，安全监察机构在申请表上签署同意受理意见，并将一份申请表返回申请企业。

③ 审查。制造企业完成产品试制后，应当约请鉴定评审机构安排进行实地条件的鉴定评审，并在约定的时限内完成评审工作。鉴定评审机构按评审要求制定评审计划、组织评审组，并将评审日程安排至少提前一周通知到申请企业。

有型式试验要求的产品，如气瓶、安全阀、爆破片和气瓶阀门等，应在工厂检查前完成以下工作：a. 审查有关设计文件、图样；b. 在现场随机抽样，由型式试验机构进行产品型式试验，试验结果应符合相应标准。

根据评审情况，评审组应做出书面评审报告，评审报告结论分为符合条件、需要整改、不符合条件。

④“制造许可证”的批准颁发和有效期满时的换证。发证部门的安全监察机构对鉴定评审报告进行审核并提出审核结论意见。对于审核结论意见为符合《锅炉压力容器制造许可条件》的企业，由安全监察机构上报发证部门为其签发“制造许可证”。对于审核结论意见为不符合《锅炉压力容器制造许可条件》的企业，由安全监察机构上报发证部门后向申请单位发出不许可通知。“制造许可证”自签署之日起，4 年内有效。持证企业如需在有效期满后继续持有“制造许可证”，应在有效期满前 6 个月向国家质检总局安全监察机构或省级质量技术监督部门提出书面换证申请。

3-7　压力容器制造监督管理办法有什么内容？

答：为加强对压力容器制造监督管理，保证压力容器产品的安全性能，保障人身财产安全，在国内制造、使用的压力容器实行制造资格许可制度和产品安全性能强制监督检验制度，并制定《锅炉压力容器制造监督管理办法》。

1）国家质量监督检验检疫总局（以下简称国家质检总局）负责本办法所规定的压力容器制造的监督管理工作；地方各级质量技术监督部门负责本行政区域内的压力容器制造的监督管理工作。国家质检总局和地方各级质量技术监督部门内设的压力容器安全监察机构（以下简称安全监察机构）负责本办法的具体实施。

2）制造许可管理内容如下：a. 境内制造、使用的压力容器，制造企业必须取得“中华人民共和国锅炉压力容器制造许可证”（以下简称“制造许可证”），具体见表 3-33，未取得“制造许可证”的企业，其产品不得在境内销售、使用；b. 压力容器按照规定，划分为 A、B、C、D 4 个制造许可级别，具体见表 3-34。D 级压力容器的“制造许可证”，由制造企业所在地的省级质量技术监督部门颁发，其余级别的“制造许可证”由国家质检总局颁发；境外企业制造的用于境内的压力容器，其“制造许可证”由国家质检总局颁发（以下统一简称发证部门）。

表 3-33　中华人民共和国锅炉压力容器制造许可证

证号编号：

（企业名称）

（制造地址）

经审查获得下列　　　　产品的制造许可：

授权签发人：　　　　发证部门：

发证日期：

证书有效期至：

证书管理机构：（发证部门的安全监察机构全称）

表 3-34 压力容器制造许可级别划分

级别	制造压力容器范围	代表产品
A	超高压容器、高压容器（A1）；第三类低、中压容器（A2）；球形储罐现场组焊或球壳板制造（A3）；非金属压力容器（A4）；医用氧舱（A5）	A1 应注明单层、锻焊、多层包扎、绕带、热套、绕板、无缝、锻造、管制等结构形式
B	无缝气瓶（B1）；焊接气瓶（B2）；特种气瓶（B3）	B2 注明含（限）溶解乙炔气瓶或液化石油气瓶。B3 注明机动车用、缠绕、非重复充装、真空绝热低温气瓶等
C	铁路罐车（C1）；汽车罐车或长管拖车（C2）；罐式集装箱（C3）	
D	第一类压力容器（D1）；第二类低、中压容器（D2）	

注：1. 一类、二类、三类压力容器的划分按照《压力容器安全技术监察规程》确定。
2. 超高压容器：设计压力大于等于100MPa的压力容器。
高压容器：设计压力大于等于10MPa且小于100MPa的压力容器。
中压容器：设计压力大于等于1.6MPa且小于10MPa的压力容器。
低压容器：设计压力大于等于0.1MPa且小于1.6MPa的压力容器。
3. 按分析设计标准设计的压力容器，其制造企业应持有A级或C级许可证。
4. 球壳板制造项目含直径大于等于1800mm的各类型封头。

3）许可证管理内容如下：a. 持证企业制造用于境内的压力容器，不得超出“制造许可证”所批准的产品范围；b. 压力容器随机文件中应附有“制造许可证”复印件，产品铭牌上应标注与“制造许可证”一致的制造企业名称和编号；产品随机文件中的产品质量合格证书、产品安装和使用说明书必须有中文表述；c. 发证部门的安全监察机构和制造企业所在地安全监察机构应按规定对制造企业的证书使用、生产条件、产品质量状况及其管理等情况进行检查。制造企业必须接受检查。

4）产品安全性能监督检验内容如下：a. 压力容器安全性能监督检验应在制造过程中进行，未经监督检验或经监督检验不合格的产品不得销售、使用；b. 境内制造企业的压力容器安全性能监督检验工作，由制造企业所在地的省级质量技术监督部门授权有资格的检验机构承担；境外制造企业的锅炉压力容器安全性能监督检验工作，由国家质检总局安全监察机构授权有资格的检验机构承担；c. 从事安全性能监督检验工作的检验机构，应按照《锅炉压力容器产品安全性能监督检验规则》及有关技术规范的规定进行检验，并在检验合格的产品出具监督检验合格证明。

5）处罚内容如下：

① 制造企业有下列行为之一的，责令改正；情节严重的暂停使用“制造许

可证”(暂停期不超过1年);拒不改正的,吊销“制造许可证”,即:a. 产品出现严重安全性能问题的;b. 不再具备制造许可条件的;c. 拒绝或逃避产品安全性能监督检验的;d. 涂改、伪造监督检验证明的。

② 制造企业有下列行为之一的,吊销“制造许可证”,即 a. 转让、转借“制造许可证”的;b. 向其他企业产品出具“制造许可证”、产品质量合格证明等虚假随机文件的;c. 未经批准,超出“制造许可证”范围制造产品的。

对被吊销“制造许可证”的企业,发证部门4年内不予受理其取证申请。从事安全监察、许可审查、监督检验工作的人员,未按本办法的规定履行职责,滥用职权、玩忽职守、徇私舞弊,构成犯罪的,依法追究刑事责任;尚未构成犯罪的依法给予行政处分。

3-8　压力容器安全监督管理部门开展监督管理有什么规定?

答: 根据2009年1月24日颁布的《国务院关于修改特种设备安全监察条例的决定》,国家各级特种设备安全监督管理部门负责对压力容器、各类气瓶等开展监督管理,对压力容器、各类气瓶等生产、使用单位和检验检测机构实施安全监察。

1) 特种设备安全监督管理部门根据举报或者取得的涉嫌违法证据,对涉嫌违反规定的行为进行查处时,可以行使下列职权:a. 向特种设备生产、使用单位和检验检测机构的法定代表人、主要负责人和其他有关人员调查、了解与涉嫌从事违反规定的生产、使用、检验检测有关的情况;b. 查阅、复制特种设备生产、使用单位和检验检测机构的有关合同、发票、账簿及其他有关资料;c. 对有证据表明不符合安全技术规范要求的或者有其他严重事故隐患的特种设备或者其主要部件,予以查封或者扣押。

2) 特种设备安全监督管理部门在办理有关行政审批事项时,其受理、审查、许可、核准的程序必须公开,并应当自受理申请之日起30天内,做出许可、核准或者不予许可、核准的决定;不予许可、核准的,应当向申请人书面说明理由。

3) 地方各级特种设备安全监督管理部门不得以任何形式进行地方保护和地区封锁,不得对已经依照有关规定在其他地方取得许可的特种设备生产单位重复进行许可,也不得要求对依照有关规定在其他地方检验检测合格的特种设备,重复进行检验检测。

4) 特种设备安全监督管理部门的安全监察人员(以下简称特种设备安全监察人员)应当熟悉相关法律、法规、规章和安全技术规范,具有相应的专业知识和工作经验,并经国务院特种设备安全监督管理部门考核,取得特种设备安全监察人员证书。特种设备安全监察人员应当忠于职守、坚持原则、秉公执法。

5) 特种设备安全监督管理部门对特种设备生产、使用单位和检验检测机构进行安全监察，发现重大违法行为或者严重事故隐患时，应当在采取必要措施的同时，及时向上级特种设备安全监督管理部门报告。接到报告的特种设备安全监督管理部门应当采取必要措施，及时予以处理。

对违法行为或者严重事故隐患的处理需要当地人民政府和有关部门的支持、配合时，特种设备安全监督管理部门应当报告当地人民政府，并通知其他有关部门。当地人民政府和其他有关部门应当采取必要措施，及时予以处理。

6）国务院特种设备安全监督管理部门和省、自治区、直辖市特种设备安全监督管理部门应当定期向社会公布特种设备安全状况。

公布特种设备安全状况应当包括下列内容：a. 在用的特种设备数量；b. 特种设备事故的情况、特点、原因分析、防范对策；c. 其他需要公布的情况。

7）特种设备发生事故，事故发生单位应当迅速采取有效措施，组织抢救，防止事故扩大，减少人员伤亡和财产损失，并按照国家有关规定，及时、如实地向负有安全生产监督管理职责的部门和特种设备安全监督管理部门等有关部门报告。不得隐瞒不报、谎报或者拖延不报。

3-9　未经许可、擅自从事压力容器有关行业，应负什么法律责任？

答：由于压力容器和各类气瓶属于易燃易爆的特种设备，具有极大的爆炸危险性，除造成设备、财产损失外，甚至造成人身伤亡事故。为此，国家规定在2009年1月24日起严格执行《特种设备安全监察条例》（修订），凡未经许可，擅自从事压力容器有关事宜，必须负法律责任，具体规定如下：

1）未经许可，擅自从事压力容器设计活动的，由特种设备安全监督管理部门予以取缔，处5万元以上20万元以下罚款；有违法所得的，没收违法所得；触犯刑律的，对负有责任的主管人员和其他直接责任人员依照刑法关于非法经营罪或者其他罪的规定，依法追究刑事责任。

2）气瓶的设计文件，未经国务院特种设备安全监督管理部门核准的检验检测机构鉴定，擅自用于制造的，由特种设备安全监督管理部门责令改正，没收非法制造的产品，处5万元以上20万元以下罚款；触犯刑律的，对负有责任的主管人员和其他直接责任人员依照刑法关于生产、销售伪劣产品罪、非法经营罪或者其他罪的规定，依法追究刑事责任。

3）按照安全技术规范的要求应当进行型式试验的压力容器产品、部件或者试制的压力容器新产品、新部件、未进行整机或者部件型式试验的，由特种设备安全监督管理部门责令限期改正；逾期未改正的，处2万元以上10万元以下罚款。

4）未经许可，擅自从事压力容器、各类气瓶及其安全附件、安全保护装置的制造、安装、改造的，由特种设备安全监督管理部门予以取缔，没收非法制造的产品，已经实施安装、改造的，责令恢复原状或者责令限期由取得许可的单位重新安装、改造，处10万元以上50万元以下罚款；触犯刑律的，对负有责任的主管人员和其他直接责任人员依照刑法关于生产、销售伪劣产品罪、非法经营罪、重大责任事故罪或者其他罪的规定，依法追究刑事责任。

5）特种设备出厂时，未按照安全技术规范的要求附有设计文件、产品质量合格证明、安装及使用维修说明、监督检验证明等文件的，由特种设备安全监督管理部门责令改正；情节严重的，责令停止生产、销售，处违法生产、销售货值金额30%以下罚款；有违法所得的，没收违法所得。

6）未经许可，擅自从事压力容器，各类气瓶的维修或者日常维护保养的，由特种设备安全监督管理部门予以取缔，处1万元以上5万元以下罚款；有违法所得的，没收违法所得；触犯刑律的，对负有责任的主管人员和其他直接责任人员依照刑法关于非法经营罪、重大责任事故罪或者其他罪的规定，依法追究刑事责任。

7）压力容器（各类气瓶）的安装、改造、维修的施工单位，在施工前未将拟进行的特种设备安装、改造、维修情况书面告知直辖市或者设区的市的特种设备安全监督管理部门即行施工的，或者在验收后30天内未将有关技术资料移交压力容器、各类气瓶使用单位的，由特种设备安全监督管理部门责令限期改正；逾期未改正的，处2000元以上1万元以下罚款。

8）压力容器、各类气瓶的制造过程和压力容器、各类气瓶的安装、改造、重大维修过程，未经国务院特种设备安全监督管理部门核准的检验检测机构按照安全技术规范的要求进行监督检验、出厂或者交付使用的，由特种设备安全监督管理部门责令改正，并没收违法生产、销售的产品；已经实施安装、改造或者重大维修的，责令限期进行监督检验，并处5万元以上20万元以下的罚款；有违法所得的，没收违法所得；情节严重的，撤销制造、安装、改造或者维修单位已经取得的许可，并由工商行政管理部门吊销其营业执照；触犯刑律的，对负有责任的主管人员和其他直接责任人员依照刑法关于生产、销售伪劣产品罪或者其他罪的规定，依法追究刑事责任。

9）未经许可擅自从事气瓶充装活动的，由特种设备安全监督管理部门予以取缔，没收违法充装的气瓶，并处10万元以上50万元以下罚款；有违法所得的，没收违法所得；触犯刑律的，对负有责任的主管人员和其他直接责任人员依照刑法关于非法经营罪或者其他罪的规定，依法追究刑事责任。

10）压力容器使用单位有下列情形之一的，由特种设备安全监督管理部门责令限期改正；逾期未改正的，处2000元以上2万元以下罚款；情节严重的，责令停止使用或者停产停业整顿。具体内容如下：a. 压力容器投入使用前或者投入使用后30天内，未向特种设备安全监督管理部门登记，擅自将其投入使用的；b. 未依照国家有关部门的规定，建立特种设备安全技术档案的；c. 未依照国家有关部门的规定，对在用压力容器进行经常性日常维护保养和定期自行检查的，或者对在用压力容器的安全附件、安全保护装置、测量调控装置及有关附属仪器仪表进行定期校验、检修，并做出记录的；d. 未按照安全技术规范的定期检验要求，在安全检验合格有效期届满前 1 个月向特种设备检验检测机构提出定期检验要求的；e. 使用未经定期检验或者检验不合格的特种设备的；f. 压力容器出现故障或者发生异常情况 ，未对其进行全面检查、消除事故隐患，继续投入使用的；g. 未制定压力容器的事故应急措施和救援预案的。

11）存在严重事故隐患，无改造、维修价值，或者超过安全技术规范规定的使用年限，压力容器使用单位未予以报废，并向原登记的特种设备安全监督管理部门办理注销的，由特种设备安全监督管理部门责令限期改正；逾期未改正的，处 5 万元以上 20 万元以下罚款。

12）压力容器使用单位有下列情形之一的，由特种设备安全监督管理部门责令限期改正；逾期未改正的，责令停止使用或者停产停业整顿，并处 2000 元以上 2 万元以下罚款：a. 未依照本条例规定设置特种设备安全管理机构或者配备专职、兼职的安全管理人员的；b. 从事压力容器作业的人员，未取得相应特种作业人员证书，上岗作业的；c. 未对压力容器作业人员进行特种设备安全教育和培训的。

13）压力容器使用单位的主要负责人在本单位发生重大特种设备事故时，不立即组织抢救或者在事故调查处理期间擅离职守或者逃匿的，给予降职、撤职的处分；触犯刑律的，依照刑法关于重大责任事故罪或者其他罪的规定依法追究刑事责任。

14）特种设备使用单位的主要负责人对特种设备事故隐瞒不报、谎报或者拖延不报的，依照前款规定处罚。

15）压力容器作业人员违反特种设备的操作规程和有关的安全规章制度操作，或者在作业过程中发现事故隐患或者其他不安全因素，未立即向现场安全管理人员和单位有关负责人报告的，由压力容器使用单位给予批评教育、处分；触犯刑律的，依照刑法关于重大责任事故罪或者其他罪的规定依法追究刑事责任。

16）未经核准，擅自从事压力容器所规定的监督检验、定期检验、型式试验等检验检测活动的，由特种设备安全监督管理部门予以取缔，并处 5 万元以上 20 万元以下罚款；有违法所得的，没收违法所得；触犯刑律的，对负有责任的主管人员和其他直接责任人员依照刑法关于非法经营罪或者其他罪的规定依法追究刑事责任。

17）检验检测机构，有下列情形之一的，由特种设备安全监督管理部门处 2 万元以上 10 万元以下罚款；情节严重的，撤销其检验检测资格：a. 检验检测工作不符合安全技术规范的要求；b. 聘用未经特种设备安全监督管理部门组织考核合格并取得检验检测人员证书的人员，从事相关检验检测工作的；c. 在进行特种设备检验检测中，发现严重事故隐患，未及时告知压力容器使用单位，并立即向特种设备安全监督管理部门报告的。

18）特种设备检验检测机构和检验检测人员，出具虚假的检验检测结果、鉴定结论或者检验检测结果、鉴定结论严重失实的，由特种设备安全监督管理部门对检验检测机构没收违法所得，并处5万元以上20万元以下罚款；情节严重的，撤销其检验检测资格。对检验检测人员处5000元以上5万元以下罚款，情节严重的，撤销其检验检测资格；触犯刑律的，依照刑法关于中介组织人员提供虚假证明文件罪、中介组织人员出具证明文件重大失实罪或者其他罪的规定依法追究刑事责任。特种设备检验检测机构和检验检测人员，出具虚假的检验检测结果、鉴定结论或者检验检测结果、鉴定结论严重失实，造成损害的应当承担赔偿责任。

19）特种设备检验检测机构或者检验检测人员从事特种设备的生产、销售，或者以其名义推荐或者监制、监销特种设备的，由特种设备安全监督管理部门撤销特种设备检验检测机构和检验检测人员的资格，处5万元以上20万元以下罚款；有违法所得的没收违法所得。

20）特种设备检验检测机构和检验检测人员利用检验检测工作故障刁难特种设备生产、使用单位，由特种设备安全监督管理部门责令改正；拒不改正的撤销其检验检测资格。

21）检验检测人员从事检验检测工作，不在特种设备检验检测机构执业或者同时在两个以上检验检测机构中执业的，由特种设备安全监督管理部门责令改正；情节严重的给予停止执业6个月以上两年以下的处罚；有违法所得的没收违法所得。

22）压力容器的生产、使用单位或者检验检测机构，拒不接受特种设备安全监督管理部门依法实施的安全监察的，由特种设备安全监督管理部门责令限期改正；逾期未改正的责令停产停业整顿，并处2万元以上10万元以下的罚款；触犯刑律的，依照刑法关于妨害公务罪或者其他罪的规定依法追究刑事责任。

3-10　国家对生产安全事故法律责任追究有什么规定？

答：2007年3月28日国务院第172次常务会议通过，公布《生产安全事故报告和调查处理条例》；及2014年8月31日全国人大常委会第十次会议通过修订《中华人民共和国安全生产法》中提到，生产经营活动中发生的造成人身伤亡或者直接经济损失的生产安全事故的报告和调查处理有关规定如下。

1）国家对生产安全事故所造成的人员伤亡、人员重伤和直接经济损失3项(其中达到任何1项数值)，分为特别重大事故、重大事故、较大事故和一般事故，具体见表3-35。

表 3-35 事故分类

项目	特别重大事故	重大事故	较大事故	一般事故
死亡人数	30 人及以上	10 人 ~29 人	3 人 ~9 人	1 人 ~2 人
重伤人数（包括急性工业中毒）	100 人及以上	50 人 ~99 人	10 人 ~49 人	9 人及以下
直接经济损失	1 亿元及以上	5000 万元 ~1 亿元以下	1000 万元 ~5000 万元以下	1000 万元以下

2）事故发生单位主要负责人有下列行为之一的，处以上 1 年年收入 40% ~80% 的罚款，属于国家工作人员的依法给予处分；构成犯罪的依法追究刑事责任：a. 不立即组织事故抢救的；b. 迟报或者漏报事故的；c. 在事故调查处理期间擅离职守的。

3）事故发生单位及其有关人员有下列行为之一的，对事故发生单位处 100 万元 ~500 万元的罚款；对主要负责人、直接负责的主管人员和其他直接责任人员处上 1 年年收入 60% ~100% 的罚款，属于国家工作人员的依法给予处分；构成违反治安管理行为的，由公安机关依法给予治安管理处罚；构成犯罪的，依法追究刑事责任：a. 谎报或者瞒报事故的；b. 伪造或者故意破坏事故现场的；c. 转移、隐匿资金、财产，或者销毁有关证据、资料的；d. 拒绝接受调查或者拒绝提供有关情况和资料的；e. 在事故调查中作伪证或者指使他人作伪证的；f. 事故发生后逃匿的。

4）事故发生单位对事故发生负有责任的，依照下列规定处以罚款：a. 发生一般事故的，处 10 万元以上 20 万元以下的罚款；b. 发生较大事故的，处 20 万元以上 50 万元以下的罚款；c. 发生重大事故的，处 50 万元以上 200 万元以下的罚款；d. 发生特别重大事故的，处 200 万元以上 500 万元以下的罚款。

5）事故发生单位主要负责人未依法履行安全生产管理职责，导致事故发生的依照下列规定处以罚款；属于国家工作人员的依法给予处分；构成犯罪的，依法追究刑事责任。具体内容如下：a. 发生一般事故的，处上 1 年年收入 30% 的罚款；b. 发生较大事故的，处上 1 年年收入 40% 的罚款；c. 发生重大事故的，处上 1 年年收入 60% 的罚款；d. 发生特别重大事故的，处上 1 年年收入 80% 的罚款。

6）事故发生单位对事故发生负有责任的，由有关部门依法暂扣或者吊销其有关证照；对事故发生单位负有事故责任的有关人员，依法暂停或者撤销其与安全生产有关的执业资格、岗位证书；事故发生单位主要负责人受到刑事处罚或者撤职处分的，自刑罚执行完毕或者受处分之日起，5 年内不得担任任何生产经营单位的主要负责人。

为发生事故的单位提供虚假证明的中介机构，由有关部门依法暂扣或者吊销其有关证照及其相关人员的执业资格；构成犯罪的，依法追究刑事责任。

7）参与事故调查的人员在事故调查中有下列行为之一的，依法给予处分；构成犯罪的，依法追究刑事责任：a. 对事故调查工作不负责任，致使事故调查工作有重大疏漏的；b. 包庇、袒护负有事故责任的人员或者借机打击报复的。

3-11　对生产安全事故报告有什么规定？

答：对生产安全事故报告应当及时、准确、完整，任何单位和个人对事故不得迟报、漏报、谎报或者瞒报。

事故调查处理应当坚持实事求是、尊重科学的原则，及时、准确地查清事故性质，认定事故责任，总结事故教训，提出整改措施，并对事故责任者依法追究责任。

1）事故发生后，事故现场有关人员应当立即向本单位负责人报告；单位负责人接到报告后，应当于 1 小时内向事故发生地县级以上人民政府安全生产监督管理部门和负有安全生产监督管理职责的有关部门报告。

2）安全生产监督管理部门和负有安全生产监督管理职责的有关部门接到事故报告后，应当依照下列规定上报事故情况，并通知公安机关、劳动保障行政部门、工会和人民检察院：

① 特别重大事故、重大事故逐级上报至国务院安全生产监督管理部门和负有安全生产监督管理职责的有关部门。

② 较大事故逐级上报至省、自治区、直辖市人民政府安全生产监督管理部门和负有安全生产监督管理职责的有关部门。

③ 一般事故上报至设区的市级人民政府安全生产监督管理部门和负有安全生产监督管理职责的有关部门。

3）报告事故应当包括下列内容：a. 事故发生单位概况；b. 事故发生的时间、地点及事故现场情况；c. 事故的简要经过；d. 事故已经造成或者可能造成的伤亡人数（包括下落不明的人数）和初步估计的直接经济损失；e. 已经采取的措施；f. 其他应当报告的情况。

4）自事故发生之日起 30 日内，事故造成的伤亡人数发生变化的，应当及时补报。火灾事故自发生之日起 7 日内，事故造成的伤亡人数发生变化的，应当及时补报。

5）事故发生单位负责人接到事故报告后，应当立即启动事故相应应急预案，或者采取有效措施，组织抢救，防止事故扩大，减少人员伤亡和财产损失。事故发生后，有关单位和人员应当妥善保护事故现场以及相关证据、任何单位和个人不得破坏事故现场、毁灭相关证据。因抢救人员、防止事故扩大及疏通交通等原因，需要移动事故现场物件的，应当做出标志，绘制现场简图并做出书面记录，妥善保存现场重要痕迹、物证。

6）事故调查。

① 特别重大事故由国务院或者国务院授权有关部门组织事故调查组进行调查。重大事故、较大事故、一般事故分别由事故发生地省级人民政府、设区的市级人民政府、县级人民政府负责组织事故调查组进行调查。

② 事故调查组的组成应当遵循精简、效能的原则。根据事故的具体情况，事故调查组由有关人民政府、安全生产监督管理部门、负有安全生产监督管理职责的有关部门、监察机关、公安机关及工会派人组成，并应当邀请人民检察院派人参加，事故调查组可以聘请有关专家参与调查。

③ 事故调查组成员应当具有事故调查所需要的知识和专长，并与所调查的事故没有直接利害关系。

④ 事故调查组履行下列职责：a. 查明事故发生的经过、原因、人员伤亡情况及直接经济损失；b. 认定事故的性质和事故责任；c. 提出对事故责任者的处理建议；d. 总结事故教训，提出防范和整改措施；e. 提交事故调查报告。

⑤ 事故调查组有权向有关单位和个人了解与事故有关的情况，并要求其提供相关文件、资料、有关单位和个人不得拒绝。

⑥ 事故调查组应当自事故发生之日起 60 日之内提交事故调查报告。

⑦ 事故调查报告应当包括下列内容：a. 事故发生单位概况；b. 事故发生经过和事故救援情况；c. 事故造成的人员伤亡和直接经济损失；d. 事故发生的原因和事故性质；e. 事故责任的认定及对事故责任者的处理建议；f. 事故防范和整改措施。

事故调查报告应当附具有关证据材料。事故调查组成员应当在事故调查报告上签字。

7）事故处理：a. 重大事故、较大事故、一般事故，负责事故调查的人民政府应当自收到事故调查报告之日起 15 日内做出批复；特别重大事故，30 日内做出批复，特殊情况下，批复时间可以适当延长，但延长的时间最多不超过 30 日。b. 事故发生单位应当认真吸取事故教训，落实防范和整改措施，防止事故再次发生。防范和整改措施的落实情况应当接受工会和职工的监督。

安全生产监督管理部门和负有安全生产监督管理职责的有关部门应当对事故发生单落实防范和整改措施的情况进行监督检查。

3-12　如何开展对压力容器事故的调查？

答：当压力容器事故发生后，首先要认真保护事故现场，然后对事故现场尽快进行周密的观察、检查，同时根据现场迹象和残留物进行必要的技术检验或者技术鉴定。

1）对压力容器安全附件和泄压装置进行检查和检验。应检查压力表、检查安全阀、检查及检验泄压装置（爆破片）。

2）对焊缝裂纹进行检查、检验。

3）对本体破裂处进行检查、检验。了解断裂面断口形状、颜色、粗糙度及其一些特征，进行认真的观察并记录，对于分析容器事故原因很重要；了解容器变形情况，估算容器的材料伸长率及壁厚变化率。根据容器破裂或变形进行估算发生事故一瞬间的爆炸能量，同时通过碎片的质量、飞出的距离进行估算验证。通过检查压力容器内外表面材料的金属光泽、颜色、光洁程度、局部腐蚀、磨损及其他伤痕等情况，有助于判断介质的腐蚀情况及其产生后果，通过燃烧痕迹、残留物的检查，了解或判断非正常状态下生成新的反应物；也可根据可燃性气体不完全燃烧而残留的游离碳，判断和估算发生事故当时高温温度、着火位置等。

4）现场破坏情况勘查。由于压力容器爆炸时往往造成周围设施或建筑物损坏及现场人员的伤亡，根据被损坏的设施或建筑物，了解其距离、方位等，同时了解被破坏砖墙结构、建筑年代、厚度及玻璃门窗材料、结构等。对人员伤亡情况进行调查了解，通过对伤亡原因分析，当时人员距离、方位等，将有利于对事故发生原因分析和判断。

5）发生事故的详细过程调查，具体内容如下：a. 事故发生前压力容器运行情况。工艺条件有否变化；运行仪器仪表数据变化；有否泄漏现象、异常声响等。b. 事故发生瞬间情况。出现异常情况迹象；有否采取措施；安全附件是否动作；有关操作人员位置；相邻岗位操作人员反映情况；事故当时发生闪光、冒浓烟、着火、异常响声（声强、次数）等现象。c. 查阅设备操作运行记录；了解压力容器制造工厂和设计图样、材质使用等情况；历年运行时间；近年的维修记录和检验检测有关资料；近年安全附件及安全装置更换或定期维护记录，特别是最后一次的检验日期和有关资料，特别调查发生事故当时压力容器压力、温度变化情况及其他异常情况等。

6）在事故调查中，同时根据现场情况、残留物等开展技术检验和分析，通过采取专用仪器和分析手段，确认事故的性质和原因，或委托专门机构采取特殊手段进行专题分析，将对事故的性质，发生的原因确定提供有力的依据。

3-13　压力容器发生事故一般原因有哪些？

答：压力容器在运行过程中发生事故原因可以归纳如下。

1）压力容器在设计、制造、安装不符合有关规定和要求，或选用材料上不符合有关规定，致使压力容器强度达不到图样上技术要求；加上制造焊接上未达到要求以及安装上不规范等，造成压力容器运行中先天性的隐患。

2）对操作人员未进行安全教育培训，造成违反安全操作规程现象如下：a. 操作失误，操作工艺顺序错误；操作时开错阀门；开关阀门操作不及时，引起介质倒流或超压；投料过快或加料不均匀；投错物料，引起压力容器受热分解爆炸等。b. 违章作业，采用可燃气体进行试压或试漏；未办理动火手续就进行动火作业，引起异常闪光、着火现象；打开人孔就进行焊接检修，造成空气进入容器内形成爆炸性混合物而发生爆炸；在带压情况下进行紧固阀门和法兰螺栓；盲目追求产量，超压超负荷运行；不按工艺规范操作，造成运行中发生异常情况，未及时进行处理，以致造成事故发生。c. 维护、维修不到位，接管维护修理不到位又继续发生漏气，加上阀门密封不严引起部分可燃气体发生泄漏；未开展定期检验，而维修时又不到位，造成年久失修；仪器仪表失灵未及时修复，造成指示数据偏差；安全装置维修不到位，致使安全动作延误，造成压力容器发生异常情况导致事故发生。

3-14　压力容器安全事故分析报告（案例）有哪些内容？

答：做好压力容器安全事故分析是十分重要的，通过本事故分析报告，从中吸取事故教训，尽快整改，确保压力容器安全运行。

[案例 3-1]

压力容器安全事故分析报告

1. 事故概况

某市化肥厂 1 台 400m^3 氮气球罐因检修需要，要将当时球罐压力为 1.9MPa，降压放空排气。在排放时，球罐顶部的放空管与人孔盖封头连接处突然断裂，断开后的放空管从两名操作人员之间飞过并坠落地面，当时无人员伤亡，但造成氮气供应中断，影响工厂正常生产。

2. 事故调查

（1）现场检查　该球罐的设计压力为 3.06MPa；设计温度为常温；使用介质为氮气；容器类别为二类；容积为 400m^3。球罐顶部设有一个直径为 500mm 的人孔，人孔盖为椭圆形封头结构，盖子顶部开孔与一个 ϕ108mm × 5mm 的钢管相焊接，另一端与 Z41H 型 DN100 的截止阀法兰连接，再外连一根 90° 的弯管，放空管总高约 3m。管件的断裂部位在人孔与管子的角焊缝热影响区。事故发生时 DN100 截止阀的开启度为 60mm 左右，超过了阀门公称直径一半。管件断裂飞出的方向，与 90°弯管排气的方向正好相反。

（2）技术鉴定

1）审查与放空管结构有关文件。同时检查人孔盖封头与放空管组焊件制造情况，并经检验单位检验，结果为合格。

2）接管与封头焊接是插入式结构，按图样要求封头内外均开坡口，为全焊透结构；封头内表面焊缝宽均为 15mm，焊高为 6mm；接管长度约为 100mm，另一端与高颈法兰焊接；接管断口宏观检查，封头侧断口边缘距角焊缝顶部距离为2～20mm，断口大部分呈 45°斜角，管子侧断口存在明显的塑性变形。经对封头与接管的内外角焊缝表面进行磁粉探伤和着色探伤，未发现表面裂纹及其他缺陷显示。

3）对接管进行壁厚测定，除断口变形区为4.9～5.2mm，其他位置接管壁厚均为5mm，经取样复验化学成分和力学性能均符合GB 3087《低中压锅炉用无缝钢管》的要求。

4）管子断口经微观金相检查，其显微组织为铁素体+珠光体，非金属夹杂物为1级，晶粒度级别6～8级，基本符合材料标准要求。断口沿边缘部位组织变形明显，并产生与变形方向相同的2次裂纹，其断口的变形部位硬度值为240～248HV，其平均值为245HV，其基体的未变形部位硬度值为183～186HV。

5）技术鉴定表明，放空管与封头出厂资料齐全，符合国家有关技术标准的规定，选材及尺寸复验均符合设计图样要求，角焊缝结构经表面无损检查未发现超标缺陷，断口宏观检查塑性变形严重，断口呈灰暗色。微观金相检查断口边缘部分组织滑移较为明显，基本认定为一起典型的塑性破裂事故。

3. 受力计算

在排放氮气时，流体在出口处突然转角90°，从而流体的横向冲力与放空管总长力臂构成了一个力矩，最大弯矩正好在放空管与人孔盖封头的结合部。弯曲强度的条件为

$$M \leqslant [\sigma] W_z$$

式中：M为在受力危险截面的最大弯矩（kN·m）；$[\sigma]$为材料的许用应力（MPa）；W_z为抗弯截面模量（m^3）。

1）抗弯强度计算：

$$[\sigma] = \sigma_b / n_b$$

有关资料提供，20钢无缝钢管抗拉强度$\sigma_b = 392 \sim 588\text{MPa}$，取安全系数$n_b$为3。故$[\sigma] = 392/3 = 131\text{MPa}$。

放空连接管采用$\phi108 \times 5\text{mm}$ 20钢无缝钢管，根据有关资料提供，该管子抗弯截面模量W_z为0.428m^3。故$[\sigma] W_z = 131 \times 0.428\text{kN·m} = 56.06\text{kN·m}$。

2）流体在放空时，管子与封头连接处承受的最大弯矩，通过推导下列公式计算：

$$M = \pi d^2 L [P + \rho v^2 (1 - \cos\theta)] / 4$$

式中：d为管子的内径（m），取0.1m；L为放空管的总高度（m），取3m；P为流体的压强（N/m），取1.9MPa；ρ为氮气在1.9MPa时的密度（kg/m^3），取22.22 kg/m^3；v为流体的流速（m/s），取600m/s；θ为排气管弯管角度，取88°～90°。

经过计算，其结果见表3-36。

表3-36 最大弯矩计算表

d值	M值	结果
$d=0.1\text{m}$时（阀门全开启）	$M=233.24\text{kN·m} > [\sigma] \cdot W_z (56.06\text{kN·m})$	不安全
$d=0.03\text{m}$时（阀门开启1/3）	$M=20.99\text{kN·m} < [\sigma] \cdot W_z (56.06\text{kN·m})$	安全

3）以上计算表明，当阀门开启过大时，会带来安全隐患，从式中反映 M 值随着 d 值增大而增大，同时当弯管角度为90℃时，则 $\cos\theta=0$，则 M 值达到最大值。

4. 结论意见

经技术调查分析，该球罐顶部放空管的断裂事故是由于罐内氮气排放时放空管与人孔盖封头的连接处承受了较大的外部载荷，管壁上的平均应力超过了管子材料的屈服强度和强度极限，从而导致了塑性断裂的突然发生。技术鉴定排除了放空管用材和焊缝质量不良的可能性，管子断裂事故与排气操作时在较短时间内一次性开启阀门过大有关，同时还存在一些设计不合理的因素。

5. 建议

1）操作时，作业人员必须缓慢开启阀门，开启度不能超过阀门直径的1/3。

2）放空管设计应尽量避免气流出口处采用90°弯管，一般选用120°~135°，以减少流体的横向冲力。

3）对压力容器加强定期检验，特别是材料应力集中处要重点进行检查、检查，同时检查相应的焊缝及母材是否存在表面疲劳裂纹或变形泄漏，一旦发现应及时进行加固或更换修理。

4）做好压力容器事故分析，以便不断地总结经验和教训，压力容器事故记录见表3-37。

表3-37　压力容器事故记录

压力容器事故记录		
日　期	事故原因、损坏程度、伤亡情况、经济损失、处理结果、防止措施等	填写人

［案例3-2］

1. 事故概况

广西某市某企业1台用于加工蛋白饲料的蒸压釜突然发生爆炸，釜盖冲破厂房顶部水泥瓦楞板腾空飞出，坠落在距蒸压釜地面约30mm处。爆炸造成现场正在紧固螺栓的操作工当场死亡；另1名操作工被倒塌的龙门吊支架压伤，在送往医院途中死亡；还有1名在场人员手、脚被严重砸伤。

2. 事故调查

（1）现场检查　该蒸压釜属自行改造的慢开式压力容器，门盖上16根吊环螺栓，7根被拉断。其中6根的断裂点在吊环与螺栓的焊接处，从断裂面观察：3根属于旧断裂痕迹；3根属于新断裂痕迹。另1根的断裂点在螺纹与光杆的过渡处平齐断裂，从断裂面观察属于新断裂痕迹。同时椭圆封头门盖严重翘曲变形。

（2）技术鉴定

1）蒸压釜长度约4200mm，直径 $D_i=1800$mm，筒体厚度10mm，封盖为标准椭圆形，厚度12mm。筒体与下封头装配质量较好，外观几何成形质量好，未发现制造超标缺陷，下封头为标准椭圆形封头。主焊缝采用埋弧自动焊，焊缝外观成形质量好。在制造的规定部位上钢印标记尚清晰可见，筒体和封头的材质为Q235-B；射线检测中心标记及搭接标记都很清楚。

从上述情况判断，该蒸压釜为有制造许可证的制造商生产的压力容器。

2）蒸压釜的门盖为慢开式开启，法兰厚度35mm，法兰上均布16个U形槽，采用吊环、螺栓锁紧门盖。吊环尺寸为 $\phi80/\phi35\text{mm}\times50\text{mm}$（外径/内径×厚度），从加工件残留的键槽判断，吊环是用废轴加工而成，经火花初步鉴别材质为中碳钢。销轴为 $\phi40\text{mm}\times20\text{mm}/\phi35\text{mm}\times100\text{mm}$（台阶外径×长度/光杆直径×长度），螺栓为T40×4×100mm，材质经火花初步鉴定为低碳钢。吊环与螺杆连接采用角接（无开设坡口），焊接存在着严重的咬边，未熔合、焊瘤、飞溅等缺陷；从断裂口看，熔深很浅，存在着严重的未焊透情况。

经判断其吊环与螺杆均属自行加工的受压元件，未按设计要求进行规范制造。

3. 结论意见

1）供应蒸汽压力高于使用设备最高工作压力，蒸压釜工作时是由1台（压力为0.7MPa）锅炉供汽。蒸压釜最高工作压力为0.4MPa，未经减压直接供汽是潜在发生事故原因之一。供、停汽均由司炉工和容器操作人员口头通知，传递信息。压力的调整靠供汽的截止阀开启高度控制。这种供汽和调压方式，本身就潜伏着严重的隐患。

2）主要受压元件强度不足，是造成事故的主要原因。问题出在自行改造的门盖的法兰和连接件上。改造的门盖存在两个严重的隐患：一是实际情况与设计要求存在严重的偏差；设计要求法兰外径为 $\phi2045$mm，厚度为84mm，螺栓中径 $\phi1970$mm 由均布的44根M36螺栓锁紧；而实际由法兰外径2020mm，厚度为35mm，螺栓中径 $\phi1920$mm，由16根T40×4螺栓锁紧。在操作状态下，实际需要最小螺栓面积远大于改造后的螺栓面积，换言之，实际使用的螺栓在预紧状态下承受的载荷大于改造后螺栓承受的载荷。二是实际使用的吊环螺栓按照设计技术要求，应采用整体锻件加工而成，而改造时采用可焊性较差的中碳钢组焊件，且焊接质量差，组焊时又没有按照焊接规范开设坡口，使受力部件强度不能满足工作载荷的条件。

3）该厂未建立特种设备安全管理制度和岗位安全责任制度，操作人员未经培训持证上岗。不按操作规程操作，带压进行紧固螺栓作业。由于法兰的密封面的预紧力不足，无法达到工作压力下的密封要求，升压时发生泄漏，操作人员企图通过紧固螺栓的方法加以解决，由于在存在不合理的密封结构和焊接质量低劣，导致事故的发生。

［案例 3-3］

1. 事故概况

某企业发生一起大容积钢质无缝钢瓶防爆片爆破事故。该企业一辆高压气体长管拖车由框架、大容积钢质无缝气瓶、前仓、后仓 4 个部分组成，如图 3-5 所示。高压气体长管拖车前仓为安全仓，用于安装安全泄放装置。后仓是操作仓，用于安装所有的管路管件、仪表、操作阀件及安全泄放装置。每只大容积钢质无缝气瓶两端均设置了安全泄放装置。安全泄放装置中选用了防爆片装置为安全附件，并通过放散管到操作箱外向空中排放。同时放散管口也设置了防尘盖，防止雨水、污物进入堵塞排空管，在大容积钢质无缝气瓶气体排放时防尘盖自动弹出。

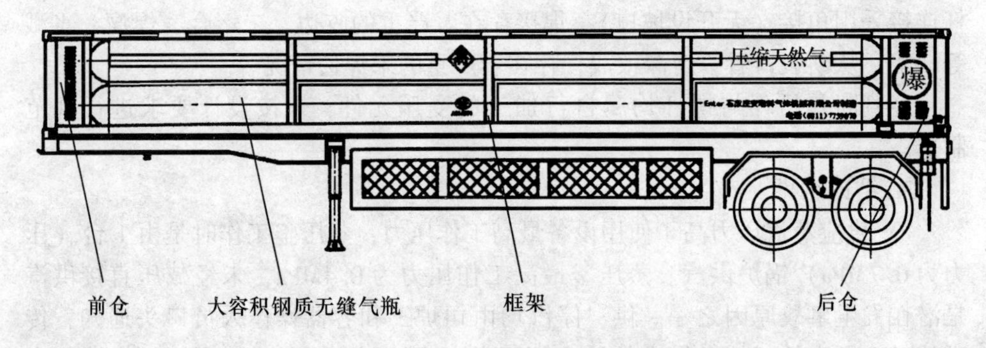

图 3-5　高压气体长管拖车组成图

1 辆装满压缩天然气的高压气体长管拖车在加气站卸气时，突然 1 个气瓶的爆破片意外地发生爆破，引发了一起压缩天然气泄漏的事故。

2. 事故调查

1）该大容积钢质无缝气瓶制造根据企业标准 Q/SHJ 20—2007《大容积钢质无缝气瓶》进行，压缩天然气运输车充气过程的公称工作压力 20MPa，钢瓶的水压试验压力为钢瓶公称工作压力的 5/3 倍即 33. 4MPa。安全装置中防爆片标定爆破压力为 33. 4MPa。

2）一般情况下，高压气体长管拖车的大容积钢质无缝气瓶可充装4500m^3（标准状态）天然气，此时大容积钢质无缝气瓶内的压力为21.5MPa，充装时温度为46℃。同时，压缩天然气介质在运输过程中是一个动态的过程，介质在钢瓶中的振动、颠簸都不可避免，气态分子的无序运动造成爆破片长期受着交变负荷的作用，势必引起压力的升降。

根据计算，防爆片标定的爆破压力与实际使用压力之差为11.9MPa，足以满足拖车运输过程道路颠簸的振动冲击。

3）安全装置中防爆片的形式为普通拉伸型，其工作原理是利用材料的拉伸强度来控制爆破压力。大容积钢质无缝气瓶的工作条件是反复充气、工作压力频繁波动。防爆片也将受到反复的拉伸应力，这样防爆片材料就会发生屈服而导致防爆片中心的厚度减薄，最终导致防爆片的爆破压力降低，使得防爆片在不到爆破压力时提前破裂。初步判断防爆片设计自身有缺陷。

3. 结论意见

防爆片的提前爆破不是由于气瓶内的压力超过爆破压力，而是防爆片在使用中本身的材料变化和安全装置的结构存在很大缺陷。

4. 改善措施

对安全装置在原单一爆破片装置的基础上，根据Q/SHJ 20—2007中4.2.10.2的规定，决定在前、后端安全装置上选用带有易熔合金背衬的爆破片装置结构。

在爆破片的后面浇注了易熔合金，作为背衬，规定了易熔塞的动作温度和结构型式，如图3-6所示。易熔合金作为背衬对爆破片材料是一种保护。第一阻止了爆破片材料受拉伸变形产生屈服的可能，第二防止了爆破片受外界环境的影响。

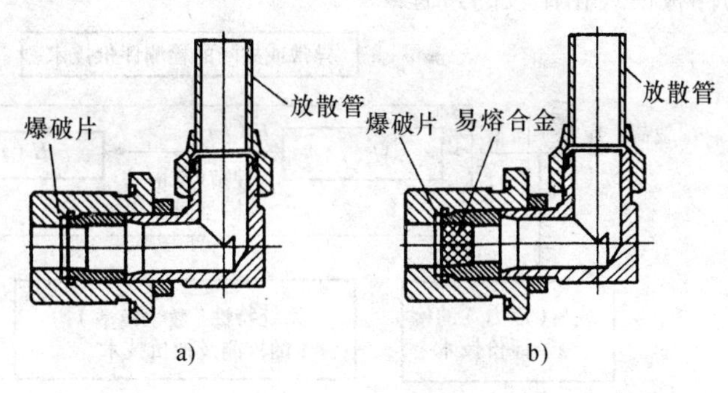

图3-6　安全装置
a）改进前　b）改进后

3-15　如何应用压力容器故障诊断技术？

答：压力容积故障诊断技术是工程技术人员从医学中吸取其诊断思想而发展起来的状态识别技术，即通过对压力容器故障的信息载体及伴随压力容器故障而出现的现象，如异常变形、异常综合噪声、温升等状态，以及各种性能指标等二次效应的监测和分析，在运行中压力容器或基本不拆卸压力容器的情况下，通过了解压力容器当前的技术状态，来查明或基本查明产生故障的部位和原因，或预测、预报压力设备异常、劣化或故障的趋势，并做出相应的对策的诊断技术。

随着压力容器故障诊断技术发展，目前已渗透到压力容器的设计，制造和使用各个阶段中，从而使压力容器一生都纳入现代科学管理，使压力容器的寿命周期费用最经济，并极大地提高了其安全可靠性，减少维修停机时间，大幅度地提高生产率，创造良好经济效益，特别是避免了压力容器发生重大事故的可能性，所以积极开展和应用压力容器故障诊断技术有着重大的积极意义。

1. 压力容器故障诊断技术

压力容器状态监测和故障诊断模型如图 3-7 所示。图中 $M(f)$ 是故障机理传递函数，$H(f)$ 为故障、劣化模型向量 $E(f)$ 和设备性能、强度状态向量 $X(f)$ 之间的传递函数，$S_t(f)$ 为载荷或应力向量。压力容器运行正常，$M(f)=1$，其状态向量 $X(f)$ 是由外部运行条件 $S_t(f)$ 和压力容器内部结构所决定。压力容器运行出现故障，则 $M(f)\neq1$，或 $S_t(f)$ 超过正常值。此时 $X(f)$ 除与 $S_t(f)$ 和 $H(f)$ 有关外，还与载荷超差及故障机理传递函数 $M(f)$ 有关。$X(f)$ 便是压力容器故障信息的载体。这是压力容器状态识别的重要依据。压力容器的运行状态与一定特征信息相对应，所以建立起压力容器各类状态特征信息和状态间的对应关系十分重要。由于故障类型的多样性，特征信息的模式也是种类繁多。建立故障档案即是建立各类故障的样板模式。故障诊断的实质是将待检的压力容器故障模式与已知的样板模式相比较的过程。

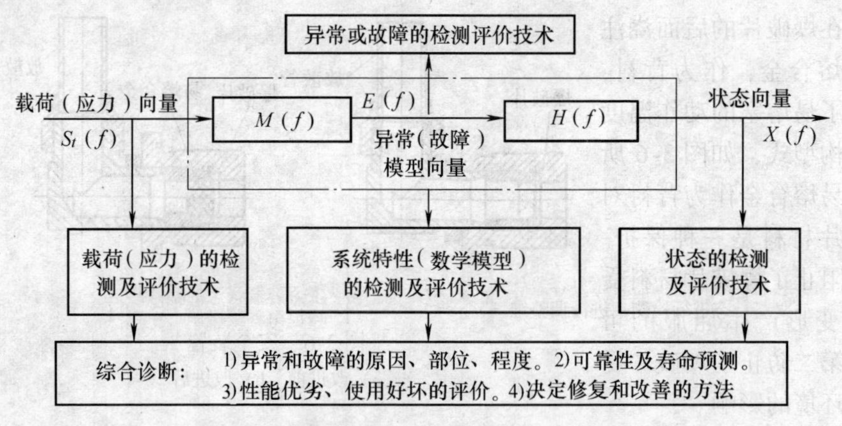

图 3-7　压力容器状态监测和故障诊断模型

2. 压力容器诊断技术的功能

压力容器诊断技术具有两种功能：一是压力容器不解体或在运行状态下，能定量地检测和评定压力容器所承受的应力、劣化和故障、强度和性能；二是能够预测其可靠性，确定正常运行的周期和消除异常的方法。所以压力容器的状态监测和故障诊断技术，已从单纯的故障排除，发展到以系统工程的观点来衡量。它应从压力容器的规划设计开始，直到制造、安装、运转、维护保养到报废的全过程，使压力容器一生的寿命周期费用最经济。压力容器全寿命周期诊断技术的应用如图 3-8 所示。

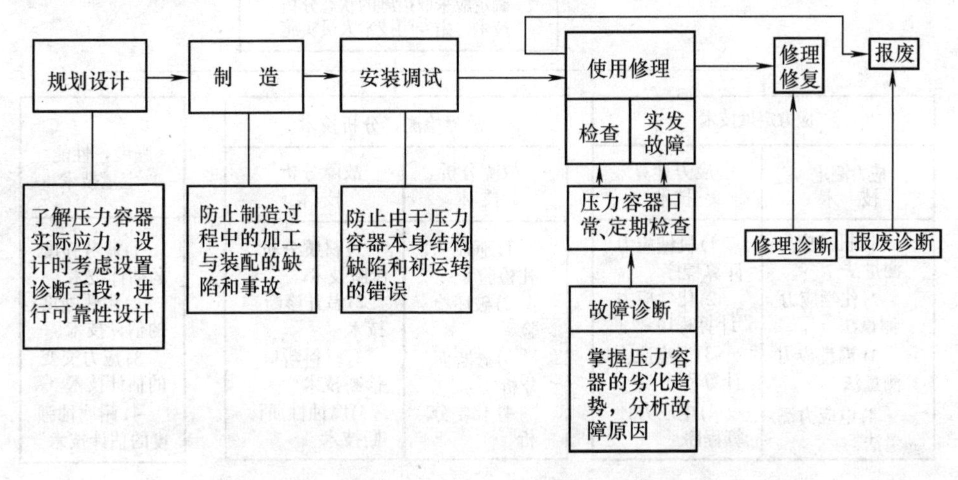

图 3-8　压力容器全寿命周期诊断技术的应用

3. 压力容器故障诊断技术的组成

压力容器故障诊断技术的核心是对压力容器故障状态的识别，由两个部分组成，如图 3-9 所示。

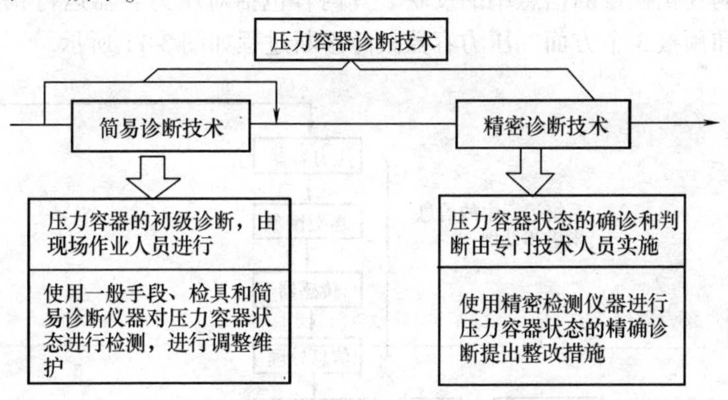

图 3-9　压力容器诊断技术实施中的两个部分

1）现场作业人员实施简易的状态判断或检查。

2）专门技术人员实施精密的状态分析判断。

对简易状态检查出来的故障，但判断或确认有困难的，必须要做进一步检查，以便确定故障的类型；了解和分析故障产生的原因；预估故障的危害程度，预测其发展；确定消除故障，恢复压力容器正常运行的对策。所以故障诊断不仅需要简单的测试和分析，还要运用应力定量技术、故障检测及分析技术、强度及性能定量技术等，由专门技术人员开展精密诊断技术活动，如图3-10所示。

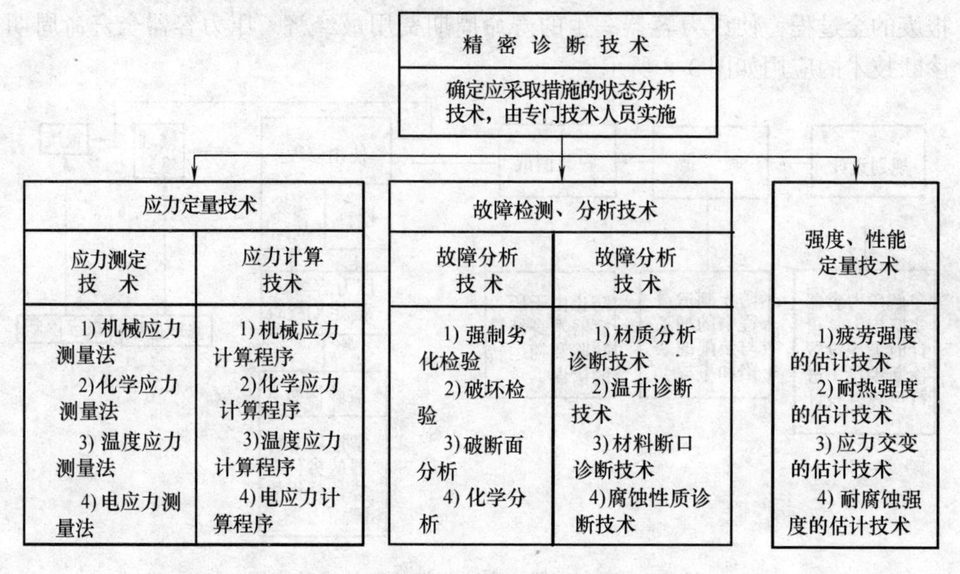

图3-10 精密诊断的功能

4. 压力容器诊断的过程

1）压力容器故障诊断技术是识别压力容器运行状态的技术，研究压力容器运行状态的变化在诊断信息中的反映。其内容包括对压力容器运行状态的识别、状态监测和预报3个方面。压力容器故障诊断过程如图3-11所示。

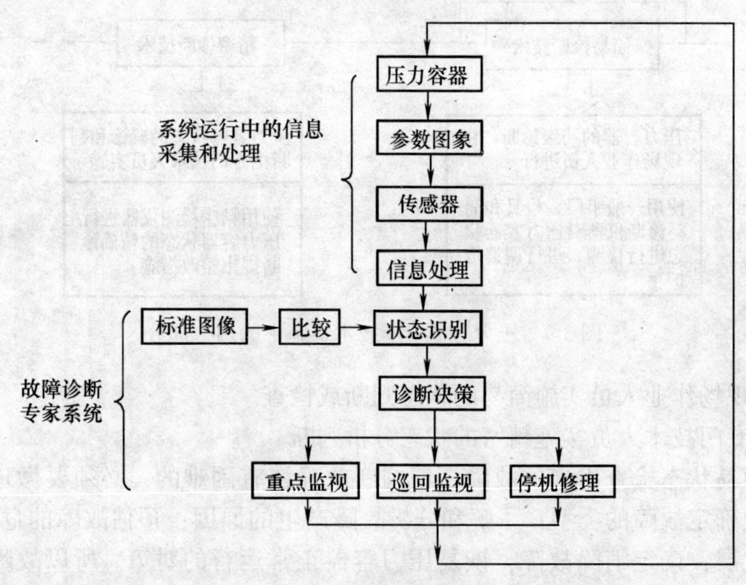

图3-11 压力容器故障诊断过程

诊断的核心是比较的过程，即将未知的压力容器运行状态与预知的压力容器规范运行状态进行比较的过程。

2）压力容器诊断的过程可分成3个阶段。即：

① 事前——压力容器运行前（或故障发生前），根据某一特定的压力容器状态，从过去的实际检测结果和经验，运用概率统计的数学手段，来预测某压力容器的缺陷、异常或故障的发生。

② 运行——在压力容器运行中进行状态监测，掌握压力容器故障的萌芽前状态。

③ 事后——故障发生后（或异常状态出现后）进行诊断，确定压力容器故障或异常的原因、部位和故障源。压力容器诊断的过程及采用的技术见表3-38。

表3-38　压力容器诊断的过程及采用的技术

时　间	阶　　段	可采用的有效技术
事前	研制、设计、制造（改造）	预测和分析可靠性、维修性、研究维修方式，开发检测和诊断技术，研究费用有效度，进行可靠性、维修性设计，进行初步试验和设计审查
运行	使用、维护	定期的计划预修，状态监测维修，点检，对可靠性和维修性的长期监测
事后	使用、维修、试验、报废	分析故障和费用数据，计算可靠性、维修性的尺度，故障分析，再试验、修改，肯定效果

5. 采用压力容器故障诊断技术的作用

1）可以减少或避免突然发生恶性事故及压力容器突然停止运行而造成人员伤亡和经济损失。

2）帮助技术人员早期发现异常情况，迅速查明故障原因，预测故障的影响，从而实现有计划、有针对性地进行视情维护、修理，延长检修间隔期，缩短停机时间，提高压力容器生产效率。

3）为操作人员提供运行的信息，便于合理调整工艺运行状态参数。

6. 做好压力容器故障分析

压力容器在运行过程中，其内部、外部要承受力、热变化、磨损等多种作用，随着使用时间的增长，其运行状态不断变化，有的性能将逐步老化，从而发生压力容器或附件的失效。这是导致压力容器故障的主要原因，因此研究压力容器及附件失效机理，识别失效模式乃是故障诊断的主要任务。

（1）按故障功能丧失的程度分类

1）非永久性故障。只在很短的期间内，故障造成压力容器某部件丧失某些功能，通过修理或调整立刻就可以恢复到原来全部运行标准。

2）永久性故障。故障造成某些功能的丧失，直到压力容器损坏部件被更换后功能才能继续维持。

（2）按故障发生速度的程度分类

1）渐发性故障。渐发性故障是由于各种原因使压力容器参数劣化或老化，逐渐发展而产生的故障。其主要特点是：在给定的时间内，发生故障的概率与压力容器已经运行的时间有关。压力容器的使用时间越长，发生故障的概率越高。这类故障与压力容器的磨损、腐蚀、疲劳及蠕变等过程有密切关系，事先都有征兆出现，能通过早期检测或试验来预测。

2）突发性故障。故障产生的原因是各种不利因素，以及偶然的外界影响共同作用的结果。这种作用已超出了压力容器所能承受的限度。故障往往经过一段使用间隔时间才发生，因各项参数都达到极限值（如载荷大、剧烈振动、温度升高等）而引起的压力容器变形和断裂。突发性故障是突然发生的，事先无任何征兆，不可能靠早期检测或试验来预测。

（3）按故障产生的原因分类

1）磨损及腐蚀性故障。压力容器正常运行由于磨损及腐蚀所引起的故障，即设计时预定的正常损耗过程，它反映了压力容器的寿命。

2）操作与维护不当的故障。由于超过压力容器本身的能力而强迫运行出现的故障，以及使用中维护不当而造成的故障（此类故障一般属于设备事故）。故障原因在于所承受的应力超过设计的极限能力。

3）固有的薄弱性故障。由于压力容器的某个环节所承受的能力在允许的最大极限范围时丧失了使用功能而造成的故障。故障原因在于设计上该环节的承受能力不足，或在制造上未达到预定的设计要求，丧失其使用性能。

压力容器故障原因分析见表3-39。

表3-39　压力容器故障原因分析

故　障	原因分析
断裂	1）韧、脆性断裂 2）过载断裂：冲击过载断裂；静强过载断裂 3）疲劳断裂：高、低周疲劳断裂；高温疲劳断裂；热疲劳断裂；冲击疲劳断裂；腐蚀疲劳断裂；微振疲劳断裂；蠕变疲劳断裂 4）环境致断：应力腐蚀断裂；氢损伤致断；液体金属致脆；热振致断；冷脆致断
制造裂纹	1）铸造裂纹：冷、热铸造裂纹 2）锻造裂纹：加热、冷却锻造裂纹；折叠痕（起层）锻造裂纹；分模面锻造裂纹；龟裂 3）焊接裂纹：冷、热焊接裂纹；再加热焊接裂纹；异常偏析焊接裂纹；应变脆化焊接裂纹；延迟焊接裂纹 4）热处理裂纹：过急冷却热处理裂纹；过热淬裂；结构（形貌）异常淬裂；夹杂致裂
运行裂纹	使用裂纹；冲击裂纹；疲劳裂纹；蠕变裂纹；氢脆裂纹；应力腐蚀开裂；热撕裂裂纹

（续）

故　障	原因分析
磨损	黏着磨损；磨粒磨损；接触疲劳磨损；点蚀、剥落、冲击磨损；腐蚀磨损；冲蚀磨损；微振磨损；电蚀磨损；汽蚀磨损
畸变	1）过量变形：冲击过量变形；静载过量变形；纵弯失稳 2）蠕变：使用蠕变、超过盈量蠕变；修补蠕变
腐蚀	化学腐蚀；电化学腐蚀；生物腐蚀；应力腐蚀；晶间腐蚀
其他失效	泄漏；烧损；复合失效

7. 故障分析方法

故障分析有多种方法，基本上可分为归纳法和演绎法两类。其中常用的有主次图法、趋势图法、特征-因素图法、FMECA 分析和故障树分析等。

（1）主次图法　主次图又名排列图。它可用于分析查明系统失效的主要模式、主要矛盾所在，以便缩小分析范围，提高分析效率。

某压力容器系统故障主次图如图 3-12 所示。主次图是一个坐标曲线图，其横坐标 x 为所分析的对象，主次图的纵坐标即横坐标所标示的分析对象相应的量值，如失效系统中各组成部件的故障小时数（左坐标线）及相对频数（右坐标线，即各部分占该系统在某一阶段内的百分数）。

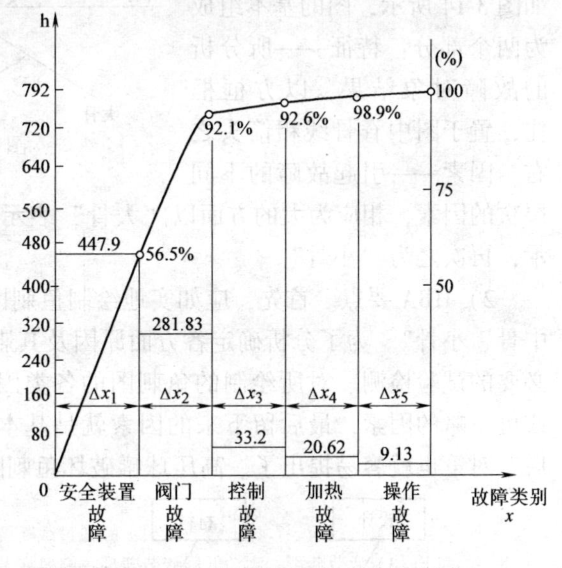

图 3-12　某压力容器系统故障主次图

（2）趋势图法　趋势图可以反映出故障的发展趋势。首先给一定的时间，在此相同时限内做对比以表示出故障的变化情况。

趋势图的结构如图 3-13 所示，纵坐标为比较的对象，如作业率、故障（失效）率等，横坐标为时间，图上曲线为各月份的作业率。由图看到，某年某企业作业率的变化趋势，4 月份是 1 ~ 5 月中作业率的最低点，而在 4 ~ 5 月又稍有回升。

（3）特征-因素图法　特征-因素图法是利用绘制特征-因素图来进行失效分析。又称“鱼骨分析”，用 HBA 表示，即把所分析的失效或异常现象（即特征）通过“鱼脊骨”及其两侧的“大骨、中骨、小骨”与影响失效的因素（原因）联系起来，明确地表示出了失效的因果关系。因此，特征-因素图法又称因果图法。

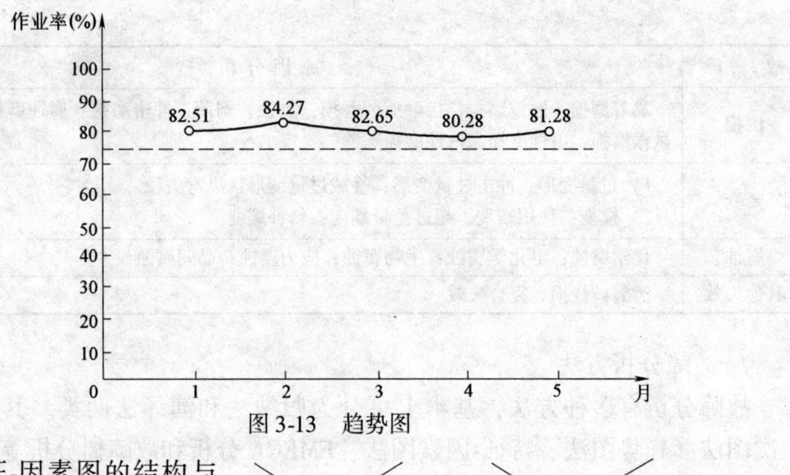

图 3-13　趋势图

1）特征-因素图的结构与绘制。特征-因素图的结构，如图 3-14 所示，图的基本组成为两个部分：特征——所分析的故障对象结果，以方框框住，置于图中脊骨线粗箭头之右。因素——引起故障的不同层次的因素，相应为大的方面以“大骨”表示，更深一层的因素以“中骨”表示，再次之为“小骨”。

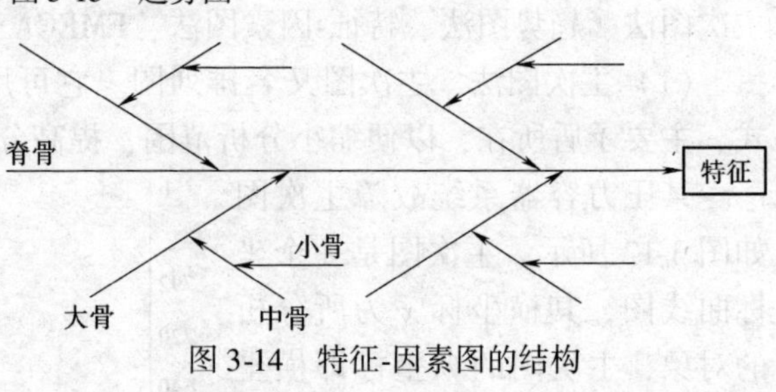

图 3-14　特征-因素图的结构

2）HBA 要点。首先，应如实地绘制鱼刺因果分析图。重点是确定“大骨、中骨、小骨”。为了分析确定各方面原因及其影响关系，还必须调查研究，做好必要的试验检测。对所绘制的鱼刺图的各类因素，逐项分析研究，取消不存在或可忽略的因素，最后留下来的因素就是基本的或主要的因素。找到失效原因后，对策也就容易提出了。高压球罐破坏鱼刺图，如图 3-15 所示。

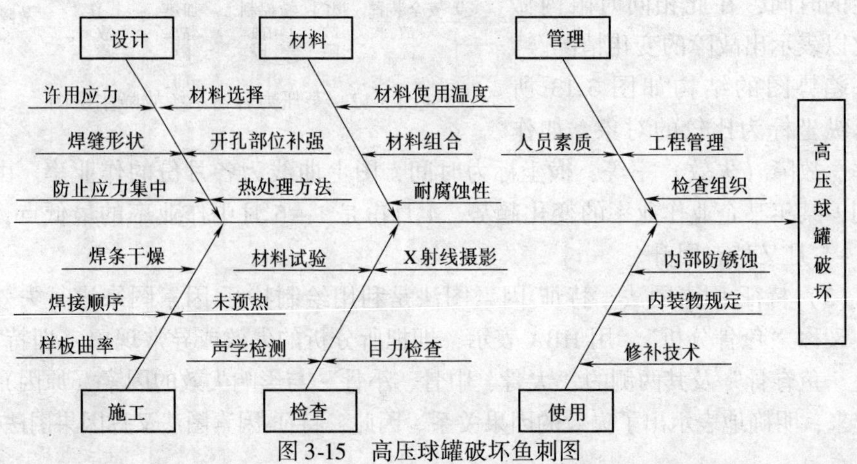

图 3-15　高压球罐破坏鱼刺图

（4）FMECA 分析法：FMECA 是失效模式分析（FMA）、失效影响分析（FEA）和失效危害性分析（FCA）3 种分析方法组合的总称。失效模式是失效的表现形式和状态，如机械性断裂、磨损等；失效影响则是指某种失效模式对所关联的子系统或整个系统功能的影响；失效危害性则是指失效后果的危害程度，通常用危害度进行定量分析。

（5）故障树分析法：故障树分析法简称 FTA，也称为失效树分析。

故障树是解决 FMECA 中运算问题的有力工具，它是故障因果关系图的特殊形式，事件之间用逻辑门符号联系起来，压缩机不能发动的概率故障树，如图 3-16 所示。每一个门都有它的输入（原因）和输出（后果）事件，这些事件之间可以具有“与”“或”等逻辑关系。由最初起因开始，经过若干层次的逻辑门直到树的顶端——最终结果事件。

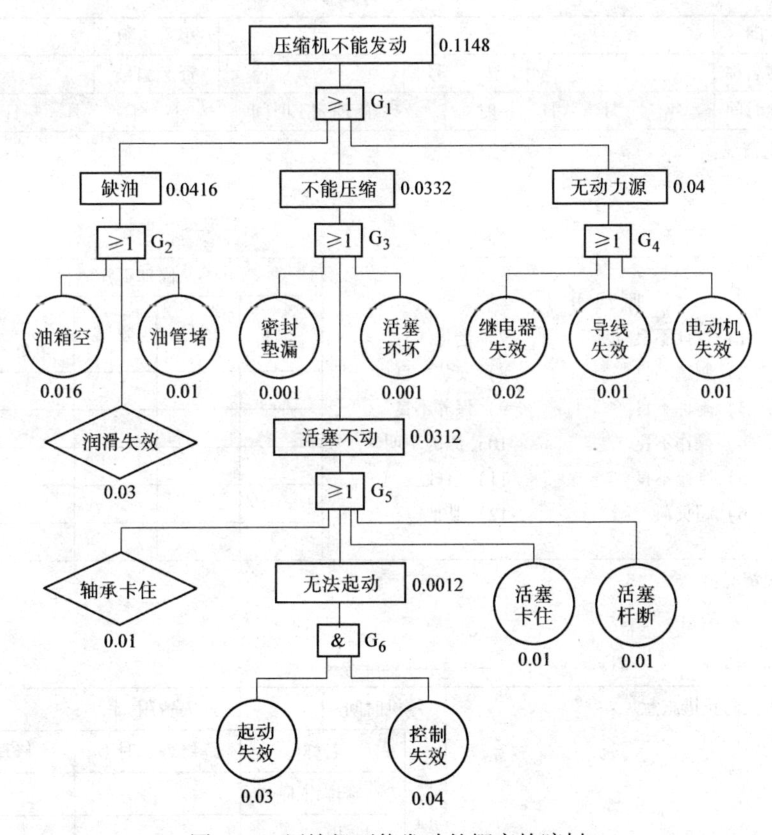

图 3-16　压缩机不能发动的概率故障树

FTA 的特点：a. 直观性强，由于它是一种图形演绎法，能把系统的故障与导致该故障的诸因素形象地表现为故障树。b. 灵活性大，它不仅反映系统内部单元与系统的故障关系，而且能反映出系统外部的因素对系统故障的影响。

c. 通用性好，在设计、研制、使用与维修各阶段都能发挥作用。

8. 加强压力容器故障管理

1）建立本单位压力容器管理体制。

2）结合生产实际和压力容器状况特点，确定故障管理重点，加强现场监测。

3）对重点压力容器进行状态监测，以发现故障的征兆和信息。操作人员采用简易诊断仪器仪表，对压力容器进行巡回检查和定期检验；专业技术人员配备专用检验仪器仪表进行精密诊断，确认诊断对象、诊断参数，确定检测点、检测时间间隔、监测工况等，逐步掌握压力容器容易引起故障的部位，建立压力容器检查完好标准，确定压力容器异常或故障的界限。

4）做好压力容器的故障记录，压力容器故障记录见表3-40。

表3-40　压力容器故障记录　　　年　　月　　日

<table>
<tr><td>车　　间</td><td colspan="2"></td><td>工　　段</td><td colspan="2"></td><td>小　　组</td><td colspan="2"></td></tr>
<tr><td>压力容器名称</td><td colspan="2"></td><td>型　　号</td><td colspan="2"></td><td>资产编号</td><td colspan="2"></td></tr>
<tr><td>故障发生时间</td><td colspan="3">年　　月　　日　　时</td><td colspan="2">修理完工时间</td><td colspan="3">年　　月　　日　　时</td></tr>
<tr><td colspan="9">故障发生情况：</td></tr>
<tr><td colspan="4" rowspan="8">原 因 分 析
1）设计不良　　7）老化
2）制造不良　　8）安装不良
3）附件不良　　9）保养不良
4）操作不良　　10）原因不明
5）维修不良　　11）事故
6）超负荷　　12）其他</td><td colspan="5">修理更换零件</td></tr>
<tr><td rowspan="2">名称</td><td rowspan="2">图号</td><td rowspan="2">数量</td><td colspan="2">金额/元</td></tr>
<tr><td>单价</td><td>合计</td></tr>
<tr><td></td><td></td><td></td><td></td><td></td></tr>
<tr><td></td><td></td><td></td><td></td><td></td></tr>
<tr><td></td><td></td><td></td><td></td><td></td></tr>
<tr><td></td><td></td><td></td><td></td><td></td></tr>
<tr><td></td><td></td><td></td><td></td><td></td></tr>
<tr><td colspan="9">故障修理情况：</td></tr>
<tr><td colspan="3" rowspan="6">责任分析及防止措施意见：</td><td colspan="2">停机时间</td><td></td><td>损失费用</td><td colspan="2"></td></tr>
<tr><td rowspan="5">修理费用</td><td colspan="2">名称</td><td>修理工时</td><td colspan="2">修理费用</td></tr>
<tr><td colspan="2">修理钳工</td><td></td><td colspan="2"></td></tr>
<tr><td colspan="2">电工</td><td></td><td colspan="2"></td></tr>
<tr><td colspan="2">管道工</td><td></td><td colspan="2"></td></tr>
<tr><td colspan="2">合计</td><td></td><td colspan="2"></td></tr>
</table>

工　　长：________　维修人：________　操　作　者：________

维修组长：________　　　　　　　　　　主管技术人员：________

5）建立故障管理信息流程，如图3-17所示。

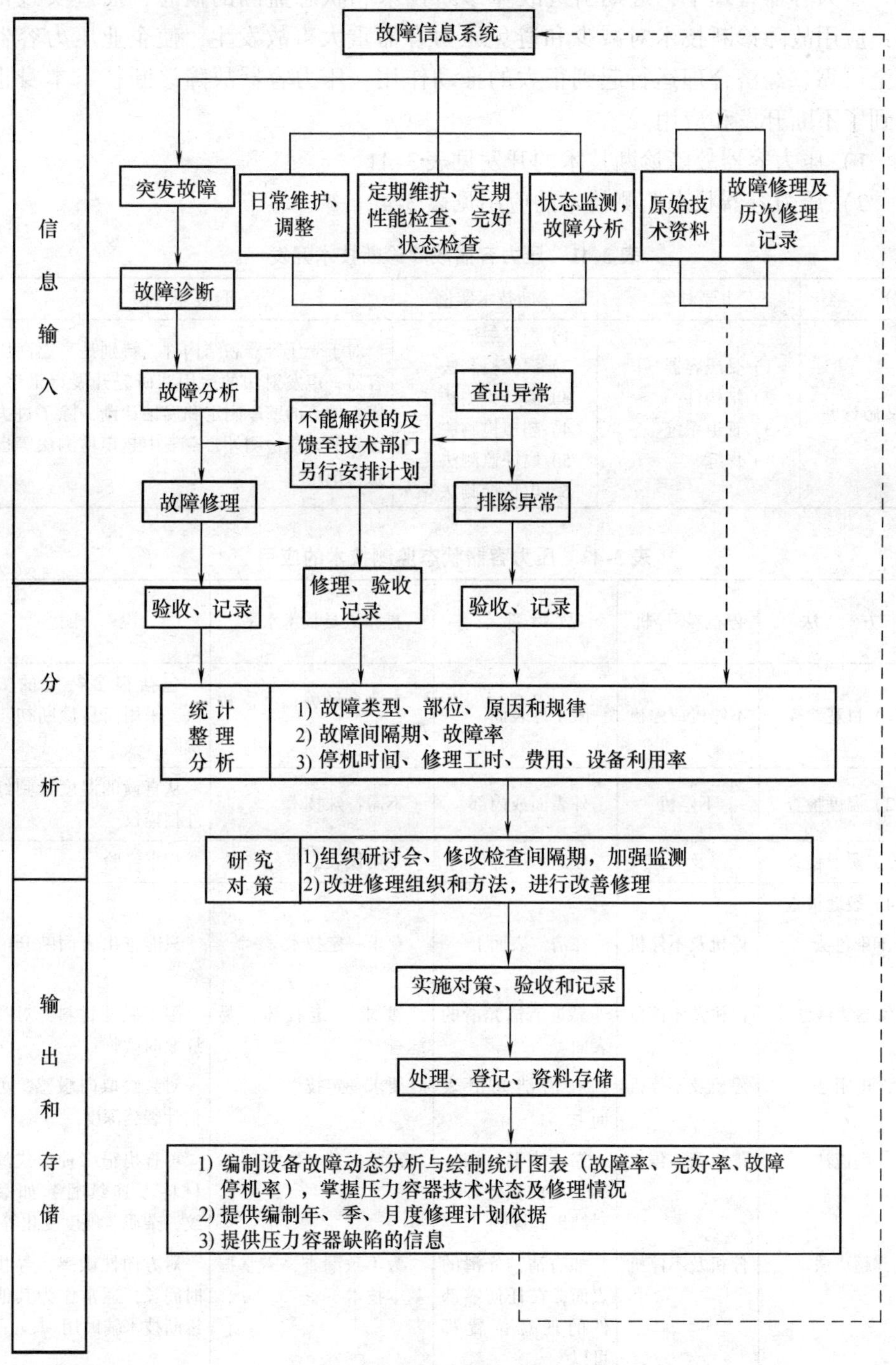

图3-17　故障管理信息流程图

9. 压力容器故障诊断技术的发展

压力容器管理中，近期引进故障诊断技术和状态监测的概念，通过实践证明：应用故障诊断技术对减少和避免压力容器重大事故发生，使企业压力容器安全可靠、经济合理运行起到很大的推动作用，压力容器故障诊断技术本身也得到了不断开发和应用。

1）压力容器故障诊断技术的开发见表3-41。

2）压力容器状态监测技术的应用见表3-42。

表3-41　压力容器故障诊断技术开发

分　类	主要对象	诊断技术实例	开展状况
故障诊断	1）受压容器 2）结构件 3）管道系统 4）焊缝	1）声发射法 2）涡流检测法 3）渗透检测法 4）超声检测法 5）腐蚀监测法 6）电位探测法	对于受压容器和结构件，特别是高温高压容器，声发射法的运用和研究开展得最多。塔、槽等的壁厚测定和腐蚀诊断，除了过去已有的无损检测外，空气中超声检测法等也正在试用

表3-42　压力容器状态监测技术的应用

方　法	停机/不停机	故障部位	操作人员技术水平	说　明
1）目观检查	不停机或停机	限于外表面	主要靠经验；不需特殊技术	包括很多特定的方法，采用简易诊断初步诊断
2）温度检查	不停机	外表面或内部	不需特殊技术	从直读的温度计到红外扫描仪
3）漏泄检查	停及不停	任意承压部位	专用仪表，极易掌握	积累经验
4）裂缝检查				
①染色法	停机及不停机	在清洁表面上	要求一定技术	只能查出表面断开的裂缝
②磁力线法	停机及不停机	靠近清洁光滑的表面	要求一定技术，易漏查	限于磁性材料，对裂缝取向敏感
③电阻法	停机及不停机	在清洁光滑表面上	要求一定技术	对裂纹取向敏感，可估计裂缝深度
④涡流法	停机及不停机	靠近表面，探极和表面的接近程度对结果有影响	需掌握基本技术	可查出很多种形式的材料不连续性，如裂纹、杂质、硬度变化等
⑤超声法	停机及不停机	如有清洁光滑的表面，在任何零部件的任意位置都可以	为不致漏查，需掌握基本技术	对方向性敏感，寻找时间长，通常作为其他诊断技术辅助用

（续）

方　法	停机/不停机	故障部位	操作人员技术水平	说　明
5）腐蚀检查				
①腐蚀监测	不停机或停机	容器内、外表面	要求一定技术	需要经验积累，判断腐蚀特性
②腐蚀检查仪（电气元件）	不停机	容器内、外表面	要求一定技术	能查出1μm的腐蚀量
③极化电阻及腐蚀电位	不停机	容器内、外表面	要求一定技术	只能指出有没有腐蚀现象
④氢探极	不停机	容器内、外表面	不需技术	氢气扩散入薄壁探极管内，引起压力增加
⑤探极指示孔	不停机	容器内、外表面	为使孔打至正确深度，需相当技术	能指出什么时候达到了预定的腐蚀量
⑥试样失重	停机	表面	要求一定技术	在拆卸安全附件时监测，可查出0．5mm的厚度变化
⑦超声	停机	容器内、外表面	需掌握基本技术	需要经验积累

第4章　压力容器设计、制造及安装要求

4-1　压力容器设计有哪些规定？

答：为确保压力容器运行满足工艺条件要求；同时压力容器在运行中必须安全可靠、经济合理；压力容器结构上要先进，安装简便，维修方便等。

1. 压力容器设计必须满足下列基本要求

（1）强度　指压力容器在确定的压力或在其他外部载荷作用下，足以抵抗破裂以及过量变形的能力，达到足够的强度。

（2）刚性　指压力容器足以抵抗过大的弹性变形而造成失效的能力，使压力容器有相当的刚性。

（3）稳定性　指压力容器足以抵抗外部载荷引起的形状改变的能力。

（4）耐久性　指压力容器能达到设计使用期限的能力，如严格执行管理维护制度，使压力容器实际使用寿命比设计寿命更长。

（5）密封性　指压力容器各连接处；焊接、铆接处等都能确保介质无泄漏的能力，做好压力容器密封工作，既确保安全运行，又节约材料资源和宝贵的能源，这是十分重要的。

2. 压力容器设计的具体规定

1）压力容器的设计单位资格、设计类别和品种范围的划分应符合 TSG R 1001—2008《压力容器压力管道设计许可规则》的规定。设计单位应对设计文件负责。压力容器设计单位禁止在外单位设计的图样上加盖特种设备设计资格印章。

2）压力容器的设计总图（蓝图）上，必须加盖设计单位设计专用印章（复印章无效）。

设计总图上应有设计、校核、审核3级签署人员的签字。对于第三类压力容器和分析设计的压力容器，还应有压力容器设计技术负责人或者其授权人批准（4级签署）签字。

3）压力容器的设计压力不得低于工作压力，装有安全泄放装置的压力容器，其设计压力不得低于安全阀的开启压力或爆破片的爆破压力。

4）设计压力容器时，应有足够的腐蚀裕量。腐蚀裕量应根据预期的压力容器使用寿命和介质对材料的腐蚀速率确定，还应考虑介质流动时对压力容器或受压元件的冲蚀量和磨损量。在进行结构设计时，还应考虑局部腐蚀的影响，以满足压力容器安全运行要求。

4-2　如何促进蒸压釜釜圈设计与制造工艺的合理化（案例）？

答：［案例 4-1］

促进蒸压釜釜圈啮合齿设计与制造工艺的合理化是十分重要，以防止设备先天不足，带缺陷运行。蒸压釜釜圈啮合齿原设计如图 4-1 所示。

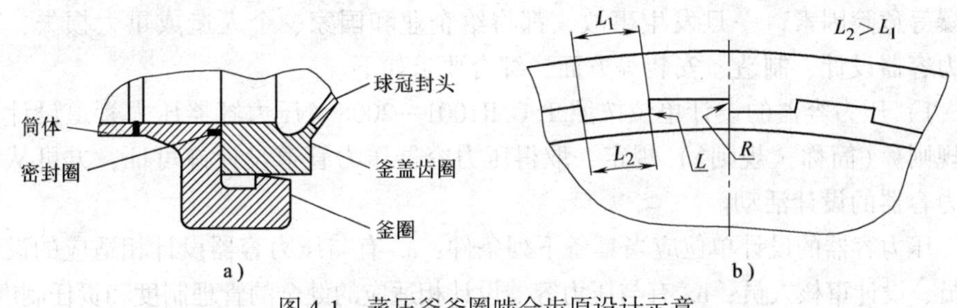

图 4-1　蒸压釜釜圈啮合齿原设计示意

a）一釜圈啮合齿图　b）啮合齿放大图

1. 缺陷

在蒸压釜的定期检验和制造过程监督检验中，最常见的缺陷为釜圈、釜盖的啮合齿根部出现裂纹，尤其是在用的管桩厂蒸压釜。这样就大大减弱了啮合齿的强度，隐患由此产生。

由于在用蒸压釜工况为开停频繁，温差大，啮合齿承受着交变载荷，齿根部应力集中，这是其出现裂纹的原因之一；二是由于操作不当，装载超长的管桩，设备运行过程中由于管桩与釜体的热膨胀差异而引发外力，致使齿根部出现裂纹；还有一种情况是裂纹在制造过程中已产生。

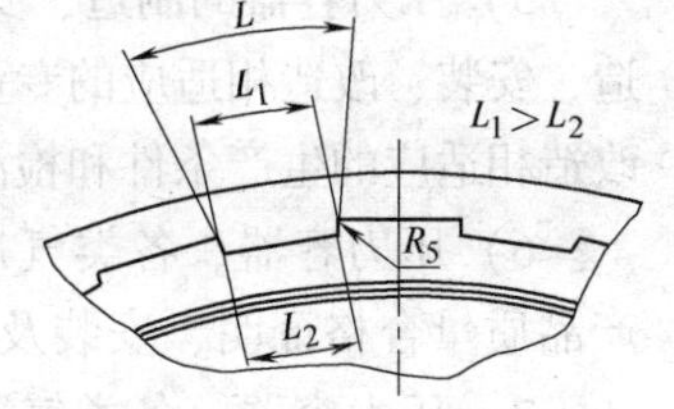

图 4-2　釜圈啮合齿设计修改后的示意

2. 改进

为避免齿根部的应力过于集中，齿根部的 R 是必不可少的，所以蒸压釜釜圈啮合齿设计改为采用图 4-2 所示形式，并采用大 R 设计，在相同的交变载荷工况下，使蒸压釜釜圈啮合齿根部不会再出现裂纹。

原工艺加工蒸压釜釜圈啮合齿采用氧乙炔火焰半自动切割成形，但割枪到齿根部时是用手动拐弯，难以实现大 R（R_5）尺寸。

除采用靠模全自动风割工艺外，可用钻头在齿根部钻通，完成了 R_5 尺寸的操作，再用半自动割完成齿间的切割。切割后再打磨光整。磁粉检测所有齿根部无裂纹为合格。

同时，为了方便釜盖的开合和避免乙炔焰伤及齿底，在齿间部位开一斜面，一般以 10° 为宜，如图 4-3 所示。

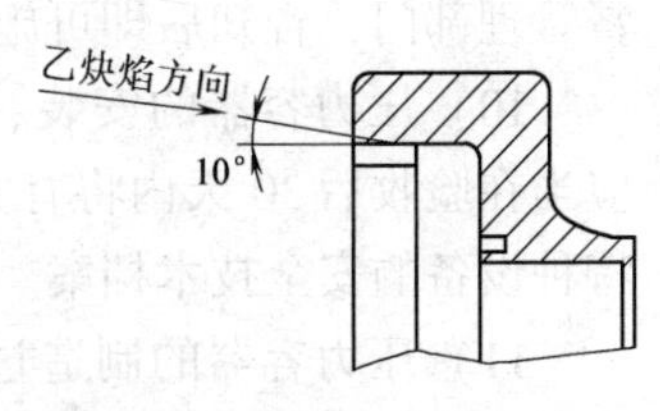

图 4-3　齿间部位开一斜面示意

通过对蒸压釜釜圈啮合齿设计和制造工艺改进，确保齿根部不再出现裂纹，保证了蒸压釜设备完好运行。

4-3　对压力容器有哪些综合要求?

答: 由于压力容器、气瓶属于特种设备，部分装置涉及有毒介质，易燃、易爆等危险因素，一旦发生事故，都将给企业和国家、个人造成重大损失，对压力容器设计、制造、安装等方面，综合要求如下。

1）压力容器的设计单位按照TSG R1001—2008《压力容器压力管道设计许可规则》（简称《规则》）规定，取得压力容器压力管道设计许可证，方可从事压力容器的设计活动。

压力容器的设计单位应当具备下列条件：a. 有与压力容器设计相适应的设计人员、设计审核人员；b. 有与压力容器设计相适应的健全的管理制度和责任制度。

2）各类气瓶的设计文件，应当经特种设备安全监督管理部门核准的检验检测机构鉴定，方可用于制造。

3）按照安全技术规范的要求，应当进行型式试验的产品、部件或者试制特种设备新产品、新部件，必须进行整机或者部件的型式试验。

4）压力容器、各类气瓶及其安全附件、安全保护装置的制造、安装、改造单位，以及压力容器用管子、管件、阀门、法兰、补偿器、安全保护装置等的制造单位，应当经国务院特种设备安全监督管理部门许可，方可从事相应的活动。

5）压力容器的制造、安装、改造单位应当具备下列条件：a. 有与压力容器制造、安装、改造相适应的专业技术人员和技术工人；b. 有与压力容器制造、安装、改造相适应的生产条件和检测手段；c. 有健全的质量管理制度和责任制度。

6）压力容器、各类气瓶出厂时，应当附有安全技术规范要求的设计文件、产品质量合格证明、安装及使用维修说明、监督检验证明等文件。

7）压力容器、各类气瓶的维修单位，应当有与压力容器维修相适应的专业技术人员和技术工人以及必要的检测手段，并经省、自治区、直辖市特种设备安全监督管理部门许可，方可从事相应的维修活动。

8）压力容器、各类气瓶的安装、改造、维修，必须由取得许可的单位进行。

9）压力容器安装、改造、维修的施工单位应当在施工前将拟进行的压力容器安装、改造、维修情况书面告知直辖市或者涉及区域的市的特种设备安全监督管理部门，告知后即可施工。

10）压力容器的安装、改造、维修竣工后，安装、改造、维修的施工单位应当在验收后30天内将有关技术资料移交使用单位。使用单位应当将其存入该特种设备的安全技术档案。

11）压力容器的制造过程和压力容器的改造、重大维修过程，必须经特种设备安全监督管理部门核准的检验检测机构按照安全技术规范的要求进行监督检验；未经监督检验合格的不得出厂或者交付使用。

4-4　压力容器制造单位应具备什么条件？

答：压力容器制造单位应具备下列条件：

1）压力容器制造（含现场制造、现场组焊、现场黏接等）单位应当取得特种设备制造许可证，按照批准的范围进行制造，依据有关法规、安全技术规范的要求建立压力容器质量保证体系并且有效运行，制造单位及其主要负责人对压力容器的制造质量负责。

2）制造单位应当严格执行有关法规、安全技术规范及技术标准，按照设计文件的技术要求制造压力容器。

3）型式试验。压力容器、蓄能器应当经过国家质检总局核准的检验机构进行型式试验，型式试验的项目、要求以及结果应当满足相应产品标准的要求。首次制造瓶式容器、真空绝热深冷容器前，制造单位应当试制样品容器并且经过国家质检总局核准的型式试验机构进行的试验，试验的项目、要求及结果应当满足相应产品标准的要求。

4）制造监督检验。需要进行监督检验的压力容器（含压力容器受压元件、部件），制造单位应当请特种设备检验机构对其制造过程进行监督检验，并且取得“特种设备监督检验证书”方可出厂。

5）质量计划，具体内容如下：a. 制造单位在压力容器制造前，应当根据本规程、产品标准及设计文件的要求制订完善的质量计划（检验计划），其内容至少应当包括容器或者受压元件、部件的制造工艺控制点、检验项目。b. 制造单位在压力容器制造过程中和完工后，应当按照质量计划规定的时机，对容器进行相应的检验和试验，并且由相关人员做出记录或者出具相应检验报告。

6）产品出厂资料或者竣工资料。压力容器出厂或者竣工时，制造单位应当向使用单位至少提供以下技术文件和资料，并且同时提供存储压力容器产品合格证、产品质量证明文件电子文档，即：a. 竣工图样，竣工图样上应当有设计单位设计专用章（复印章无效，批量生产的压力容器除外），并且加盖竣工图章（竣工图章上标注制造单位名称、制造许可证编号、审核人的签字和“竣工图”字样）；如果制造中发生了材料代用、无损检测方法改变、加工尺寸变更等，制造单位按照设计单位书面批准文件的要求在竣工图样上做出清晰标注，标注处有修改人的签字及修改日期。b. 压力容器产品合格证（含产品数据表）和产品质量证明文件。产品质量证明文件包括材料清单、主要受压元件材料质量证明书、质量计划、外观及几何尺寸检验报告、焊接（黏接）记录、无损检测报告、热处理报告及自动记录曲线、耐压试验报告及泄漏试验报告、产品铭牌的拓印件或者复印件等；对真空绝热压力容器，还包括封口真空度、真空夹层泄漏率、静态蒸发率等检测结果。c. 特种设备监督检验证书（适用于实施监督检验的产品）。d. 设计单位提供的压力容器设计文件。e. 压力容器受压元件、部件的产品出厂资料，单独出厂的压力容器受压元件（如筒节、封头、锻件等）和受压部件（如换热管束、人孔部件等）的制造单位，应当向订购单位提供其产品质量证明文件。f. 保存期限，产品出厂资料或者竣工资料的保存期限不少于压力容器设计使用年限。

7）产品铭牌。制造单位必须在压力容器的明显部位装设产品铭牌。铭牌应当清晰、牢固、耐久，采用中文（必要时可以中英文对照）和国际单位。产品铭牌上的项目至少包括以下内容：a. 产品名称；b. 制造单位名称；c. 制造单位许可证书编号和许可级别；d. 产品标准；e. 主体材料；f. 介质名称；g. 设计温度；h. 设计压力、最高允许工作压力（必要时）；i. 耐压试验压力。j. 产品编号或产品批号；k. 设备代码（特种设备代码编号方法见附件 D）；l. 制造日期；m. 力容器分类；n. 自重和容积（换热面积）。

压力容器产品合格证，如图 4-4 所示；固定式压力容器产品数据表，如图 4-5 所示；压力容器产品铭牌，如图 4-6 所示；换热容器产品铭牌，如图 4-7 所示；特种设备制造监督检验证书（压力容器），如图 4-8 所示。

压力容器产品合格证

编号：

制造单位			
制造单位 统一社会信用代码		制造许可证编号	
产品名称		制造许可级别	
产品编号		设备代码	
产品图号		压力容器类别	
设计单位			
设计单位 统一社会信用代码		设计许可证编号	
设计日期	年　月　日	制造日期	年　月　日

本产品在制造过程中经过质量检验，符合 TSG 21—2016《固定式压力容器安全技术监察规程》及其设计图样、相应技术标准和订货合同的要求。

检验责任工程师（签章）：　　日期：

质量保证工程师（签章）：　　日期：

（产品质量检验专用章）

年　月　日

注：本合格证包括所附的压力容器产品数据表。

图 4-4　压力容器产品合格证

固定式压力容器产品数据表

编号：

<table>
<tr><td>产品名称</td><td colspan="7"></td><td>设备品种</td><td></td></tr>
<tr><td>产品标准</td><td colspan="7"></td><td>产品编号</td><td></td></tr>
<tr><td>设备代码</td><td colspan="7"></td><td>设计使用年限</td><td></td></tr>
<tr><td rowspan="9">主要参数</td><td colspan="2">容器容积</td><td>m³</td><td colspan="2">容器内径</td><td>mm</td><td colspan="2">容器高（长）</td><td>mm</td></tr>
<tr><td rowspan="4">材料</td><td>筒体（球壳）</td><td></td><td rowspan="4">厚度</td><td>筒体（球壳）</td><td>mm</td><td colspan="2" rowspan="2">容器自重</td><td rowspan="2">kg</td></tr>
<tr><td>封头</td><td></td><td>封头</td><td>mm</td></tr>
<tr><td>衬里</td><td></td><td>衬里</td><td>mm</td><td colspan="2" rowspan="2">盛装介质重量</td><td rowspan="2">kg</td></tr>
<tr><td>夹套</td><td></td><td>夹套</td><td>mm</td></tr>
<tr><td rowspan="3">设计压力</td><td>壳程</td><td>MPa</td><td rowspan="3">设计温度</td><td>壳程</td><td>℃</td><td rowspan="3">最高允许工作压力</td><td>壳程</td><td>MPa</td></tr>
<tr><td>管程</td><td>MPa</td><td>管程</td><td>℃</td><td>管程</td><td>MPa</td></tr>
<tr><td>夹套</td><td>MPa</td><td>夹套</td><td>℃</td><td>夹套</td><td>MPa</td></tr>
<tr><td colspan="2">壳程介质</td><td></td><td colspan="2">管程介质</td><td></td><td colspan="2">夹套介质</td><td></td></tr>
<tr><td rowspan="2">结构型式</td><td colspan="2">主体结构型式</td><td colspan="3"></td><td colspan="2">安装形式</td><td colspan="2">（填立式、卧式）</td></tr>
<tr><td colspan="2">支座形式</td><td colspan="3"></td><td colspan="2">保温绝热方式</td><td colspan="2">（有填方式、无划“—”）</td></tr>
<tr><td rowspan="3">检验试验</td><td colspan="2">无损检测方法</td><td colspan="3"></td><td colspan="2">无损检测比例</td><td colspan="2">%</td></tr>
<tr><td colspan="2">耐压试验种类</td><td colspan="3"></td><td colspan="2">耐压试验压力</td><td colspan="2">MPa</td></tr>
<tr><td colspan="2">泄漏试验种类</td><td colspan="3"></td><td colspan="2">泄漏试验压力</td><td colspan="2">MPa</td></tr>
<tr><td colspan="3">热处理种类</td><td colspan="3"></td><td colspan="2">热处理温度</td><td colspan="2">℃</td></tr>
<tr><td colspan="10">安全附件与有关装置</td></tr>
<tr><td colspan="2">名称</td><td colspan="2">型号</td><td colspan="2">规格</td><td colspan="2">数量</td><td colspan="2">制造单位</td></tr>
<tr><td colspan="2"></td><td colspan="2"></td><td colspan="2"></td><td colspan="2"></td><td colspan="2"></td></tr>
<tr><td colspan="2"></td><td colspan="2"></td><td colspan="2"></td><td colspan="2"></td><td colspan="2"></td></tr>
<tr><td colspan="2"></td><td colspan="2"></td><td colspan="2"></td><td colspan="2"></td><td colspan="2"></td></tr>
<tr><td colspan="2"></td><td colspan="2"></td><td colspan="2"></td><td colspan="2"></td><td colspan="2"></td></tr>
<tr><td colspan="2"></td><td colspan="2"></td><td colspan="2"></td><td colspan="2"></td><td colspan="2"></td></tr>
<tr><td rowspan="2">制造监督检验情况</td><td colspan="3">监督检验机构</td><td colspan="6"></td></tr>
<tr><td colspan="3">监督检验机构
统一社会信用代码</td><td colspan="2"></td><td colspan="2">机构核准证编号</td><td colspan="2"></td></tr>
</table>

图 4-5　固定式压力容器产品数据表

压力容器产品铭牌

监检标记

产品名称					●
产品编号		压力容器类别		制造日期	年 月 日
设计压力	MPa	耐压试验压力	MPa	最高允许工作压力	MPa
设计温度	℃	容器自重	kg	主体材料	
容积	m^3	工作介质		产品标准	
制造许可级别		制造许可证编号			
制造单位					
设备代码					

铭牌的拓印件或者复印件存于压力容器产品质量证明文件中

图 4-6 压力容器产品铭牌

换热容器产品铭牌

监检标记

产品名称				●
			管程	壳程
产品编号		设计压力	MPa	MPa
压力容器类别		耐压试验压力	MPa	MPa
制造日期	年 月 日	最高允许工作压力	MPa	MPa
容器自重	kg	设计温度	℃	℃
换热面积	m^2	工作介质		
折流板间距	mm	主体材料		
产品标准		制造许可级别		制造许可证编号
制造单位				
设备代码				

铭牌的拓印件或者复印件存于压力容器产品质量证明文件中

图 4-7 换热容器产品铭牌

特种设备制造监督检验证书

（压力容器）

编号：

制造单位			
制造许可级别		制造许可证编号	
设备类别	固定式压力容器	产品名称	
产品编号		设备代码	
设计单位			
设计许可证编号		产品图号	
设计日期	年　月　日	制造日期	年　月　日

按照《中华人民共和国特种设备安全法》《特种设备安全监察条例》的规定，该台压力容器产品经我机构实施监督检验，安全性能符合 TSG 21—2016《固定式压力容器安全技术监察规程》的要求，特发此证书，并且在该台压力容器产品铭牌上打有如下监督检验标志。

监督检验人员：　　日期：

审核：　　日期：

批准：　　日期：

监督检验机构：　　（监督检验机构检验专用章）

年　月　日

监督检验机构核准证号：

注：本证书一式三份，一份监督检验机构存档，两份送制造单位，其中一份由制造单位随产品出厂资料交付。

图 4-8　特种设备制造监督检验证书（压力容器）

4-5　对压力容器焊接有什么要求？

答：按照 TSG 21—2016《固定式压力容器安全技术监察规程》的规定，对压力容器焊接工艺及焊工都有很高要求。

1. 焊接工艺评定

1）压力容器产品施焊前，受压元件焊缝、与受压元件相焊的焊缝、熔入永久焊缝内的定位焊缝、受压元件母材表面堆焊与补焊，以及上述焊缝的返修焊缝都应当进行焊接工艺评定或具有经过评定合格的焊接工艺规程（WPS）支持。

2）压力容器的焊接工艺评定应当符合 NB/T 47014—2011《承压设备焊接工艺评定》的要求。

3）监督检验人员应当对焊接工艺的评定过程进行监督。

4）焊接工艺评定完成后，焊接工艺评定报告（PQR）和焊接工艺规程应当由制造单位焊接责任工程师审核、技术负责人批准、监督检验人员签字确认后存入技术档案。

5）焊接工艺评定技术档案应当保存至该工艺评定失效为止，焊接工艺评定试样应当至少保存5年。

2. 焊工

1）压力容器焊工应当按照有关安全技术规范的规定考核合格，取得相应项目的特种设备作业人员证后，方能在有效期间内承担合格项目范围内的焊接工作。

2）焊工应当按照焊接工艺规程或者焊接作业指导书施焊并且做好施焊记录，制造单位的检查人员应当对实际的焊接工艺参数进行检查。

3）应当在压力容器受压元件焊缝附近的指定部位打上焊工代号钢印，或者在焊接记录（含焊缝布置图）中记录焊工代号，焊接记录列入产品质量证明文件。

4）制造单位应当建立焊工技术档案。

3. 压力容器拼接与组装

1）球形储罐球壳板不允许拼接。

2）压力容器不宜采用十字焊缝。

3）压力容器制造过程中不允许强力组装。

4. 焊接返修

焊接返修（包括母材缺陷补焊）的要求如下。

1）应当分析缺陷产生的原因，提出相应的返修方案。

2）返修应当按照规定进行焊接工艺评定或者具有经过评定合格的焊接工艺规程支持，施焊时应当有详尽的返修记录。

3）焊缝同一部位的返修次数不宜超过2次，如超过2次，返修前应当经过制造单位技术负责人批准，并且将返修的次数、部位、返修情况记入压力容器质量证明文件。

4）要求焊后热处理的压力容器，一般在热处理前焊接返修，如在热处理后进行焊接返修，应当根据补焊深度确定是否需要进行消除应力处理。

5）有特殊耐腐蚀要求的压力容器或者受压元件，返修部位仍需要保证不低于原有的耐腐蚀性能。

6）返修部位应当按照原要求经过检验合格。

5. 试件（板）与试样

制备母材热处理试件的条件：在制造过程中需要经过热处理恢复或者改善材料力学性能时，应当制备母材热处理试件。

制备母材热处理试件时，若同时要求制备产品焊接试件，允许将两种试件合并制备。

6. 焊接试件（板）的制作

1）产品焊接试件应当在筒节纵向焊缝的延长部位与筒节同时施焊（球形压

力容器和锻焊压力容器除外)。

2）试件的原材料必须合格，并且与压力容器用材具有相同标准、相同牌号、相同厚度和相同热处理状态。

3）试件应当由施焊该压力容器的焊工采用与施焊压力容器相同的条件和焊接工艺施焊，有热处理要求的压力容器，试件一般随压力容器一起热处理，否则应当采取措施保证试件按照与压力容器相同的工艺进行热处理。

4）应用应变强化技术的压力容器试件，应当按相应产品标准进行应变强化预拉伸。

7. 焊接试件与母材热处理试件的力学性能检验

1）试样的种类、数量、截取与制备按照设计文件和产品标准的规定。

2）力学性能检验的试验方法、试验温度、合格指标及其复验要求按照设计文件和产品标准的规定。

4-6　低温压力容器的焊接应如何进行（案例）?

答: [案例4-2]

某公司采用国内09MnNiDR材料制造容积较大的低温压力容器设备，设计温度最低为 -50℃。具体情况如下：

1）用钢板材料的化学成分见表4-1；力学性能见表4-2。

表4-1　设备用板材的化学成分

项　目	材　料	化学成分（质量分数（%））								
		C	Mn	Si	V	Al	Ni	Nb	S	P
标准值	09MnNiDR	≤0.12	1.2～1.6	0.15～0.6	—	≥0.015	0.3～0.8	≤0.04	≤0.020	≤0.025
实际值	09MnNiDR	0.084	1.42	0.32	0.0006	0.027	0.78	0.02	0.01	0.009

表4-2　设备用板材的力学性能

项　目	材料名称	力学性能			
		σ_s/MPa	σ_b/MPa	δ_5（%）	A_{KV}/J
标准值	09MnNiDR	≥260	430～560	≥23	≥27（-50℃）
实际值	09MnNiDR	353	455	35	260，266，272（-50℃）

2）焊接过程中主要影响低温钢焊接接头晶粒度、最终影响低温冲击韧度的工艺因素为焊接线能量。

焊接线能量的公式为

$$E=\eta IU/v$$

式中：E 为焊接线能量（kJ/cm）；I 为焊接电流（A）；U 为电弧电压（V）；v 为焊接速度（cm/s）；η 为电弧有效功率系数，埋弧焊取0.85，焊条电弧焊取0.8。

从焊接线能量公式反映，焊接电流、电弧电压减小，焊接线能量也减少，焊接速度加快则有利于焊缝获得细晶粒度，从而保证焊缝具有良好的低温韧性。

3）针对低温钢材料的特点做了不同焊接方法的焊接工艺评定试验，并采用多层多道焊接的方法焊接工艺评定试板。在焊接工艺指导书中明确规定：板材厚度在16mm以上的对接焊缝采用埋弧焊；厚度在16mm以下的采用焊条电弧焊。焊接工艺评定试板经过消除应力热处理后，对试板取试样进行力学性能试验，各项数据均符合工艺要求。

4）焊接过程中严格执行焊接工艺规程，确保层间温度小于120℃，防止焊接接头产生过热现象。加强过程中的控制，严格工艺纪律，对违反工艺纪律的行为立即予以纠正，保证焊接质量。

5）结论：低温钢焊接质量的好坏会直接影响到压力容器设备在低温工况下的正常运行，在设备的焊接过程中，每一个工序、每一个相关的工作人员都要严格把关，才能确保有良好的焊接质量。低温压力容器设备焊接工作中，必须做到：a. 在满足工艺性能的前提下，采用小的线能量，保证焊接接头具有好的力学性能和细的晶粒度，使晶界上不析出连续的碳化物；b. 正确使用焊材，不符合烘干规定的焊材不得使用，并保证在4h之内用完，否则必须重新烘干，尽量减少氢对焊缝质量的影响。

4-7　压力容器管板与管子胀接有什么要求？

答：压力容器管板与管子胀接具体要求如下。

1）制造单位应根据图样技术要求和试胀结果，制定胀接工艺规程。胀接操作人员应严格按照胀接工艺规程进行胀接操作。

2）换热器的换热管与管板的胀接可选用柔性胀接方法，如液压胀、橡胶胀、液袋式液胀。有使用经验时也可选用机械胀接方法，选用机械胀接应控制胀管率以保证胀紧度。胀接管端不应有起皮、皱纹、裂纹、切口和偏斜等缺陷。在胀接过程中，应随时检查胀口的胀接质量，及时发现和消除缺陷。

3）胀接全部完毕后，必须进行耐压试验，检查胀口的严密性。

4）胀接的基本要求：

① 柔性胀接的要求。柔性胀接分为贴胀和强度胀接，贴胀时管板孔内表面可不开槽。强度胀接管板孔内应开矩形槽，开槽宽度为（1.1～1.3）$\sqrt{d\delta}$（d为换热管平均直径；δ为换热管壁厚），开槽深度为0.5mm。强度胀接应达到全厚度胀接，管板壳程侧允许不胀的最大深度为5mm。胀接前，应通过计算胀接压力进行试胀，试胀的试样不少于5个，测试胀接接头的拉脱力q，贴胀应达到1MPa，强度胀接应达到4MPa。胀接时可通过适当增加胀接压力使其达到规定的拉脱强度。

② 机械胀接的要求。在进行正式胀接前，应进行试胀。试胀时，应对试样进行比较性检查，检查胀口部分是否有裂纹，胀接过渡部分是否有突变，喇叭口根部与管壁的结合状态是否良好等，然后检查管板孔与管子外壁接触表面的

印痕和啮合状况。根据试胀结果，实际确定合理的胀管率。

4-8　压力容器与压力管道连接有何规定？

答： 压力容器与压力管道连接用管法兰、通用件，选用标准规定如下。

1）管法兰是受压设备与管道相互连接的标准件、通用件。涉及的领域很广，主要有压力容器、锅炉、管道、机械设备，如泵、阀门、压缩机、冷冻机、仪表等行业。因此管法兰标准的选用必须考虑各相关行业的协调，并应与国际接轨。

2）管法兰标准涉及的内容十分广泛，除了管法兰本身以外，还与钢管系列（外径、壁厚）、公称压力等级、垫片材料及尺寸、紧固件（六角螺栓、双头螺栓、螺母）、螺纹（管螺纹、紧固件螺纹）等密切相关。

3）国际上（包括国内）管法兰标准主要有两大体系，即欧洲体系（以 DIN 标准为代表）及美洲体系（以美国 ASME B16.5、ASME B16.47 为代表）。同一体系内，各国的管法兰标准基本上是可以互相配用的（指连接尺寸和密封面尺寸），两个不同体系的管法兰是不能互相配用的。表 4-3 为各国管法兰标准一览表。

表 4-3　各国管法兰标准一览表

项目	欧洲体系		美洲体系	
	标　准	压力等级	标　准	压力等级
管法兰	DIN	2.5，6，10，16，25，40，64，100，160，250，400（Bar）	ASME B16.5（88）、B16.47A（MSS SP44）、B16.47B（API 605）	150，300，(400)，600，(750)，900，1500，2500Lb
	ISO 7005-1：2011	2.5，6，10，16，25，40（Bar）	ISO 7005-1：2011	20，50，110，150，260，420（Bar）
	BS 4504 3.1—1989	2.5，6，10，16，25，40（Bar）	BS 1560-3.1—1989	150，300，600，900，1500，2500（Lb）
	NFE 29203—1989	2.5，6，10，16，25，40（Bar）	NFE 29203—1989	20，50，100，150，250，420（Bar）
	—	—	JPI 7S-15—1993	150，300，600，900，1500，2500（Lb）
	HG/T 20592—2009	0.25，0.6，1.0，1.6，2.5，4.0，6.3，10.0，16.0（MPa）	HG/T 20615、20623—2009	2.0，5.0，11.0，15.0，26.0，42.0（MPa）
	GB/T 9112～9123—2010	0.25，0.6，1.0，1.6，2.5，4.0，6.3，10.0，16.0，25.0，32.0，40.0（MPa）	GB/T 9112～9123—2010	2.0，5.0，11.0，15.0，26.0，42.0（MPa）
	GB/T 2501、9112、9113、9115、9119、9120、15530.1—2010、GB/T 9126、15530.4～15530.6、17241.8、17727—2008	0.25，0.6，1.0，1.6，2.5，4.0，6.3，10.0，16.0，25.0，32.0，40.0（MPa）	SH/T 3406—2013	1.1，2.0，5.0，6.8，11.0，15.0，26.0，42.0（MPa）

（续）

项目	欧洲体系		美洲体系	
	标　准	压力等级	标　准	压力等级
公制管	HG/T 20592—2009(代替 HGJ 44-76—1991、HG 5001～5028—1958)	0.25，0.6，1.0，1.6，2.5，4.0，6.3，10.0，16.0（MPa）	—	—

注：1bar = 10^5Pa；lb 为磅级 Class 单位代号。

从表 4-3 可见，国外管法兰标准繁多，大多属于欧洲体系。但近年来随着对外开放，美洲体系管法兰也逐步在石油、化工等行业中被广泛采用。

4）使用范围比较大：a. 公称压力等级为 0.25～42.0MPa；b. 法兰形式为 10 种（如板式平焊、带颈平焊、带颈对焊、整体、承插焊、螺纹、对焊环/板式松套、对焊环/带颈松套、法兰盖、衬里法兰盖），图 4-9 为普通平焊法兰（连接管道用），图 4-10 为平焊容器法兰；c. 公称尺寸为 10～2000mm；d. 密封面为有突面、全平面、凹凸面、榫槽面、环连接面。

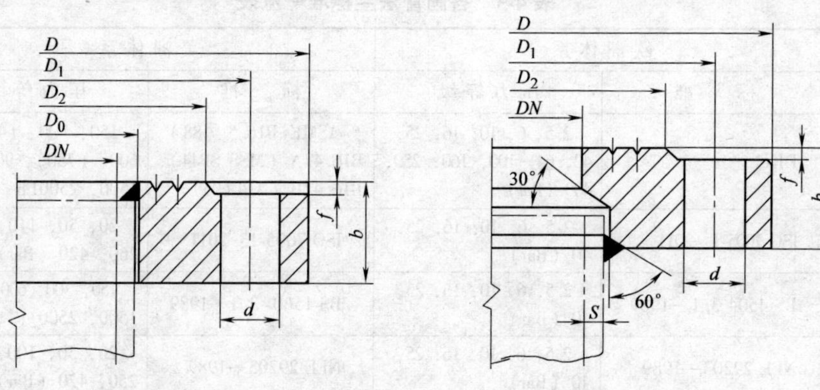

图 4-9　普通平焊法兰（连接管道用）　　图 4-10　平焊容器法兰

5）管法兰接头除了可拆、连接的功能外，保证密封（控制泄漏率）是其主要的性能要求。影响法兰接头密封性能的因素有以下几个方面，选用时应根据具体工况综合考虑。

①法兰：a. 压力等级，根据系统的设计条件，考虑管道推力和弯矩折算当量压力，可高于压力容器设计压力或提高压力等级；b. 法兰形式，按法兰刚度为带颈对焊 > 带颈平焊 > 板式平焊；c. 密封面形式，凹凸面、榫槽面优于突面；d. 密封面表面粗糙度，与垫片有关。

②垫片：a. 垫片材料，按密封性能为金属垫 > 半金属垫 > 非金属垫；b. 垫片性能，预紧比压及 m 值；c. 使用温度、压力及介质的限制。

③紧固件：a. 形式，全螺纹、双头、六角螺栓；b. 材料，专用级、商品级；拧紧力矩的控制。

4-9 奥氏体不锈钢压力容器在制造上有何要求（案例）？

答：奥氏体不锈钢压力容器制造中，具体要求如下。

1. 奥氏体不锈钢材料容易受到铁离子、氯离子、碳素钢或低合金钢的污染

奥氏体不锈钢具有良好的耐腐蚀性，这与它的铬含量有关：当铬的质量分数达到10.5%～12%时，合金表面就能够形成一层致密的、具有保护性的钝化膜；一旦钝化膜遭到破坏且因局部含铬量低而难于自身修复时，其耐腐蚀性就会降低甚至丧失。

如果奥氏体不锈钢与铁离子接触，铁离子会吸附地钝化膜上，并形成原电池，引发电偶腐蚀。如果奥氏体不锈钢与氯离子接触，钝化膜在穿透性很强的氯离子作用下极易遭到破坏，氯离子在奥氏体不锈钢表面形成众多、微细的腐蚀小坑，这些腐蚀小坑会加剧奥氏体不锈钢耐腐蚀性的降低。

制造企业在控制奥氏体不锈钢的铁离子，氯离子、碳素钢或低合金钢污染方法，具体要求如下。

1）应有奥氏体不锈钢板材、管材、封头、零件、半成品、成品专用的室内存放场地；且它们存放时不得与铁锈、碳素钢、低合金钢等接触。

2）应有专用的奥氏体不锈钢压力容器制造车间；制造环境应保持清洁、干燥，并严格控制灰尘；制造车间宜采用硬化水泥地面，地面清洁宜使用集清洗、吸干为一体的洗地设备。

3）制造过程中应避免奥氏体不锈钢表面机械损伤；在进行焊接或热切割前，在可能遭受飞溅物的奥氏体不锈钢表面应喷涂或涂敷防飞溅剂涂层。

4）奥氏体不锈钢钢板下料用的自动等离子切割机应专一使用，避免用其切割碳素钢、低合金钢，其切割水箱和内部托架应采用奥氏体不锈钢制造。

5）应将卷板机的碳素钢压辊进行表面处理，对于专一或经常卷制奥氏体不锈钢钢板的卷板机，应将其压辊进行不锈钢材料的表面堆焊；对于偶尔卷制奥氏体不锈钢钢板的卷板机，应清除压辊表面铁锈并采用衬垫（如铝箔等）将压辊与奥氏体不锈钢钢板隔离卷制。

6）材料标志移植和焊缝标记应采用无氯记号笔（不得采用钢印标记）；容器的碳素钢抱箍在安装时应采用衬垫（如铝箔等），不得将碳素钢抱箍与奥氏体不锈钢直接接触；与奥氏体不锈钢筒体直接接触的滚轮架、滚轮宜采用聚氨酯材料（不得采用碳素钢和低合金钢材料）；角向磨光机应采用不锈钢专用砂轮片（不得采用普通砂轮片）；焊道清根或焊缝返修宜采用角向磨光机打磨（为防止渗碳，避免使用碳弧气刨）；临时焊接于母材或与母材直接接触的组对用具和临时吊耳等，其焊接面、接触面应选用奥氏体不锈钢材料（不得采用碳素钢和低合金钢）；吊装索具应采用吊带索具或不锈钢链条索具（避免采用碳素钢钢丝绳索具）等。

2. 焊缝收缩变形大，容易出现热裂纹缺陷和应力腐蚀、晶间腐蚀、低温脆

化倾向

奥氏体不锈钢的热物理特性是：导热系数小、线膨胀系数大。奥氏体不锈钢的导热系数大约为碳素钢的31%，奥氏体不锈钢的线膨胀系数大约是碳素钢的1.46倍；100℃时，S30408/06Cr19Ni10和碳素钢的导热系数分别为16.3 W/mK和51.8W/mK，在20～100℃时，S30408/06Cr19Ni10和碳素钢的线膨胀系数分别为16.84×10^{-6}/K和11.53×10^{-6}/K。这些热物理特性不利于焊接，导致的直接结果是焊缝收缩变形大和焊接应力大。

为了有效控制这些焊缝缺陷，制造企业应在焊接方面采取以下措施。

1）选择合适的焊接工艺。对于奥氏体不锈钢压力容器焊接，一般可采用氩弧焊、埋弧焊和小孔型等离子弧焊工艺。对于筒节的拼板纵缝焊接，宜采用具有紫铜垫板、冷却水循环装置和压紧装置的埋弧焊机，它非常有利于焊接时的导热和控制变形。对于筒节卷制后的纵缝和环缝的焊接，如果条件允许，选择具有热输入量小，焊接应力小、焊接变形小、高质量高效率等许多优点的小孔型等离子弧焊工艺，无疑是最佳选择；当采用便捷的埋弧焊工艺时，需要特别注意焊接热输入量的控制，尽量选用小电流、速度快的焊接参数和多道焊工艺。

2）对于厚板的多道焊焊接接头，应采用合理的焊接顺序：先进行内坡口组对、点固焊、内坡口1～2道填充焊；然后进行外坡口清根、外坡口多道填充焊和盖面焊；最后完成内坡口余下的填充焊和盖面焊。

3）选择小电流、速度快的焊接参数，降低焊接热输入量。

表4-4列出了某公司在进行8mm壁厚S30408/06Cr19Ni10奥氏体不锈钢压力容器纵环缝焊接时的焊接参数。

表4-4　8mm壁厚S30408/06Cr19Ni10奥氏体不锈钢压力容器纵缝、环缝焊接参数

项　目	小孔型等离子弧焊工艺	自动埋弧焊工艺	使用永久性衬环的单面手工氩弧焊工艺
焊接电流/A	195	450（外）/500（内）	120
电弧电压/V	27.5	36	12
焊接速度/（cm/min）	20	68	12
备注	I形坡口；间隙0～0.5mm；I道单面焊（双面成形）；焊材ER308L、直径1.2mm；送丝速度为95cm/min	I形坡口；间隙0～0.5mm；内外双面施焊各1道；焊材ER308L、直径2.4mm；焊剂LEXAL F500	60°的V形坡口；间隙4mm；12道填充焊；焊材ER308L、直径2.4mm；氩气流量14L/min

4）每个焊道施焊后，最好采用压缩空气强制冷却，并控制层间温度低于100℃，以便缩短焊缝和热影响区在敏化温度区间停留时间，避免形成具有晶间腐蚀倾向的贫铬区。

5）选择合适的焊材。对于有控制铁素体含量要求的低温奥氏体不锈钢压力容器（如空气分离设备中的精馏塔），应选择碳含量极低且铬、镍含量能保证焊缝金属为奥氏体组织的不锈钢焊材（如 C 含量为 0.03%、Cr 含量为 20.0%、Ni 含量为 10% 的 ER308L 焊材等）。

总之，压力容器是涉及安全且危险性较大的特种设备。奥氏体不锈钢压力容器制造企业，应该掌握奥氏体不锈钢压力容器的制造特点，采取切实有效的策略，确保奥氏体不锈钢压力容器的制造质量和运行安全——尤其在材料贮存和制造的每个工序中，应尽可能地避免奥氏体不锈钢遭受铁离子、氯离子、碳钢或低合金钢的污染；在焊接工序中，应采取最合适且评定合格的焊接工艺对奥氏体不锈钢焊接缺陷加以控制；在装配工序中，应控制几何尺寸偏差和避免强行组装。

4-10　压力容器的密封如何选用（案例）？

答：高压压力容器的密封结构及密封垫的选用，一直是行业十分关心的重要课题。因为它们的好坏直接影响着压力容器运行的安全可靠性及造价。

石油、化工行业大量采用合成釜压力容器，属立式设备。一般在压力容器上下两端开孔，同时需要设置筒体端部的密封结构。由于压力容器内部压力是波动的，而且工作介质运行时总会产生一些微小的固体颗粒，按照石油、化工行业的设计标准一般应选择金属环形密封垫，以达到密封要求。

对一些特殊压力容器，为了达到密封效果，可以采取特殊的密封结构和密封垫。

[案例 4-3]

某合成釜的设计参数如下：设计压力为 32MPa；工作压力为 0 ~ 25MPa；设计温度为 250℃；工作温度为 0 ~ 250℃；有效容积为 3m^3；操作介质为固体物料、CO、Ni（CO）$_4$；绝热层厚度为 100mm；腐蚀裕度为 0mm；设计寿命为 20 年；压力工作工况为每年共有 75 个操作周期，每个操作周期的压力波动为 0 ~ 5MPa（8 次）、0 ~ 25MPa（1 次）。羰基镍合成釜结构尺寸如图 4-11 所示。

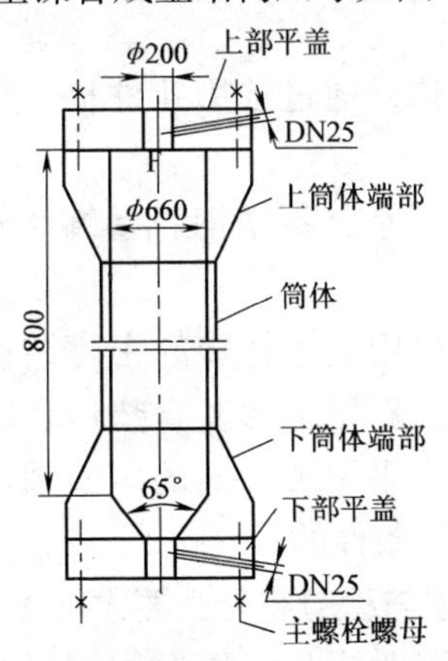

图 4-11　羰基镍合成釜结构尺寸

由于该合成釜的操作介质有 Ni（CO）$_4$，它是本设备化学反应中的重要生成物，因其剧毒，故在筒体端部及进、出料口处均设有检测泄漏的检测口。公称直径为 ϕ660mm 的合成釜上部筒体结构如图 4-12 所示。

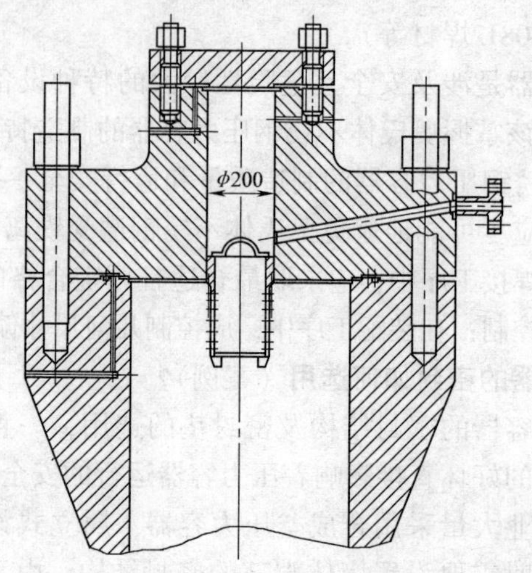

图 4-12　合成釜上部筒体结构

筒体端部 DN660 处的密封结构如图 4-13 所示。端部的第 1 道密封为主密封，主密封承担工作压力（25MPa）及工作温度（250℃）的密封。副密封所起的作用是阻止从主密封泄漏的微量剧毒介质散发到环境中；再通过测漏口的收集，排放到报警器的入口处及时报警。从而达到一旦泄漏即可发现的目的。

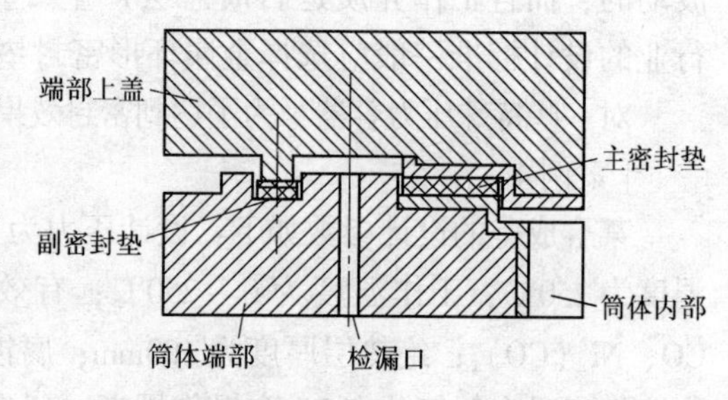

图 4-13　筒体端部 DN660 处密封结构

对于主密封及副密封结构，通过选用几种垫片做密封试验，来验证各个垫片之间的密封性能。

一般选用的垫片为纯铜平垫、不锈钢石墨缠绕垫、石墨齿形复合垫、O 形氟胶圈等。

通过冷态和热态试验，选用上述特殊的密封结构及石墨齿形复合垫能达到完全密封的效果。实践证明：石墨齿形复合垫用在高温、高压极难密封介质的密封结构上是行之有效的，它采用硬金属的多圈圆环及极易填充的石墨载体是能够达到和满足高难度的密封条件的。

4-11　压力容器安装管理与检验有什么要求（案例）？

答：加强压力容器安装管理是十分重要的，具体要求如下。

(1) 从事压力容器安装的单位　必须是已取得相应的制造资格的单位或者是经安装单位所在地的省级安全监察机构批准的安装单位。从事压力容器安装监理的监理工程师应具备压力容器专业知识，并通过国家安全监察机构认可的培训和考核，持证上岗。

1）下列压力容器在安装前，安装单位或使用单位应向压力容器使用登记所在地的安全监察机构申报压力容器名称、数量、制造单位、使用单位、安装单位及安装地点，办理报装手续：a. 第三类压力容器；b. 容积大于等于10m^3 的压力容器；c. 蒸球；d. 成套生产装置中同时安装的各类压力容器；e. 液化石油气储存容器；f. 医用氧舱。

2）安装压力容器应注意的安全事项如下：

① 在室外、室内的压力容器都应符合国家建筑设计防火规范要求。

② 在室外安装的压力容器通风条件好，但要考虑防日晒和防冰冻措施；安装在室内的压力容器，室内必须宽敞、明亮、干燥，并保持正常温度和良好的通风。

③ 室内各压力容器之间距离不得小于0.75m，而设备和墙柱间距离不得小于0.5m。

④ 室内标高决定于室内安装压力容器的高度及吊装要求高度，一般不应低于3.2m。

⑤ 对室内可能形成燃烧爆炸气体时，电气装置要达到防爆的要求，压力容器要可靠接地；存在有毒气体时，应有通风装置，以排除积聚的有毒气体，有的特殊场所还要考虑万一介质渗漏的中和处理设施。

⑥ 高压和超高压的容器还应考虑到：a. 必须用防火墙把它与生产厂房隔开；b. 尽可能采用轻质屋顶；c. 安装有几台压力容器的场所，要根据容量分别安设在用防火墙隔开的单间内；d. 压力容器应建造单独基础，并且不要与墙柱及其他设备的基础相连。

在产品出厂环节和使用环节之间的整体安装环节，一般不引起大家的重视。同样，除医用氧舱安装外，其他固定式压力容器在整体安装过程的第三方监督检验工作，有时也没有很好地贯彻执行。

[案例4-4]

某化工公司一硫化罐升压至0.4MPa时，快开门飞出，物料冲出后又造成火灾。1人当场死亡，1人送医院后死亡。事故原因：该硫化罐于2003年10月安装，设计不合理，安装单位无安装许可资格，安装中留下很多隐患，快开门无联锁保护装置，未办理使用登记。

[案例4-5]

河北某造纸有限公司，1台蒸球压力容器设备发生爆炸，造成3人死亡，3人轻伤。事故原因：使用单位擅自使用压力容器，未按照有关规定进行压力容器的安装和检验，致使事故隐患未能及时发现；操作介质腐蚀性大，加之以蒸球内机械转动作用，致使容器局部严重腐蚀减薄，强度严重不足；该台设备及管路上无安全附件，也是造成发生爆炸事故原因之一。

[案例4-6]

河北某新型建材有限责任公司发生蒸压釜爆炸，造成5人死亡，2人轻伤。事故原因：从现场其他运行的蒸压釜发现，每个釜盖与釜体的连接螺栓应为60个，但发生爆炸蒸压釜经检查仅安装了30个螺栓，其余栓孔均无螺栓。属于现场安装管理不严，施工人员责任心不强的原因。

从上述案例可看出，如果经过现场安装检查，是能避免这些恶性事故发生的。另外，在压力容器的安装现场，随意焊接垫板。压力表、液面计、温度计的选型、安装不符合工艺、介质的要求；合金钢螺栓选型错误；螺栓装配未拧紧，未做防锈处理；金属缠绕垫片改为石棉垫片等隐患也较多。

(2) 压力容器安装检查　应采取控制措施如下。

1）安装之前应采取的质量控制措施：这主要是对压力容器安装项目的主体资格、质保体系、安装设备及零件的原材料符合性进行检查，具体内容见表4-5。

表4-5　压力容器安装前的质量控制措施

控制项目与环节		质量控制内容与注意事项
1	安装手续	施工单位安装前应办理好安装告知、监督检验手续；安装单位与建设单位签订的合同应明确划分职责；不得整体转包、分包
2	安装单位相关文件审查	安装单位：应具有法定资格；具有相应的压力容器安装/制造许可资格或GC1管道安装资格、锅炉2级以上安装资格；具有相应的专业技术人员和技术工人(焊工、电工、起重工)
3		安装单位的质保体系文件、责任人员任命文件审查：质保体系文件、表卡应齐全，责任人员明确，质量控制应符合工程实际需要
4		压力容器安装的技术要求，应符合国家标准规范要求；施工方案、吊装方案和质量计划等内容检查，应符合现场安装的实际情况
5	安装组成件的复验	逐台审核压力容器质量证明书、竣工图、设计计算书和铭牌拓印件等：重点检查设计、制造方资质；重要数据应一致；必须有产品合格证及制造监检证书原件；质量证明书主要内容应符合《固定式压力容器安全技术监察规程》（以下简称《容规》）等要求；进口压力容器还应有进口安全性能监督检验报告
6		螺栓、垫片、保温等原材料应提供质量证明书，其质保书内容符合有关标准及设计文件的要求；现场抽查部分零件的外观质量和外形尺寸，确保实物与资料的一致性
7		安全阀、爆破片、压力表、温度计、液位计等安全附件和计量器具的产品性能合格证应齐全；性能指标符合有关规定与实际需要；安全阀与压力表应提供在合格期内的校验证书
8		压力容器的基础应牢固，对于混凝土基础应有建设单位对基础验收的见证材料；对钢结构支承应调查其强度是否符合实际需要

2）安装现场应采取的质量控制措施：压力容器安装现场检查应主要是在现

场能够观察、检查得到且与安全性能紧密相关的内容，具体内容见表4-6。

表4-6 压力容器安装现场的质量控制措施

控制项目与环节		质量控制内容与注意事项
1	外观检查	检查压力容器壳体、封头表面有无明显变形和碰撞划伤；现场安装时有无焊疤、工装卡具压痕；设备外表应有醒目的标志
2		铭牌表面不应被遮盖、污染，装设位置应便于观察
3		安全阀、压力表、液位计等安装应符合要求
4		静电接地、静电跨接方式检查
5		地脚螺栓、垫铁的布置，设备滑动支座安装应保证伸缩自由度
6	密封检查	法兰面密封结构、形式选用是否与设计要求一致；法兰密封面的水纹线不应有贯穿性的整条划痕
7		密封垫片（金属垫片、石棉垫片、特殊的垫环等）的选用及规格应符合设计、工艺要求，并按要求放置
8		抽查螺栓材质、规格、表面质量；对合金钢设备主螺栓必要时进行表面无损探伤；安装时螺栓数量应配齐、拧紧，不应强力组装，必要时松开连接，检查法兰是否同轴
9	防腐、保温	压力容器防腐应按工艺操作，现场防腐层补伤应符合要求；保温/保冷层的材料、规格应符合要求；保温层外壳搭接应符合要求
10	强度试验	①是否按制订的方案执行，尤其设计文件有现场试验的要求时；②计量仪表应符合《容规》要求；③试验设备是否完好、安全防护措施要到位；④现场检查并确认试验结果，应符合《容规》等要求；⑤审查试验报告的格式及签字手续
11	气密试验	

3）在质量管理方面应采取的控制措施：主要是压力容器安装质量管理资料检查，包括对一些测试项的记录、报告和对安装单位施工过程中质量管理体系运转情况的检查，具体内容见表4-7。

表4-7 压力容器安装质量管理的控制措施

控制项目与环节		质量控制内容与注意事项
1	设备安装	标高偏差、中心线偏差、水平度/铅垂度等指标应合格
2	防腐保温	防腐记录，保温安装记录审查
3	其他记录	静电接地安装记录、系统吹扫记录、相关自动监测及安全联锁装置安装等记录审查
4	竣工资料	审查资料齐全性，内容完整性，签字相关及齐全性，在竣工资料中要注意区分压力容器的出厂编号与使用单位的设备编号
5	质保体系	按《质量管理体系运转情况检查项目表》对施工单位在施工过程中的质量管理体系运转情况进行经常性检查

压力容器安装环节是特种设备安全管理的重要一环，公正的第三方监督检验是安装质量的重要保障。

第5章　压力容器管理、运行及维护保养

5-1　加强压力容器管理的目的是什么？

答：搞好单位在用压力容器的管理，是确保企业安全生产和充分发挥经济效益的重要条件。压力容器是企业生产中广泛使用的有易燃易爆特性、有的还具有毒性的特种设备，为了确保安全运行，必须加强压力容器的统计、建档、安装调试、完好运行、维护保养、状态检测、定期检验、报废更新等各个环节的管理。

压力容器及各类气瓶均属特种设备，特种设备是指对人身和财产生命安全有较大危险性的锅炉、压力容器（含气瓶）、压力管道、电梯、起重机械、场（内）专用机动车辆、客运索道、大型游乐设施。管理总体要求如下：

1）特种设备安全监督管理部门负责全国特种设备（压力容器及各类气瓶等）的安全监察工作，县以上地方负责特种设备安全监督管理的部门对本行政区域内特种设备实施安全监察。

2）特种设备生产、使用单位应当建立健全特种设备安全管理制度和岗位安全责任制度。

3）特种设备生产、使用单位的主要负责人应当对本单位特种设备的安全全面负责。

4）特种设备生产、使用单位和特种设备检验检测机构，应当接受特种设备安全监督管理部门依法进行的特种设备安全监察。

5）特种设备检验检测机构，应当依照规定，进行检验检测工作，对其检验检测结果、鉴定结论承担法律责任。

6）县级以上地方人民政府应当督促、支持特种设备安全监督管理部门依法履行安全监察职责，对特种设备安全监察中存在的重大问题及时予以协调、解决。

7）国家鼓励推行科学的管理方法，采用先进技术，提高特种设备安全性能和管理水平，增强特种设备生产、使用单位防范事故的能力，对取得显著成绩的单位和个人，给予奖励。

8）任何单位和个人对违反规定的行为，有权向特种设备安全监督管理部门和行政监察等有关部门举报。

特种设备安全监督管理部门应当建立特种设备安全监察举报制度，公布举报电话、信箱或者电子邮件地址，受理对特种设备生产、使用和检验检测违法

行为的举报，并及时予以处理。

特种设备安全监督管理部门和行政监察等有关部门应当为举报人保密，并按照国家有关规定给予奖励。

5-2 企业应从哪些方面对压力容器进行日常安全管理?

答：加强企业的压力容器及各类气瓶管理，是确保企业安全生产很重要的一项工作，加强管理工作要从以下几个方面进行。

1）建立和健全压力容器技术档案和登记卡片，并确保其正确性。其内容包括：a. 原始技术资料，如设计计算书、总图、各主要受压元件的强度计算资料；b. 压力容器的制造质量说明书；c. 压力容器的操作工艺条件，如压力、温度及其波动范围，介质及其特性；d. 压力容器的使用情况及使用条件变更记录；e. 压力容器的检查和检修记录，其中包括每次检验的日期、内容及结果，水压试验情况，发现的缺陷及检修情况等。

2）做好压力容器的定期检查工作。首先要拟定检查方案，并提出检查所需的仪器与器材、人员；对检查中发现的问题，应提出处理方法及改进意见等。有些检查涉及危险程度较高的作业，需要请当地特种设备安全监督管理部门进行现场监察或指导具体作业。

3）压力容器的非受压部位检修焊接工作必须由经考试合格的焊工担任。对受压部位检修焊接工作必须由安全监察管理部门现场指导等。

4）建立和健全安全操作规程。为了保证容器的安全合理使用，使用单位要根据生产工艺要求的压力容器技术特性，制定压力容器的安全操作规程。其内容包括：a. 压力容器最高工作压力和温度；b. 开启、停止的操作程序和注意事项；c. 压力容器的正常操作方法；d. 运行中的主要检查项目与部位，异常现象的判断和应急措施。

5）压力容器停用时的检查和维护要求。

每个操作人员必须严格执行安全操作规程，使压力容器在运行中保持压力平衡、温度平稳。严禁压力容器超压超温运行。当压力容器的压力超过规定数值而安全泄压装置又不动作时，应立即采取措施切断介质源。对于用水冷却的压力容器，如水源中断，应立即停车。

6）加强压力容器的状态管理，其内容包括：

① 建立岗位责任制。要求操作人员熟悉本岗位压力容器的技术特性、设备结构、工艺指标、可能发生的事故和应采取的措施。压力容器的操作人员必须经过安全技术学习和岗位操作训练，并经考核合格才能独立进行操作。操作人员还必须熟悉工艺流程和管线上阀门及盲板的位置，防止发生误操作。

② 加强巡回检查。应认真进行对安全阀、压力表及爆破片等安全附件及仪表的巡回检查，在生产过程中，操作人员应严格控制工艺参数，严禁超压超温

运行；加载和卸载的速度不要过快，对高温或低温下运行的压力容器应缓慢加热或缓慢冷却。压力容器在运行中应尽量避免压力和温度的大幅度变动，尽量减少压力容器的开停次数。

5-3　压力容器安全操作规程有哪些？

答：为了保证压力容器安全合理使用，使用单位要根据生产工艺要求和压力容器技术特性，制定压力容器安全操作规程如下。

1）压力容器工作压力和温度。

2）开启、停止的操作程序和有关注意事项。

3）压力容器正常操作方法。

4）运行中主要检查项目与部位；异常现象的判断和应急措施。

5）压力容器停用时的检查和维护要求。

6）每个操作人员必须严格执行安全操作规程，使压力容器运行中保持压力平衡、温度平稳，严禁超压超温运行。当压力超过规定压力时，而安全泄压装置不动作时，应立即采取紧急措施，切断介质源。对用水来冷却的压力容器如水源中断，则应立即停车。

5-4　对新安装的压力容器如何开展安全管理工作？

答：对新安装的压力容器的安全管理必须要从以下项目开始抓起。

1）对新安装的压力容器在办理使用证前，必须履行严格的验收手续，由建设单位负责主持，组织有关部门按设计图样和有关技术要求，对压力容器安装工程进行全面检查验收，包括保温、防腐、静电接地等。验收必须有建设单位压力容器安全技术管理部门负责人和主管人员参加，所提交验收的文件、资料应符合办理使用证的要求。

2）在新安装的压力容器验收中，发现存在设计、制造和安装等方面的问题，仍由原责任单位的责任人员负责全面整改，直至达到要求为止，避免因设计、制造和安装原因而留下安全隐患，从而导致事故的发生。

3）当压力容器运到安装现场时，安装部门应对压力容器进行验收。从事压力容器安装的单位必须取得所在地的省级安全监察机构批准的安装资格。从事压力容器安装监理的监理工程师应具备压力容器专业知识，并通过国家安全监察机构认可的培训和考核，持证上岗。压力容器安装前，安装单位应按照《压力容器安全技术监察规程》规定向所在地的安全监察机构申报，办理报装手续。压力容器安装过程中，工程建设项目负责单位应组织中间质量检查，并做好隐蔽工程部分的检查验收，填写记录备查。

4）新安装压力容器在办证注册登记、领取使用证前，在用压力容器经定期检验办理换证之前，使用单位应填好《压力容器使用登记表》，备齐技术资料（在用压力容器还需携带定期检验报告），并进行技术审查后送安全监察机构办理。图 5-1 为压力容器领（换）证审批书；图 5-2 为压力容器定期检验记录。

压力容器领（换）证审批书

该设备经检验，符合领（换）证条件，请核定发证。

压力容器名称＿＿＿＿＿＿＿＿安全状况等级＿＿＿＿＿＿＿＿

填报人＿＿＿＿＿＿＿＿设备或安技部门负责人＿＿＿＿＿＿＿＿

单位负责人＿＿＿＿＿＿＿＿单位章＿＿年＿＿月＿＿日

主管局章＿＿＿＿＿＿＿＿审查人＿＿年＿＿月＿＿日

图 5-1　压力容器领（换）证审批书

压力容器定期检验记录												
日期	检验内容、结果及处理意见：											填写人
	外部检验	内外部表面检查	壁厚测定	无损探伤	化学成分分析	硬度测定	金相分析	安全附件	耐压试验	气密性试验	安全等级	
注：附检验方案、检验记录（检验单位签章）。												

图 5-2　压力容器定期检验记录

5）压力容器应分别装设安全阀、爆破片、压力表、易熔塞、紧急切断装置、安全联锁装置、液面计、温度计等安全附件，要求其保持齐全、灵敏、可靠。压力容器使用单位应认真核定安全阀的开启压力，由具体主管部门负责定期核对安全阀的整定压力，并不得随意变动。如对安全阀整定压力要进行调整，应提前办理有关手续，并经公司领导批准后才能实施。图 5-3 为压力容器安全装置校验记录。

<table>
<tr><th colspan="14">压力容器安全装置校验记录</th></tr>
<tr><td rowspan="4">校验日期</td><td colspan="3">名　称</td><td colspan="3">名　称</td><td colspan="3">名　称</td><td colspan="3">名　称</td><td rowspan="4">填写人</td></tr>
<tr><td colspan="3"></td><td colspan="3"></td><td colspan="3"></td><td colspan="3"></td></tr>
<tr><td rowspan="2">数量</td><td colspan="2">结　果</td><td rowspan="2">数量</td><td colspan="2">结　果</td><td rowspan="2">数量</td><td colspan="2">结　果</td><td rowspan="2">数量</td><td colspan="2">结　果</td></tr>
<tr><td>合格</td><td>不合格</td><td>合格</td><td>不合格</td><td>合格</td><td>不合格</td><td>合格</td><td>不合格</td></tr>
<tr><td></td><td></td><td></td><td></td><td></td><td></td><td></td><td></td><td></td><td></td><td></td><td></td><td></td><td></td></tr>
<tr><td></td><td></td><td></td><td></td><td></td><td></td><td></td><td></td><td></td><td></td><td></td><td></td><td></td><td></td></tr>
<tr><td></td><td></td><td></td><td></td><td></td><td></td><td></td><td></td><td></td><td></td><td></td><td></td><td></td><td></td></tr>
<tr><td></td><td></td><td></td><td></td><td></td><td></td><td></td><td></td><td></td><td></td><td></td><td></td><td></td><td></td></tr>
<tr><td></td><td></td><td></td><td></td><td></td><td></td><td></td><td></td><td></td><td></td><td></td><td></td><td></td><td></td></tr>
<tr><td></td><td></td><td></td><td></td><td></td><td></td><td></td><td></td><td></td><td></td><td></td><td></td><td></td><td></td></tr>
<tr><td colspan="14">备注：附安全装置校验报告。</td></tr>
</table>

图 5-3　压力容器安全装置校验记录

5-5　当压力容器压力表损坏，应采取哪些防范措施（案例）？

答：［案例 5-1］

某化工有限公司年检时，发现在全公司 521 只在用压力表，有 14 只压力表存在严重缺陷，其中 6 只压力表工作时指针不动；5 只卸压后指针不回到零位；2 只压力表指针越限到限止钉处；1 只压力表指针发现已脱落，在用压力表损坏达 2.7%，严重影响安全运行。

1. 压力表损坏的原因

（1）泵工作性能影响　该公司压力容器种类多，运行参数不一，同时配套有各种泵，主要普遍采用容积式滑片泵。生产运行时液体在出口管道内产生压力脉动，压力表的指针就会忽高忽低，并伴随着回流阀启闭时液力冲击，两个振源频率几乎相当而产生共振现象，对压力表产生破坏作用。

（2）管路布置的影响　通过检查发现部分管路安装不规范，特别在最高点不设置放空阀，部分有放空阀的，其阀门也严重锈死无法开启。

（3）气温影响　由于某种原因使泵的进口处压力，低于液态介质在该温度下的饱和蒸汽压力，运行时产生汽蚀现象，不但能损坏压力表，还造成泵的性能下降。

（4）操作影响　部分新上岗操作人员违反安全操作规程。

2. 防范措施

综上所述，泵出口压力表损坏的根源在于振动，要防范压力表的损坏，必须从减少振动着手。

（1）合理选用泵并规范安装　选用泵时，不但要考虑泵的适应介质，还要考虑泵的扬程能否满足液体输送压力、高度及管路阻力等要求，以及泵的流量能否满足卸液和装液的要求。为了避免泵在工作时发生汽蚀现象，保证泵入口有一定的静压头，泵的安装高度要尽量低于储罐的高度，一般要求储罐液面与泵进口的垂直距离应大于0.6m。

（2）管路要规范安装　请专业的设计单位整体设计，由具有安装资格的、有经验的安装单位安装。严格按照图样要求，合理布局。泵的入口管路长度不应大于5m，且呈水平略有下倾的与泵体连接，以保证入口管有足够的静压头，避免发生气阻和抽空。如入口管路大于5m，应提高储罐高度，用产生的静压力克服管道阻力。在最高点应设置防空阀，使用防空阀要规范操作。

（3）适时调整安全回流阀　回流阀普遍都是露天布置，受温度影响是不可避免的，只要合理安装，精心管理，汽蚀和气阻现象可以降到最低限度。

（4）操作人员必须熟练掌握烃泵安全操作规程和灌装安全操作规程　在夏季，起动泵前要打开放空阀，排除泵出口管道段内的气体，以降低汽蚀现象。若压力表指针晃动剧烈，应缓慢调整手动回流阀，避免安全回流阀频跳引起的液力冲击。

（5）压力表　目前该公司普遍使用的都是一般压力表，其结构简单、价格低廉，抗振性能差。建议采用耐振压力表，并安装缓冲管。耐振压力表可在环境振动和介质脉动场合下正常工作，因为其壳体中充有阻尼液，用以缓解外部的环境振动，接口处设有阻尼器，以确保压力表正常运行。

5-6　如何确保压力容器安全阀密封性能（案例）？

答：［案例5-2］

河北某化工有限公司，由于其公司一台关键的压力容器安全阀密封性能不好，造成有毒介质严重泄漏，使车间内23人操作人员发生严重中毒情况，其中3人经医院抢救无效造成死亡。

（1）安全阀密封性能　安全阀作为压力容器、压力管道的安全附件对设备系统的安全运行有非常重要的作用，安全阀的密封性能是安全阀性能的重要指标。安全阀除超压时必须开启泄压外，其他工作时间应能可靠地达到密封要求，不得出现泄漏现象。在正常工作状态下，安全阀的密封性不好是安全阀结构的一个很严重的缺陷。安全阀泄漏一方面造成工作介质损耗，另一方面有毒、易燃易爆介质的泄漏，还会严重污染环境和危及人员的生命财产。此外，安全阀的泄漏还会加速密封面的破坏与安全阀内件的腐蚀，最终导致安全阀的完全失效。

1）安全阀其密封性能指标一般应满足GB/T 12243—2005《弹簧直接载荷式安全阀》的要求。该标准对安全阀密封性能的规定是当整定压力≤0.3MPa

时，密封试验压力 = 整定压力 − 0.03MPa；当整定压力 > 0.3MPa 时，密封试验压力为 90% 整定压力或最低回座压力（取较小值）。

2）以弹簧式安全阀为例，安全阀的密封是靠弹簧的压力维持的，为建立密封需要一个力使密封面保持全面接触。这个加于密封面上的力叫作比压，保持密封的最小比压取决于密封结构和密封面的材料、质量和宽度。当工作压力升高到一定程度，密封面上的比压减少，密封的可靠性降低，当密封面上的比压低于保证密封的最小比压时，虽然安全阀还未达到开启的条件（工作压力小于外部弹簧力），但安全阀已处于泄漏状态。

3）合格的安全阀产品保证密封的最少比压 p_{min} 是 0.03MPa 或 10% p_z。这意味着实际工作过程中设定的比压应该等于或高于这个规定值，否则安全阀的密封性能就没有了保证。

4）按规程要求，固定式压力容器上只装 1 个安全阀时，安全阀的整定压力 p_z 不应大于压力容器的设计压力 p，且安全阀的密封试验压力 p_t 应大于压力容器的最高工作压力 p_w，即 $p_z \leqslant p$，$p_t > p_w$。

因此，在用安全阀定期校验进行的密封试验应该是最高工作压力下的试验。

（2）具体措施　根据以上分析，为适用于安全阀使用中生产工艺和安全要求的更小的 $p_z - p_w$（最高工作压力 p_w 和安全阀的整定压力 p_z 接近），应该采取措施：

1）安全阀设计、制造采用其他更加有效的密封材料、结构和形式，降低安全阀产品的最小比压。

2）使用点如允许安全阀泄漏，应安装泄漏介质回收和应急保护装置，当压力容器最高工作压力 p_w 和安全阀的整定压力 p_z 接近时，安全阀产生泄漏不可避免，在使用过程中加强监测。

3）安全阀校验修理过程中提高研磨水平，提高安全阀密封性能等级。压力容器安全阀定期校验过程中的密封试验压力应该是压力容器的最高工作压力。

5-7　如何开展压力容器完好设备检查评定？

答： 为了确保压力容器安全可靠，经济合理运行，现介绍有关压力容器完好标准，供企业检查与评比使用，各单位均可根据企业实际情况制定相应的压力容器完好标准。

1）对压力容器的完好程度采用检查评分进行评定，总分达到 85 分及以上即为完好设备。

2）企业压力容器完好台数，必须是按标准逐台检查的结果，根据检查总台数与完好台数相除，可以得到压力容器完好率。

3）进行检查时，对某些项目达不到完好标准要求，必须在现场立即整改并达到标准要求，仍可作为完好标准。

4）对已正式办理降级、降压手续的压力容器，按批准降级、降压的标准进行检查评分。

5）在用压力容器的完好率应该是100%。

表5-1为制氧设备纯化器完好标准；表5-2为制氧设备充氧台完好标准；表5-3为储气罐完好标准；表5-4为分馏塔完好标准。

表5-1 制氧设备纯化器完好标准

项目	内容	考核定分
1	吸附周期达到设计要求，压力、温度正常	25
2	设备、管路、阀门不漏水、不漏气，阀门开闭灵活	25
3	外壳接地良好，温度自动控制装置和压力表齐全，灵敏可靠	25
4	外表整洁，无严重积灰、锈蚀和黄袍	25

表5-2 制氧设备充氧台完好标准

项目	内容	考核定分
1	外表整洁，色标明显，无严重积灰	20
2	管道和阀门严密不漏，阀门开闭灵活，充氧夹具灵活好用，充氧管无扭损现象	20
3	压力表、安全阀齐全准确，灵敏可靠	20
4	防火、防爆、报警联络信号齐全可靠	20
5	试压装置齐全可靠，符合使用要求	20

表5-3 储气罐完好标准

项目	内容	考核定分
1	储气罐、管道和阀门严密不漏，阀门开闭灵活好用	25
2	压力表、安全阀、减压阀齐全，灵敏可靠	30
3	上、下滑轮灵活，报警信号灵敏可靠，容积标记醒目	25
4	外表整洁，色标明显，无严重积灰及锈蚀	20

表5-4 分馏塔完好标准

项目	内容	考核定分
1	质量、产量、运转周期基本达到设计要求	20
2	设备运转正常，各项工艺参数能满足工艺要求	20
3	压力表、温度计、流量计、液位计、安全阀齐全准确、灵敏可靠	20
4	管路、阀门选用及安装合理，使用可靠，绝热材料良好，外壳无结霜，阀门转动灵活，接地装置完好	20
5	外表整洁，零件齐全，无锈蚀，无积灰，无油脂	10
6	设备及管道颜色标志明显	10

5-8　如何确保球罐的安全运行？

答：球罐的安全是由设计、制造、安装、使用四个环节保证的。由于球罐体积庞大，一般是在现场把球片组焊成形的，因此制造厂主要任务是生产符合质量要求的球片，使球片的力学性能和加工精度符合设计要求和工艺要求，以确保球罐质量及安全运行。为此应特别注意以下几个方面。

1）母材性能的保证：a. 钢板复验。主要是进行钢板化学成分、力学性能的复验和超声波检测复验。b. 控制加热温度。一般球罐用料为 Q370R，少量用 Q345R 和 15MnVR。这些材料出厂时都是热轧状态，对制作球片的这些材料要按照正火工艺进行加热和保温，然后热压成形，就能改善板材的综合性能。c. 避免对母材的损伤。应避免球片被磕、碰、划伤和在球片上进行不必要的定位焊，球片的表面机械损伤深度若超过规范或图样要求，应按经评定的正式工艺修补，并进行必要的表面检测。

2）球片曲率及尺寸精度的保证。

5-9　压力容器运行中有什么具体规定？

答：由于压力容器生产运行中有各自的特性，生产工艺流程不同，都会有特定操作程序和方法，一般按开机准备、开启阀门、起动电源，调整工况、正常运行和停机程序等。压力容器运行中具体规定如下。

1）压力容器严禁超温超压运行。由于压力容器允许使用的温度、压力、流量及介质充装等参数是根据工艺设计要求和在保证安全生产的前提下制定的，在设计压力和设计温度范围内操作压力容器可确保运行安全。反之，如果压力容器超载、超温、超压运行，就会造成压力容器的承受能力不足，因而可能导致爆炸事故发生。

压力容器造成超温超压运行原因：a. 压力容器内物料的化学反应引起，是由于加料过量或物料中混有杂质。b. 液化气体的压力容器因装载量过多或意外受高温影响。c. 操作人员误操作引起，未切断压力源误将压力容器出口阀关闭、误开启阀门、减压装置不动作。d. 储装易于发生聚合反应的碳氢化合物的压力容器，因压力容器内部分物料可能发生聚合作用释放热量，使压力容器内气体急剧升温而压力升高。为了预防这类超温、超压现象，应该在物料中加入阻聚剂和防止混入能促进聚合的杂质，同时，压力容器内物料贮存时间不能过长。e. 用于制造高分子聚合的高压釜（聚合釜）有时会因原料或催化剂使用不当或操作失误，使物料发生爆聚（即本来应缓慢聚合的反应在瞬时内快速聚合的全过程）释放大量热能，而冷却装置又无法迅速导热，因而发生超压，酿成严重爆炸事故。因此，对这种压力容器的操作更应认真谨慎，对每批投用的原料和催化剂等从质量到数量都要严格控制，对冷却装置等应经常检查其是否处于良好的工作状态。

2）精心操作，严格遵守压力容器安全操作规程、工艺操作规程。精心操作是积极避免和减少操作中压力容器事故的有效措施，一是制定合理的工艺操作记录卡片，并认真做好记录；二是操作人员严格遵守工艺纪律和安全操作规程。压力容器的部分宏观检查要列入操作人员的巡回检查制度中。

3）压力容器应做到平稳操作。平稳操作主要是指缓慢地进行加载和卸载，以及运行期间保持载荷的相对稳定。压力容器开始加压时，速度不宜过快，尤其要防止压力的突然升高。因为过高的加载速度会降低材料的断裂韧度，可能使存有微小缺陷的压力容器在压力的冲击下，发生脆性断裂。高温压力容器或工作壁温在零摄氏度以下的压力容器，加热或冷却也应缓慢进行，以减小壳体的温度梯度。运行中更应该避免压力容器壁温的突然变化，以免产生较大的温差应力。

4）做好异常情况处理。各个生产工艺过程中使用的压力容器，特别是反应容器，随着压力容器内介质的反应及其他条件的影响，往往会出现异常情况，如停电、停水、停气或发生火灾等，需要操作人员及时进行调节和处理，以保证生产的顺利进行。所以，压力容器操作人员要坚守岗位，注意观察压力容器内介质压力、温度的变化。

5）坚持压力容器运行期间的巡回检查。巡回检查是压力容器动态监测的重要手段，其目的是防止事故隐患。压力容器的操作人员在压力容器运行期间应执行巡回检查制度，经常对压力容器进行检查，以便及时发现操作上或设备上所出现的不正常状态，采取相应的措施进行调整或消除，防止异常情况的扩大和延续，保证压力容器安全运行。检查内容包括工艺条件、设备状况及安全装置等方面。在工艺条件方面，主要检查操作条件，包括操作压力、操作温度、液位（液化气体储罐等压力容器）是否在安全操作规程规定的范围内，压力容器工作介质的化学成分、物料配比及投料数量等，特别是那些影响压力容器安全（如产生腐蚀，使压力升高等）的成分是否符合要求。

操作人员在进行巡回检查时，应随身携带检查工具，如扳手、抹布及其他专用工具，沿着固定的检查路线和检查点，仔细观察阀门、机泵、管线及压力容器各部位，查看机泵运转是否正常，各个连接部位是否有跑、冒、滴、漏现象。巡回检查要定时、定点、定路线。

6）认真填写操作记录。操作记录是生产操作过程中的原始记录，它对保证产品质量、安全生产至关重要。操作人员必须注意观察压力容器内介质压力、温度的变化，同时及时、准确、真实记录压力容器实际运行状况有关参数等。

7）压力容器的紧急停止运行。运行中若压力容器突然发生故障，严重威胁安全时，压力容器操作人员应及时采取紧急措施，停止压力容器运行，并上报车间和厂领导。压力容器停止运行包括泄放压力容器内的气体和其他物料，使压力容器内压力下降，并停止向压力容器内输入气体或其他反应物料。对于系统中连续性生产的压力容器，紧急停止运行时必须做好与其他有关岗位的联系工作。压力容器的停止运行操作虽然简单，但仍应认真操作，若有疏忽也会酿成事故。

8）切实做好换热容器的操作。换热容器是使工作介质在压力容器内进行热量交换，以达到生产工艺过程中所需要的将介质加热或冷却的目的。操作这种压力容器时，应先引进冷流后进热流，所有引进的冷热流速度要缓慢，以防设备内外冷热不均而产生较大的温差应力，造成压力容器变形发生泄漏和损坏。

9）做好新开工、检修或增加新装置开工、停产较长时间开工的压力容器工作，力争能一次成功。

压力容器系统操作可划分为机泵操作、罐区装卸操作、设备工艺操作3大部分，每个部分操作又可划分为若干项单元操作，每项单元操作都有一定的操作规程和操作程序，在开工前要做好具体准备工作：

① 施工用脚手架、临时电线应全部拆除，施工机具全部运离现场，操作台上梯子、平台、栏杆完好，安全装置齐全、灵敏、可靠、照明正常，地沟盖板及下水井盖全部盖好，道路畅通，消防设备齐全完好，地面平整清洁，门窗完整，玻璃明亮，操作及维修用备件齐备，水、电、蒸汽、风、氧气、通风正常等。符合上述条件和要求方可验收并准予开工，否则不得投入运行。

② 操作人员熟悉了解压力容器及装置的开工方案，开工方案应包括：a. 压力容器吹扫及贯通试压工作；b. 单元容器的试运，有衬里的压力容器烘干及新管线脱脂钝化工作；c. 系统置换驱赶空气；d. 拆下盲板；e. 加入工艺介质及物料，建立工艺循环；f. 再次清理可能残留的焊渣、焊条头、铁屑、氧化皮、工具、螺母、螺栓、各种杂物等；g. 进入压力容器系统试运转。

③ 操作人员在操作前应做好以下准备工作：a. 操作人员在上岗操作前，必须按规定着装，带齐操作工具，特别是有些专用的操作工具应随身携带。进入有毒、有害气体的车间或场地时，还要带好防尘、防毒面罩等劳动保护用品；b. 操作人员在上岗操作前，必须按规定认真检查本岗位或本工段的压力容器、机泵及工艺流程中的进出口管线、阀门、电器设备、安全阀、压力表、温度计、液位计等各种设备及仪表附件的完好情况。检查岗位或工段的清洁卫生情况；c. 操作人员在确认压力容器及设备能投入正常运行后，才能进行开工起动系统投入。

10）加强压力容器系统试运行中的检查：

① 压力容器及其系统升温过程中的检查。当升温到规定温度时应停止对压力容器及其管道、阀门、附件等进行恒温热紧。因这些装备检修时都是在冷态下进行的，升温时易发生泄漏，通过热紧以保证压力容器及其设备能适应长周期运行的要求。热紧时对螺栓用力适当，防止螺栓断裂造成事故。

② 备用设备必须经过检查以保证其处于良好状态，准备能随时启用。在试运行中，检修人员应与压力容器操作人员密切配合共同加强巡回检查。

③ 压力容器及其装置进料前要关闭所有的放空阀门，然后按规定的工艺流程，经操作人员、班组长、车间值班领导三级检查后确认无误，才能起动机泵进料。在进料过程中，操作人员要沿工艺流程线路跟随物料进程进行检查，应特别注意泄漏问题，防止物料泄漏或走错流向。

④ 操作人员在操作调整工况阶段，应注意检查阀门的开启度是否合适，此时，压力容器及其装置已开工，但并不等于隐患均暴露充分，操作人员应密切注意运行的细微变化，严格执行工艺操作规程，做到精心、平稳地操作，使压力容器及其系统的运行逐步走向正常化生产。

5-10　压力容器在操作中应注意哪些方面？

答：压力容器在长期运行中，由于压力、温度、介质腐蚀等复杂因素的综合作用，必定会产生异常情况或某部分的缺陷，压力容器操作是在运行中对工艺参数的安全控制，尽量减少或避免出现异常情况或缺陷，工艺参数是指温度、压力、流量、液位及物料配比等。

1）温度安全控制。温度是压力容器及其系统的主要控制参数之一，温度过高可能会导致剧烈反应而使压力突增，造成冲料或压力容器爆炸，或反应物的分解着火等。同时，过高的温度会使压力容器材料的力学性能（如高温强度）减弱，承载能力下降，压力容器变形。温度过低则有可能造成反应速度减慢或停滞，当回复到正常反应温度时，往往会因未反应物料过多而发生剧烈反应引起爆炸，温度过低还会使某些物料冻结，造成管路堵塞或破裂，致使易燃物泄漏而发生火灾和爆炸。为严格控制温度，应从以下几个方面采取措施：

① 防止在反应中换热突然中断。

② 正确选择传热介质，常用的供热载体中有水蒸气、水、矿物油、三联苯、熔盐、柔和熔融金属、烟道气等。正确选择供热载体对加热过程的安全有十分重要的意义，应尽量避免使用与反应物料性质相抵触的物质作为热载体。

③ 加强保温措施。合理的保温对工艺参数的控制、减少波动、稳定生产都有好处，同时也防止高温设备与管道对周围易燃易爆物质构成着火爆炸的威胁，在进行保温时宜选用防漏防渗的金属薄板做外壳，减少外界易燃物质泄漏或渗入保温层中积存而潜在危险隐患。

2）投料全面控制：

① 投料量控制。对于放热反应的装置，投料量与速度不能超过设备的传热能力，否则，物料温度将会急剧升高，引起物料分解、突沸而发生事故。加料温度如果过低，往往造成物料积累过量，温度一旦适宜便会加剧反应，加之热量不能及时导出，温度及压力都会超过正常指标，从而造成事故。

② 投料顺序控制。特别是石油化工行业，其投料顺序是按物料性质、反应机理等进行制定工艺，假如投料顺序颠倒极有可能会发生爆炸。

3）压力及温度波动范围控制：

① 压力、温度的波动范围控制。压力容器在反复变化的载荷作用下可能产生疲劳破坏。疲劳破坏是从压力容器的高应力区域开始的。在压力容器的接管、焊缝、开孔、转角、支撑部位都存在局部峰值应力，工艺上间断的开车操作，会造成压力、温度的大幅度波动。尤其对于有衬里的压力容器，在操作上要更加注意。

② 温度、充装量控制。盛装液化气体的压力容器，应严格规定充装质量，以保证在设计温度下压力容器内部存在气相空间，因为压力容器内的液化气体是气液两相共存并在一定的温度下达到动态平衡，即介质的温度决定其压力，只有充装量严格控制，才能确保最高温度下安全运行。

5-11　压力容器停止运行应如何操作？

答：压力容器停止运行在操作中分为正常停止运行和紧急停止运行两种。

（1）正常停止运行　当压力容器系统需要定期检验、检修、原辅材料供应短缺等情况，整个压力容器系统将按计划进行正常停止运行。

1）制订正常停止运行方案。压力容器的停止运行方案一般应包括以下内容：a. 停工周期（包括停工时间和开工时间），停工操作的程序和步骤；b. 停工过程中控制工艺变化幅度的具体要求；c. 压力容器及设备内剩余物料的处理、置换清洗及必须动火的范围；d. 停工检修的内容及要求、组织措施及有关操作步骤。同时操作人员应熟悉了解正常停止运行方案。

2）停工中应控制降温速度。对于高温下工作的压力容器，由于急剧地降温或温度变化梯度过大时，会使压力容器壳壁产生疲劳现象和较大的收缩应力，严重时会使压力容器产生裂纹、变形、零部件松脱、使压力容器连接部位发生泄漏等现象。

停工操作还要贯彻必须先降温，然后再卸压，特别是对液化气体压力容器来讲，显得更加重要。

3）应清除干净剩余物料。压力容器内的剩余物料多是有毒或剧毒、易燃易爆、腐蚀性等有害介质。若压力容器内物料不清除干净，操作人员无法进入压力容器内部检查和修理。如果是单台压力容器停工，首先就要切断这台压力容器的物料进出口；如果是整个装置停工，就要将整个装置中的物料采用真空法和加压法清除干净，并再用水、蒸汽或惰性气体进行置换，直至化验合格为止。

4）停工阶段应准确执行各种操作。停工阶段的操作不同于正常生产操作，要求更加严格、准确无误。如开关阀门操作动作要缓慢，要观察流通情况，逐步进行，蒸汽介质要先开排凝阀，待排净冷凝水后即关闭排凝阀，再逐步打开蒸汽阀，防止出现水击损坏设备或管道，加热炉停工操作应按停工方案规定的降温曲线进行。

5）对残留物料的排放处理。应采取相应的措施，特别是对可燃物质、有毒物体应要排至安全区域，且一定要妥善安全处理。在停工操作期间，在操作区域应继续执行杜绝一切火源。

（2）紧急停止运行　当压力容器系统其设备发生破裂、超量泄漏、异常变形等，或外界发生突发停电、停水、停汽等，或发生火灾等非正常原因时，均应紧急停止运行。同时，当出现压力容器的操作压力、介质温度或壁温超过工艺安全操作规程所规定的极限值（包括最高温度和最低温度）时，经采取措施仍无法控制，并且有继续恶化的趋势；压力容器系统关键连接管道或阀门等发生破裂，经抢修无效，而且危及整个系统安全运行；安全附件失效，接管端断裂、紧固件损坏，难以保证安全运行；压力容器的信号孔或警告孔泄漏；操作岗位发生火灾或发生情况突变危及安全运行等，也应紧急停止运行，并应采取的相应措施如下。

1）对关键性的压力容器和设备，为防止因突然停电而发生事故，应配置双电源与联锁自控装置。如因线路发生故障，生产车间全部停电时，要及时汇报和联系，查明停电原因。同时应重点检查压力容器及设备的温度、压力的变化，尽量保持物料畅通。如发现因停电而造成冷却系统停机时，要停水时，可根据生产工艺情况进行减量或维持生产；如大面积停水，则应立即停止生产进料，注意温度、压力变化，如超过正常值时，可采取放空降压措施。

2）若需要进行加热的压力容器或管道突然发生停汽，则压力容器或管道的温度会很快下降，造成物料呈液态状流动，物料会因为温度下降凝结而堵塞管道，对此应及时关闭物料连通的阀门，防止物料倒流至蒸汽系统。

3）停风会使所有以气为动力的仪表、阀门都不能动作，故停风时应立即改为手动操作，某些充气防爆电气和仪表也处于不安全状态，必须加强厂房内通风换气，以防止可燃气体进入电器和仪表内部。

4）对可燃物大量泄漏的处理。在生产过程中，当有可燃物大量泄漏时，首先应正确判断泄漏部位，及时报告领导和有关部门，迅速切断泄漏物料来源，在一定区域范围内严格禁止动火及其他火源产生。操作人员应坚守岗位，密切注视压力容器内物料的工艺变化，并采取相应果断措施，防止事故发生。

（3）长期停用　对于长期停用的压力容器同样要加强维护保养工作。因为长期停用的压力容器不仅受到压力容器内残留介质的腐蚀，同时还受到大气腐蚀作用，1 台长期停用保养不到位的压力容器比正常运行的损坏得更快。

长期停用的压力容器由于受到空气中水分作用，很快在内外表面形成一层水膜，由于空气中的氧、其他气体杂质和压力容器内外表面黏附的烟尘风尘等作用，在水膜中形成电解质溶液，从而产生了电化学腐蚀。另一方面，压力容器残留工作介质也对压力容器内器壁产生腐蚀作用，所以压力容器长期停用时腐蚀损坏速度是很快的。

对长期停用的压力容器维护保养措施有：a. 停止运行尤其是长期停用的压力容器，要将其内部介质排除干净；特别对腐蚀性介质，要进行排放，置换和清洗、吹干，特别注意防止压力容器的死角中积存腐蚀介质；b. 保持压力容器内部干燥和洁净，清除内部的污垢和腐蚀产物，修补好防腐层破损处；c. 压力容器外壁涂刷油漆，防止大气腐蚀。还要注意保温层下和支座处的防腐等；d. 如有条件，可用氮气充满压力容器，尤其是对碳素钢内部防腐十分重要的。

5-12　换热压力容器运行中常见故障有哪些？

答：换热压力容器运行中常见故障有法兰泄漏、管道异常振动、胀接部位发生泄漏、管道严重腐蚀等，压力容器常见故障与措施见表5-5。

表5-5　压力容器常见故障与措施

序号	故障部位	故障原因	措施
1	法兰泄漏	法兰泄漏常发生在螺栓紧固部位和旋入处，螺栓随温度上升而伸长，紧固部位发生松动	1）尽量减少连接法兰 2）紧固作业要按工艺执行 3）采用自紧式结构螺栓
2	管道异常振动	1）管道与泵、压缩机共振 2）回转机械产生的力直接脉动冲击 3）侧面进入的高速蒸汽等，对管道的冲击 4）管道振动是由于流速、管壁厚度、折流管板间距、列管排列等综合因素引起的	1）在流体入口处前设缓冲槽防止脉冲 2）折流管板上的管孔径采用紧密配合，不要过大 3）减少折流管板间距，使管道的振幅变小 4）加大管壁厚度和折流管板厚度
3	由于管道胀接形成的泄漏	1）管道振动 2）开停车和紧急停车造成的热冲击 3）定期检修时操作不当而产生的机械冲击	1）重新胀管，检修中对某根管道进行胀管时，要对周围的管道进行再胀管，以免松动 2）对于胀管部位再胀接泄漏的，宜采用焊接装配 3）重新检修调整
4	污垢导致热效率降低	流体中含有固体、悬浮物；冷却水中的 Ca^{++}、Mg^{++} 都会导致严重结垢	1）充分掌握易污部位及污垢程度，定期进行检查、清理 2）当流体很容易形成污垢时必须采用容易检查、拆卸、清理的结构
5	管道的腐蚀、磨耗	1）污垢腐蚀 2）流体为腐蚀性介质 3）管内壁有异物积累，发生局部腐蚀 4）管内流速过大，发生磨损；流速过小，则异物易附着管壁产生电位差而导致腐蚀 5）管端发生磨损	1）定期进行清洗、清理 2）改变管材材质，以提高防腐性能或者在流体中加入防腐蚀剂 3）在流体入口前设置滤网、过滤器等将异物除去 4）使管内流速适当 5）在管入口端插入200mm长的合成树脂等保护管，以减少磨损

5-13 压力容器维护保养有哪些内容？

答：做好压力容器维护保养工作，加强对压力容器的维修，对确保压力容器安全运行和经济运行是一项十分重要且不可缺少的工作。

1. 压力容器维护保养的主要内容

1）压力容器的安全装置（安全阀、压力表、卸压孔及防爆膜）应可靠、灵敏、准确，并定期进行检查与校验。

2）应经常检查压力容器的防腐措施，保证完好，同时要采取措施，防止压力容器和有关连接管道的“跑、冒、滴、漏”。

3）应经常检查压力容器的紧固件和密封状况，要求完整、可靠；减少与消除压力容器的振动。

4）检查压力容器的静电接地情况，保证接地装置完整、良好。

5）停用与封存的压力容器也应定期进行维护和保养。

2. 压力容器的维修

压力容器的维修应符合国家特种设备专业部门制定的规定。维修时，特别要注意以下问题。

（1）吹扫置换　在用压力容器停止运行后，必须按规定的程序和时间执行吹扫置换。要系统全面地对所有管线指定吹扫置换流程表，严格按照吹扫流程逐项吹扫置换。对那些易燃易爆和有毒介质，特别是黏度大、压力容器和管道内壁结垢而结构复杂的压力容器，吹扫的流量、流速和时间要足够大，才能保证吹扫干净。

当用水蒸气吹扫时，压力容器管道内会积存蒸汽冷凝水，故用水蒸气吹扫过后，还须用压缩空气再进行吹扫，进行低点放空、排尽积水。

如果检修时人要进入用氮气置换后的压力容器内工作，则事先需用空气进行吹扫，将氮气驱净，待气体分析含量合格后方可进入。

（2）增设盲板　压力容器与压力容器或压力容器与压缩机之间、泵或其他设备之间，有许多管道互相连通，对一个石油化工联合企业来说，为了保证安全生产，一套停工检修的装置必须用盲板隔绝与之相连的众多管线。不加盲板，只靠阀门是不行的。因为阀门经过长期的介质冲刷、腐蚀、结垢或杂质的积存等因素，很难保证严密，否则一旦有易燃易爆物料从中窜通，遇到施工用火便会引起爆炸燃烧事故；如果窜通有毒或窒息性物料，进入压力容器内工作的人员便会中毒或窒息而死亡。总之，凡是能引起着火、爆炸或对人有伤害的所有物料管线均应以盲板相隔离。

（3）检修施工用火　检修施工用火都要经过批准，并要做到“三不动火”：即没有批准不动火；防火措施不落实不动火；监护人不在现场不动火。用火必须明确规定的地点和时间。因不执行用火规定发生过着火和人员伤亡事故的情况时有发生。因此，必须严格执行用火管理制度。

(4) 压力容器及设备拆卸与封闭　检验、修理及操作人员进到现场，首先遇到的工作就是开启压力容器人孔，拆卸压力容器的人孔盖，管线的法兰、机泵等。拆卸工作中安全作业应予重视，稍有疏忽，就会发生事故，造成人身伤害。在封闭人孔时，由于不认真检查，将安全帽、破布、手套、工具、螺钉等遗留在设备内部，开工后造成设备堵塞。

1）开启塔类设备的人孔时，应坚持按自上而下的顺序依次打开。封闭人孔时则应自下而上地依次封闭。封闭人孔前至少应有 2 人（施工、生产单位各 1 人）共同检查，确认内部无遗留物品时方可封闭。

2）任何压力容器在打开底部人孔或手孔时，均应事先打开低点放空，并要注意因堵塞造成的假象，当确认无问题时，方可打开底部人孔或手孔，开启时不要对着人进行。

3）拆卸泵时，应关闭出入口阀门，打开底部放空阀，在电源开关处挂上警告牌，以防误送电，确认后方可拆泵。

4）管道法兰的拆卸应先放空泄压，尤其是对酸碱等腐蚀性介质的管道。松螺栓后不要全部去掉，防止管道下垂伤人。

5）人孔、法兰等拧螺栓时，应根据操作温度和压力选用垫片。紧固螺栓应对称地进行，使螺栓和垫片受力均匀，方能保证其严密不漏。

(5) 进入压力容器内部作业　当贮存或使用过有害气体或液体的压力容器打开后，不能立即入内工作，应先采样分析氧和有毒、易燃气体含量，待确认分析合格，同时按《在用压力容器检验规程》的要求，做好准备和清理工作。再办理好压力容器内部作业许可证后方可入内，其压力容器外部应设专人监护。

(6) 起重吊装　压力容器系统中，有的压力容器体积大，起重负荷达到近百吨；有的压力容器安装在高处，高度有几十米；检修时一个阀门或一段管道都需要吊装，由于检修现场条件有限，做好起重吊装工作会碰到很多困难，为确保安全检修，起重吊装必须要遵守有关规定。对于高处作业要遵守高处起重吊装规定，每个起重操作工都要具备一定的专业技术知识，经过培训考试合格后才能从事起重吊装工作；对每一项起重设备，都应准确计算起重负荷，并留有适当的安全系数，严禁超负荷起吊。

(7) 高处作业　高处作业主要是保护作业者的安全，防止高处坠落事故的发生，除应为操作人员提供必要的工作条件（如脚手架等）外，最重要的是操作人员在高处作业要遵守高处作业有关规定。

(8) 电气安全

1）对工作介质为易燃易爆特性的压力容器，必须使用防爆灯具。

2）操作人员进入压力容器检修，照明灯具必须使用12～36V电压，以确保安全作业。

3）对操作人员使用手持电动工具，使用时必须有安装触电保护器措施。

(9) 检修质量　对压力容器系统进行检修，操作人员必须严格按工艺要求作业，现场监护必须严格把关，认真验收，确保检修质量。

(10) 其他注意事项

1）不得在压力容器上任意开孔。

2）修理时要制定正确的焊接工艺。

3）检修后要进行必要的检验，并彻底清理。

4）压力容器内部有压力时，不得对主要受压元件进行任何修理或紧固作业。

5）检修完毕，将填写的记录存入档案，表5-6为压力容器修理记录。

表5-6　压力容器修理记录

压力容器修理记录		
日　期	修理原因及结果	填写人
注：附修理方案（修理单位签章）。		

3. 压力容器的修理改造

除前面提到的压力容器修理改造注意的问题以外，还要进行以下处理。

1）有衬里的压力容器，如衬里有裂纹、气孔、夹渣等缺陷，可进行补焊或局部更换衬里。补焊前，应对有缺陷部位打磨再做渗透检测；补焊后还应做渗透检测。对有特殊耐蚀要求的衬里的修理，还应按设计要求进行特殊项目的检验。

2）压力较低的压力容器，局部腐蚀严重可采用挖补或更换筒节、封头，更换的筒节或封头应按现行标准进行制造与检验。

3）压力容器的密封面损坏，可采用打磨及补焊处理，高压容器用的金属密封元件，可采用研磨修理。

4）换热容器管-管板接头的修理。换热容器管-管板焊接接头出现裂纹等缺陷时，或管腐蚀需要换管时，可用铰削或磨去的方法，清除接头的焊缝金属，然后重新焊接。

4. 移动式压力容器在维修中会碰到更换安全附件、重新涂漆等情况，根据

《压力容器安全技术监察规程》规定对移动式压力容器进行维修工作。

5-14　对压力容器应采取哪些防腐措施？

答：由于压力容器内部工作介质对容器内壁材料产生腐蚀作用，在压力容器运行、日常维护、停用期间等，都要采取相应的防腐措施，才能确保压力容器完好运行和完好状况。

1. 对压力容器进行防腐处理

（1）金属防腐层　采用耐介质腐蚀的金属，经喷镀、电镀与被保护的器壁表面金属牢固结合成一体，形成一层金属保护层。使在一定限度的机械压力、热压力作用下不会脱落或剥离。因此在覆盖保护层之前要用喷砂、钢丝刷或砂纸打磨等机械或手工方法，必要时可用酸洗或有机溶剂脱脂。

（2）搪瓷或搪玻璃　当压力容器内介质具有强腐蚀性，必须采用搪瓷或搪玻璃作为内壁衬里。搪瓷衬里广泛用于石化行业、制药行业的反应锅，合成罐等，如耐酸搪瓷衬涂工艺，即先将干净的器壁喷涂一层底釉，然后搪瓷，在适当温度下烘烤、灼烧即可。

（3）橡胶衬　采用含硫20%～30%的硬橡胶作为器壁的衬里，不仅耐腐蚀而且有较高的强度，应用范围也较广泛。

（4）涂漆衬　首先对器壁表面进行除锈和清洗，先涂红丹漆，再涂耐酸耐温清漆或生漆等。

（5）防腐措施　由于压力容器的工作介质不同，其腐蚀性能也不相同，所以防腐措施也不一样。采用合理的防腐措施对压力容器的安全运行、延长压力容器使用寿命是十分重要的。

对有腐蚀性介质的压力容器，必要时通过做挂片试验，以确认其腐蚀的程度，即用与压力容器主体母材相同的材料挂片挂在压力容器内，定期测定其质量损失以确定腐蚀速率，并由此作为制定安全操作规程的依据。

2. 对压力容器防腐层和防腐衬里的维护

1）装入容器内固体物料特别要注意避免刮落或碰伤防腐层。

2）带搅拌器的压力容器应采取措施防止搅拌器叶片与容器器壁意外碰撞，避免损坏防腐层或防腐衬里。

3）内装填料的压力容器，其填料分布应尽量均匀，防止流体介质运动造成偏流磨损。

4）定期检查防腐涂层和衬里的完好情况，并做好详细记录。

5-15　压力容器的破坏形式有哪些？

答：压力容器是工业生产中常用的，又是比较容易发生事故的特种设备。当压力容器发生事故时，不仅本身遭到破坏，而且还危及人身生命及破坏其他设备、房屋。为防止破坏事故的发生，首先必须了解它的破坏机理，掌握它发生破坏的规律，才能采取正确的防止措施和避免事故的办法。

压力容器破坏通常有下面几种形式：延性破坏、脆性破坏、疲劳破坏、蠕变破坏和腐蚀破坏。

（1）压力容器的延性破坏　又称为塑性破坏，是由于材料承受过高压力，以至超过了它的屈服强度和强度极限，因而使它产生较大的塑性变形，最后发生破裂的一种破坏的形式，一般事故大多属于这一类型。

1）由于圆筒形压力容器受力后的周向应力比轴向应力大 1 倍，并且压力容器端部受到封头的约束，所以压力容器的直径容易变大或周向发生较大的残余变形。破坏时，发现压力容器的断口多与轴向平行，呈撕断状态，断口不齐平，将破坏部分拼合时，沿断口线有间隙。压力容器破坏时不产生碎片或者仅有少量的碎块，爆破口的大小视压力容器爆破的膨胀能量而定，特别是液化气体容器，由于液体迅速气化，体积膨胀，促使裂口进一步扩大。

2）压力容器延性破坏主要产生原因如下：a. 盛装液化气体的储罐、气瓶，因充装过量，在温度升高的情况下，液体气化体积迅速膨胀，使压力容器的内压大幅度升高；b. 压力容器的安全装置（安全阀、压力表等）不全、不灵，再加上操作失误，使压力容器压力急剧增高；c. 压力容器内有两种以上能相互起化学反应的气体发生化学爆炸，如用盛装氢气的气瓶充装氧气等；d. 压力容器长期放置不用、维护不良，致使压力容器发生大面积腐蚀、厚度减薄、强度减弱。

3）压力容器发生延性破裂是由于超压而引起的，那么压力容器在试压和使用过程中就应该严禁超压，要严格按照有关规定进行压力试验与操作。同时，也应保证仪器仪表的状况良好与灵敏，按规定安装合适的安全泄压装置，并保证其灵敏可靠，严格防止液化气容器超量装载，加强对压力容器的维护与检查，发现器壁腐蚀、减薄、变形应立即停止使用。

（2）压力容器的脆性破坏　绝大多数脆性破坏发生在材料的屈服强度以下，破坏时没有或有很少的塑性变形，有的压力容器在脆裂后，将碎片拼接起来，测量其周长与原来相比没有明显的变化，破裂的断口齐平并与主应力方向垂直，断面呈晶粒状，在较厚的断面中，还常出现人字形纹路。当介质为气体或液化气体时，压力容器一般都裂成碎块或有碎块飞出，破坏大多数在温度较低的情况下或在进行水压试验时发生，脆性破坏往往在一瞬间发生断裂，并以极快的速度扩展。

主要产生原因及措施：脆性破坏是由材料的低温脆性和缺口效应引起的。为避免压力容器发生这类事故的主要措施是：选择在工作温度下仍具有足够韧性的材料来制造压力容器；其二在制造时，要采取严格的工艺措施，避免降低材料的断裂韧度，防止裂纹的产生；其三采用有效的无损探伤方法，并及时发现和消除裂缝。

同时，也应该看到温度对材料影响也是很大的，低温时压力容器脆性断裂的可能性很大，所以压力容器在温度较低或温度多次发生突变时发生脆性断裂的事例也较多。

(3) 压力容器的疲劳破坏　是材料经过长期的交变载荷后，在比较低的应力状态下，没有明显的塑性变形而突然发生的损坏，疲劳破坏一般是从应力集中的地方开始，即在容易产生峰值应力的开孔、接管、转角及支撑部位处。当材料受到交变应力超过屈服强度时，能逐渐产生微小裂纹，裂纹两端在交变应力作用下不断扩展，最后导致压力容器的破坏，一般不产生脆性破坏那样的脆断碎片。

防止产生疲劳破坏的措施：为防止压力容器产生疲劳破坏这类事故，除在运行中尽量避免不必要的频繁加压、卸压和悬殊的温度变化等不利因素外，更重要的还在于设计压力容器时应采取适当的措施，并应以材料的持久极限作为设计依据，合理选用这些压力容器的许用应力。大多数压力容器的载荷变化次数应有效控制（一般不超过1000次），使造成疲劳破坏可能性尽量减少。

根据疲劳破裂产生的机理及特征，防止疲劳破裂主要在于设计中应尽量减少应力集中，采用合理的结构及制造工艺，选用合适的抗疲劳材料。同时，在使用中也尽量减少不必要的加压、卸压或严格控制压力及温度的波动。

(4) 压力容器的蠕变破坏　压力容器的蠕变破坏是材料在高于一定温度下受到外力作用，即使内部的应力小于屈服强度，也会随时间的增长而缓慢产生塑性的变形，即是蠕变破坏。产生蠕变的材料，其金相组织有明显的变化，如晶粒粗大、珠光体的球化等，有时还会出现蠕变的晶界裂纹，碳钢温度超过300～350℃、低合金钢温度超过300～400℃时就有可能发生蠕变，当压力容器发生蠕变破坏时，具有比较明显的塑性变形，变形量的大小视材料的塑性而定。

蠕变破坏的防止措施如下：

1）设计时要根据压力容器的使用温度，来选用合适的材料。

2）制造中进行焊接及冷加工时，为不影响材料的抗蠕变性能，应采取措施防止材料产生晶间裂纹。

3）运行中必须防止压力容器局部过热。

压力容器蠕变破裂虽较少见，但对高温容器仍不可忽视，特别在选材和结构设计两个方面都需慎重考虑压力容器的蠕变破裂。在制造压力容器时，切不要降低材料抗蠕变性能来凑合迁就。在使用时也应注意避免超温及局部过热。

(5) 压力容器的腐蚀破坏　一般可分为化学腐蚀和电化学腐蚀两大类，从腐蚀的形式上则可分为均匀腐蚀、局部腐蚀（非均匀腐蚀）、晶间腐蚀、应力腐蚀、冲蚀、缝隙腐蚀、氢腐蚀等多种形式。腐蚀把金属壳体的强度削弱到一定程度时，就会造成压力容器腐蚀破坏，以致发生爆炸和火灾事故。

各种腐蚀的原因和形态虽不相同，但都是受腐蚀介质、应力、材料的影响所致，故防止腐蚀的基点在于针对不同介质选用最佳耐蚀材料；在设计、制造过程中设法降低应力水平和应力集中；采取能降低介质腐蚀性的各种措施，使压力容器能够安全运行，确保生产正常进行。

5-16　压力容器有哪些安全附件及仪表？有哪些要求？

答：压力容器用的安全附件有：直接连接在压力容器上的安全阀、爆破片装置、石熔塞、紧急切断装置、安全联锁装置。压力容器仪表有压力、温度、液位等测量仪表。

参照 TSG 21—2016《固定式压力容器安全技术监察规程》，具体如下。

1. 安全附件

（1）通用要求

1）制造安全阀、爆破片装置的单位应当持有相应的特种设备制造许可证。

2）安全阀、爆破片、紧急切断阀等需要型式试验的安全附件，应当经过国家质检总局核准的型式试验机构进行型式试验并且取得型式试验证明文件。

3）安全附件的设计、制造，应当符合相关安全技术规范的规定。

4）安全附件出厂时应当随带产品质量证明文件，并且在产品上装设牢固的金属铭牌。

5）安全附件实行定期检验制度，安全附件的定期检验按照本规程与相关安全技术规范的规定进行。

（2）超压泄放装置的装设要求

1）压力容器应当根据设计要求装设超压泄放装置，压力源来自压力容器外部，并且得到可靠控制时，超压泄放装置可以不直接安装在压力容器上。

2）采用爆破片装置与安全阀组合结构时，应当符合压力容器产品标准的有关规定，凡串联在组合结构中的爆破片在动作时不允许产生碎片。

3）易爆介质或者毒性危害程度为极度、高度或者中度危害介质的压力容器，应当在安全阀或者爆破片的排出口装设导管，将排放介质引至安全地点，并且进行妥善处理，毒性介质不得直接排入大气。

4）压力容器设计压力低于压力源压力时，在通向压力容器进口的管道上应当装设减压阀，如因介质条件减压阀无法保证可靠工作时，可用调节阀代替减压阀，在减压阀或者调节阀的低压侧，应当装设安全阀和压力表。

5）使用单位应当保证压力容器使用前已经按照设计要求装设了超压泄放装置。

（3）超压泄放装置的安装要求

1）超压泄放装置应当安装在压力容器液面以上的气相空间部分，或者安装在与压力容器气相空间相连的管道上；安全阀应铅直安装。

2）压力容器与超压泄放装置之间的连接管和管件的通孔，其截面积不得小于超压泄放装置的进口截面积，其接管应当尽量短而直。

3）压力容器一个连接口上安装两个或者两个以上的超压泄放装置时，则该连接口入口的截面积，应当至少等于这些超压泄放装置的进口截面积总和。

4）超压泄放装置与压力容器之间一般不宜安装截止阀门；为实现安全阀的在线校验，可在安全阀与压力容器之间安装爆破片装置；对于盛装毒性危害程度为极度、高度、中底危害介质，易爆介质，腐蚀、黏性介质或者贵重介质的压力容器，为便于安全阀的清洗与更换，经过使用单位安全管理负责人批准，并且制定可靠的防范措施，方可在超压泄放装置与压力容器之间安装截止阀门，压力容器正常运行期间截止阀门必须保证全开（加铅封或者锁定），截止阀门的结构和通径不得妨碍超压泄放装置的安全泄放。

5）新安全阀应当校验合格后才能安装使用。

（4）安全阀、爆破片

1）安全阀、爆破片的排放能力。安全阀、爆破片的排放能力，应当大于或者等于压力容器的安全泄放量。排放能力和安全泄放量按照相应标准的规定进行计算，必要时还应当进行试验验证。对于充装处于饱和状态或者过热状态的气液混合介质的压力容器，设计爆破片装置时应当计算泄放口径，确保不产生空间爆炸。

2）安全阀的整定压力。安全阀的整定压力一般不大于该压力容器的设计压力。设计图样或者铭牌上标注有最高允许工作压力的，也可以采用最高允许工作压力确定安全阀的整定压力。

3）爆破片的爆破压力。压力容器上装有爆破片装置时，爆破片的设计爆破压力一般大于该容器的设计压力，并且爆破片的最小爆破压力不得小于该容器的工作压力。当设计图样或者铭牌上标注有最高允许工作压力时，爆破片的设计爆破压力不得大于压力容器的最高允许工作压力。

4）安全阀的动作机构。杠杆式安全阀应当有防止重锤自由移动的装置和限制杠杆越出的导架，弹簧式安全阀应当有防止随便拧动调整螺钉的铅封装置，静重式安全阀应当有防止重片飞脱的装置。

5）安全阀的校验单位。安全阀校验单位应当具有与校验工作相适应的校验技术人员、校验装置、仪器和场地，并且建立必要的规章制度。校验人员应当取得安全阀校验人员资格。校验合格后，校验单位应当出具校验报告并且对校验合格的安全阀加装铅封。

带调节圈的全启式安全阀如图 5-4 所示；脉冲式安全阀如图 5-5 所示。

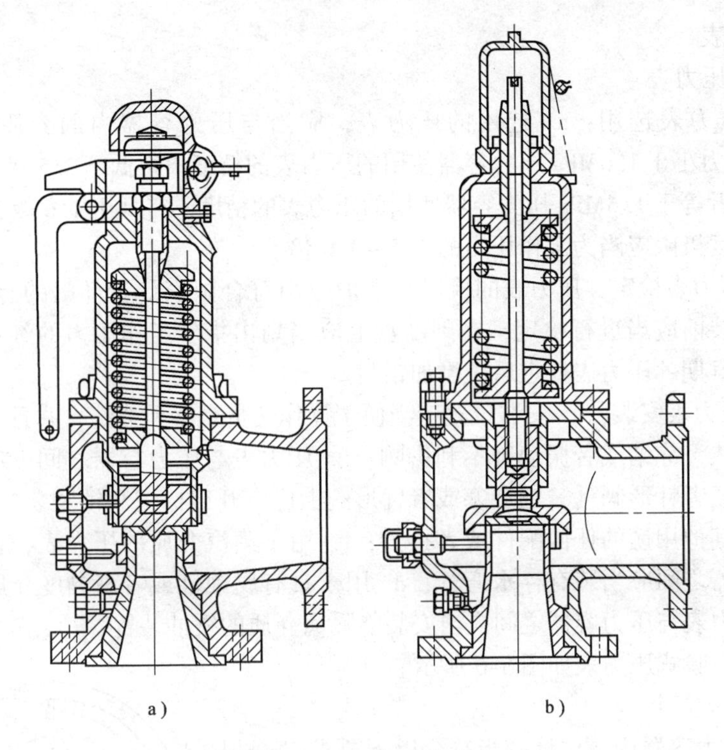

图 5-4　带调节圈的全启式安全阀

a）带上、下调节圈的全启式安全阀　b）带调节圈的简化全启式安全阀

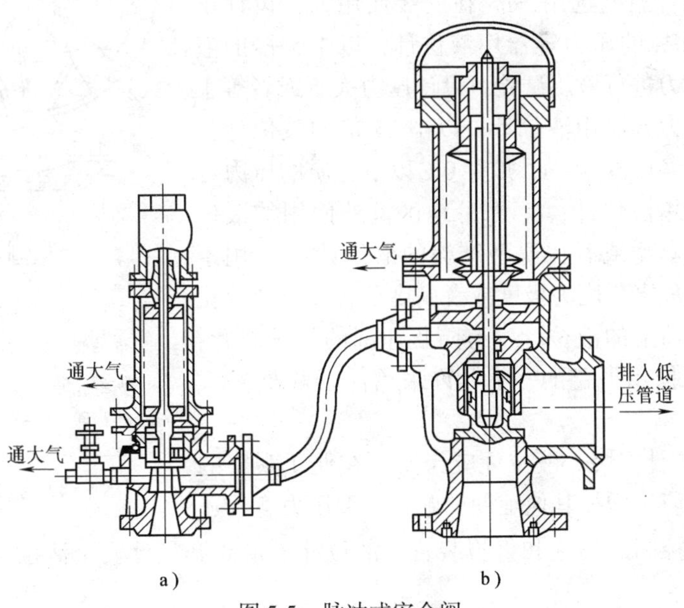

图 5-5　脉冲式安全阀

a）主阀　b）脉冲阀

2. 仪表

(1) 压力表

1) 压力表选用：a. 选用的压力表，应当与压力容器内的介质相适应；b. 设计压力小于1.6MPa压力容器使用的压力表的精度不得低于2.5级，设计压力大于或者等于1.6MPa压力容器使用的压力表的精度不得低于1.6级；c. 压力表表盘刻度极限应当为工作压力的1.5~3.0倍。

2) 压力表检定。压力表的检定和维护应当符合国家计量部门的有关规定，压力表安装前应当进行检定，在刻度盘上应当划出指示工作压力的红线，注明下次检定日期。压力表检定后应当加铅封。

3) 压力表安装：a. 安装位置应当便于操作人员观察和清洗，并且应当避免受到辐射热、冻结或者振动等不利影响；b. 压力表与压力容器之间，应当装设三通旋塞或者针形阀（三通旋塞或者针形阀上应有开启标记和锁紧装置），并且不得连接其他用途的任何配件或者接管；c. 用于蒸汽介质的压力表，在压力表与压力容器之间应当装有存水弯管；d. 用于具有腐蚀性或者高黏度介质的压力表，在压力表与压力容器之间应当安装能隔离介质的缓冲装置。

波纹平膜式压力表如图5-6所示。

(2) 液位计

1) 压力容器用液位计应当符合以下要求：a. 根据压力容器的介质、设计压力（或者最高允许工作压力）和设计温度选用；b. 在安装使用前，设计压力小于10MPa的压力容器用液位计，以1.5倍的液位计公称压力进行液压试验；设计压力大于或者等于10MPa的压力容器用液位计，以1.25倍的液位计公称压力进行液压试验；c. 贮存0℃以下介质的压力容器，选用防霜液位计；d. 寒冷地区室外使用的液位计，选用夹套型或者保温型结构的液位计；e. 用于易爆、毒性危害程度为极度或者高度危害介质及液化气体压力容器上的液位计，有防止泄漏的保护装置；f. 要求液面指示平稳的，不允许采用浮子（标）式液位计。

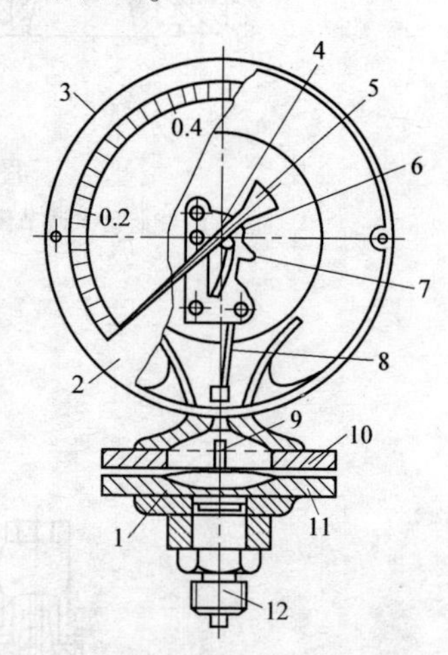

图5-6 波纹平膜式压力表
1—平面薄膜 2—刻度盘 3—表壳 4—游丝 5—指针 6—小齿轮 7—锥齿轮 8—拉杆 9—销柱 10—上法兰 11—下法兰 12—接头

2) 液位计安装。液位计应当安装在便于观察的位置，否则应当增加其他辅助设施。大型压力容器还应当有集中控制的设施和警报装置。液位计上最高和最低安全液位，应当做出明显的标志。

3) 液位计安装使用应符合有关标准和要求。液位计是用来测量液化气体或物料的液位、流量、充装量、投料量等的一种计量仪表，如储罐、球罐、液化气体汽车槽车、铁路槽车等都需装设液位计。压力容器操作人员根据其指示的液位高低来调节或控制充装量，从而保证压力容器内介质的液位始终在正常范围内，避免发生因超装过量而导致的事故或由于投料过量而造成物料反应不平衡的现象。由于液位计失灵，或未按规定安装液位计，或操作人员误操作，导致压力容器空装或投料过量的事故是很多的，液位计又称为液计。

①液位计的形式有：a. 玻璃管式液位计的结构简单，由上阀体、下阀体、玻璃管和放水阀等构件组成；安装维修方便，通常用在工作压力为0.6MPa和介质为非易燃易爆或无毒的压力容器中；用于压力容器上的玻璃管式液位计有定型产品，如玻璃管的公称直径为15mm和25mm；b. 玻璃板式液位计主要由上阀体、下阀体、框盒、平板玻璃等构件组成，具有读数直观、结构简单、价格便宜的优点；由于玻璃板式液位计比玻璃管式液面计耐压高，安全可靠性好，所以凡介质是易燃、剧毒、有毒、压力和温度较高的压力容器，采用板式液位计比较安全可靠；c. 浮球液位计，又称浮球磁力式液位计，其工作原理是当压力容器内液位升降时，以浮球为感受元件，带动连杆机构通过一对齿轮使互为隔绝的一组门形磁钢转动，并带动指针使得刻度盘上指示出压力容器内的充装量，一般安装在各类液化气体汽车槽车和油品汽车槽车；d. 旋转管式液位计主要由旋转管、刻度盘、指针、阀芯等组成，一般用于液化石油气汽车槽车和活动罐上；e. 滑管式液位计主要由套管、带刻度的滑管、阀门和护罩等组成，一般用于液化石油气汽车槽车、火车槽车和地下储罐。测量液位时，将带有刻度的滑管拔出，当有液态液化石油气流出时，即知液位高度。

②压力容器用液位计应符合有关标准的规定，并应符合下列要求：a. 应根据压力容器的介质、最高工作压力和温度正确选用；b. 在安装使用前，低、中压容器用液位计，应进行1.5倍液位计公称压力的液压试验；高压容器的液位计，应进行1.25倍液位计公称压力的液压试验；c. 盛装0℃以下介质的压力容器，应选用防霜液位计；d. 寒冷地区室外使用的液位计，应选用夹套形或保温形结构的液位计；e. 用于易燃、毒性程度为极度、高度危害介质的液化气体压力容器上，应有防止泄漏的保护装置；f. 要求液位指示平稳的，不应采用浮子（标）式液位计；g. 移动式压力容器不得使用玻璃板式液位计。

③液位计应安装在便于观察的位置，如液位计的安装位置不便于观察，则应增加其他辅助设施。大型压力容器还应有集中控制的设施和警报装置。液位计上最高和最低安全液位，应做出明显的标志。

④压力容器运行操作人员，应加强对液位计的维护管理，保持完好和清晰。使用单位应对液位计实行定期检修制度，可根据运行实际情况，规定检修周期，但不应超过压力容器内外部检验周期。

⑤液位计有下列情况之一的，应停止使用并更换：a. 超过检修周期；b. 玻璃板（管）有裂纹、破碎；c. 阀件固死；d. 出现假液位；e. 液位计指示模糊不清。

（3）壁温测试仪表　需要控制壁温的压力容器，应当设测试壁温的测温仪表（或者温度计）。测温仪表应当定期校准。

测温仪表使用应符合有关标准和要求。压力容器在操作运行中，对温度的控制一般都比压力控制更严格，因为温度对工业生产中的大部分反应物料或储运介质的压力升降具有决定性作用，特别是压力容器内的物料或反应物会由于温度的变化而发生质量上的变化。而压力容器温度剧烈变化，造成压力突然升高，可能会引起压力容器爆炸事故发生。

1）温度计的种类有：a. 膨胀式温度计，这是根据对汞、乙醇、甲苯等感温液体具有热胀冷缩的物理特性制成的；感温包中储有感温液体，当感温包插入被测介质中受其温度的作用，感温液体便膨胀或收缩而沿着毛细管上升或下降，在刻度标尺上直接显示温度的变化值；压力容器中常用的是玻璃水银温度计和电接点水银温度计；b. 压力式温度计，适用于对非腐蚀性气体、液体或蒸气的温度进行远距离测量，被测介质压力不超过6MPa，温度不超过400℃；压力式温度计常用于液化气体槽车及球罐上。它的优点是使用方便，能将多处测温点集中指示；c. 热电偶温度计，它利用两种不同金属导体的接点受热产生热电势的原理制成的热电偶温度计。热电偶温度计的优点是灵敏度高、测量范围大，便于远距离测量和自动记录等；缺点是需要补偿导线，安装费用较高；d. 热电阻温度计，它利用金属、半导体的电阻随温度变化的特性而制成的热电阻温度计。通过测量其电阻值，即可得到被测温度的数值。它由测量元件热电阻和电气测量仪表组成。优点是远距离测量和自动记录，既能测高温又能测低温，其测温范围通常为-200~650℃；缺点是维护工作量较热电偶温度计大，有振动场合易损坏。

2）测温仪表的使用：a. 应选择合理的测温点，使测温点的情况具有代表性，并尽可能减少外界因素（如辐射散热等）的影响；其安装位置要便于操作人员观察，并配备防爆照明；b. 温度计应尽量伸入压力容器或紧贴于压力容器器壁上，同时压力容器外露的部分应尽可能短些，确保能测准压力容器内介质的温度；c. 对于压力容器内介质的温度变化剧烈的工况，进行温度测量时应考虑到滞后效应，即温度计的读数来不及反映压力容器内温度变化的真实情况；为此除选择合适的温度计形式外，还应注意安装的要求；如用导热性强的材料做温度计保护套管，在水银温度计套管中注油，在电阻式温度计保护套管中充填金属屑等，以减少传热的阻力；d. 温度计应安装在便于工作、不受碰撞、振动较小的地点，安装内标式玻璃温度计时，应有金属保护套，保护套的连接要求应符合规定；e. 需要控制壁温的压力容器，必须装设测试壁温的测温仪表(或温度计)，严防超温。

3. 紧急切断装置的使用

紧急切断装置通常装设在液化石油气储罐或液化气汽车槽车、火车槽车的出口管道上，当管道及其附件破裂、误操作或压力容器附近发生火灾事故时，为了防止事故蔓延和扩大，需立即紧急关闭阀门，以迅速切断气源，杜绝事故的继续发生，此时紧急切断装置，应立即投入发挥作用，避免事故发生。

（1）紧急切断装置　又称为紧急切断阀。紧急切断阀按其切断方式分为液压式、气压式、电动式和手动式4种类型。液压式紧急切断阀是利用液压泵将油压送到紧急切断阀的上部液压缸中，把液压缸中的活塞压下，通过活塞杆带动阀芯下降而开启阀门，液化石油气通过紧急切断阀流出。当发生事故需要紧急切断时，即把液压缸中的油放出。活塞在弹簧作用后向上移动，从而带动阀芯向上关闭阀门，达到紧急切断的目的。同时，紧急切断阀的上部还装有易熔合金塞，发生火灾时由于温度急剧升高，易熔合金迅速熔化，使液压缸中的油漏出而关闭阀门；气压式紧急切断阀则是利用压缩空气压入阀内，使阀开启，事故发生时放掉压缩空气使阀门自行关闭；电动式紧急切断阀通电时，由于电磁阀吸引使阀门开启，断电时阀门即自行关闭。所有紧急切断阀的切断物料的时间，应在规定时间内完成。

（2）紧急切断阀分类　按安装方式可分为内装式和外装式两种。内装式紧急切断阀主要由阀盖、液压缸、O形密封圈组成，通常安装在储罐上。外装式紧急切断阀由阀座、阀瓣、弹簧、液压缸、活塞、外壳等部件组成，安装于接管上。液化气体槽车专用的紧急切断阀由阀体、凸轮、液压缸、弹簧等部件组成，安装时应根据槽车的特点，做成135°角接式，并带有过流关闭装置。

5-17　如何开展安全阀维修工作（案例）？

答：压力容器使用安全附件种类多，型号规格复杂，所以加强对安全附件维修工作是十分重要的，现将使用弹簧式安全阀作为案例详细介绍，对安全附件的维修必须按规定的修理工艺和标准执行。

弹簧式安全阀被广泛地使用在锅炉、压力容器、受压设备和管道上。作为设备的超压保护装置，它的性能状态好坏直接关系到人身、设备、财产的安全。所以在TSG ZF001—2006《安全阀安全技术监察规程》中对安全阀的材质、设计、制造、检验、安装、使用和维修等各个环节都做了详细的规定和要求。这对涉及安全阀的各项工作都有着非常重要的意义，在实际工作中必须严格遵守和执行。

在用的安全阀校验维修工作也是其中一个非常重要的环节。安全阀出现的问题约80%是因锅炉的水质不好、炉中汽质不好、安全阀质量较差和管理不当而造成的，其表现为起跳后回座不严、阀杆尖与下承压点锈死（蚀）、弹簧锈蚀、阀座与阀瓣密封面锈蚀等，有的接近了报废的程度。

[案例 5-3]

对 A48Y（H）-16、A47Y（H）-16 型弹簧式安全阀，阀瓣是硬质合金，阀座与阀瓣密封面材料都是铜合金。安全阀维修工作步骤如下：

1. 安全阀外观检查

1）检查外观是否有裂纹、砂眼、机械划伤、严重锈蚀、特别是法兰处要仔细检查（有的用气焊割螺杆，使法兰受伤）。

2）检查阀帽及固定螺杆、手把、双插、小轴等是否完好。

3）检查安全阀的积灰、腐蚀等情况。

2. 安全阀拆卸

1）对校后封闭不严的安全阀，要按顺序拆卸各部件，并妥善保管，不能与其他阀件混放。

2）对相对固定位置的部件要打好对应位置的记号。记清它们的位置，为组装提供方便。

3）取下小轴，抽出双插，拧松螺杆，依次取下阀帽、阀盖、定位套、反冲盘、阀瓣等。

4）对导向套和反冲盘及导向轴锈住不动的，可采用胎具打击法、螺栓松动剂法等进行拆卸。

3. 内部检查

1）辨清弹簧是否有块状锈蚀和点状腐蚀，检查阀杆是否腐蚀和变形，阀杆在调整螺杆孔内是否升降灵活。

2）检查导向套内是否锈蚀，检查阀瓣（或导向轴）在导向套内是否活动自如，有无卡阻。

3）测试一下阀座密封面和下调节圈的高度，以备在研磨时做参考。

4）安全阀的阀瓣是阀的最关键部位，所以对拆卸后的阀座和阀瓣的两个密封面要认真检查。除肉眼观察外再用 8 倍的放大镜配微型聚光小手电进行观察。找准两个密封面哪个问题比较严重，以便研磨。同时判定密封面是浮锈、厚锈、锈垢、垫伤、擦伤、划痕、大面积腐蚀及深度，然后再确认是判废还是按具体情况确定研磨的方式、方法。

4. 安全阀研磨

对安全阀阀瓣、阀座研磨，主要是平面研磨。

（1）研磨剂研磨注意事项

1）在更换研磨剂时一定要擦拭干净再涂新的研磨剂，防止粗研磨剂掺到细研磨剂内，研而不平，产生划痕。

2）在研磨时研磨剂不要太干，研磨时要勤看、勤换研磨剂，千万不要让研磨剂磨干。

3）研磨结束最后擦拭密封面时，一定要把两研磨面内外的研磨剂擦净。特别是密封面和下调节圈之间不好擦的地方。否则会因校阀起跳气流将未擦净的研磨剂带进密封面产生不严，进而再拆卸1次。

4）研磨剂用多少就稀释多少，用后妥善保管，防止研磨剂变干或异物进入而影响研磨质量。

（2）研磨时应注意事项

1）研磨时要注意阀座密封面上堆焊硬质合金的厚度，防止磨去量过大失去硬度没有了抗冲击性。

2）阀座和阀瓣的密封面千万不要磨偏。一旦磨偏因受导向套的限制，两者很难再相对吻合，要想找平极为困难，会影响密封性。

3）当阀座和阀瓣两密封面磨去量较大时，要注意调节圈和冲盘的高度，以免两面磨去量大时，调节圈和反冲盘接触了，而密封面反倒接触不上了，还得再次调节调节圈。

4）研磨前要把调节圈和阀座密封面之间锈渣清理干净，以免进入磨面产生划痕。

5）如果阀座和阀瓣的密封面需要车削加工时，一定采取相应手段使被加工面达到原来的水平（车削时不要卡偏），否则因导向套间隙的限制会造成封而不严。

（3）机械研磨阀座密封面注意事项

1）把清理干净要研磨的阀座固定到研磨机转盘上（转盘上有螺孔和压板），固定时要尽量找好中心和水平（紧固时易偏斜不平）。

2）在研磨机靠转盘一侧，再固定一个400mm高的可转动的方形立柱。其立柱上端有一个可伸缩长400mm，直径ϕ15mm的元钢的摆臂。摆臂一端固定在有顶丝的方形立柱轴套里，另一端顶端做一个专用夹磨棒的半圆弧夹子，夹子和摆臂用大孔螺栓进行连接固定（夹子内黏薄胶防滑），让夹子既能夹住磨棒又能在阀座转动时，自找中心，自找水平。

3）把选择好磨棒的M10螺栓套上和阀座密封面一样直径磨垫、磨片及定位的磨垫再紧固好螺母，然后夹在研磨机的夹子上，调整好中心、找好高度，开动设备进行研磨。

4）研磨时要观察夹子的中心和摆动情况，必要时重新调整夹子再紧固。

5）研磨的力度和时间要根据磨片的目数及密封面的腐蚀程度来决定加力或靠磨棒的自重来进行研磨。

6）抛光时可用手工进行，效果更好。

5. 安全阀装配

1）按要求把应擦的零件都擦拭干净，按着顺序，按着拆前的记号和相对位置进行组装。

2）装配阀瓣和阀座两密封面时，要把两面擦拭干净，将阀瓣轻轻地放在阀座的密封面上不能让它们对动，同时在阀瓣背上的导向轴内和阀杆尖的接触点上滴两滴全损耗系统用油。

3）在确认导向套的定位套完全进入阀体内的止口内，确认弹簧上下座都进入了簧内，再把阀盖放在阀体上，然后进行对角交叉拧紧螺母（杆）。

4）把调节圈的固定螺栓拧好，防止对调节圈产生侧压力。

5）装配时要在阀的导向轴与阀杆尖接触处滴两滴全损耗系统用油。防止在整定时，安全阀调整螺杆在转动时带动阀杆连动阀瓣，使密封面产生摩擦造成划痕而影响密封（最好从高压往低压调）。

6. 安全阀校验

1）安全阀校验必须按 TSG ZF001—2006《安全阀安全技术监察规程》执行，调整整定压力的数值。

2）安全阀整定压力时，升压速度不高于 0.01MPa/s，整定压力小于等于 0.5MPa 时，整定压力误差为 ±0.015MPa，大于等于 0.5MPa 时允许误差为 ±3%（标准规定）。

3）校验时要做到目视、听音等进行密封检查。必要时进行封口气泡检查。整定压力试验，要求不少于 3 次均达到要求为合格。

4）检验合格后，紧固锁紧螺母等。然后用钢号冲在标牌的各栏上打上该阀的各种数据再进行铅封。

5）把校好铅封后的安全阀用胶带将手把和阀体缠在一起，防止在安装时有人提升手把使阀瓣开启进去异物而产生密封不严。安装后再将胶带剪开。

6）校验后的记录、报告书均按要求填写。

7）安全阀校验工作应由经批准和已取得相关证件的校验单位进行。在用压力容器安全阀校验（在线校验）和压力调整时，使用单位主管压力容器安全的技术人员和具有相应资格的校验人员应到场确认。

5-18　压力容器的安全泄放量是如何计算的？

答：压力容器的安全泄放量可以按下列 3 种情况进行计算确定。

1）压缩气体或水蒸气压力容器的安全泄放量按下式计算：

$$W_S = 2.83 \times 10^{-3} \rho v d^2$$

式中：W_S 为压力容器的安全泄放量（kg/h）；d 为压力容器进口管的内径（mm）；v 为压力容器进口管内气体的流速（m/s）；ρ 为气体密度（kg/m^3）。

2）液化气体压力容器的安全泄放量按下列要求计算。

①介质为易燃液化气或位于有可能发生火灾环境下工作的非易燃液化气。

a. 无绝热材料保温层的压力容器的安全泄放量计算：

$$W_S = \frac{2.55 \times 10^5 F A_r^{0.82}}{q} \tag{5-1}$$

b. 有完善的绝热材料保温层的液化气体压力容器的安全泄放量计算：

$$W_S = \frac{2.61 \times (650 - t) \lambda A_r^{0.82}}{\delta q} \tag{5-2}$$

式中：W_S 为压力容器安全泄放量（kg/h）；q 为在泄放压力下液化气体的气化潜热（kJ/kg）；F 为系数，压力容器装在地面以下，用沙土覆盖时，取 $F=0.3$；压力容器在地面上时，取 $F=1$；当设置大于10L/(m^2·min) 的喷淋装置时，取 $F=0.6$；λ 为常温下绝热材料的热导率（[kJ/（m·h·℃)]）；δ 为保温层厚度(m)；t 为泄放压力下的饱和温度（℃）；A_r 为压力容器受热面积（m^2）。半球形封头的卧式压力容器，$A_r=\pi D_0 L$；椭圆形封头的卧式压力容器，$A_r=\pi D_0(L+0.3D_0)$；立式压力容器，$A_r=\pi D_0 L'$；球形压力容器，A_r 为$\frac{1}{2}\pi D_0^2$ 或从地平面起到7.5m 高以下所包括的外表面积，取两者中较大的值；D_0 为压力容器外径（m）；L 为压力容器总长（m）；L'为压力容器内最高液位（m）。

②介质为非易燃液化气体的压力容器，置于无火灾危险的环境下工作时，安全泄放量可根据有无保温层，分别参照式（5-1）、式（5-2）的计算结果确定，其值不低于计算值的30%。

3）由于化学反应使气体体积增大的压力容器，其安全泄放量，应根据压力容器内化学反应所需时间或压力上升速度来确定。

5-19　压力容器防爆装置应用范围是什么？

答：

1. 压力容器防爆装置应用范围

1）压力容器内的介质易于结晶、聚合或带有较多的黏性物质，容易堵塞安全阀，使安全阀的阀芯和阀座黏住。

2）压力容器内的压力由于化学反应或其他原因迅猛上升，安全阀难及时排除过高的压力。

3）压力容器内介质为剧毒或有其他方面的因素，使安全阀难以达到防爆的要求。

爆破片厚度一般应由试验来确定，也可先按理论公式进行初步计算，然后做爆破压力试验。

2. 压力容器爆破片排放面积

可按气体、液体、饱和蒸汽3 种情况进行计算。

(1) 气体

临界条件：$\frac{p_0}{p_B} \leqslant \left(\frac{2}{k+1}\right)^{\frac{k}{k-1}}$　　(5-3)

$$A \geqslant \frac{W_S}{7.6 \times 10^{-2} CKp_B \sqrt{\frac{M}{ZT}}} \tag{5-4}$$

亚临界条件：$\frac{p_0}{p_B} > \left(\frac{2}{k+1}\right)^{\frac{k}{k-1}}$ (5-5)

$$A \geqslant \frac{W_S}{55.84Kp_B \sqrt{\frac{k}{k-1}\left[\left(\frac{p_0}{p_B}\right)^{\frac{2}{k}} - \left(\frac{p_0}{p_B}\right)^{\frac{k+1}{k}}\right]} \sqrt{\frac{M}{ZT}}} \tag{5-6}$$

式中：W_S 为压力容器的安全泄放量（kg/h）；A 为爆破片的排放面积（mm^2）；p_B 为爆破片设计爆破压力（绝压）（MPa）；p_0 为泄放侧压力（MPa）；K 为排放系数，与爆破片装置入口管道形状有关；C 为同前。

有关 K 值选用如图 5-7 所示。

(2) 液体

$$A \geqslant \frac{W_S}{5.1K\sqrt{\rho \Delta p}} \tag{5-7}$$

式中：K 为 $K = 0.62$；Δp 为 $\Delta p = p_B - p_0$（MPa）；ρ 为液体密度（kg/m^3）；

其他符号含义同式（5-6）。

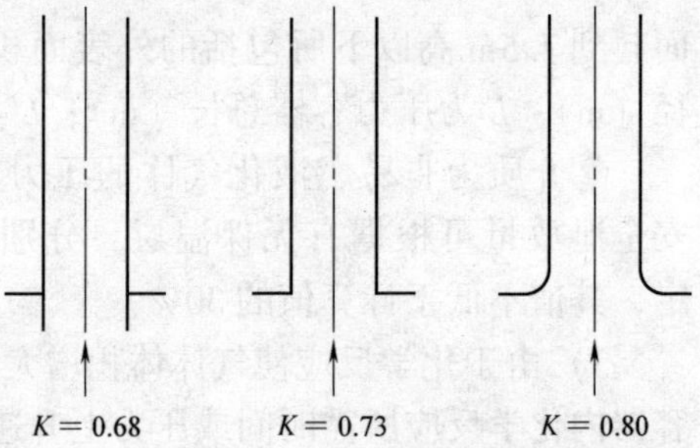

$K = 0.68$　$K = 0.73$　$K = 0.80$

图 5-7　K 值选用图形

(3) 饱和蒸汽　饱和蒸汽中蒸汽含量不小于 98%，最大过热度为 10℃。

当 $p_B \leqslant 10\text{MPa}$ 时

$$A \geqslant \frac{W_S}{5.25Kp_B} \tag{5-8}$$

式中，符号含义同式（5-6）。

当 $10\text{MPa} < p_B \leqslant 22\text{MPa}$ 时

$$A \geqslant \frac{W_S}{5.25Kp_B}\left(\frac{229.2p_B - 7315}{190.6p_B - 6895}\right) \tag{5-9}$$

式中，符号含义同式（5-6）。

(4) 爆破片厚度　由具有爆破片装置制造许可证的单位负责计算确定。

5-20　低温液体贮槽应采取什么措施才能达到安全使用要求（案例）？

答：［案例 5-4］

低温液体贮槽是一种专门用于贮存和供应低温液化气体（如液氮、液氧、液氩、液体二氧化碳等）的夹套式真空粉末绝热压力容器。

1. 低温液体危险特性

1）低温液体在101.3kPa压力下的沸点：液氮为-196℃，液氧为-183℃，液氩为-186℃。当与人体接触时，会对皮肤、眼睛引起严重冻伤。

2）低温液体接受周围环境高热或大量泄漏吸收周围能量，其体积会因迅速气化而膨胀。在0℃和101.3kPa压力下，1L低温液体汽化后的气体体积：氮为674L，氧为800L，氩为780L。

3）在低温液体贮槽周围环境中，低温液体泄漏汽化后易形成富气区域。若氮、氩、二氧化碳浓度较大时，极易引起窒息伤害。另外，氧浓度较大时，也会发生富氧伤害。

4）氧是一种强助燃剂，具有极强氧化性。液氧与可燃物接近，遇明火极易引起燃烧；与可燃物接触，因振动、撞击等易产生爆震。

2. 低温液体贮槽安全使用措施

低温液体贮槽的主要功能是充装、贮存低温液体。

1）低温液体贮槽作业人员，应详细了解设备及其管阀系统结构特点，熟悉掌握低温液体危险特性，严格掌控周围环境状况，按低温液体贮槽安全操作程序进行作业。

2）贮存低温液体时，充装率不得大于0.95，严禁过量充装。低温液体贮槽投入使用前，应确保容器密闭状况良好，各种附件（包括阀门、仪表、安全装置）齐全有效、灵敏可靠，管路材质选用适当，系统内部干燥且无油污。

3）在低温液体贮槽正常使用过程中，应有专人负责巡回检查。检查内容器压力不得超过贮槽的最高工作压力。

4）定期检查低温液体贮槽夹套内的真空度，若真空度恶化，应采取补抽真空措施。

5）低温液体贮槽属于国家强制安全监察的特种设备，被列入第三类压力容器，应按国家有关技术规范实施定期检验。贮槽安全附件也应定期进行检查，一般压力表、液位计、安全阀、爆破片装置等每年至少校验或更换一次。

5-21　如何建立液化石油气储罐防超温控制系统（案例）？

答：［案例5-5］

中小型液化石油气站的贮存设备一般采用卧式储罐。卧式储罐的设计容积一般为50～100m³，设计压力1.77MPa，设计温度50℃。GB 11174—2011《液化石油气》规定，液化石油气站（储配站）内储罐要设有夏季淋水或其他降温隔热措施，储罐壁温要求不超过50℃。实践中，液化石油气卧式储罐一般采用人工喷淋降温系统。这种人工喷淋降温系统，需要人工观测储罐温度，要求操作人员有较强的责任心，劳动强度很大。

1. 确定方案

液化石油气罐内液化石油气的温度，决定了储罐所承受的压力。当储罐液化石油气的温度达到50℃时，储罐内的压力将达到1.77MPa，而这样高的压力将引起储罐过度变形，甚至发生爆裂，所以储罐的壁温不应超过50℃，当将达到50℃时应立即启动喷淋降温系统进行淋水降温。

2. 防止超温控制系统

1）采用单回路温度控制系统对储罐壁温进行调控。储罐壁温单回路温度控制系统方框图如图5-8所示，具体控制过程为：由温度检测元件对储罐壁温进行检测，检测信号送至调节器，当储罐壁温达到50℃时，调节器起动水泵（执行器）抽水喷淋，储罐壁温逐渐降至50℃以下后，水泵停止工作，依此循环。

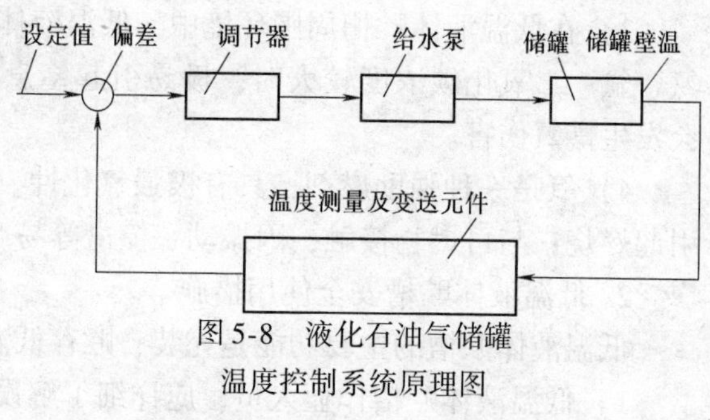

图5-8 液化石油气储罐温度控制系统原理图

2）实际采用的是单回路温度控制系统和单回路温度超标报警系统，并列的控制系统如图5-9所示。图中所示为在罐区内安装的情况，两套系统分别接在不同的储罐上，如为单只储罐，两套系统可接在同只储罐上。防超温控制系统特点：一是当温度超标自动启动喷淋系统立即喷淋，同时进行发出报警信号，使值班人员立即采取紧急措施；二是起到故障连锁双重保护作用。

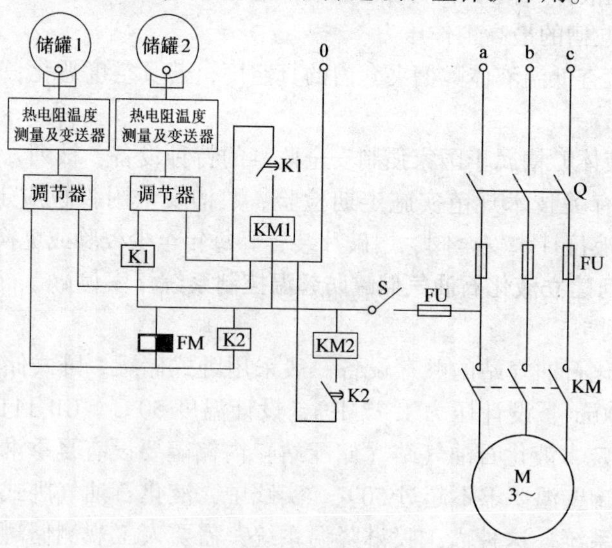

图5-9 液化石油气储罐温度控制系统线路图

K1、K2—继电器 KM1、KM2、KM—接触器

S、Q—开关 FM—蜂鸣器 FU—熔断器

3）系统元器件选用：a. 温度测量元件的测温范围为 -50 ~ 100℃，具体选用铜热电阻与温度变送器一体化元件 WZCB-141G 型，分度号 Cu50，热响应时间 <24s，隔爆等级 iaIICT6，输出 4 ~ 20mA；b. 选用 PID 调节器，具体为 XM-806T 型号；c. 选用 JSM8 型延时继电器。

5-22　如何修复高压油加氢装置换热器 Ω 环泄漏缺陷（案例）？

答：［案例 5-6］

某石化公司 5 万 t/a 高压油加氢装置两台高压换热器 E-503A、E-503B，换热器的材质：壳体 16MnR，管束 10#，管板 Q345 钢锻件，管箱 16MnR，Ω 环 0Cr18Ni10Ti，管程设计压力 19.5MPa，壳体设计压力 1.78MPa，管程温度 370℃，壳体温度 320℃。其中 E-503B 换热器在停车过程中开始从管板与 Ω 环之间的 90°（管箱方向看过去）处出现油泄漏，漫延至最低处开始滴油。

（1）泄漏原因　从现场观察情况分析，在 Ω 环对接环缝上没有泄漏，而在管板与 Ω 环之间产生油泄漏，其泄漏原因是管板与 Ω 环的焊缝处存在贯穿性气孔。在高温高压连续生产运行后，使油从缺陷处泄漏，如图 5-10 所示。

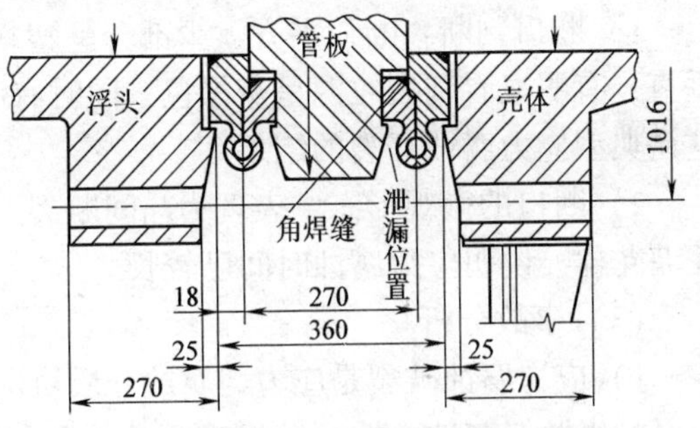

图 5-10　换热器 Ω 环泄漏和安装示意图

（2）修复工序

1）使用小电动砂轮机切开壳程侧 Ω 环上的对接焊缝。

2）在换热器 E-503B 的管箱、管板、壳程做好方向标记线（画一条线）。

3）对管板壳程侧上 Ω 环角焊缝进行碱液清洗、丙酮清洗；PT 无损检测检查缺陷，发现气孔后用砂轮打磨清理缺陷，PT 无损检测检查（缺陷是否清理干净）。

4）Ω 环与管板角焊缝焊接工艺参数（TIG 焊）。焊丝：H347L；规格：ϕ1.2mm；保护气体：氩气，其纯度：99.99%；焊前清理：丙酮清洗焊接区域；电流：80 ~ 120A；电压：15 ~ 17V；焊速：≥90mm/min；Ar 流量：8 ~ 12L/min；层间温度：5 ~ 100℃。

5）打磨切割开来的两个半 Ω 环的对接焊缝坡口，角度 35° ±5°。

6）PT 无损检测检查坡口。

7）重新装配。按方向标记将管束、管箱安装回位；在回装时，将水溶纸粘贴在 Ω 环上的对接焊缝底部（做 TIG 焊背面保护用）；先对称均布装 12 件 M64 的螺栓（间隔开），并拧紧；Ω 环对接打底焊接后 PT 无损检测检查合格，焊接剩余焊道成形后再安装剩余的 M64 螺栓，并全部拧紧。

8）Ω 环对接焊缝焊接工艺参数：TIG 焊（注：对接打底焊接后 PT 无损检

测检查焊道)。焊丝：H347L；规格：ϕ1.2mm；保护气体：氩气，其纯度：99.99%；焊前清理：丙酮清洗焊接区域；电流：80~120A；电压：15~17V；焊速：≥90mm/min；Ar 流量：8~12L/min；层间温度：5~100℃。

9）PT 无损检测检查 Ω 环对接焊缝表面。

10）压力试验：按设计要求进行水压试验。

5-23 压力容器应力腐蚀破裂事故如何分析（案例）?

答：［案例 5-7］

（1）事故概况 2007 年 9 月某石化有限公司在用压力容器材质为奥氏体不锈钢，压力容器内为高温高压氯溶液，由于应力腐蚀破裂造成高温高压介质外泄，使现场员工 3 人死亡，12 人重伤（工业性中毒）。

（2）事故调查

1）断口判断：断口平齐，少部分呈塑料撕裂痕迹，破裂方向与主应力方向垂直，有明显看到裂纹源呈灰黑色，同时有明显裂纹扩展区，其断口呈人字纹，这是典型应力腐蚀开裂的结果。

2）断口的微观形态，表现为晶间断裂形态，晶间上有撕裂脊，呈现干裂的泥塘花样，说明应力腐蚀时间已较长。

（3）事故分析

1）应力腐蚀破裂是应力与腐蚀介质协同作用下引起的金属断裂现象。金属材料的腐蚀有多种，按腐蚀机理可分为化学腐蚀和电化学腐蚀；按腐蚀部位和破坏现象，可分为均匀腐蚀、点腐蚀、晶间腐蚀、应力腐蚀、腐蚀疲劳等。在锅炉压力容器的腐蚀中，应力腐蚀及其造成的破裂是最常见、危害最大的一种。

2）金属构件在应力和特定的腐蚀性介质共同作用下，被腐蚀并导致脆性破裂的现象，叫作应力腐蚀破裂。金属构件的应力腐蚀，一般要具备两个条件：一是金属与环境介质的特殊组合，即某一种金属只有在某一类介质中，并且还必须在某些特定的条件下，如温度、压力、湿度、浓度等，才有可能产生应力腐蚀。二是承受拉伸应力，包括构件在运行过程中产生的拉伸应力和制造加工过程中所留下的残余应力、焊接应力、冷加工变形应力等。

3）产生应力腐蚀的环境总是存在特定腐蚀介质，这种腐蚀介质一般都很弱，每种材料只对某些介质敏感，而这种介质对其他材料可能没有明显作用，如黄铜在氨气氛中，不锈钢在具有氯离子的腐蚀介质中容易发生应力腐蚀，但反过来不锈钢对氨气，黄铜对氯离子就不敏感。常用工业材料容易产生应力腐蚀的介质见表 5-7，一般只有合金才产生应力腐蚀，纯金属不会产生这种现象。合金也只有在拉伸应力与特定腐蚀介质联合作用下才会产生应力。应力腐蚀是一个电化学腐蚀过程，包括应力腐蚀裂纹萌生、稳定扩展、失稳扩展等阶段，失稳扩展即造成应力腐蚀破裂。

表 5-7 合金产生应力腐蚀的特定腐蚀介质表

	特定腐蚀介质
碳钢合金	氢氧化钠溶液、氯溶液、硝酸盐水溶液、H_2S 水溶液、海水、海洋大气与工业大气
奥氏体不锈钢	氯化物水溶液、海水、海洋大气、高温水、潮湿空气（湿度 90%）、热 NaCl、H_2S 水溶液、严重污染的工业大气
马氏体不锈钢	海水、工业大气、酸性硫化物
航空用高强度合金钢	海洋大气、氯化物、硫酸、硝酸、磷酸
铜合金	水蒸气、湿 H_2S、氨溶液
铝合金	湿空气、NaCl 水溶液、海水、工业大气、海洋大气

4）氯离子对奥氏体不锈钢容器的应力腐蚀。无论是高浓度的氯离子，还是高温高压水中微量的氯离子，均可对奥氏体不锈钢造成应力腐蚀。应力腐蚀裂纹常产生在焊缝附近，最终造成容器破裂。

（4）结论意见　该压力容器长期在拉伸应力、残余应力、焊接应用作用，存装高温高压氯溶液，导致发生应力腐蚀破裂事故。

（5）预防措施

1）选用合适的材料，尽量避开材料与敏感介质的匹配，如不用奥氏体不锈钢材质制作接触海水及氯化物的压力容器。

2）在结构设计及布置中避免过大的局部应力产生。

3）采用涂层或衬里，把腐蚀性介质与容器承压壳体隔离，并防止涂层或衬里在使用中被损坏。

4）制造中采用成熟合理的焊接工艺及装配成形工艺，并进行必要合理的热处理，消除焊接残余应力及其他内应力。

第6章　压力容器检验

6-1　如何开展压力容器监检工作？

答：加强压力容器产品安全性能监（督）检（验）工作，是为了确保压力容器的产品质量和安全使用，保障人身和财产安全，促进经济发展和社会稳定。

1）压力容器产品性能监检工作，由企业所在地的省级质量技术监督部门特种设备安全监察机构（以下简称省级安全监察机构）授权有相应资格的检验单位（以下简称监检单位）承担；境外压力容器制造企业的压力容器产品安全性能监检工作，由中华人民共和国国家质量监督检验检疫总局（以下简称国家质检总局）特种设备安全监察机构（以下简称总局安全监察机构）授权有相应资格的检验单位承担。监检单位所监检的产品，应当符合其资格认可批准的范围。

2）接受监检的压力容器制造企业（以下简称受检企业），必须持有压力容器制造许可证或者经过省级以上安全监察机构对试制产品的批准。

压力容器产品的监检工作应当在压力容器制造现场，且在制造过程中进行。监检是在受检企业质量检验（以下简称自检）合格的基础上，对压力容器产品安全性能进行的监督验证。

3）在监检过程中，受检企业与监检单位发生争议时，境内受检企业应当提请所在地的地市级以上安全监察机构处理，必要时，可向上级安全监察机构申诉；境外受检企业向总局安全监察机构提请处理。

4）压力容器产品安全性能监检项目和要求见 TSG 21—2016《固定式压力容器安全技术监察规程》中有关内容。

5）受检企业发生质量体系运转和产品安全性能违反有关规定的一般问题时，监检员应当向受检企业发出“特种设备（压力容器）监督检验联络单”，见表6-1，以下简称“监检联络单”；发生违反有关规定的严重问题时，监检单位应当向受检企业签发“特种设备（压力容器）监督检验意见通知书”，见表6-2，以下简称“监检意见通知书”。对境内受检企业发出“监检意见通知书”时监检单位应当报告所在地的地市级（或以上）安全监察机构；对境外受检企业发出“监检意见通知书”时，监检单位应当报告总局安全监察机构。受检企业对提出的监检意见拒不接受的，监检单位应当及时向上级安全监察机构反映。

表 6-1 特种设备（压力容器）监督检验联络单

编号：

经监检，你单位在(填压力容器名称)（产品批号/编号：　　　）的制造、改造、重大修理过程中，存在以下问题，请于　　月　　日前将处理结果报送监检组或监检单位。

问题和意见：

监检员：　　　　年　　月　　日

受检企业接收人：　　　　年　　月　　日

处理结果：

受检企业主管负责人：　　　　（受检企业主管部门章）

年　　月　　日

注：本单一式 3 份，1 份监检单位存档，2 份送受检企业，其中 1 份返回监检单位。

表 6-2 特种设备（压力容器）监督检验意见通知书

编号：

经监检，你单位在(填压力容器名称)（产品批号/编号：　　　）的制造、改造、重大修理过程中，存在以下问题，请于　　月　　日前将处理结果报送我单位。

问题和意见：

监检员：　　　技术负责人　　　年　　月　　日（监检单位章）

受检企业接收人：　　　　年　　月　　日

处理结果：

受检企业主管负责人：　　　　（受检企业主管部门章）

年　　月　　日

注：本单一式 4 份，1 份送当地安全监察机构，1 份监检单位存档，2 份送受检企业，其中 1 份返回监检单位。

6）经监检合格的产品，监检单位应当及时汇总并审核见证材料，出具“特种设备（压力容器）制造监督检验证书”见表 6-3，以下简称“监检证书”。

7）受检企业应当对压力容器产品的制造质量负责，保证质量体系正常运转。未经监检单位出具“监检证书”并打监检钢印的压力容器产品，不得在境内销售、使用。

8）受检企业应当向监检单位提供必要的工作条件和与监检工作有关的下列文件、资料：a. 质量体系文件（包括质量手册、程序文件、管理制度、各责任人员的任免文件、质量信息反馈资料等）；b. 从事压力容器焊接的持证焊工名单（列出持证项目、有效期、钢印代号等）一览表；c. 从事压力容器质量检验的人员名单一览表；d. 从事无损检测人员名单（列出持证项目、级别、有效期等）一览表；e. 压力容器的设计资料，工艺文件和检验资料，以及焊接工艺评定一览表。

表 6-3　特种设备制造监督检验证书

（压力容器）

编号：

制造单位			
制造许可级别		制造许可证编号	
设备类别	固定式压力容器	产品名称	
产品编号		设备代码	
设计单位			
设计许可证编号		产品图号	
设计日期	年　月　日	制造日期	年　月　日

按照《中华人民共和国特种设备安全法》《特种设备安全监察条例》的规定，该台压力容器产品经我机构实施监督检验，安全性能符合《固定式压力容器安全技术监察规程》（TSG 21—2016）的要求，特发此证书，并且在该台压力容器产品铭牌上打有如下监督检验标志。

监督检验人员：　　日期：

审核：　　日期：

批准：　　日期：

监督检验机构：　　（监督检验机构检验专用章）

年　月　日

监督检验机构核准证号：

注：本证书一式 3 份，1 份监督检验机械存档，2 份送制造单位，其中 1 份由制造单位随产品出厂资料交付。

6-2　压力容器产品安全性能监督检验工作如何开展？

答：为了规范压力容器产品监督检验工作，根据 TSG 21—2016《固定式压力容器安全技术监察规程》要求，某省市按照压力容器产品安全性能监督检验实际情况开展工作。

1. 压力容器

（1）适用范围　适用于除气瓶以外压力容器的安全性能的监督检验。

（2）监检内容

1）对压力容器制造过程中涉及产品安全性能的项目进行监督检验。

2）对受检企业质量体系运转情况进行监督检查。

（3）监检项目和方法

1）图样资料：a. 检查压力容器设计单位的设计资格印章，确认资格有效；b. 审查压力容器制造和检验标准的有效性；c. 审查设计变更（含材料代用）手续。

2）材料：审查材料质量证明书、材料复检报告。

3）焊接：a. 审查焊接工艺评定及记录，确认产品施焊所采用的焊接工艺符合相关标准、规范；b. 确认焊接试板数量及制作方法。

4）外观和几何尺寸：检查并记录。

5）无损检测：a. 检查布片（排版）图和检测报告，核实检测比例和位置，对局部检测产品的返修焊缝，应检查扩检情况；对超声检测和表面检测，除审查报告外，监检人员还应不定期到现场对产品进行实地监检；b. 抽查底片，抽查数量不少于设备检测比例的30%，且不少于10张（少于10张的全部检查），检查部位应包括T形焊缝、可疑部位及返修片。

6）热处理：耐压试验、安全附件、气密性试验应当符合有关规范、标准及设计图样的要求。

7）出厂技术资料：a. 审查出厂技术资料；b. 检查铭牌内容应符合有关规定，在铭牌上打监检钢印。

8）监检资料。经监检合格的产品，监检人员应当根据“压力容器产品安全性能监督检验项目表”的要求及时汇总、审核见证资料，并由监检单位出具“监检证书”。

2. 非金属压力容器

（1）适用范围　适用于玻璃钢和石墨容器产品的安全性能的监督检验。

（2）监检内容

1）对非金属容器产品制造过程中涉及产品安全性能的项目进行监督检查。

2）对受检企业质量体系运转情况进行监督检查。

（3）监检项目和方法

1）图样资料：a. 检查压力容器设计单位的设计资格印章，确认资格有效；b. 审查压力容器制造和检验标准的有效性；c. 审查设计变更（含材料代用）手续。

2）材料：审查主体材料质量证明书。

3）工艺评定：a. 审查玻璃钢产品工艺评定；b. 审查石墨产品合格材料规范（CMS）评定和合格黏结剂规范（CCS）评定；对于浸渍不透性石墨产品，审查石墨浸渍工艺评定和黏接工艺评定；c. 审查产品试板性能报告，确认试验结果；d. 玻璃钢手工操作工或石墨黏接操作工，应具备相应的资格证书。

4）外观和几何尺寸：检查并记录。

5）耐压试验、安全附件、出厂资料、产品铭牌应当符合有关规范、标准及设计图样的要求。

3. 医用氧舱

（1）适用范围　适用于工作压力≤0.3MPa的各种医用氧舱。

（2）监检内容

1）对医用氧舱制造和安装过程中涉及安全性能的项目进行监检。包括制造过程监检和安装过程监检。

2）对医用氧舱制造企业质量管理体系运转情况进行监督检验。

（3）监检项目

1）设计图样及相关资料：a. 审查舱体设计图样和主要系统设计图样已按规定审批，图样上应有设计审批印章，确认资格有效；b. 审查设计图样中所选用的制造、安装和检验标准的有效性；c. 检查氧舱配套压力容器的合格证、质量证明书、竣工图和监检证书；d. 检查现场调试报告内容的齐全与正确性，各项性能应符合标准、规范的要求；e. 检查安装监检现场施工记录，包括系统气密性试验记录，供、排氧和供、排气管路清洗记录，供氧、排氧气管路脱脂记录，焊接和无损检测记录。

2）材料：a. 检查舱体及主要受压元件材料（包括板材、供气、供氧、排氧管材）质量证明书；b. 检查观察窗、照明窗和观察窗有机玻璃材料质量证明书，材料不得有明显划伤和机械损伤，不得有老化“银纹”；c. 检查舱内装饰所用材料，应符合 GB/T 12130—2005《医用空气加压氧舱》或相关氧舱标准的有关规定。

3）制造与检验：a. 审查氧舱焊接工艺评定；b. 抽查焊工钢印及施焊焊工资格；c. 检查焊接接头表面质量，重点检查观察窗与筒体、递物筒与筒体、舱门门框与封头连接处角焊缝；d. 检查布片（排版）图和检测报告，核实检测比例、位置和评定结果。

4）舱内设施：a. 检查快开式外开门结构的递物筒、舱门，是否设置了安全联锁装置；b. 检查设有电动机构或气动机构传动的外开式舱门结构的手动操作机构，应当在规定时间内开启舱门；c. 当电器进舱时，检查舱内导线接头连接情况及是否便于检验和修理；d. 检查测氧舱内采氧口的位置是否设置在舱室中部，且出口伸出装饰板外；e. 检查应急排气装置的标志及其灵敏可靠性；f. 检查氧气加压舱舱内是否设有静电导除装置。

5）电气和通信：a. 确认氧舱照明采用冷光源、外照明，并备有应急照明系统，氧舱供电中断时，应急照明系统自动开启；b. 检查氧舱控制台与舱室之间的通信对讲装置，且通话应清晰；c. 检查舱体及其他设备壳体接地装置电阻及连接情况；d. 检查空调装置的电动机及控制装置是否设在舱外；e. 检查对地漏电流。

6）供、排气和供、排氧系统：a. 检查控制台上测氧仪声、光报警功能；采用电化学原理测氧的，应检查氧电极是否在有效期内；b. 检查舱内排氧管路材质及排氧管与舱内连通情况；c. 气密性试验时，检查舱室的泄漏率；d. 检查氧气汇流装置高压部分控制阀门、氧气瓶连接处的防错装置和警示标志。

7）热处理、安全附件、舱内消防设施、产品铭牌应当符合有关规定、标准要求。

（4）监检方法

1）医用氧舱制造和安装监检，均使用“医用氧舱安全性能监督检验项目表”，能够在氧舱制造单位所在地监检的项目，应在制造过程中监检。

2）除本规则规定制造和安装过程均需监检的项目外，经制造过程监检合格的项目，在安装监检中，不得重复监检。

3）承担制造过程监检的单位，对监检合格的项目签字确认，并出具“制造过程监检证书”；承担氧舱安装过程监检的单位，对监检合格的项目签字确认，出具“监检证书”，并在产品铭牌上打监检标志。

4. 压力容器产品安全性能监督检验项目表

表6-4为压力容器产品安全性能监督检验项目表、表6-5为气瓶产品安全性能监督检验项目表、表6-6为玻璃钢制压力容器安全性能监督检验项目表、表6-7为石墨制压力容器安全性能监督检验项目表、表6-8为医用氧舱安全性能监督检验项目表。

表6-4　压力容器产品安全性能监督检验项目表

制造单位＿＿＿＿＿＿＿＿＿＿＿监检编号＿＿＿＿＿＿

产品名称＿＿＿＿＿＿＿＿＿产品编号＿＿＿＿＿＿＿类别＿＿＿＿＿＿＿

设计压力：管程＿＿＿＿ MPa 壳程＿＿＿＿ MPa 设计温度＿＿＿＿℃　介质＿＿＿＿

主体材料及壁厚：筒体＿＿＿＿＿＿封头＿＿＿＿＿＿制造日期＿＿＿＿＿＿

序号	监检项目		类别	检查结果	工作见证	监检员	确认日期
1	图样审查	设计单位资格	B				
2		制造和检验标准	B				
3		设计变更	B				
4	材料	主要受压元件和焊接材料材质证明书，复验报告	B				
5		材料标记移植	B				
6		材料代用	B				
7	焊接	焊接工艺评定	A				
8		产品焊接试板制备	B注				
9		产品焊接试板性能报告	B				
10		焊工资格和钢印	B				
11	外观和几何尺寸	焊接接头表面质量	B				
12		母材表面质量	B				
13		最大内径和最小内径差，直立容器壳体长度超过30m时，检查直线度	B				
14		焊缝布置	B				
15		封头形状偏差	B				

（续）

序号	监 检 项 目		类别	检查结果	工作见证	监检员	确认日期
16	无损检测	无损检测报告	B				
17		射线检测底片抽查	B				
18	热处理		B				
19	耐压试验		A				
20	安全附件		B				
21	气密性试验		B				
22	出厂资料		B				
23	铭牌		B				
24	对工厂质保体系运转情况的评价：						

记事栏：

监检员：　　年　　月　　日

注：该项目可按A类项目监检，亦可按B类项目监检。若按A类项目监检，则必须在产品焊接试板与筒节分割前，经监检确认，并在产品焊接试板上打监检钢印；若按B类项目监检，则必须有产品焊接试板与筒节纵向接头连接部位的射线检测底片。

表6-5　气瓶产品安全性能监督检验项目表

制造单位__________产品名称__________

出厂日期__________规格型号__________

产品批号______本批共______只　编号自______至______

材料炉、罐号__________监检编号__________

所有监督检验项目按照国家标准或行业标准规定，标准中无此项的可以不做，水压试验另附记录表。

序号	监 检 项 目	类别	检查结果	工作见证	监检员	确认日期
1	产品标准、设计文件、型式试验	B				
2	材料质量证明书	B				
3	材料验证检查	B				
4	材料标记和标记移植	B				
5	焊接（热处理）工艺评定	B				
6	水压试验	A				
7	试样瓶抽选	A				
8	焊接瓶试板	B				
9	乙炔瓶抽选与解剖	B				
10	力学性能试验	B				
11	压扁试验	B				
12	冷弯试验	B				
13	无缝瓶金相组织检查和底部解剖	B				
14	爆破试验	A				
15	外观、钢印标记，漆色和色环	A				
16	批量检验报告和产品合格证	A				
17	对工厂质保体系运行情况的评价：					

表 6-6 玻璃钢制压力容器安全性能监督检验项目表

制造单位____________________监检编号____________________

产品名称____________产品编号____________类别____________

设计压力__________MPa 设计温度__________℃ 介质__________

主体材料及壁厚：筒体__________封头__________制造日期__________

序号	监检项目		类别	检查结果	工作见证	监检员	确认日期
1	图样审查	确认设计资格	B				
2		确认制造、检验标准	B				
3		主材料（玻璃纤维制品和树脂）的质量证明书	B				
4	材料	主材料的复验	B				
5	工艺	成形工艺评定	B				
6		产品试板制作	B				
7		手糊及缠绕操作工的资格确认	B				
8	外观几何尺寸	内外表面	B				
9		接头质量	B				
10		封头形状偏差	B				
11	质量检验	总质量	B				
12		巴氏硬度	B				
13		检查树脂含量	B				
14		层合材料吸水率	B				
15	耐压试验		A				
16	安全附件		B				
17	产品合格证、竣工图、质量证明书		B				
18	产品铭牌		B				
19	对工厂质保体系运转情况的评价：						

表 6-7 石墨制压力容器安全性能监督检验项目表

制造单位____________________监检编号____________________

产品名称____________产品编号____________类别____________

设计压力__________MPa 设计温度__________℃ 介质__________

主体材料及壁厚：筒体__________封头__________制造日期__________

序号	监检项目		类别	检查结果	工作见证	监检员	确认日期
1	图样审查	确认设计资格	B				
2		确认制造检验标准	B				
3	材料	主材料（碳、石墨、半石墨和浸渍剂）的质量证明书（颗粒度）	B				
4		黏结剂的质量证明书	B				
5		材料的标记移植	B				
6	工艺	合格材料规范（CMS）评定	B				
7		合格黏结剂规范（CCS）评定	B				
8		石墨浸渍工艺评定	B				

（续）

序号	监检项目		类别	检查结果	工作见证	监检员	确认日期
9	工艺	黏接工艺（CPS）评定	A				
10		黏接试板及检验	B				
11		黏接操作工的资格确认	B				
12	外观几何尺寸检验	内外表面检查	B				
13		筒体及封头厚度	B				
14		筒体圆度	B				
15	试验	不透性石墨管的颗粒试验	B				
16		弯曲、拉伸试验	B				
17		黏结剂拉伸强度	B				
18	耐压试验		A				
19	安全附件		B				
20	产品合格证、竣工图、质量证明书		B				
21	产品铭牌		B				
22	对工厂质保体系运转情况的评价：						

表6-8　医用氧舱安全性能监督检验项目表

监检编号＿＿＿＿＿＿

制造单位＿＿＿＿＿＿＿＿＿制造日期＿＿＿＿＿＿＿＿

氧舱规格＿＿＿＿＿＿＿人均舱容＿＿＿＿＿＿＿m^3　产品编号＿＿＿＿＿＿

设计压力＿＿＿＿＿MPa　加压介质＿＿＿＿＿　舱体材料＿＿＿＿＿

序号	监检项目		类别	检查结果	工作见证	监检员	确认日期
1	图样资料审查	舱体设计图样	B	—			
2		制造、安装和检验标准	B				
3		出厂资料	B				
4		制造、安装人员资格证书	B				
5	材料	主要受压元件材料（板材、管材）、焊材和有机玻璃材质证明及质量	B	—			
6		装饰材料、电缆合格证明	B	—			
7		阀件、密封件合格证明	B	—			
8		材料代用	B				
9	制造与检验	焊接工艺评定	A				
10		焊工资格	B	—			
11		无损检测报告	B				
12	舱内设施	连通阀及安全联锁装置	B				
13		手动操作机构	B				
14		导线布置与保护	B	—			
15		舱内电器组件	B	—			
16		测氧仪采样口位置	B	—			
17		应急排气装置	B				
18		舱内导静电装置	B				

（续）

序号	监检项目		类别	检查结果	工作见证	监检员	确认日期
19	电气、通信	照明及应急电源	B				
20		通信对讲、应急报警装置	B				
21		接地装置及电阻	B				
22		空调设置方式	B				
23		对地漏电流	B				
24	供、排气、氧	测氧仪	B				
25		供气、供氧管路清洗	B				
26		供氧、排氧气管路脱脂处理	A				
27	气密性试验		B				
28	压力表、安全阀		B	—			
29	消防装置		B				
30	氧舱铭牌		B				
31	对工厂质保体系运转情况的评价：						
记事栏： 年 月 日							

注：监检结果栏中的“—”项，表示制造、安装中均需对该项进行监检确认。

6-3 从医用氧舱火灾事故教训中，对医用氧舱定期检验应进行哪些工作（案例）？

答：［案例 6-1］

（1）火灾事故情况 南方某医院发生一起医用氧舱火灾事故，造成 1 人死亡，2 人重伤。

（2）调查

1）该医用氧舱为多人舱，使用 3 年后曾对医用氧舱部分进行改造。事故发生在上午，医院按规定严格做了有关开舱前准备工作，并按常规开舱，10 点左右关闭供氧阀门开始减压，当减压至表压为 0.03MPa 时，舱内突然着火。

2）调查发现，事故发生在多人舱的过渡舱内。该舱除钢制舱体外，舱内有一相对密封的装饰层，相当于夹套，绝大部分供、排氧管道等置于夹层之中。

（3）事故发生原因 经过调查发现本次事故的发生，是由于该氧舱空调室外机压缩机绕组对机壳绝缘失效，且机壳在移位时未接地，致使整个室外机外壳和整个制冷管路带电，该管路经绝缘穿舱件进入氧舱，与氧舱室内机构成 1 个循环制冷系统。该管路在连接室内机处有 1 段裸露未保温（由装饰层内引出），室内机铁框架与舱体一同可靠接地，该舱整个装饰层基本是密封的，且形成了 1 个夹层空间，在该空间下部供氧管道的角焊缝有轻微泄漏，致使夹层内氧浓度逐渐增高。当带电制冷铜管与接地良好的机壳边缘接触时产生放电打火，并击穿薄壁铜管形成 1 个小孔，管内的空调压缩机油和制冷剂喷射到夹层内。在较高浓度氧、火花、木条和空调压缩机油和制冷剂同时存在的环境下，导致在夹层内上部产生了剧烈燃烧，从而酿成重大事故。

（4）定期检验重点措施

1）严查可燃物质。氧舱改造、使用过程中应严格执行有关标准、规定要求，杜绝可燃物入舱。

2）严查测氧仪。氧舱内氧浓度控制在25%以下可以防止剧烈燃烧和爆炸。只要控制了引起氧舱爆燃的首要条件——高浓度氧，空气加压舱的安全就可以得到保障。

3）严查火源。空气加压舱的火源只有两种：人为带入和电器导入。

6-4 从400m³ 液氨球罐裂纹成因中，应进行哪些重点检验工作（案例）？

答：[案例6-2]

（1）具体情况　山东某化工公司400m³ 液氨球罐，具体见表6-9。当时现场组焊完成立即投入使用，未进行开罐检验。2007年对该罐进行了首次开罐检验，经磁粉检测共发现表面裂纹196处，其中球壳对接焊缝上有五处，其余191处裂纹均位于球壳板去除吊耳、工卡具后焊接痕迹及热影响区。裂纹呈细长状、树枝状，长度在20~60mm，深度在1~6mm之间。

表6-9　球罐的设计运行参数

设计压力	2.26MPa	工作压力	2.155MPa
设计温度	30℃	工作温度	30℃
主体材质	16MnR	介　质	液氨
公称厚度	38mm	腐蚀裕度	1.5mm
直径	9200mm	容　积	400m³

（2）裂纹原因

1）通过检验该球罐为应力腐蚀裂纹，裂纹扩展主要是由于金属原子在裂纹尖端的快速阳极溶解，拉应力又促使裂纹深入发展，属于阳极型应力腐蚀破裂。16MnR应力腐蚀敏感程度较高，液氨环境，球罐金属又长期受到拉应力的作用，在这3者的共同作用下产生了裂纹。

2）制造时未严格按标准、规范的要求进行必要的检查。此次检验，在工卡具焊接打磨后部位共发现191处裂纹，占裂纹总数的97%。在实际施工中，工卡具在焊接和拆除的过程中，很容易伤及球壳板表面造成缺陷，影响球罐的表面质量。加上焊接工艺不当等原因引起裂余应力，及长期处于液氨应力腐蚀环境下，就可能导致裂纹的产生并促使扩展。

3）使用过程中没有按规定进行检验，压力容器一般应当于投用满3年时，进行首次全面检验。下次的全面检验周期，由检验机构根据本次全面检验结果确定。

（3）具体处理措施

1）首先对裂纹打磨消除，打磨后形成的凹坑在允许范围内不需补焊的，不影响定级，否则进行补焊。

2）需补焊的凹坑，进行补焊，每处修补面控制在50cm^{2}之内，具体操作：a. 缺陷的消除，对打磨后的凹坑再次进行磁粉检测，确定裂纹已完全消除；b. 预热，以修补处为中心，在半径为150mm的范围内预热，预热温度为150～200℃；c. 补焊，用J507焊条施焊，每层焊后应将焊渣清除干净，清渣后保持层间温度不低于150℃；d. 焊后检查，对补焊处外观检查合格后，进行磁粉检测，合格后再进行射线检测；e. 局部热处理，对补焊处加热，温度为625℃靠近加热区的部位采取保温措施；f. 按照GB 50094—2010《球形储罐施工》的规定，对球罐整体进行水压试验。

（4）做好重点检验工作　通过对球罐检验，在球壳的对接焊缝上发现的裂纹很少，大量的裂纹出现在球壳板去除吊耳、工卡具后焊接痕迹及热影响区，从中可以吸取教训。在球罐现场组焊时，施工单位要加强管理，严格执行国家有关标准、规范及设计图样的要求，务必做到不漏检。监检人员也应增强责任心，认真审查无损检测报告，并根据现场检验情况，进行必要的抽查确认。球罐的使用单位应重视定期检验工作，以便能及早发现设备的缺陷并及时处理。

6-5　制冷装置中压力容器的耐压试验应如何进行（案例）？

答：［案例6-3］

（1）概述　某单位1台冷凝器，设计压力为2.10MPa，温度为120℃，介质为R22。该设备工作压力为1.50MPa，管系为0.8MPa，工作温度为50℃，冷凝器规格ϕ860mm×13mm×3600mm，对该容器进行常规检验、内外部检验、几何尺寸检查如图6-1所示、超声波测厚见表6-10、安全附件检查均符合要求。

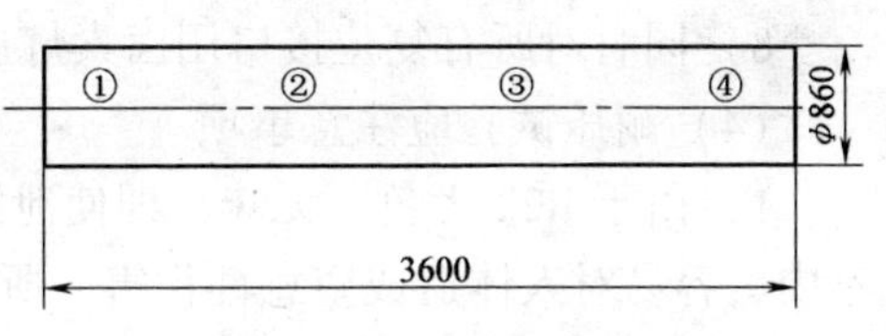

图6-1　几何尺寸检查图

压力容器的定期检验分为外部检查、内外部检验、耐压试验。耐压试验又分为液压耐压试验、气压耐压试验，而液压耐压试验所采用的介质大部分为水。对于大部分的压力容器来说，采用水作为耐压试验的介质既安全又经济，对于某些不能进水的压力容器，诸如中央空调装置中的冷凝器、蒸发器，就不能直接采用水作为耐压试验的介质。

表6-10　超声波测厚结果表　（单位：mm）

测点编号	测点厚度	测点编号	测点厚度
①	13.3	③	13.1
②	13.1	④	13.1

（2）对该冷凝器必须采用R22作为耐压试验的介质，既可以满足规程要求，操作又比较安全。

R22是中温（中压）制冷剂，化学名称为二氟一氯甲烷，分子式CHF_2Cl，标准蒸发温度为-40.8℃，凝固温度为-160.0℃，冷凝压力为0.3~2MPa，R22难溶于水，对几乎所有金属都没有腐蚀作用，但当制冷剂R22中含有水分时，就会发生水解作用而生成酸性物质，对金属产生腐蚀作用。

（3）耐压试验操作工序

1）检查空调冷水机组工况，主要检查冷凝压力、蒸发压力、进水温度、出水温度，并切断受检容器所属总电源。

2）拆除无关的管线和安全阀，并建议加装截止阀，以便日后安全阀定期校验。

3）容器进出口用盲板隔离，容器装上排气阀、试验介质进出阀、压力表。

4）在介质进出阀装上试压管、灌入试验介质，加压至1.88MPa，保压30min，降压至1.50MPa进行检查。

5）耐压试验合格后，在排气管接上氮气，用氮气（压力小于0.30MPa）将试验介质排出。

6）排清试压介质后，拆除盲板和试验介质进出阀，各管线复位，装上安全阀。

7）充入1.00MPa氮气，用肥皂水对复位后的管口接头进行检漏，接上真空泵抽真空大于720mmHg，并保持20min，真空度不下降为合格。

8）同时对所有复位接口用卤素灯进行检漏，火焰颜色不变为合格。

（4）耐压试验应注意事项

1）由于R22无色、无味，即使泄漏也很难觉察，且中央空调多数都安装在室内，容易对人体造成窒息性伤害，所以试验现场应配备检漏仪。

2）R22虽然不燃烧、不爆炸，毒性程度属5a级（有一定危害），但其蒸气遇明火时会分解出剧毒光气，所以，试验现场应严禁明火。

3）回收与加装R22时，应避免与润滑油、水和空气接触，防止其热稳定性变坏。

6-6　对压力容器如何开展定期检验工作？

答：

1. 原因

压力容器广泛应用于工矿企业及能源、医疗、航空航天等领域，它一旦损坏爆炸，会造成经济损失和人员伤亡。加强对压力容器的定期检验，是防止爆炸、保证安全运行的重要措施之一，开展定期检验的原因如下。

1）压力容器使用温度和压力波动变化大，同时频繁加载，使压力容器器壁受到较大的交变应力，使压力容器应力集中处产生疲劳裂纹。

2）压力容器内的工作介质有许多是具有腐蚀性的，腐蚀可以使压力容器的壁减薄或使压力容器的材料组织遭到破坏，降低原有的力学性能，以致压力容器不能承受规定的工作压力，进行定期检验可及时发现这些腐蚀现象。

3）压力容器停用时，封存维护保养不当，同时制造中的一些加工缺陷和残余应力，都会产生隐患。

4）由于种种因素，制造质量符合规范的压力容器，使用一段时间，都会产生缺陷。这些缺陷如不及时消除将有可能酿成事故，只有通过对压力容器进行定期检验，才能及早发现并消除缺陷。

5）通过定期检验判断压力容器是否能安全可靠地使用到下一个检验周期，如果发现存在某些潜在危险的缺陷和问题，则设法进行消除和采取一定措施，改善压力容器的安全状况。

总之，压力容器定期检验的实质就是掌握每台压力容器存在的缺陷，了解压力容器的安全技术状况，保证安全可靠运行。

2. 规定

根据 TSG 21—2016《固定式压力容器安全技术监察规程》（以下简称《容规》）规定：属于《容规》适用范围的压力容器必须进行年度检查和定期检验。某省市具体要求如下。

（1）年度检查　是指为了确保压力容器在检验周期内的安全而实施运行过程中的在线检查，每年至少 1 次。

（2）定期检验　包括全面检验和耐压试验。

1）全面检验是指压力容器停机时的检验。全面检验应当由检验机构进行，其检验周期为：a. 安全状况等级为 1 级、2 级的，一般每 6 年 1 次；b. 安全状况等级为 3 级的，一般 3 ~ 6 年 1 次；c. 安全状况等级为 4 级（或 5 级）的，其检验周期由检验机构确定。

2）耐压试验是指压力容器全面检验合格后，所进行的超过最高工作压力的液压试验或者气压试验。每 2 次全面检验期间内，原则上应当进行 1 次耐压试验。

3）压力容器一般应当于投用满 3 年时进行首次全面检验。下次的全面检验周期，由检验机构根据本次全面检验结果按照有关规定确定。

① 采用“亚铵法”造纸工艺，且无防腐措施的蒸球根据需要每年至少进行 1 次全面检验。

② 球形储罐（使用标准抗拉强度下限 $\sigma_b \geqslant 540\text{MPa}$ 材料制造的，投用 1 年后应当开罐检验）。

③ 安全状况等级为 1 级、2 级的压力容器符合以下条件之一时，全面检验周期可以适当延长：a. 非金属衬里层完好，其检验周期最长可以延长至 9 年；

b. 介质对材料腐蚀速率每年低于0.1mm（实测数据）、有可靠的耐腐蚀金属衬里（复合钢板）或者热喷涂金属（铝粉或者不锈钢粉）涂层，通过1次~2次全面检验确认腐蚀轻微或者衬里完好的，其检验周期最长可以延长至12年；c. 装有触媒的反应容器及装有充填物的大型压力容器，其检验周期根据设计图样和实际使用情况由使用单位、设计单位和检验机构协商确定，报办理“使用登记证”的质量技术监督部门（以下简称发证机构）备案。

④ 安全状况等级为4级的压力容器，其累积监控使用的时间不得超过3年。在监控使用期间，应当对缺陷进行处理提高其安全状况等级，否则不得继续使用。

⑤ 有以下情况之一的压力容器，全面检验合格后必须进行耐压试验：a. 用焊接方法更换受压元件的；b. 受压元件焊补深度大于1/2壁厚的；c. 改变使用条件，超过原设计参数并且经过强度校核合格的；d. 需要更换衬里的（耐压试验应当于更换衬里前进行）；e. 停止使用2年后复用的；f. 从外单位移装或者本单位移装的；g. 使用单位或者检验机构对压力容器的安全状况有怀疑的。

3. 年度检查报告

年度检查报告应当有检查、审批两级签字，审批人为使用单位压力容器技术负责人或者检验机构授权的技术负责人；全面检验报告应当有检验、审核、审批三级签字，审批人为检验机构授权的技术负责人。

压力容器经过定期检验或者年度检查合格后，检验机构或者使用单位应当将全面检验、年度检查或者耐压试验的合格标记和确定的下次检验（检查）日期标注在压力容器使用登记证上。

因设备使用需要，检验人员可以在报告出具前，先出具“特种设备检验意见通知书”见表6-2，将检验初步结论书面通知使用单位。

4. 检验（检查）结果处理

检验（检查）发现设备存在缺陷，需要使用单位进行整治，可以利用“特种设备检验意见通知书”将情况通知使用单位，整治合格后，再出具报告。检验（检查）不合格的设备，可以利用“特种设备检验意见通知书”将情况及时告之发证机构。

使用单位对检验结论有异议，可以向当地或者省级质量技术监督部门提请复议。

检验机构应当按要求将检验结果汇总上报发证机构。凡在定期检验过程中，发现设备存在缺陷或者损坏，需要进行重大维修、改造的，逐台填写并且上报检验案例。

6-7 压力容器安全状况等级是如何划分的？

答：某省市对压力容器安全状况等级具体划分如下：

1. 压力容器的安全状况

将新压力容器划分为1级、2级、3级3个等级，在用压力容器划分为2级、3级、4级、5级，每个等级划分原则如下。

(1) 1级　压力容器出厂技术资料齐全；设计、制造质量符合有关法规和标准的要求；在规定的定期检验周期内，在设计条件下能安全使用。

(2) 2级

1）新压力容器。出厂技术资料齐全；设计、制造质量基本符合有关法规和标准的要求，但存在某些不危及安全且难以纠正的缺陷，出厂时已取得设计单位、使用单位和使用单位所在地安全监察机构同意；在规定的定期检验周期内，在设计规定的操作条件下能安全使用。

2）在用压力容器。技术资料基本齐全；设计、制造质量基本符合有关法规和标准的要求；根据检验报告，存在某些不危及安全且不易修复的一般性缺陷；在规定的定期检验周期内，在规定的操作条件下能安全使用。

(3) 3级

1）新压力容器。出厂技术资料基本齐全；主体材料、强度、结构基本符合有关法规和标准的要求；但制造时存在的某些不符合法规和标准的问题或缺陷，出厂时已取得设计单位、使用单位和使用单位所在地安全监察机构同意；在规定的定期检验周期内，在设计规定的操作条件下能安全使用。

2）在用压力容器。技术资料不够齐全；主体材料、强度、结构基本符合有关法规和标准的要求；制造时存在的某些不符合法规和标准的问题或缺陷，焊缝存在超标的体积性缺陷，根据检验报告，未发现缺陷发展或扩大；其检验报告确定在规定的定期检验周期内，在规定的操作条件下能安全使用。

(4) 4级　主体材料不符合有关规定，或材料不明，或虽属选用正确，但已有老化倾向；主体结构有较严重的不符合有关法规和标准的缺陷，强度经校核尚能满足要求；焊接质量存在线性缺陷；根据检验报告，未发现缺陷由于使用因素而发展或扩大；使用过程中产生了腐蚀、磨损、损伤、变形等缺陷，其检验报告确定为不能在规定的操作条件下或在正常的检验周期内安全使用。必须采取相应措施进行修复和处理，提高安全状况等级，否则只能在限定的条件下短期监控使用。

(5) 5级　无制造许可证的企业或无法证明原制造单位具备制造许可证的企业制造的压力容器；缺陷严重、无法修复或难于修复、无返修价值或修复后仍不能保证安全使用的压力容器；应予以判废，不得继续作承压设备使用。

安全状况等级中所述缺陷，是制造该压力容器最终存在的状况，如缺陷已消除，则以消除后的状态，确定该压力容器的安全状况等级。

技术资料不全的，按有关规定由原制造单位或检验单位经过检验验证后引领技术资料，并能在检验报告中做出结论的，则可按技术资料基本齐全对待。无法确定原制造单位具备制造资格的，不得通过检验验证补充技术资料。

安全状况等级中所述问题与缺陷，只要确认其具备最严重之一者，既可按其性质确定该压力容器的安全状况等级。

2. 评定级别

安全状况等级根据压力容器的检验结果综合评定，以其中项目等级最低者，作为评定级别。需要维修改造的压力容器，按维修改造后的复检结果进行安全状况等级评定。

经过检验，安全附件不合格的压力容器不允许投入使用。

1）如果材质清楚，强度校核合格，经过检验未查出新生缺陷（不包括正常的均匀腐蚀），检验员认为可以安全使用的不影响定级；如果使用中产生缺陷，并且确认是用材不当所致，可以定为4 级或者5 级。

2）对于经过检验未查出新生缺陷（不包括正常的均匀腐蚀），并且按 Q235 强度校核合格的，在常温下工作的一般压力容器，可以定为3 级或者4 级；移动式压力容器和液化石油气储罐，定为5 级。

3）如果发现明显的应力腐蚀、晶间腐蚀、表面脱碳、渗碳、石墨化、蠕变、氢损伤等材质劣化倾向并且已产生不可修复的缺陷或者损伤时，根据材质劣化程度，定为4 级或者5 级，如果缺陷可以修复并且能够确保在规定的操作条件下和检验周期内安全使用的，可以定为3 级。

4）封头主要参数不符合制造标准，但经过检验未查出新生缺陷（不包括正常的均匀腐蚀），可以定为2 级或者3 级；如果有缺陷，可以根据相应的条款进行安全状况等级评定。

5）封头与筒体的连接，如果采用单面焊对接结构，而且存在未焊透时，罐车定为5 级，其他压力容器，可以根据未焊透情况按规定定级；如果采用搭接结构，可以定为4 级或者5 级。

不等厚度板（锻件）对接接头，未按规定进行削薄（或者堆焊）处理的，经过检验未查出新生缺陷（不包括正常的均匀腐蚀），可以定为3 级，否则定为4 级或者5 级。

6）内、外表面不允许有裂纹。如果有裂纹，应当打磨消除，打磨后形成的凹坑在允许范围内不需补焊的，不影响定级；否则，可以补焊或者进行应力分析，经过补焊合格或者应力分析结果表明不影响安全使用的，可以定为2 级或者3 级。

7）有腐蚀的压力容器，按照本条划分安全状况等级。

① 分散的点腐蚀，如果同时符合以下条件，不影响定级：a. 腐蚀深度不超过壁厚（扣除腐蚀余量）的1/3；b. 在任意200mm 直径的范围内，点腐蚀的面

积之和不超过4500mm²，或者沿任一直径点腐蚀长度之和不超过50mm。

② 均匀腐蚀，如果按剩余壁厚（实测壁厚最小值减去至下次检验期的腐蚀量）强度校核合格的，不影响定级；经过补焊合格的，可以定为2级或者3级。

8）错边量和棱角度超出相应的制造标准，根据以下具体情况进行综合评定：a. 错边量和棱角度尺寸在表6-11范围内，压力容器不承受疲劳载荷并且该部位不存在裂纹、未熔合、未焊透等严重缺陷的，可以定为3级或者4级；b. 错边量和棱角度在表6-11范围内，但该部位伴有未熔合、未焊透等严重缺陷时，应当通过应力分析，确定能否继续使用。在规定的操作条件下和检验周期内，能安全使用的定为4级。

表6-11　错边量和棱角度尺寸范围　（单位：mm）

对口处钢材厚度 t	错边量	棱角度
≤20	≤1/3t，且≤5	≤(1/10t+3)，且≤8
>20～50	≤1/4t，且≤8	
>50	≤1/6t，且≤20	
对所有厚度锻焊压力容器		≤1/6t，且≤8

注：测量棱角度所用样板按相应制造标准的要求选取。

9）有夹层的，其安全状况等级划分如下：a. 与自由表面平行的夹层，不影响定级；b. 与自由表面夹角小于10°的夹层，可以定为2级或者3级；c. 与自由表面夹角大于或者等于10°的夹层，检验人员可以采用其他检测或者分析方法综合判定，确认夹层不影响压力容器安全使用的，可以定为3级，否则定为4级或者5级。

10）使用过程中产生的鼓包，应当查明原因，判断其稳定状况，如果能查清鼓包的起因并且确定其不再扩展，而且不影响压力容器安全使用的，可以定为3级；无法查清起因时，或者虽查明原因但仍会继续扩展的，定为4级或者5级。

11）属于压力容器本身原因，导致耐压试验不合格的，可以定为5级。

12）需进行缺陷安全评定的大型关键性压力容器，不按本规定进行安全状况等级评定，应当根据安全评定的结果确定其安全状况等级。安全评定的程序按《压力容器安全监察规程》的规定办理。

6-8　对压力容器如何开展年度检查？

答：压力容器年度检查包括使用单位压力容器安全管理情况检查、压力容器本体及运行状况检查和压力容器安全附件检查等。

检查方法以宏观检查为主，必要时进行测厚、壁温检查和腐蚀介质含量测定、真空度测试等，某省市对压力容器开展年度检查具体如下。

1）年度检查前，使用单位应当做好以下各项准备工作：a. 压力容器外表面和环境的清理；b. 根据现场检查的需要，做好现场照明、登高防护、局部拆除保温层等配合工作，必要时配备合格的防噪声、防尘、防有毒有害气体等防护用品；c. 准备好压力容器技术档案资料、运行记录、使用介质中有害杂质记录；d. 准备好压力容器安全管理规章制度和安全操作规范，操作人员的资格证；e. 检查时，使用单位压力容器管理人员和相关人员到场配合，协助检查工作，及时提供检查人员需要的其他资料。

2）检查前，检查人员应当首先全面了解被检压力容器的使用情况、管理情况，认真查阅压力容器技术档案资料和管理资料，做好有关记录。

压力容器安全管理情况检查的主要内容如下：a. 压力容器的安全管理规章制度和安全操作规程，运行记录是否齐全、真实，查阅压力容器台账（或者账册）与实际是否相符；b. 压力容器图样、使用登记证、产品质量证明书、使用说明书、监督检验证书、历年检验报告及维修、改造资料等建档资料是否齐全并且符合要求；c. 压力容器作业人员是否持证上岗；d. 上次检验、检查报告中所提出的问题是否解决。

3）进行压力容器本体及运行状况检查时，除非检查人员认为必要，一般可以不拆保温层。

4）压力容器本体及运行状况的检查主要包括以下内容：a. 压力容器的铭牌、漆色、标志及喷涂的使用证号码是否符合有关规定；b. 压力容器的本体、接口（阀门、管路）部位、焊接接头等是否有裂纹、过热、变形、泄漏、损伤等；c. 外表面有无腐蚀，有无异常结霜、结露等；d. 保温层有无破损、脱落、潮湿、跑冷；e. 检漏孔、信号孔有无漏液、漏气，检漏孔是否畅通；f. 压力容器与相邻管道或者构件有无异常振动、响声或者相互摩擦；g. 支撑或者支座有无损坏，基础有无下沉、倾斜、开裂，紧固螺栓是否齐全、完好；h. 排放（疏水、排污）装置是否完好；i. 运行期间是否有超压、超温、超量等现象；j. 罐体有接地装置的，检查接地装置是否符合要求；k. 安全状况等级为 4 级的压力容器的监控措施执行情况和有无异常情况；l. 快开门式压力容器安全联锁装置是否符合要求。

5）爆破片装置年度检查内容，具体如下：

① 检查爆破片是否超过产品说明书规定的使用期限。

② 检查爆破片的安装方向是否正确，核实铭牌上的爆破压力和温度是否符合运行要求。

③ 爆破片单独使用如图 6-2 所示，检查爆破片和压力容器间的截止阀是否处于全开状态，铅封是否完好。

④ 爆破片和安全阀串联使用，如果爆破片装在安全阀的进口侧，如图 6-3 所示，应当检查爆破片和安全阀之间装设的压力表有无压力显示，打开截止阀检查有无气体排出。

⑤ 爆破片和安全阀串联使用，如果爆破片装在安全阀的出口侧，如图 6-4 所示，应当检查爆破片和安全阀之间装设的压力表有无压力显示，如果有压力显示应当打开截止阀，检查能否顺利疏水、排气。

⑥ 爆破片和安全阀并联使用时如图 6-5 所示，检查爆破片与压力容器间装设的截止阀是否处于全开状态，铅封是否完好。

⑦ 年度检查时，凡发现以下情况之一的，要求使用单位限期更换爆破片装置并且采取有效措施确保更换期的安全，如果逾期仍未更换则该压力容器暂停使用：a. 爆破片超过规定使用期限的；b. 爆破片安装方向错误的；c. 爆破片装置标定的爆破压力、温度和运行要求不符合的；d. 使用中超过标定爆破压力而未爆破的；e. 爆破片装在安全阀进口侧与安全阀串联使用时，爆破片和安全阀之间的压力表有压力显示或者截止阀打开后有气体漏出的；f. 爆破片装置泄漏的。

⑧ 爆破片单独做泄压装置或者爆破片与安全阀并联使用的压力容器进行年度检查时，如果发现爆破片和容器间的截止阀未处于全开状态或者铅封损坏时，要求使用单位限期改正并且采取有效措施确保改正期间的安全，如果逾期仍未改正则该压力容器暂停使用。

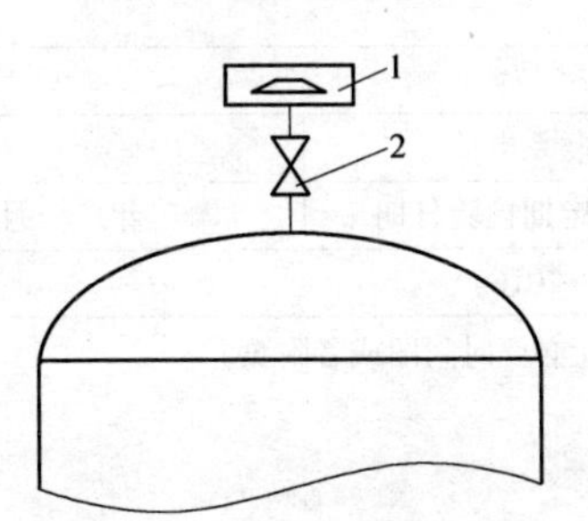

图 6-2　爆破片单独使用

1—爆破片　2—截止阀

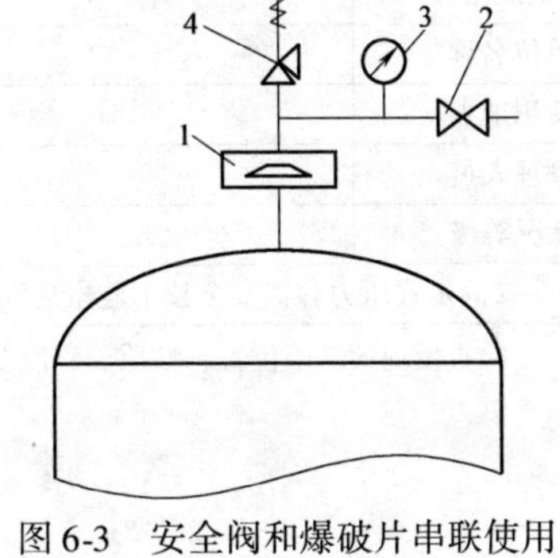

图 6-3　安全阀和爆破片串联使用

（爆破片装在安全阀进口侧）

1—爆破片　2—截止阀　3—压力表　4—安全阀

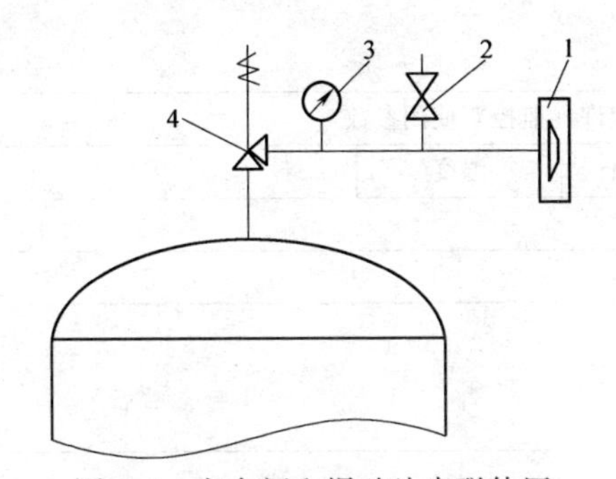

图 6-4　安全阀和爆破片串联使用

（爆破片装在安全阀出口侧）

1—爆破片　2—截止阀　3—压力表　4—安全阀

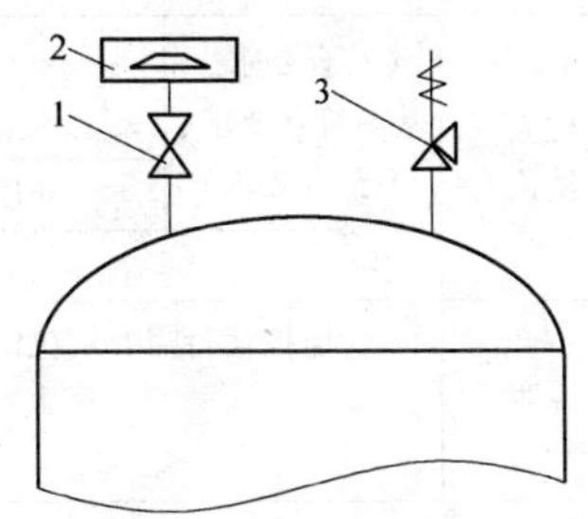

图 6-5　安全阀和爆破片并联使用

1—截止阀　2—爆破片　3—安全阀

6）年度检查工作完成后，检查人员根据实际检查情况出具检查报告，做出下述结论：a. 允许运行，是指未发现或者只有轻度不影响安全的缺陷；b. 监督运行，是指发现一般缺陷，经过使用单位采取措施后能保证安全运行，结论中应当注明监督运行需解决的问题及完成期限；c. 暂停运行，仅指安全附件的问题逾期仍未解决的情况。问题解决并且经过确认后，允许恢复运行；d. 停止运行，是指发现严重缺陷，不能保证压力容器安全运行的情况，应当停止运行或者由检验机构持证的压力容器检验人员做进一步检验。

7）年度检查一般不对压力容器安全状况等级进行评定，但如果发现严重问题，应当由检验机构持证的压力容器检验人员按规定进行评定，适当降低压力容器安全状况等级。

表6-12、表6-13为压力容器年度检查报告和定期检验报告。

表6-12　压力容器年度检查报告

报告编号：

<table>
<tr><td>设备名称</td><td></td><td>容器类别</td><td></td></tr>
<tr><td>使用登记证编号</td><td></td><td>单位内编号</td><td></td></tr>
<tr><td>使用单位名称</td><td colspan="3"></td></tr>
<tr><td>设备使用地点</td><td colspan="3"></td></tr>
<tr><td>安全管理人员</td><td></td><td>联系电话</td><td></td></tr>
<tr><td>安全状况等级</td><td></td><td>下次定期检验日期</td><td>年　　月</td></tr>
</table>

<table>
<tr><td>检查依据</td><td colspan="5">《固定式压力容器安全技术监察规程》（TSG 21—2016）</td></tr>
<tr><td>问题
及其
处理</td><td colspan="5">检查发现的缺陷位置、性质、程度及处理意见（必要时附图或者附页）</td></tr>
<tr><td rowspan="4">检查
结论</td><td rowspan="3">（符合要求、
基本符合要求、
不符合要求）</td><td colspan="4">允许（监控）使用参数</td></tr>
<tr><td>压力</td><td>MPa</td><td>温度</td><td>℃</td></tr>
<tr><td>介质</td><td colspan="3"></td></tr>
<tr><td colspan="5">下次年度检查日期：　　　　年　　月</td></tr>
<tr><td>说明</td><td colspan="5">（监控运行需要解决的问题及完成期限）</td></tr>
</table>

<table>
<tr><td>检查：</td><td>日期：</td><td rowspan="3">（检查单位检查专用章或者公章）
年　　月　　日</td></tr>
<tr><td>审核：</td><td>日期：</td></tr>
<tr><td>审批：</td><td>日期：</td></tr>
</table>

表 6-13　压力容器定期检验报告

报告编号：

设备名称		检验类别	（首次、定期检验）
容器类别		设备代码	
单位内编号		使用登记证编号	
制造单位			
安装单位			
使用单位			
使用单位地址			
设备使用地点			
使用单位 统一社会信用代码		邮政编码	
安全管理人员		联系电话	
设计使用年限	年	投入使用日期	年　　月
主体结构型式		运行状态	
性能参数：容积	m^3	内径	mm
性能参数：设计压力	MPa	设计温度	℃
性能参数：使用压力	MPa	使用温度	℃
性能参数：工作介质			
检验依据	《固定式压力容器安全技术监察规程》（TSG 21—2016）		
问题及其处理	［检验发现的缺陷位置、性质、程度及处理意见（必要时附图或者附页，也可以直接注明见某单项报告）］		
检验结论	压力容器的安全状况等级评定为　　　　级		
	（符合要求、基本符合要求、不符合要求）	允许（监控）使用参数	
		压力　　MPa	温度　　℃
		介质	其他
	下次定期检验日期：　　年　　月		
说明	（包括变更情况）		
检验人员：			
检查：	日期：	检验机构核准证编号：	
审核：	日期：	（检查单位检查专用章或者公章）	
审批：	日期：	年　　月　　日	

6-9　对压力容器如何开展全面检验？

答：全面检验是指压力容器停机时的检验，全面检验应当由检验机构进行，某省市对压力容器开展全面检验工作具体内容如下。

1）检验前应当审查相关资料。

2）全面检验前，使用单位应做好如下准备工作：a. 需要进行检验的表面，特别是腐蚀部位和可能产生裂纹性缺陷的部位，必须彻底清理干净，母材表面应当露出金属本体，进行磁粉检测、渗透检测的表面应当露出金属光泽；b. 被检压力容器内部介质必须排放、清理干净，用盲板从被检压力容器的第一道法兰处隔断所有液体、气体或者蒸气的来源，同时设置明显的隔离标志；禁止用关闭阀门代替盲板隔断；c. 切断与压力容器有关的电源，设备明显的安全标志；检验照明用电不超过24V，引入压力容器内的电缆应当绝缘良好，接地可靠；d. 检验时，使用单位压力容器管理人员和相关人员到场配合，协助检验工作，负责安全监护。

3）检验人员认真执行使用单位有关动火、用电、高处作业、罐内作业、安全防护、安全监护等规定，确保检验工作安全。

4）检验用的设备和器具应当在有效的检定或者校准期内。在易燃、易爆场所进行检验时，应当采用防爆、防火花型设备、器具。

5）检验的一般程序包括检验前准备、全面检验、缺陷及问题的处理、检验结果汇总、结论和出具检验报告等常规要求，如图6-6所示。检验人员可以根据实际情况确定检验项目，并进行检验工作。

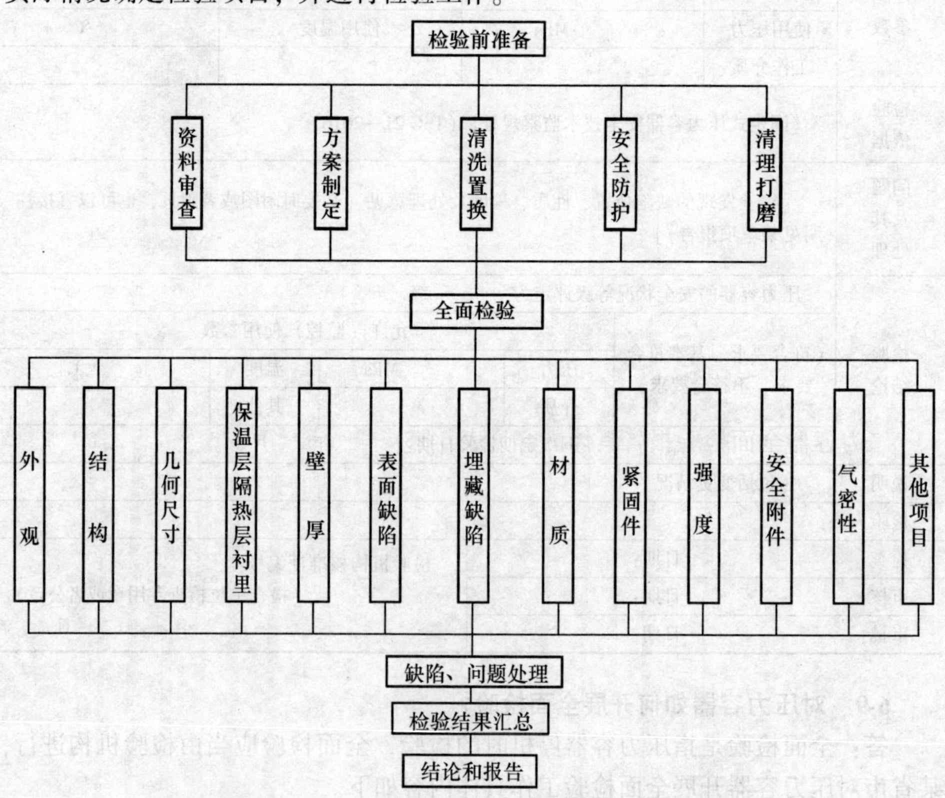

图6-6　检验的一般程序

6）压力容器全面检验工作，表面无损检测具体内容如下：

① 有以下情况之一的，对压力容器内表面对接焊缝进行磁粉或者渗透检测，检测长度不少于每条对接焊缝长度的20%，即：a. 首次进行全面检验的第三类压力容器；b. 盛装介质有明显应力腐蚀倾向的压力容器；c. Cr-Mo 钢制压力容器；d. 标准抗拉强度下限 $\sigma_b \geqslant 540MPa$ 钢制压力容器。在检测中发现裂纹，检验人员应当根据可能存在的潜在缺陷，确定扩大表面无损检测的比例；如果扩检中仍发现裂纹，则应当进行全部焊接接头的表面无损检测。内表面的焊接接头已有裂纹的部位，对其相应外表面的焊接接头应当进行抽查。如果内表面无法进行检测，可以在外表面采用其他方法进行检测。

② 对应力集中部位、变形部位，异种钢焊接部位、奥氏体不锈钢堆焊层、T形焊接接头、其他有怀疑的焊接接头，补焊区，工卡具焊迹、电弧损伤处和易产生裂纹部位，应当重点检查。对焊接裂纹敏感的材料，注意检查可能发生的焊趾裂纹。

③ 有晶间腐蚀倾向的，可以采用金相检验检查。

④ 绕带式压力容器的钢带始、末端焊接接头，应当进行表面无损检测，不得有裂纹。

⑤ 铁磁性材料的表面无损检测优先选用磁粉检测。

⑥ 标准抗拉强度下限 $\sigma_b \geqslant 540MPa$ 的钢制压力容器，耐压试验后应当进行表面无损检测抽查。

7）全面检验工作完成后，检验人员根据实际检验情况，结合耐压试验结果，按规定评定压力容器的安全状况等级，出具检验报告，给出允许运行的参数及下次全面检验的日期。

压力容器全面检验报告一式2份，见表6-14，由检验机构和使用单位分别保存。受检单位对压力容器全面检验报告的结论如有异议，请在收到报告之日起15日内，向检验机构提出书面意见。

压力容器全面检验报告具体内容见表6-15～表6-32。

表6-14　压力容器全面检验报告

报告编号：

压力容器全面检验报告

使 用 单 位：______________________________

容 器 名 称：______________________________

单位内编号：______________________________

使 用 证 号：______________________________

设 备 代 码：______________________________

检 验 日 期：______________________________

表 6-15　压力容器全面检验结论报告

报告编号：

使用单位					
单位地址				单位代码	
管理人员		联系电话		邮政编码	
容器名称					
设备代码				容器品种	
使用证号		单位内编号		结构型式	

主要检验依据《压力容器定期检验规则》

检验发现的缺陷位置、程度、性质及处理意见（必要时附图或附页）：

经检验本台压力容器的安全状况等级评定为　　级。

允许/监控运行参数（监控或报废依据）：	压力：　MPa 温度：　℃ 介质： 其他：

下次全面检验日期：　　年　月　日	机构核准证号：
检　验：　　日期：	
审　核：　　日期：	（机构检验专用章）
审　批：　　日期：	年　月　日

第　页　共　页

表 6-16　压力容器资料审查报告

单位内编号/设备代码：　　报告编号：

设计单位		设计日期	
设计规范		容器图号	
制造单位		出厂编号	
制造规范		制造日期	
安装单位		投用日期	
容器内径	mm	容器高/长	mm
容积（换热面积）	m^3 （m^2）	充装质量/系数	
封头形式		支座形式	

（续）

主体材质	筒体		主体厚度	筒体	
	封头			封头	mm
	夹套（换热管）			夹套（换热管）	mm
	内衬			内衬	mm
设计压力	壳程（内筒）	MPa	实际操作压力	壳程（内筒）	MPa
	管程（夹套）	MPa		管程（夹套）	MPa
设计温度	壳程（内筒）	℃	实际操作温度	壳程（内筒）	℃
	管程（夹套）	℃		管程（夹套）	℃
腐蚀裕度	筒体		工作介质	壳程（内筒）	
	封头			管程（夹套）	
资料审查问题记载					
上次全面检验问题记载	上次全面检验安全状况等级评为：　　级。				
检验：	日期：		审核：	日期：	

第　页　共　页

表6-17　压力容器宏观检查报告（1）

单位内编号/设备代码：　　　　　　　　　　　　　　　报告编号：

检验项目			检查结果	备　注
结构检查	1	本体、对接焊缝、接管角焊缝		
	2	开孔及补强		
	3	焊缝布置		
	4	角接		
	5	搭接		
	6	封头（端盖）		
	7	支座或支撑		
	8	法兰		
	9	排污口		
几何尺寸及焊缝检查	10	纵/环焊缝最大对口错边量	／　mm	
	11	纵/环焊缝最大棱角度	／　mm	
	12	焊缝余高	mm	
	13	角焊缝厚度/焊脚尺寸	／　mm	
	14	同一断面最大直径与最小直径	m	
	15	封头表面凹凸量	mm	
	16	封头直边高度	mm	
	17	封头直边部位纵向皱折		
	18	不等厚板（锻）件对接接头削薄处理		
	19	不等厚板（锻）件对接接头堆焊过渡的两侧厚度差	mm	
	20	直立压力容器和球形压力容器支柱的铅垂度		

（续）

检验项目			检查结果	备注
其他				

检查结果：

检验：	日期：	审核：	日期：

注：没有或未进行的检查项目在检查结果栏打“—”；无问题或合格的检查项目在检查结果栏打“√”；有问题或不合格的检查项目在检查结果栏打“×”，并在备注中说明。

第　页　共　页

表6-18　压力容器宏观检查报告（2）

单位内编号/设备代码：　　　　　　　　　　　　　　　　　　　报告编号：

检验项目			检查结果	备注
外观检查	1	压力容器本体裂纹、过热、变形、泄漏		
	2	焊缝的裂纹、过热、变形、泄漏		
	3	内外表面的腐蚀和机械损伤		
	4	紧固螺栓		
	5	支撑、支座损坏		
	6	大型压力容器的基础下沉、倾斜、开裂		
	7	排放（疏水、排污）装置		
	8	快开门式压力容器安全连锁装置		
	9	多层包扎、热套容器泄放孔泄漏		
	10	主要受压元件材质		
	11	安全附件接口密封面		
	12	遮阳罩、操作台紧固		
	13	罐体与底盘等连接		
	14	防波板、罐内扶梯与罐体连接		
	15	罐车拉紧带、鞍座、中间支座		
保温隔热层检查	16	保温层破损、脱落、潮湿、跑冷		
	17	金属衬里穿透性腐蚀、裂纹、凹陷		
	18	堆焊层龟裂、剥离、脱落情况		
	19	非金属衬里破损、龟裂、脱落情况		
	20	非金属材料衬里压力容器，运行中本体壁温异常情况		

（续）

检验项目			检查结果	备注
其他				

检查结果：

检验：	日期：	审核：	日期：

注：没有或未进行的检查项目在检查结果栏打“—”；无问题或合格的检查项目在检查结果栏打“√”；有问题或不合格的检查项目在检查结果栏打“×”，并在备注中说明。

第　页　共　页

表6-19　壁厚测定报告

单位内编号/设备代码：　　　　　　　　　　　　　　　　报告编号：

测量仪器型号			测量仪器编号		
测量仪器精度			耦合剂		
公称厚度	筒体	mm	实测最小壁厚	筒体	mm
	封头	mm		封头	mm
表面状况			实测点数		

测厚点部位图：

测厚记录

测点编号	测点厚度	测点编号	测点厚度	测点编号	测点厚度	测点编号	测点厚度	测点编号	测点厚度	测点编号	测点厚度

检测结果：

检验：	日期：	审核：	日期：

注：测厚记录表格不够时，可按测厚记录格式增加续页。

第　页　共　页

表6-20　壁厚校核报告

单位内编号/设备代码：　　　　　　　　　　　　　　　　报告编号：

壁厚校核部位		最高工作压力	MPa	实测内径	mm
实测最小壁厚	mm	材料许用应力	MPa	腐蚀裕量	mm
焊接接头系数		封头形状系数		工作温度	℃
校核选用标准					

校核参数取值说明：

壁厚校核计算：

校核结果：

注：本校核不代替设计计算，不能免除设计者责任。

壁厚校核：	日期：	审核：	日期：

第　页　共　页

表 6-21　射线检测报告

单位内编号/设备代码：　　　　　　　　　　　　　　　　　　　　　　报告编号：

源种类	□X 射线　□Ir^{192} □Co^{60}　□其他	增感方式	
探伤机型号		仪器编号	
管电压/源活度	kV/Ci	管电流	mA
像质计型号		像质计指数	
透照方式		曝光时间	min
焦　距	mm	焦点尺寸	mm
胶片类型		底片黑度	
检测标准		检测比例	%　　mm

检测部位（布片示意图）：

射线检测底片评定表

底片编号	一次透照长度/mm	缺陷位置	缺陷性质及缺陷尺寸/mm	评定	备注

评片结果：

检测：　　　　　　　　　　　　　　　　　　　　　　　　　日期：

评片：　　　　　　日期：　　　　　　　审核：　　　　　　日期：

注：射线底片评定表不够时，可按评定表的格式增加续页。

第　页　共　页

表 6-22　超声检测报告

单位内编号/设备代码：　　　　　　　　　　　　　　　　　　　　　　报告编号：

检测仪器型号		检测仪器编号	
探头型号		试块型号	
评定灵敏度	dB	检测方法/扫查面	
耦合剂		补　偿	dB
检测标准		检测比例	%　　mm

检测部位（区段）及缺陷位置示意图：

超声检测结果评定表

区段编号	缺陷位置	缺陷埋藏深度/mm	缺陷指示长度/mm	缺陷高度/mm	缺陷反射波幅	评定级别	备注

检测结果：

检测：　　　　　　日期：　　　　　　　审核：　　　　　　日期：

注：超声波检测结果评定表不够时，可按评定表的格式增加续表。

第　页　共　页

表 6-23　磁粉检测报告

单位内编号/设备代码：　　　　　　　　　　　　　　　　报告编号：

检测仪器型号		检测仪器编号	
磁粉类型		磁悬液	
灵敏度试片		磁化方法	
提升力/磁化电流		喷洒方法	
检测标准		检测比例	%　　mm

检测部位（区段）及缺陷位置示意图：

磁粉检测结果评定表

区段编号	缺陷位置	缺陷磁痕尺寸 /mm	缺陷性质	评定	备　注

检测结果：

检测：　　　　日期：	审核：　　　　日期：

注：磁粉检测结果评定表不够时，可按评定表的格式增加续页。

第　页　共　页

表 6-24　渗透检测报告

单位内编号/设备代码：　　　　　　　　　　　　　　　　报告编号：

渗透剂型号		表面状况	
清洗剂型号		环境温度	℃
显像剂型号		对比试块	
渗透时间	min	显像时间	min
检测标准		检测比例	%　　mm

检测部位及缺陷位置示意图：

渗透检测结果评定表

区段编号	缺陷位置	缺陷痕迹尺寸 /mm	缺陷性质	评定	备　注

检测结果：

检测：　　　　日期：	审核：　　　　日期：

注：渗透检测结果评定表不够时，可按评定表的格式增加续页。

第　页　共　页

表 6-25　声发射检测报告

单位内编号/设备代码：　　　　　　　　　　　　　　　　　　报告编号：

检测标准				试验压力	MPa
检测方式		检测频率		仪器型号	
传感器型号		固定方式		耦合剂	
传感器数量		传感器平均灵敏度	dB	最大灵敏度	dB
背景噪声	dB	门槛电平	dB	最小灵敏度	dB
增　益	dB	模拟源		传感器最大间距	mm
模拟源距离	m	衰减测量传感器号		信号幅度	dB

传感器布置简图：

加载程序图/数据及定位图：

检测结果及评定：

检测：　　　　　日期：　　　　　　审核：　　　　　日期：

注：表格空间不够时，可另加附页。

第　页　共　页

表 6-26　材料成分分析报告

单位内编号/设备代码：　　　　　　　　　　　　　　　　　　报告编号：

取样方法		取样部位		
仪器型号		仪器编号		
检测标准		分析方法	□化学	□光谱

检测部位图：

序号	标称材质	元素及含量（质量分数,%）								备　注

分析结果：

检测：　　　　　日期：　　　　　　审核：　　　　　日期：

注：材料分析结果表不够时，可按分析结果表的格式增加续页。

第　页　共　页

表 6-27　硬度检测报告

单位内编号/设备代码：　　　　　　　　　　　　　　　　　　报告编号：

测量仪器型号		测量仪器编号	
主体材质		热处理状态	
检测标准		硬度单位	

测点位置示意图：

测点编号	测点硬度	测点部位	测点编号	测点硬度	测点部位	测点编号	测点硬度	测点部位

检测结果：

检测：　　　　　日期：　　　　　　审核：　　　　　日期：

注：硬度测试结果表不够时，可按测试结果表的格式增加续页。

第　页　共　页

表 6-28　金相分析报告

单位内编号/设备代码：　　　　　　　　　　　　　　　　　　　　　　报告编号：

分析仪器型号		分析仪器编号	
腐蚀方法		抛光方法	
执行标准		金相组织	
主体材质		热处理状态	

取样分析部位示意图：

金相照片（注明放大倍数）：

分析结果：

检测：　　　　　日期：　　　　　审核：　　　　　日期：

第　页　共　页

表 6-29　安全附件检验报告

单位内编号/注册代号：　　　　　　　　　　　　　　　　　　　　　　报告编号：

安全阀	型　号				数　量	
	公称压力	MPa	开启压力	MPa	密封压力	MPa
	公称通径	mm	有效期		铅　封	
	校验报告		安装位置		外　观	
紧急切断阀	形式及规格				数　量	
	耐压试验压力	MPa	密闭试验压力	MPa	切断时间	s
	检修记录		安装位置		外观	
压力表	量程	MPa	精　度		数　量	
	有效期		铅　封		外　观	
液位计	形　式		数　量		容器充装量	m^3
	安装位置		外　观		误差	
爆破片	型　号		规　格		数　量	
	爆破压力	MPa	材　质		安装位置	
测温仪表	型　号		有效期		外　观	
快开门联锁	同步报警		关紧后升压		泄压后开门	
气相软管试验压力		MPa	试验介质		保压时间	min
液相软管试验压力		MPa	试验介质		保压时间	min

其他阀门、附件检验：

检查结果：

检测：　　　　　日期：　　　　　审核：　　　　　日期：

第　页　共　页

表 6-30 耐压试验报告

单位内编号/设备代码： 报告编号：

设计压力	MPa	最高工作压力	MPa
试验压力	MPa	主体材质	
试验介质		介质温度	℃
试压部位		环境温度	℃
压力表	量程 MPa；精度 级	机泵型号	
试验程序记录			

缓慢升压至试验压力______MPa，保压______min；
缓慢降压至最高工作压力______MPa，保压______min；
检查容器______渗漏，______可见的变形，______异常的响声。

实际试验曲线：

p/MPa

t/min

试验结果：

检测：	日期：	审核：	日期：

第 页 共 页

表 6-31 气密性试验报告

单位内编号/注册代码： 报告编号：

设计压力	MPa	最高工作压力	MPa
耐压试验压力	MPa	气密性试验压力	MPa
试验介质		介质温度	℃
环境温度	℃	容积	m^3
压缩机型号		安全阀型号	
压力表	量程 MPa；精度 级	试验部位	
试验程序记录			

缓慢升至试验压力：______MPa，保压______min；
检查容器及连接部位：______泄漏，______异常现象。

实际试验曲线：

p/MPa

t/min

试验结果：

检测：	日期：	审核：	日期：

第 页 共 页

表 6-32　附加检查检测报告

单位内编号/注册代号：　　　　　　　　　　　　　　　　　　报告编号：

<table>
<tr><td colspan="8">导静电装置检查</td></tr>
<tr><td colspan="2">测试仪器型号</td><td colspan="2"></td><td colspan="2">仪器精度</td><td colspan="2"></td></tr>
<tr><td colspan="2">导静电电阻</td><td colspan="2">Ω</td><td colspan="2">连接处电阻</td><td colspan="2">Ω</td></tr>
<tr><td colspan="8">绝热层真空度检查</td></tr>
<tr><td colspan="2">真空仪型号</td><td colspan="2"></td><td colspan="2">仪器精度</td><td colspan="2"></td></tr>
<tr><td colspan="2">空载时真空度</td><td colspan="2">Pa</td><td colspan="2">承载时真空度</td><td colspan="2">Pa</td></tr>
<tr><td colspan="8">罐体抽真空、气体置换</td></tr>
<tr><td>真空泵型号</td><td colspan="2"></td><td>抽真空时间</td><td>h</td><td colspan="2">罐内真空度</td><td>Pa</td></tr>
<tr><td colspan="2">置换介质</td><td colspan="2"></td><td colspan="2">置换压力</td><td colspan="2">MPa</td></tr>
<tr><td colspan="2">排放后罐内压力</td><td colspan="2">MPa</td><td colspan="2">罐内气体含氧量(≤3%)</td><td colspan="2"></td></tr>
<tr><td colspan="8">腐蚀介质含量测定</td></tr>
<tr><td colspan="2">介质名称</td><td colspan="2"></td><td colspan="2">腐蚀介质成分</td><td colspan="2"></td></tr>
<tr><td>腐蚀介质含量</td><td colspan="2">%</td><td>腐蚀速度</td><td>mm/y</td><td colspan="2">腐蚀机理</td><td></td></tr>
<tr><td colspan="8">其他检验、检测：</td></tr>
<tr><td colspan="8">检测结果：</td></tr>
<tr><td colspan="2">检测：</td><td colspan="2">日期：</td><td colspan="2">审核：</td><td colspan="2">日期：</td></tr>
</table>

第　页　共　页

6-10　如何改进压力容器水压试验工艺（案例）？

答：[案例 6-4]

1. 压力容器水压试验存在的问题

1）缺乏水压试验专用工艺文件，导致水压试验的符合程度下降。

2）缺乏规定试验部件的摆放高度、摆放方位、摆放角度。

3）缺乏对水压试验辅助工具的规定要求。

4）缺乏对试验场地、环境规定要求。

2. 推荐常用水压试验工艺

（1）简易的进水、排气方法

图 6-7 设备最高点的压力表连接管旁边，接一个支管和阀门，作为设备充水时的排气口。空气排放完了就会有水流出，通过一段软管将水引到排水地点而不会打湿试验设备，让水流一段时间后关闭排气阀门，就完成了充水排气工作。

（2）利用分气缸进行水压试验　分气缸的管座较多，每个管座分别进行充水排气比较麻烦，而且往往不能将空气排净。

如果将分气缸翻过来放置，情况就不一样了，如图 6-8 所示。由于下部排水管是插入式内平齐（或是骑座式）的，正好可以朝上作为排气口，而原来朝上的数个管座向下放置自然存不了空气。工艺文件中应该规定放置高度的范围，以便于试验检查。

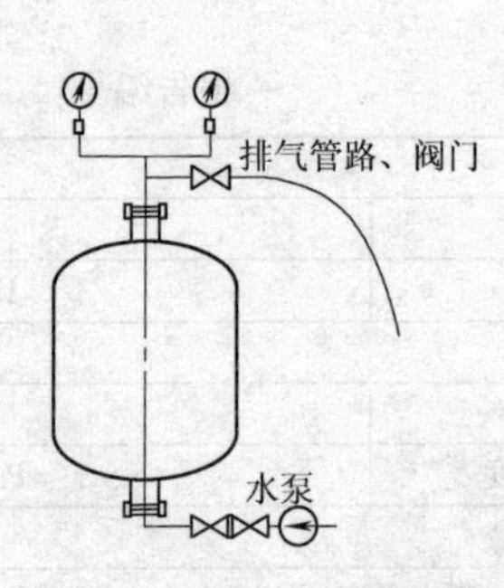

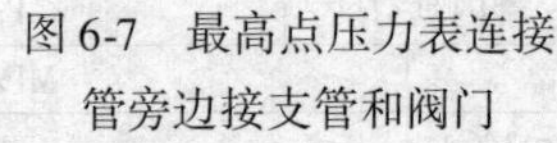

图 6-7　最高点压力表连接管旁边接支管和阀门

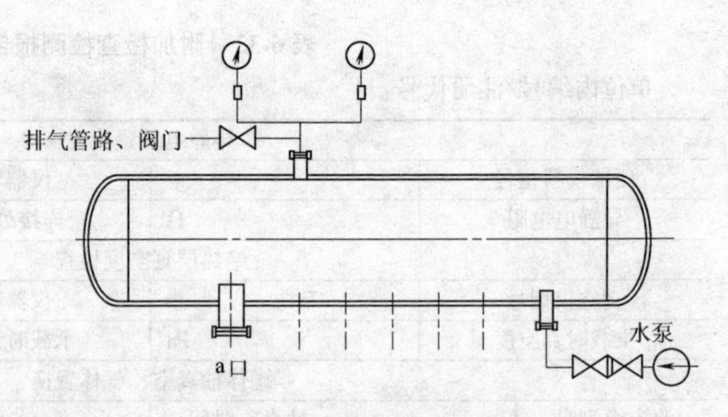

图 6-8　分气缸翻过来放置

（3）有夹套压力容器进行水压试验　常见夹层锅的 1# 角焊缝部位是很难排净空气的，如图 6-9 所示。如果可能的话，翻过来放置进行试验就解决问题了。如果由于产品过大、过重或稳定性等因素不能翻过来放置，则有必要在水压试验完成后，对 1#焊缝部位参照气压试验的方式涂肥皂水进行检查。

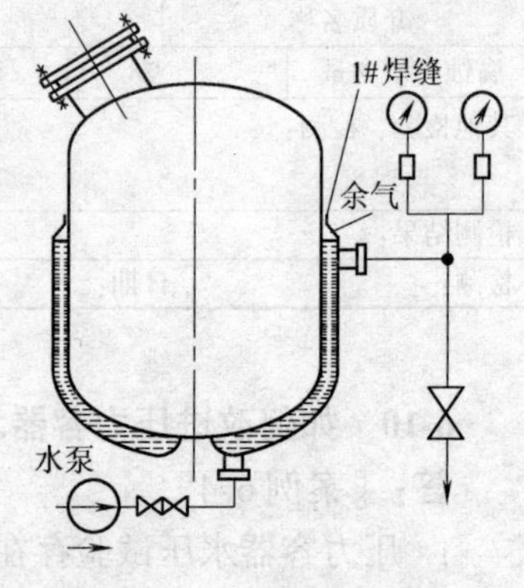

图 6-9　1#角焊缝部位

（4）管板式换热压力容器进行水压试验　有些管板式换热器某个回程的最上方没有可以排气的管口（或管口不在最上方），使得水压试验时不能排净空气，如图 6-10 所示。如果有可能将产品部件竖起来，把可以用来排气的管口朝上放置，问题就可以得到解决。如果不能够竖立放置，则要考虑其他的排气方式，如采用垂直充水法（竖置充水，水平试验）、插管排气法等方法，保证满足水压试验工艺文件规定要求。

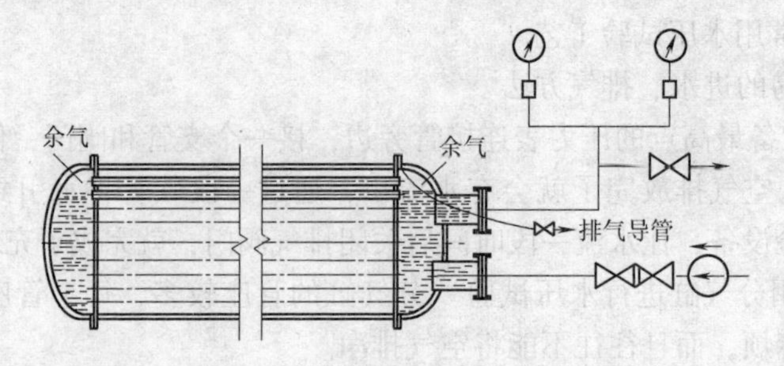

图 6-10　最上方没有可以排气的管口

3. 加强水压试验工艺管理

1）进一步规范水压试验操作及试验记录。

2）加强水压试验缺陷管理，对水压试验不合格部件或产品必须认真查找原因。元件材料渗漏，必须检查做出判断原因。焊缝渗漏应该准确标出缺陷部位、检查缺陷程度、分析缺陷原因。水压试验发现有残余变形，必须进一步检查、分析原因。采用焊接方法修理时，严禁带水、带压进行焊接。

3）做好水压试验善后处理。水压试验结束后，应按工艺规定的降压速度进行降压。检查试验辅助工具是否完好，分别放回原规定的存放处。在水压试验产品或部件上标志合格的标记。及时进行水压试验后的干燥防腐等处理。

6-11　对压力容器如何开展耐压试验？

答：根据 TSG 21—2016《固定式压力容器安全技术监察规程》的规定，在定期检验过程中，使用单位或者检验机构对压力容器的安全状况有怀疑时，应当进行耐压试验。耐压试验由使用单位负责实施，检验机构负责检验。某省市开展压力容器耐压试验。具体内容如下：

1）全面检验合格后方允许进行耐压试验。耐压试验前，压力容器各连接部位的紧固螺栓，必须装配齐全，紧固妥当。耐压试验场地应当有可靠的安全防护设施，并且经过使用单位技术负责人和安全部门检查认可。

2）耐压试验时至少采用两个量程相同的并且经过检定合格的压力表，压力表安装在压力容器顶部便于观察的部位。压力表的选用应当符合如下要求：a. 低压容器使用的压力表精度不低于 2.5 级，中压及高压容器使用的压力表精度不低于 1.6 级；b. 压力表的量程应当为试验压力的 1.5～3.0 倍，表盘直径不小于 100mm。

3）耐压试验的压力应当符合设计图样要求，并且不小于下式计算值：

$$p_T = \eta p \frac{[\sigma]}{[\sigma]_t}$$

式中：p 为本次检验时核定的最高工作压力（MPa）；p_T 为耐压试验压力（MPa）；η 为耐压试验的压力系数，按表 6-33 选用；$[\sigma]$ 为试验温度下材料的许用应力（MPa）；$[\sigma]_t$ 为设计温度下材料的许用应力（MPa）。

表 6-33　耐压试验的压力系数 η

压力容器形式	压力容器的材料	压力等级	耐压试验压力系数	
			液（水）压	气压
固定式	钢和有色金属	低压	1.25	1.15
		中压	1.25	1.15
		高压	1.25	1.15
	铸铁		2.00	
	搪玻璃		1.25	
移动式		中、低压	1.50	1.15

4）耐压试验优先选择液压试验，其试验介质应当符合如下要求：a. 凡在试验时，不会导致发生危险的液体，在低于其沸点的温度下，都可以用作液压试验介质。一般采用水，当采用可燃性液体进行液压试验时，试验温度必须低于可燃性液体的闪点，试验场地附近不得有火源，并且配备适用的消防器材；b. 以水为介质进行液压试验，所用的水必须是洁净的。奥氏体不锈钢制压力容器用水进行液压试验时，控制水的氯离子含量不超过25mg/L。

5）液压试验时，试验介质的温度应当符合如下要求：

碳素钢、16MnR、15MnNbR和正火15MnVR钢制压力容器在液压试验时，液体温度不得低于5℃。其他低合金钢制压力容器，液体温度不得低于15℃。如果由于板厚等因素造成材料无延性转变温度升高，则需相应提高液体温度。

6）压力容器液压试验后，符合以下条件为合格：a. 无渗漏；b. 无可见的变形；c. 试验过程中无异常的响声；d. 标准抗拉强度下限 $\sigma_b \geqslant 540$MPa钢制压力容器，试验后经过表面无损检测未发现裂纹。

7）压力容器气压试验应当符合规定要求：

① 由于结构或者支撑原因，压力容器内不能充灌液体，以及运行条件不允许残留试验液体的压力容器，可以按设计图样规定采用气压试验。

② 盛装易燃介质的压力容器，在气压试验前，必须采用蒸汽或者其他有效的手段进行彻底的清洗、置换并且取样分析合格，否则严禁用空气作为试验介质。

③ 试验所用气体为干燥洁净的空气、氮气或者其他惰性气体。

④ 碳素钢和低合金钢制压力容器的试验用气体温度不得低于15℃。其他材料制压力容器，其试验用气体温度应当符合设计图样规定。

⑤ 气压试验过程中，符合以下条件为合格：a. 压力容器无异常响声；b. 经过肥皂液或者其他检漏液检查无漏气；c. 无可见的变形。

8）对盛装易燃介质的压力容器，如果以氮气或者其他惰性气体进行气压试验，试验后，应当保留0.05~0.1MPa的余压，保持密封。

6-12　移动式压力容器定期检验有什么规定？

答：移动式压力容器是指汽车罐车、铁路罐车和罐式集装箱等（以下统一简称罐车），根据TSG R0005—2011《移动式压力容器安全技术监察规程》，某省市对移动式压力容器定期检验提出规定如下：

1）适用于运输最高工作压力大于等于0.1MPa、设计温度不高于50℃的液化气体、低温液体的钢制罐体（罐体为裸式、保温层或绝热层形式）在用罐车的定期检验。

2）在用罐车的定期检验分为年度检验、全面检验和耐压试验。具体内容如下：

① 年度检验，每年至少1次。

② 全面检验，罐车的全面检验周期按表6-34规定。有以下情况之一的罐

车，应该做全面检验：a. 新罐车使用1年后的首次检验；b. 罐体发生重大事故或停用1年后重新投用的；c. 罐体经重大修理或改造的。

③ 耐压试验，每6年至少进行1次。

表6-34 罐车全面检验周期

安全状况等级	罐车名称		
	汽车罐车	铁路罐车	罐式集装箱
1~2级	5年	4年	5年
3级	3年	2年	2.5年

3）常温型（裸式）罐车罐体年度检验附加要求如下：a. 安全阀、爆破片装置、紧急切断装置、液位计、压力表、温度计、导静电装置、装卸软管和其他附件；b. 罐体与底盘（车架或框架）、遮阳罩、操作台、连接紧固件、导静电装置等；c. 罐内防波板与罐体连接结构型式，以及防波板与罐体、气相管与罐体连接处的裂纹、脱落等。

4）低温、深冷型罐车罐体年度检验附加要求如下：a. 常温型（裸式）罐车罐体年度检验的全部内容；b. 保温层的损坏、松脱、潮湿、跑冷等。

5）对于首次检验的，应该对资料全面审查；对于非首次检验的，重点审查新增和变更的部分。

6）具有易燃、易爆、助燃、毒性或窒息性介质的罐车，应该进行残液处理、抽残、中和消毒、蒸汽吹扫、通风置换、清洗。检验前应该取样分析，要求罐内气体分析测试结果达到有关标准规定、残液排放指标达到有关环保标准。

7）设有人孔的罐车必须开罐，进行以下表面检查：a. 罐体的变形、泄漏、机械损伤，罐体接口部位焊缝的裂纹等；b. 罐内防波板与罐体的连接情况，连接焊缝处的裂纹、连接固定螺栓的松脱，防波板裂纹、裂开或脱落等；c. 罐内气相管、液位计固定导架与罐体固定连接处的裂纹、裂开或松脱等；d. 对深冷型罐车还要进行真空度测试（常温下）按表6-35的规定。

表6-35 真空度测试（常温下）

绝热方式	夹层真空度/Pa	结论
真空多层	≤1.33	继续使用
	>1.33	重抽真空
真空粉末	≤13.3	继续使用

8）罐体与底盘（底架或框架）连接紧固装置的检查是对罐体支座以上部分的检查（包括紧固连接螺栓）：a. 罐体与底盘是否连接牢固，紧固连接螺栓是否有腐蚀、松动、弯曲变形，螺母、垫片是否齐全、完好；b. 罐体支座与底盘之间连接缓冲胶垫是否错位、变形、老化等；c. 罐体支座（靠车头端）前端过渡区是否存在裂纹；支座与卡码是否连接牢固；d. 铁路罐车的拉紧带、鞍座、中间支座检查。

9）罐体管路、阀门和车辆底盘之间的导静电导线连接是否牢固可靠，罐体管路阀门与导静电带接地端的电阻不应当超过10Ω；连接罐体与地面设备的接地导线，截面面积应当不小于5.5mm^2。导静电带必须安装并且接地可靠，严禁使用铁链。

10）盛装食用二氧化碳的罐车应当对罐体内表面进行洁净化处理；盛装氧气的罐车应当对各拆装接口及有油脂接触过的部位进行脱脂处理后，方可组装。组装完毕后应当进行整车的气密性试验。

11）全面检验，包括罐车罐体年度检验的全部内容、外表面除锈喷漆、壁厚测定、无损检测和强度校核等，具体内容如下：a. 首次全面检验时，应该进行结构检查和几何尺寸检查，以后的检验仅对运行中可能发生变化的内容进行复查（绝热层式不设人孔的低温深冷型罐车除外）；b. 按罐体设计压力的1.5倍，对紧急切断阀受介质直接作用的部件进行耐压试验，保压时间应当不少于10min；耐压试验前后，分别以0.1MPa和罐体的设计压力进行气密性试验，保压时间应当不少于5min；c. 壁厚的测定应该优先选择以下具有代表性的部位，并且有足够的测点数，测定后标图记录；d. 罐体角焊缝和内表面对接焊缝应该做100%表面无损检测，凡罐车存在以下情况之一时，还应该对焊缝进行射线或超声抽查；e. 罐体外表面油漆检查；f. 经检查发现罐体存在大面积腐蚀、壁厚明显减薄或变更工作介质的，应该进行强度校核；g. 全面检验工作完成后，检验人员应该根据检验结果，按TSG 21—2016的规定评定罐车的安全状况等级及下次全面检验的周期，出具检验报告。

12）耐压试验：a. 罐体耐压试验一般应当采用液压试验，液压试验压力为罐体设计压力的1.5倍。液压试验时，罐体的薄膜应力不得超过试验压力温度下材料屈服强度的90%。低温深冷型罐车罐体的耐压试验可以按照设计图样的规定要求进行；b. 由于结构或介质原因，不允许向罐内充灌液体或运行条件不允许残留试验液体的罐体，可以按照图样要求采用气压试验，气压试验压力为罐体设计压力的1.15倍。气压试验时，罐体的薄膜应力不得超过试验温度下材料屈服强度的80%。

6-13　压力容器检查检验时应采取什么安全措施？

答：压力容器检查检验时，应采取以下安全措施。

1）应将压力容器内外部介质排净，并用盲板切断压力容器与其他设备连接的管道。

2）不允许在压力容器带压情况下，拆卸紧固件。

3）对盛装易燃、易爆、有毒或窒息性介质的压力容器，应进行置换、中和、消毒、清洗等措施。

4）拆除妨碍检查的内部（可拆）装置，并清除压力容器内壁上的油污等杂物。

5）专人负责切断有关电气设备的电源，并要挂牌标志；进入压力容器要用

12V 的低压安全灯，检验仪器和修理工具的电源电压超过 36V 时，必须保证导线的绝缘良好，接地可靠。

6）进入压力容器检验时，外部必须有监护人员，并不得擅自离开。

7）介质对压力容器材料的腐蚀情况不明，材料焊接性能差或制造时曾产生过多次裂纹的，投产使用 1 年应立即进行内部检验。

8）对外部有保温层的压力容器进行全面检验时，应根据缺陷情况拆除保温层。

6-14　压力容器常见缺陷有哪些？

答：压力容器在运行过程中，由于使用条件、管理不善、违章作业等因素，产生很多缺陷，它将直接威胁到压力容器安全运行，常见缺陷有裂纹、材质劣化、变形、腐蚀等。

（1）裂纹　裂纹是在用压力容器常见缺陷之一，也是最危险的一种缺陷，是造成压力容器发生脆性破坏的主要因素。压力容器使用过程中产生的裂纹有疲劳裂纹和腐蚀裂纹，特别是用低合金高强度钢制造的压力容器更容易产生表面裂纹。

（2）材质劣化　在压力容器使用过程中，钢材的化学成分可能发生某些变化，如表面脱碳、增碳、氮化、氧化等。在内部组织结构方面，在一定的温度下，钢材的内部组织结构可能发生时效、珠光体球化、石墨化、过热下的组织粗化，从而影响压力容器的安全可靠运行。

（3）变形　变形是容器整体或局部地方发生几何形状的改变，是压力容器使用过程中出现的主要缺陷之一。压力容器的变形一般有凹陷、鼓包，整体膨胀和整体扁瘪等几种形式。

（4）腐蚀　腐蚀是物质由于与环境、外界条件作用引起的破坏或变质，是压力容器在使用过程中普遍产生的一种缺陷。严重的腐蚀会使压力容器发生安全事故和爆炸现象，常见腐蚀形态有孔蚀、缝隙腐蚀、晶间腐蚀、磨损腐蚀、应力（腐蚀）破裂、均匀腐蚀等。

1）孔蚀。集中在金属表面个别点上深度较大的腐蚀称为孔蚀。孔蚀是破坏性和隐患最大的腐蚀形态之一。不锈钢制造的压力容器在含氯离子介质中使用时，非常容易遭受孔蚀破坏。

2）缝隙腐蚀。浸在腐蚀介质中心金属表面，在缝隙和其他隐蔽域常常发生强烈的局部腐蚀，这种腐蚀形态称为缝隙腐蚀。

3）晶间腐蚀。晶间腐蚀是由晶界的杂质而引起的，它会造成晶粒脱落，使材料的机械强度和伸长率显著下降，造成压力容器会突然损坏，用铬镍奥氏体不锈钢制成的压力容器最容易产生晶间腐蚀，要采取措施防止发生事故。

4）磨损腐蚀。由于腐蚀介质和金属表面之间的相对运动而使腐蚀过程加速的现象称为磨损腐蚀。

5）应力（腐蚀）破裂。应力（腐蚀）破裂是受拉应力的材料和特定的腐蚀介质的共同作用而产生的一种脆性破坏。往往一些高韧性的金属材料，如低碳钢、铬镍奥氏体不锈钢等容易产生这样的脆性破坏。

6）均匀腐蚀。在金属全部暴露的表面或在部分面积上产生基本均匀的化学或电化学反应，称为均匀腐蚀，均匀腐蚀是最常见的腐蚀形态。

7）腐蚀疲劳。金属受腐蚀介质和交变应力同时作用而产生的破裂，称为腐蚀疲劳。腐蚀疲劳断口和一般的疲劳断口的基本区别是疲劳裂纹扩展区有腐蚀产物。

8）氢损伤。由于氢渗入金属内部而造成金属性能的恶化称为氢损伤。氢损伤包括四种破坏形态：氢脆、氢鼓包、脱碳和氢腐蚀。氢损伤会使材料力学性能急剧降低，可能造成突发性事故。

6-15　压力容器检验可分为哪两大类？

答：压力容器检验可以分为破坏性（试验）检验和非破坏性（试验）检验两大类。采用何种试验、检验方法要根据生产工艺、技术要求和有关标准规范来进行综合确定（图6-11）。

（1）破坏性（试验）检验　如力学性能试验、化学性能试验、金相试验、焊接性试验、其他试验等。

1）力学性能试验。压力容器用材料的质量及规格应符合相应的国家标准、行业标准的规定。常用的试验有拉力试验、弯曲试验、冲击试验、焊接接头的力学性能试验等。力学性能试验在压力容器检验时，常用硬度测试来间接评价材料的力学性能及力学性能的均匀性。

2）化学性能试验、金相试验和焊接性试验。材料和焊接接头的化学成分分析和金相组织检验是压力容器检验中经常采用的方法。化学分析的目的主要在于鉴定材质是否符合标准规定及运行一段时间后是否发生了变化。金相检验的目的主要是为了检查压力容器运行后受温度、介质和应力等因素的影响，其材质的组织结构是否发生了变化。

3）其他试验：

① 应力测试，压力容器的应力分析通常采用理论分析和试验应力分析两种方法，目的是进行强度校核或做应力分布曲线图。试验方法可测出压力容器受载后表面的或内部各点的真实应力状态，目前广泛应用的有电阻应变测量法。

② 断口分析，断口分析是指人们通过肉眼或使用仪器观察分析金属材料或金属构件损坏后的断口截面来探讨其材料或构件损坏的一种技术。断口分析是断裂理论研究中的重要组成部分和断裂事故分析的重要手段。断口分析的主要目的：一是在无损检测的基础上，判断各种典型缺陷的性质，为安全分析和制定合理的修理方案提供准确的资料；二是检查一些严重缺陷在压力容器使用过程中的变化情况。

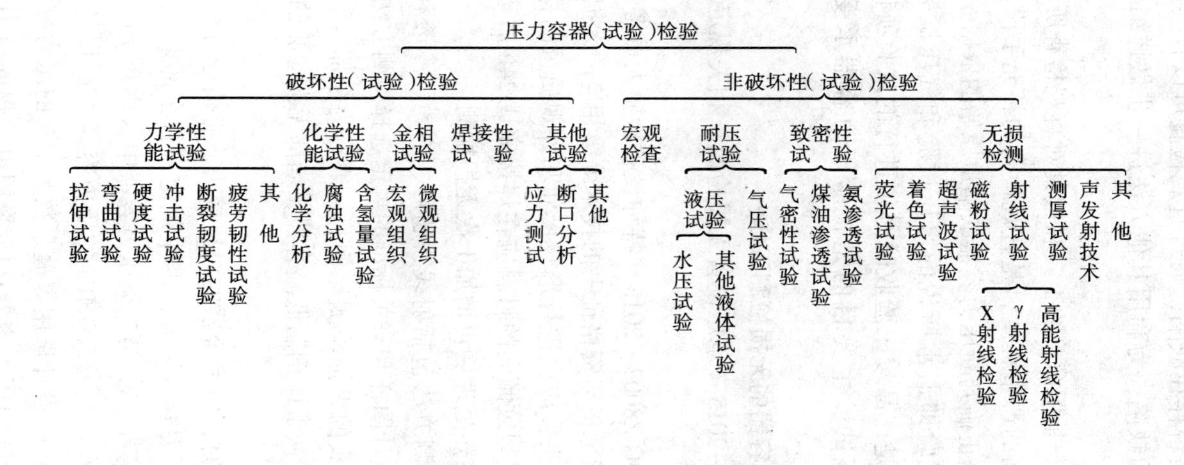

图 6-11 压力容器(试验)检验分类示意图

（2）非破坏性（试验）检验　有宏观检查、耐压试验、致密性试验和无损检验等，宏观检查又可分为直观检查和量具检查。

1）直观检查。主要是凭借检验人员、操作人员的感觉器官，对压力容器内外表面进行检查，以判别是否存在缺陷，通过直观检查可以直接发现和检验压力容器内外表面比较明显的缺陷，为利用其他方法进一步做详细检验提供线索和依据。

2）量具检查。量具检查是用简单的工具和量具对直观检查所发现的缺陷进行测定和测量，以确定缺陷的严重程度，是直观检查的补充手段，也为进一步详细检验提供初步数据，是正确判断压力容器缺陷最原始的依据。

3）耐压试验。耐压试验即通常所说的水压试验和气压试验，是一种验证性的综合试验，它不仅是产品竣工验收时必须进行的试验项目，也是内外部检验的主要项目。耐压试验主要目的是检验压力容器承受静压强度的能力。

6-16　如何开展对压力容器的无损检测工作？

答：根据 NB/T 47013—2015《承压设备无损检测》相关规定，对压力容器进行无损检测工作具体如下。

1）检测人员应按照 TSG Z8002—2013《特种设备检验人员考核规则》进行考核，取得资格证书，方能承担与资格证书的技术等级相应的无损检测工作。

2）压力容器的焊接接头，应先进行形状尺寸和外观质量的检查，合格后，才能进行无损检测。有延迟裂纹倾向的材料应在焊接完成 24h 后进行无损检测；有再热裂纹倾向的材料应在热处理后再增加 1 次无损检测。

3）压力容器的无损检测方法包括射线、超声、磁粉、渗透和涡流检测等。压力容器制造单位应根据设计图样和有关标准的规定选择检测方法和检测长度。

4）压力容器的对接接头的无损检测比例，一般分为全部（100%）和局部（大于等于 20%）两种。对铁素体钢制低温容器，局部无损检测的比例应大于等于 50%。

5）符合下列情况之一时，压力容器的对接接头，必须进行全部射线或超声检测：a. GB 150—2011《压力容器》等标准中规定进行全部射线或超声检测的压力容器；b. 第三类压力容器；c. 第二类压力容器中易燃介质的反应压力容器和贮存压力容器；d. 设计压力大于 5.0MPa 的压力容器；e. 设计压力大于等于 0.6MPa 的管壳式余热锅炉；f. 设计选用焊缝系数为 1.0 的压力容器（无缝管制筒体除外）；g. 疲劳分析设计的压力容器；h. 采用电渣焊的压力容器；i. 使用后无法进行内外部检验或耐压试验的压力容器。

6）压力容器焊接接头检测方法的选择要求如下：a. 压力容器壁厚小于等于 38mm 时，其对接接头应采用射线检测；由于结构等原因，不能采用射线检测时，允许采用可记录的超声检测；b. 压力容器壁厚大于 38mm（或小于等于 38mm，但大于 20mm 且使用材料抗拉强度规定值下限大于等于 540MPa）时，其对接接头如采用射线检测，则每条焊缝还应附加局部超声检测，如采用超声检测，则每条焊缝还应附加局部射线检测。无法进行射线检测或超声检测时，应采用其他检测方法进行附加局部无损检测。附加局部检测应包括所有的焊缝交叉部位，附加局部检测的比例为原无损检测比例的 20%；c. 对有无损检测要求的角接接头、T 形接头，不能进行射线或超声检测时，应做 100% 表面检测；d. 铁磁性材料压力容器的表面检测应优先选用磁粉检测；e. 有色金属制压力容器对接接头应尽量采用射线检测。

7）除上述第 5）条规定之外的其他压力容器，其对接接头应做局部无损检测：a. 局部无损检测的部位由制造单位检验部门根据实际情况指定。但对所有的焊缝交叉部位及开孔区将被其他元件覆盖的焊缝部分必须进行射线检测，拼接封头（不含先成形后组焊的拼接封头）、拼接管板的对接接头必须进行 100% 无损检测。拼接补强圈的对接接头必须进行 100% 超声检测或射线检测，其合格级别与压力容器壳体相应的对接接头一致；b. 拼接封头应在成形后进行无损检测，若成形前进行无损检测，则成形后应在圆弧过渡区再做无损检测；c. 经过局部射线检测或超声检测的焊接接头，若在检测部位发现超标缺陷时，则应进行不少于该条焊接接头长度 10% 的补充局部检测；若仍不合格，则应对该条焊接接头全部检测。

8）现场组装焊接的压力容器，在耐压试验前，应按标准规定对现场焊接的焊接接头进行表面无损检测；在耐压试验后，应按有关标准规定进行局部表面无损检测，若发现裂纹等超标缺陷，则应按标准规定进行补充检测；若仍不合格，则应对该焊接接头做全部表面无损检测。

9）制造单位必须认真做好无损检测的原始记录，检测部位图应清晰、准确地反映实际检测的方位（如射线照相位置、编号、方向等），正确填发报告，妥善保管好无损检测档案和底片（包括原缺陷的底片）或超声自动记录资料，保存期限不应少于 7 年；7 年后若用户需要可转交用户保管。

6-17　渗透检测在压力容器无损检测中是如何应用的？

答：渗透检测在压力容器无损检测中应用比较广泛，主要分为荧光渗透检测和着色渗透检测两种。

渗透检测是用绿色的荧光渗透液或者红色的着色渗透液，来显示放大了的缺陷图像的迹痕，从而能够用肉眼检查出试件表面上的开裂缺陷。使用荧光渗透液的称为荧光渗透检测法，使用红色着色渗透液的称为着色渗透检测法。渗透检测的基本使用程序如下。

1）渗透。首先将试件浸渍于渗透液中，或者用喷雾器或刷子把渗透液涂在试件表面上，如果试件有裂纹、孔隙和其他开裂处，渗透液就渗入其中。这个过程叫作渗透。荧光检测采用的渗透剂是荧光液，而检查时用紫外线照射。

2）清洗。待渗透液充分地渗透到缺陷内之后，用清洗剂或水把试件表面的渗透液洗掉。这个过程叫作清洗。由于清洗剂不能渗入到留有渗透液的裂纹和孔隙中，故裂纹和孔隙中的渗透液得以保留下来。

3）显像。把显像剂喷洒到试件表面上，残留在裂纹、孔隙中的渗透液就会被显像剂吸出到表面上，形成放大的黄绿色荧光或者红色的显示痕迹，这个过程叫作显像。

4）观察。用荧光渗透液的显示痕迹在紫外线照射下能发出强的荧光，用着色渗透液的显示痕迹在自然光线下呈红色，所以很容易识别，用肉眼观察就可以发现很微细的缺陷。痕迹有3种：连续线表示裂纹、点线表示狭窄的裂纹、分散的点痕表示孔隙。

实际上除了上述的基本过程外，有时为了使渗透容易进行，还要进行预处理。另外，为了进行显像，有时还要进行干燥处理；或者为了使渗透液容易洗掉，对某些渗透液有时还要作乳化处理。

渗透检测能探测出的最小尺寸，是由检测剂的性能、检测方法、检测操作的好坏和试件的表面粗糙度等因素决定的，一般约为深0.02mm，宽0.001mm。另外，在荧光渗透检测时，若使用荧光辉度高的渗透液，在检测的同时把交变应力加在试件上，则可进一步提高检测灵敏度。表6-36为渗透检测报告。

表6-36　渗透检测报告

产品编号：

工件	部件名称		材料牌号	
	部件编号		表面状态	
	检测部位			
器材及参数	渗透剂种类		检测方法	
	渗透剂		乳化剂	
	清洗剂		显像剂	
	渗透剂施加方法	□喷□刷□浸□浇	渗透时间	min
	乳化剂施加方法	□喷□刷□浸□浇	乳化时间	min
	显像剂施加方法	□喷□刷□浸□浇	显像时间	min
	工件温度	℃	对比试块类型	□铝合金□镀铬
技术要求	检测比例		合格级别	级
	检测标准		检测工艺编号	

（续）

检测部位缺陷情况	序号	焊缝（工件）部位编号	缺陷编号	缺陷类型	缺陷痕迹尺寸/mm	缺陷处理方式及结果				最终评级/级
						打磨后复检缺陷		补焊后复检缺陷		
						性质	痕迹尺寸/mm	性质	痕迹尺寸/mm	

检测结论：

1. 本产品符合　　　　　标准的要求，评定为合格。
2. 检验部位及缺陷位置详见检测部位示意图（另附）。

报告人（资格） 年　月　日	审核人（资格） 年　月　日	无损检测专用章 年　月　日

6-18 磁粉检测在压力容器无损检测中是如何应用的？

答：磁粉检测在压力容器无损检测中应用较广泛。

1）磁粉检测是另一种检测钢铁材料的裂纹等表面缺陷的重要方法。它的原理是：将磁场加到试件上后，钢铁等强磁性材料能被磁场强烈地磁化。如果试件上有裂纹，且裂纹方向与磁化方向呈直角，则在裂纹处呈现磁极，并产生漏磁磁场。当磁粉的细粒进入漏磁场时，它们被吸住而留下。由于漏磁场比裂纹宽，积聚的磁粉可由肉眼很容易地看出。当磁化强度足够高时，即使裂纹很微细，也能形成清晰可见的漏磁场。如果使用荧光磁化液，那么在紫外线照射下，试件上的微小裂纹、褶皱、孔隙、夹渣等表面缺陷，便以黄绿色的线条或点线显现出来。

2）磁粉检测操作包括预处理、磁化、施加磁粉、观察记录及后处理（包括退磁）等。磁化试件时应该考虑所检测裂纹的方向，要把磁场加在同裂纹方向相垂直的方向。实际应用的磁化方法如图 6-12 所示，图上用磁力线（虚线）表示磁场方

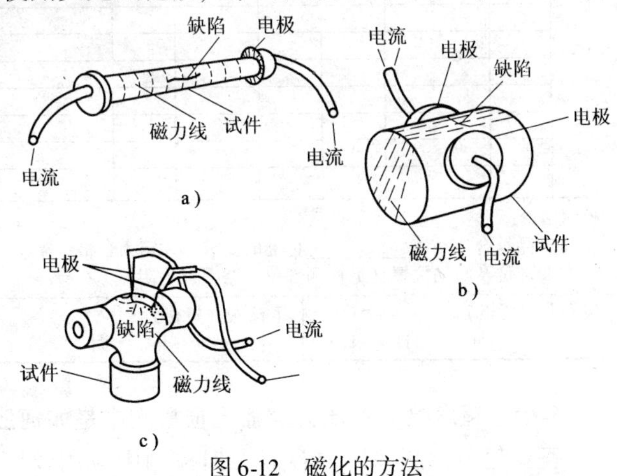

图 6-12　磁化的方法

a）轴向通电法　b）直流通电法　c）电极刺入法

向。由于裂纹的方向往往难以预料，所以实践中常采用能取得互相垂直的磁场的复合磁化方法。

3）表面磁场强度可以由试件尺寸和电流值的计算求得。

4）磁粉检测的准确度很高，它能确定表面开口裂纹和表面下深度很浅的其他缺陷，但不能确定缺陷的深度，也不能用来探测内部缺陷。

5）磁化方法很多，有轴向通电法、直流通电法、电极刺入法、线圈法、极间法、磁通贯通法等，表6-37为磁粉检测报告。

表6-37　磁粉检测报告

产品编号：

工件	部件名称		材料牌号	
	部件编号		表面状态	
	检测部位			
器材及参数	仪器型号		磁化方法	
	磁粉种类		灵敏度试片型号	
	磁悬液浓度		磁化方向	
	磁化电流		提升力	N
	磁化时间		触头（磁轭）间距	mm
技术要求	检测比例		合格级别	级
	检测标准		检测工艺编号	

检测部位缺陷情况	序号	焊缝（工件）部位编号	缺陷编号	缺陷类型	缺陷磁痕尺寸/mm	缺陷处理方式及结果				最终评级/级
						打磨后复检缺陷		补焊后复检缺陷		
						性质	磁痕尺寸/mm	性质	磁痕尺寸/mm	

检测结论：

1. 本产品符合＿＿＿＿＿＿＿标准的要求，评定为合格。
2. 检验部位及缺陷位置详见检测部位示意图（另附）。

报告人（资格） 年　月　日	审核人（资格） 年　月　日	无损检测专用章 年　月　日

6-19　超声检测在压力容器无损检测中是如何应用的？

答：超声检测在压力容器无损检测中应用较广泛，超声检测有阴影法、共振法、脉冲反射法等。

1）把超声波脉冲从探头射入被检物，如果其内部有缺陷，则一部分入射的超声波在缺陷处被反射，利用探头能接受信号的声能，可以不必损坏被检物而检出缺陷的部位及其大小。这种检测方法叫作超声检测。

用于检测的超声波，频率为400～25MHz，其中用得最多的是1～5MHz的超声波。在金属检测中之所以使用高的频率是因为：a. 指向性好，能形成窄的波束；b. 波长短，小的缺陷也能够很好地反射；c. 距离的分辨力好，缺陷的分辨率高。

2）在超声检测法中，目前应用最多的是脉冲反射法。它是应用回声原理来检测的，图6-13所示是脉冲反射法的原理。把脉冲振荡器发生的电压加到探头的压电晶片上，晶片因在厚度方向产生伸缩而发生机械振动，发出超声波脉冲；如果被检物是铁或铝的话，超声波就以600m/s左右的固定速度在内部传播。如果被检件内部有裂纹等缺陷，超声波脉冲的一部分就从缺陷处反射回到探头的晶片（叫作缺陷回波）。不碰到缺陷的超声波脉冲则在被检物底面反射回来（叫作底面回波）。因此，缺陷处反射的超声波先回到晶片，后回到晶片的是底面反射回来的超声波。回到晶片上的超声波使晶片发生振动，在晶片的两电极间就会产生频率与超声波相等，强度与超声波成正比的高频电压，高频电压通过接收器进入示波管。通常在超声检测中，使用一个探头，它既做发射又做接收。这样，进入接收器内的高频电压包括两部分：一部分是振荡器发生的高频电压，另一部分是回波转换的高频电压。因此，当在示波管横坐标上以脉冲振荡器的起振时间为基点，把辉点向右移动时，在示波管上可以得到如图6-14所示的波形图。在这个波形图上，就可以判断有无缺陷、缺陷的部位及其大小。缺陷的部位 L_F 可以根据比例求出，缺陷的大小可根

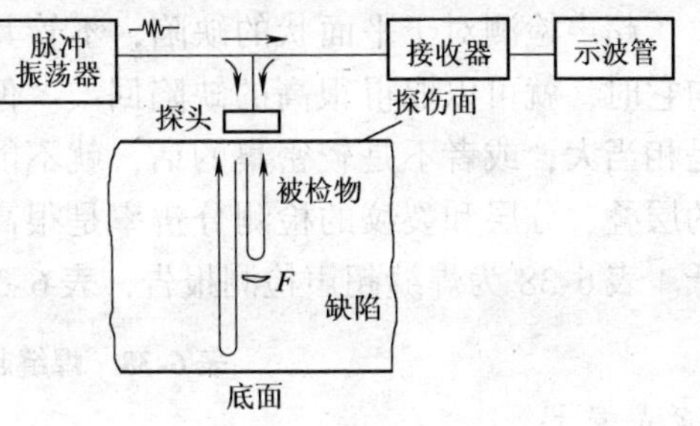

图6-13　脉冲反射法的原理

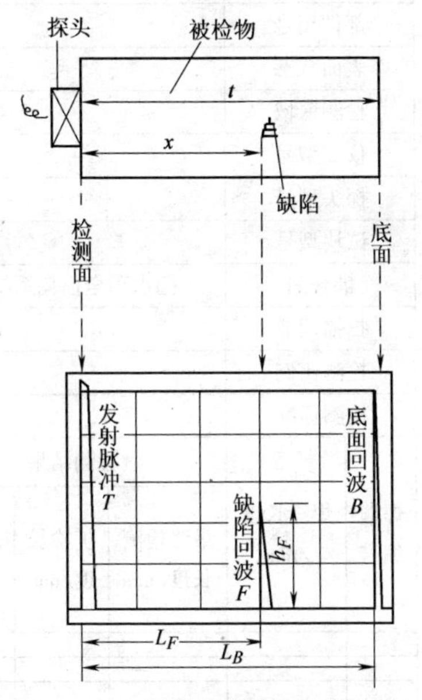

图6-14　超声检测图形的观察方法

据回波高度 h_F 来估计。当缺陷很大时，可以移动探头，按显示缺陷的延伸尺寸求出。

3）为了使超声波很好地传入被检物，探头与被检物表面之间应涂上耦合剂，被检物表面光滑时，可使用全损耗系统用油、合成糨糊和水做耦合剂；表面粗糙时，可使用甘油或者水玻璃做耦合剂。

4）超声探伤仪的检测灵敏度要用标准试块进行调整，把标准试块人工缺陷的回波高度调整到适当的高度，或者把被检物无缺陷部位的底面回波高度调整到适当的高度。两种方法各有所长，一般探测钢板和焊缝时使用前者，探测铸锻件时则两者都用。

超声检测对于平面状的缺陷，不管其厚度如何薄，只要超声波是垂直地射向它时，就可以取得很高的缺陷回波。但另一方面，对球形缺陷，假如缺陷不是相当大，或者不是较密集的话，就不能得到足够的缺陷回波。因此，对钢板的层叠、分层和裂纹的检测分辨率是很高的，而对单个气孔的检测分辨率则很低。表6-38为焊缝超声检测报告，表6-39为钢板、锻件超声检测报告。

表6-38　焊缝超声检测报告

产品编号：

工件	部件名称		板厚	mm
	部件编号		材料牌号	
	表面状态		焊接方法	
	检测区域		坡口形式	
器材及参数	仪器型号		检测方法	
	探头型号		评定灵敏度	dB
	试块型号		扫查方式	
	耦合剂	□水□全损耗系统用油□甘油□工业糨糊	表面补偿	dB
	扫描调节		检测面	
技术要求	检测比例		合格级别	级
	检测标准		检测工艺编号	

评定结果	焊缝编号	焊缝长度/mm	检测结果			返修情况						备注
						一次返修		二次返修		超次返修		
			最终检测长度/mm	扩检长度/mm	最终级别/级	部位数/处	长度/mm	部位数/处	长度/mm	部位数/处	长度/mm	

（续）

缺陷及返修情况说明	检测结果
1. 本台产品返修部位共计　处，最高返修次数　次。 2. 超标缺陷部位返修后经复验合格。 3. 返修部位原缺陷情况见焊缝超声检测评定表。	1. 本台产品焊缝质量符合　级的要求，结果合格。 2. 检测部位详见超声检测位置示意图（另附），各部位检测情况详见超声检测评定表。

报告人（资格） 年　月　日	审核人（资格） 年　月　日	无损检测专用章 年　月　日

表 6-39　钢板、锻件超声检测报告

产品编号：

工件	钢板（锻件）编号		钢板（锻件）炉批号	
	钢板（锻件）牌号		钢板（锻件）规格	mm
	检测部位		表面状态	
器材及参数	仪器型号		检测方法	
	探头型号		扫查方式	
	试块型号		扫描调节	
	试块厚度	mm	耦合剂	□水□全损耗系统用油□甘油□工业糨糊
	检测灵敏度	dB	表面补偿	dB
技术要求	检测标准		检测比例	
	合格级别		检测工艺编号	

	序号	钢板（锻件）编号	缺陷情况	评定级别（级）	备注
检测结果					

检测结论：

1. 检测结果符合　级要求的钢板（锻件）编号为________________

____

2. 检测部位及缺陷位置、缺陷尺寸详见钢板（锻件）超声检测评定表及超声检测部位示意图

报告人（资格） 年　月　日	审核人（资格） 年　月　日	无损检测专用章 年　月　日

5）超声检测适用于较于较厚工件（6～100mm）的对接焊缝，与X射线检测相比有更高的灵敏度，同时检验时间短，速度快，并对人体无害，如超声检

测在压力容器一侧进行，则操作人员不必进入压力容器的内部，但是直径性较差，因此一般与 X 射线检测共同配合使用。当用超声波对焊缝进行检测时，要将焊缝表面的锈蚀、氧化层、油化及焊接时产生的飞溅物清除干净。

采用超声检测必须正确选择仪器在工作时的灵敏度，灵敏度过高容易造成误判，过低则易造成缺陷漏检。

6）超声测厚技术是利用超声波传播时在第一介质与第二介质的交界面产生的反射作用，使脉冲高频电振荡转变成脉冲声波，测量从发射到接收反射脉冲的间隔时间，由于间隔时间与材料厚度成正比；再加上一套放大转换系统，将传播的间隔时间变为材料厚度的数字显示出来，同时超声波在固体介质中传播有较好的指向性，能量损失也较少。

6-20　射线检测在压力容器无损检测中是如何应用的？

答：射线检测在压力容器无损检测中应用是最广泛的，主要采用 X 射线检测、γ 射线检测、高能射线检测等方法。一般用 X 射线较为普遍。

1）射线检测方法是一种射线穿透检查，被检零部件、钢板材料等处于静止、被动状态，而射线按一定途径穿透试件，当有裂纹、间隙等情况会得到不同信号，然后进行确定有焊缝的钢板、焊接件有否裂纹。

2）表 6-40 为焊缝射线检测报告；表 6-41 为焊缝射线检测底片评定表。

表 6-40　焊缝射线检测报告

产品编号：

工件	材料牌号							
检测条件及工艺参数	源种类	□X□Ir192□Co60			设备型号			
	焦点尺寸	mm			胶片牌号			
	增感方式	□Pb□Fe 前屏　后屏			胶片规格		mm	
	像质计型号				冲洗条件		□自动　□手工	
	显影液配方				显影条件		时间　min；温度　℃	
	照相质量等级	□AB　□B			底片黑度		~	
	焊缝编号							
	板厚/mm							
	透照方式							
	L1（焦距）/mm							
	能量/kV							
	管电流（源活度）/mA（Bq）							
	曝光时间/min							
	要求像质指数							
	焊缝长度/mm							
	一次透照长度/mm							
合格级别/级								
要求检测比例（%）								
实际检测比例（%）								

（续）

检测标准						检测工艺编号			
合格片数	A类焊缝/张	B类焊缝/张	相交焊缝/张	共计/张	最终评定结果	Ⅰ级/张	Ⅱ级/张	Ⅲ级/张	Ⅳ级/张
缺陷及返修情况说明					检测结果				
1. 本台产品返修共计　处，最高返修次数　次。 2. 超标缺陷部位返修后经复验合格。 3. 返修部位原缺陷情况见焊缝射线检测底片评定表。					1. 本台产品焊缝质量符合　级的要求，结果合格。 2. 检测位置及底片情况详见焊缝射线底片评定表及射线检测位置示意图（另附）。				
报告人（资格） 年　月　日			审核人（资格） 年　月　日			无损检测专用章 年　月　日			

表6-41　焊缝射线检测底片评定表

产品编号：

序号	焊缝编号	底片编号	相交焊缝接头	底片黑度/D	像质指数	板厚/mm	缺陷性质及数量	评定级别/级	一次透照长度/mm	备注
初评人（资格）：　年　月　日						复评人（资格）：　年　月　日				

如X射线对缺陷和金属本体的穿透率不同，造成材料背面的照相胶片的感光程度不同，胶片显影后，呈现明暗不同的图像，能直观地反映焊缝的气孔、夹渣等体积性缺陷。但对裂纹或间隙很小的未焊透焊缝，即使深度较深，由于方向或宽度的影响，往往还不能客观地反映出来，需要采取其他检测方法进行。

3）常见焊缝缺陷在底片上的影像特征如下：a. 未焊透，呈连续或间断的黑直线，但直线的黑度可能深浅不一致；b. 夹渣，呈现形状不规则的黑（块）或条纹；c. 气孔，一般呈圆形或椭圆形黑点；d. 裂纹，呈现黑色较深的细曲线。

6-21　光学检测在压力容器无损检测中是如何应用的？

答：现代的光学检测是由传统的由单纯肉眼观察的延伸和发展，成为以光纤技术为核心的内窥镜，进而和闭路电视系统相结合，并有与红外技术、激光全息技术、计算机图像处理技术相结合的趋势。光学检测在压力容器无损检验中已得到应用。

光学探测目前在很多情况下，主要借助于简单放大镜和内窥镜进行观察，与其他方法相比虽然显得陈旧，但有时却能发现一些其他方法难以发现的缺陷。只要探头能接近到离被测表面 24in 的距离（约等于 160mm），并且所呈角度不小于 30°，光学探头即可正常工作。表 6-42 列出部分国外工业用内窥镜的产品规格。

表 6-42　国外工业用内窥镜的产品规格

	亮度	清晰度	柔软性	外径/mm	有效长/mm
工业用纤维内窥镜 IF	优	良	优	6、8.4、11.3、13.5	740～805 1240～1305 1740～1805 2740～2750 6000
超细型纤维内窥镜 PF	良	可	优	1.8、2.3、2.4、2.5、2.7	300　550　800
硬管内窥镜 MARK　Ⅱ	良	优	—	4、6、8、10	70～1530
细管内窥镜	可	可	—	1.7、2.7	110～170

6-22　涡流检测在压力容器无损检测中是如何应用的？

答：探测表面裂纹时也可使用涡流裂纹探测器，其原理如下：探测头由 1 个绕有铜线的铁心构成，当交流电通过此铁心时，磁通和涡流同时产生，涡流分布在被测材料内部和探测头的周围。当探测头接触到裂纹时，涡流便被迫沿深度方向绕过裂纹而减弱，结果，绕组内的感应量改变并发出信号。此信号被转换成直流电压，它可在仪器的刻度盘上显示，或者发出声响，以表明探测头遇到了裂纹。

这种仪器可用于黑色金属和有色金属的检测，但对不同的材料必须使用不同的探测头，并按所测材料校准仪器。

目前涡流裂纹探测器应用在压力容器无损检验已十分广泛，其探测器便于携带，在判断表面及近表面有无裂纹缺陷及裂纹大小很有优势，但相对检测工作速度比较慢。

6-23　声发射检测在压力容器无损检测中是如何应用的？

答：声发射检测是根据检测受力时材料内部发出的应力波判断检测内部结构损伤程度的一种无损检测方法，它是 1 种动态无损检测方法，能连续监视检测内部缺陷发展的全过程。

1）声发射检测。金属材料由于内部晶格的位错、晶界滑移，或者由于内部裂纹的发生和发展，均要以弹性波的形式释放出应变能。这种现象称为声发射。各种材料声发射的频率范围很宽，从次声频、声频到超声频，所以声发射也称为应力波发射。声发射是一种常见的物理现象，如果释放的应变能足够大，就产生听得见的声音。例如，在耳边弯曲锡片，就可以听见噼啪声，这就是锡受力产生孪生变形的发射声。大多数金属，特别是钢、铁材料，其声发射的频带，均在超声范围内，需要借助电子仪器才能检测出来。用仪器检测、分析声发射信号和利用声发射信号推断声发射源的技术称为声发射技术。

2）声发射检测与多数无损检测方法的区别：a. 多数无损检测方法是射线穿透检查，被检零件处于静止、被动状态，而声发射检测是动态无损检测，只有被检零件受到一定载荷，有开放性裂纹发生和发展的前提下才会有声发射可以接受；b. 多数无损检测方法是射线按一定途径穿透试件，而声发射是试件本身发射的弹性波，由传感器加以接收。因此，接收到的信号，其幅值、相位、频率不能直接表征声发射源发出的信号。

3）目前的声发射检测仪器大致可分为两个基本类型，即单通道声发射检测仪和多通道声发射源定位和分析系统。

① 单通道声发射检测仪一般采用一体结构，其原理如方框图6-15所示。也可以采用组件组合结构，它由换能器、前置放大器、衰减器、主放大器、门槛电路、声发射率计数器、总计数器以及数模转换器（D/A）组成。

换能器是接收声发射信号并转换成电信号的传感器，它通常采用锆钛酸铅、钛酸钡和铌酸锂等作压电元件，输出电压信号。在前置放大器中信号得到放大，提高信噪比。一般要求前置放大器具有40～60dB的增益，噪声电平不超过5μV。

这类仪器已有多种型号，如丹麦B&K公司生产的8312、8313、8314高灵敏度压电换能器、配套使用的2637型前置放大器，2638型宽度适调放大器和4429型脉冲分析仪。

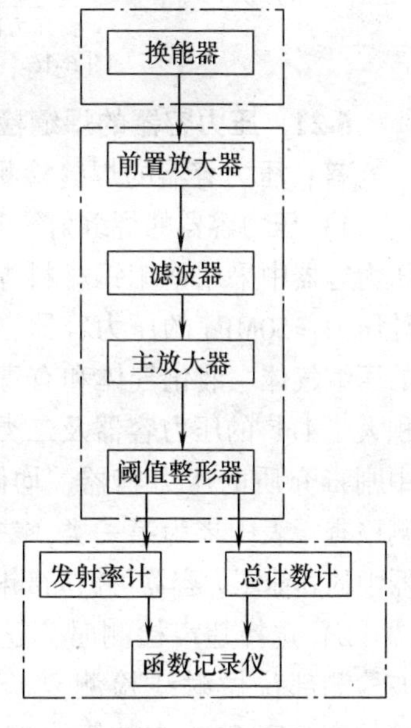

图6-15　单通道声发射检测仪方框图

② 多通道声发射检测仪器，最少通道数不少于2。目前有双通道、3通道、……、72通道声发射检测仪器或系统，均采用功能组件组合方式，根据不同需要组成不同功能的系统。如美国Dunegan/Endevco公司生产的3000、6000、8000及1032系统，美国声发射技术公司生产的AET5000组件系统。多通道声发射检测系统组成，如图6-16所示。它除了包括单通道声发射仪器模拟量检测和处理系统外，还包括数字量测定系统（时差测量装置等）及计算机数据处理系统和外围显示系统。这样的系统不仅可以在线实时确定声发射源的位置，而且还可以实时评价声发射源的有害度。

目前，声发射技术在结构完整性的探查方面已获得十分广泛的应用。对于运行状态下压力容器裂纹缺陷的发生和发展进行在线监测，声发射方法已成为不可缺少的手段。其主要的应用场合有压力容器裂纹的发生和发展、压力容器水压试验的指示、氢脆和应力腐蚀裂纹、中子辐射脆化、周期性超载和应变老化、焊接质量的监测及声图像分析等。

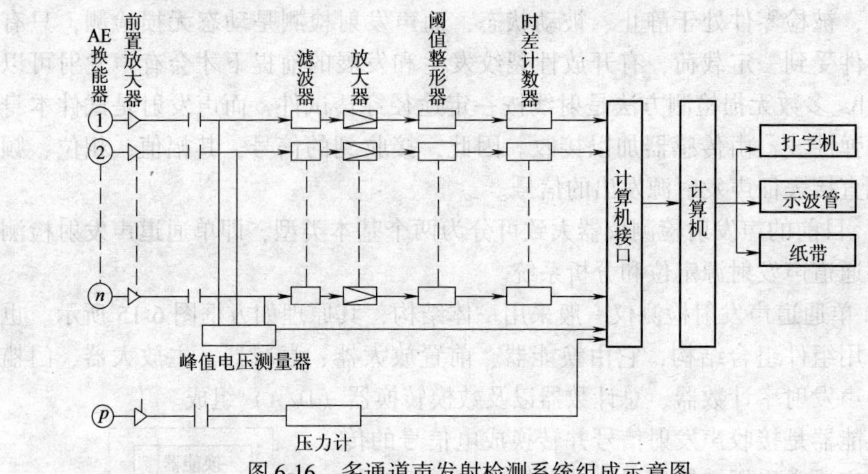

图 6-16　多通道声发射检测系统组成示意图

6-24　压力容器的焊缝检测有什么要求?

答: 压力容器的焊缝检测具体要求如下。

1）压力容器的焊缝射线和超声检测要求见表 6-43，表中※※为一类、二类压力容器中采用铬钼钢材料焊制的；设计压力≥50MPa 的压力容器，易燃介质的压缩气体、液化气体和有毒介质且容积大于 $1m^3$ 的压力容器及二类压力容器中剧毒介质的压力容器，均做 100% 检测检查，表中※为第一类，二类压力容器中的其他压力容器可做局部检测检查。

表 6-43　压力容器的焊缝射线和超声检测要求

（单位：mm）

方法 / 数量 / 容器类别		射线	超声波
		占相应对接焊缝（环、纵）总长(%)	
一	※	≥20	≥20
	※　※	100	100
二	※	≥20	≥20
	※　※	100	100
三		100	100

2）选择超声检测时，还应对超声波检测部位做射线检测复验工作，复验长度为表 6-46 中数值的 20%，并且不小于 300mm；选择射线检测时，对壁厚大于 38mm 的压力容器还应做超声检测复验，复验长度为表 6-46 中数值的 20%，并且不小于 300mm。

3）裂纹深度监测。一旦发现裂纹后，为了确定裂纹的深度，可以采用电位探测法裂纹测深仪。其工作原理如图 6-17 所示：用两只触头将直流或

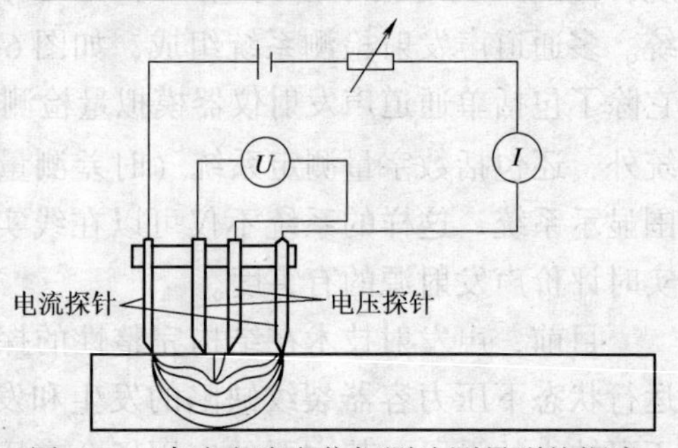

图 6-17　直流电流电位探测法测量裂纹深度

交流电输入试样，同时由另外两只触头测量表面电位。一般应使电流的流动方向垂直于裂纹的走向，测量电压的电极以事先给定的固定间距放置在试样表面。对于完好的表面，无论在什么部位测量，其电压降均相同。但如在被测区域内有裂纹，电压降就会增加；而且裂纹越深，电压降越大，据此确定裂纹和裂纹的深度。

6-25　当压力容器局部检测或检测复验时发现有超标的缺陷，如何增加复验及检测的百分数？

答：当压力容器局部检测或检测复验时发现超标缺陷，应增加复验和检测的百分数，具体要求举例说明如下（图6-18）。

焊缝总长：纵缝长度 + 环缝长度

$$=(4.5+2\times3.14\times0.5\times4)\text{m}$$

$$=17.06\text{m}$$

以选择超声检测为例：

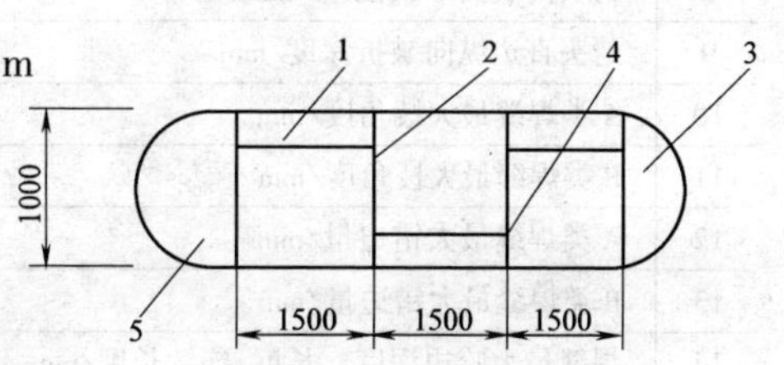

图6-18　卧式压力容器

1—纵缝　2—环缝　3—椭圆形封头

4—丁字接头　5—球形封头

（1）局部检测的要求　检测长度≥20%，则要大于等于 17.06m × 20% = 3.412m；检测部位为球形封头与筒体连接处的环缝长度为 3.14m；纵缝大于等于1m；交叉部位及椭圆形封头与筒体连接处的环缝由检验确定。

1）需要 X 射线复验长度：3.14m×20% =0.682m；复验部位在原检测部位中选取，复验时若有不合格，则应增加10%的复验长度。

2）检测的百分数达到20%后，若发现超标缺陷，则应增加10%的检测长度，若缺陷在纵缝则为4.5m×10% =0.45m。

（2）100%检测的要求　需要用 X 射线复验的长度17.06m×20% =3.412m；复验时若有不合格的，应增加10%的复验长度，即17.06m×10% =1.7m；复验部位为纵缝或环缝，若仍有不合格则应100%复验，即17.06m。

6-26　压力容器焊缝的表面质量要求是什么？

答：压力容器焊缝的表面质量要求如下。

1）焊缝的外观尺寸应符合技术标准和压力容器图样的规定，焊缝与母材应圆滑过渡，压力容器外观及几何尺寸检验报告见表6-44。

2）焊缝和热影响区表面不允许有裂纹、气孔、弧坑和肉眼可见的夹渣等缺陷。

3）焊缝的局部咬边深度不得大于0.5mm，对任何咬边缺陷应进行修磨或焊补磨光，并进行表面无损检测，经修复部位的厚度不应小于设计厚度。

表 6-44　压力容器外观及几何尺寸检验报告

产品编号：

序号	检查项目		标准规定	实测结果	检查结论
1	产品□总长□总高/mm				□合格□不合格
2	壳体内径/mm				□合格□不合格
3	壳体长度/mm				□合格□不合格
4	壳体直线度/mm				□合格□不合格
5	壳体圆度/mm				□合格□不合格
6	冷卷筒节投料的钢材厚度/mm				□合格□不合格
7	封头成型后最小厚度/mm				□合格□不合格
8	封头内表面形状偏差/mm				□合格□不合格
9	封头直边纵向皱折深度/mm				□合格□不合格
10	A 类焊缝最大棱角度/mm				□合格□不合格
11	B 类焊缝最大棱角度/mm				□合格□不合格
12	A 类焊缝最大错边量/mm				□合格□不合格
13	B 类焊缝最大错边量/mm				□合格□不合格
14	焊缝最大咬边深度、长度/连续长度/mm				□合格□不合格
15	焊缝余高	单面坡口/mm			□合格□不合格
		双面坡口/mm			□合格□不合格
16	焊缝外观质量		符合图样及标准	□符合□不符合	□合格□不合格
17	角焊缝质量		符合图样及标准	□符合□不符合	□合格□不合格
18	端盖开合及联锁		符合图样及标准		
19	法兰面垂直于接管或筒体		符合图样及标准	□符合□不符合	□合格□不合格
20	法兰密封面质量		无径向贯穿伤痕	□符合□不符合	□合格□不合格
21	法兰螺栓孔与设备主轴中心线位置		□对中□跨中	□对中□跨中	□合格□不合格
22	支座位置及地脚螺栓孔间距		符合图样及标准	□符合□不符合	□合格□不合格
23	管口方位及尺寸		符合图样及标准	□符合□不符合	□合格□不合格
24	加强圈		符合图样及标准		
25	主要内件位置及尺寸		符合图样及标准	□符合□不符合	□合格□不合格
26	压力容器内外表面质量		符合图样及标准	□符合□不符合	□合格□不合格
27	铭牌安装位置及拓印图		符合图样及标准	□符合□不符合	□合格□不合格
28	标志、油漆、包装		符合图样及标准	□符合□不符合	□合格□不合格

结论：

检验责任师：　　　　　　检验员：　　　　　　年　　月　　日

6-27　压力容器焊缝返修有什么要求?

答: 压力容器焊缝返修要求如下。

1）应当分析缺陷产生的原因，提出相应的返修方案。

2）返修工艺措施应得到有关技术人员同意，同一部位的返修次数一般不应超过2次，并将返修的次数、部位和无损检测等结果记入压力容器质量证明书中。

3）要求焊后热处理的压力容器应在热处理前返修，如在热处理后进行焊接返修时，应根据补焊深度确定是否需要消除应力处理。

4）对低合金钢和铬钼钢，要求清除返修部位的淬硬层，并应适当提高焊接预热温度，焊缝产生裂纹后，应进行分析原因，制定措施，方可进行返修。

6-28　压力容器焊接接缝常见缺陷产生的原因是什么?

答: 焊接接缝的质量好坏将直接影响到产品的安全使用。焊缝缺陷的类型很多，一般可分为内部缺陷和外部缺陷两类。外部缺陷位于焊缝外表面用肉眼或低倍放大镜就可以看到，如焊缝尺寸不符合要求等。内部缺陷位于焊缝的内部，这类缺陷可用破坏性试验或无损检测方法来发现，如未焊透等。

焊接接缝常见缺陷有:

1）焊缝尺寸不符合要求，是指焊缝外表形状高低不平、波形粗劣；焊缝宽度不齐、焊缝加强过低或过高等。产生原因主要有焊件坡口角度不当或装配间隙不均匀；焊接电流过大或过小，运条速度或手法不当及焊条角度选择不合适。

2）弧坑，是指焊缝收尾处产生的下陷现象（图6-19）。焊缝收尾处的弧坑，往往使该处焊缝的强度严重减弱；同时在冷却过程中容易产生弧坑裂纹。焊缝产生弧坑原因主要是熄弧过快或薄极焊接时使用的电流过大。

3）焊穿及焊漏，是指焊接工件在焊缝上形成穿孔称为焊穿；焊接工件的液体金属从焊缝反面漏出凝成小台称为焊漏（图6-20）。产生焊穿和焊漏的主要原因是对焊件加热过甚，如焊接电流过大、焊件间隙太大、焊接速度过慢及电弧在焊缝处停留时间过长等。

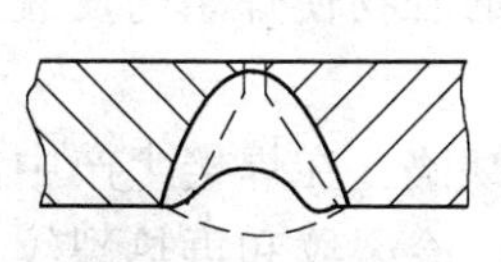

图6-19　焊缝收尾处的弧坑

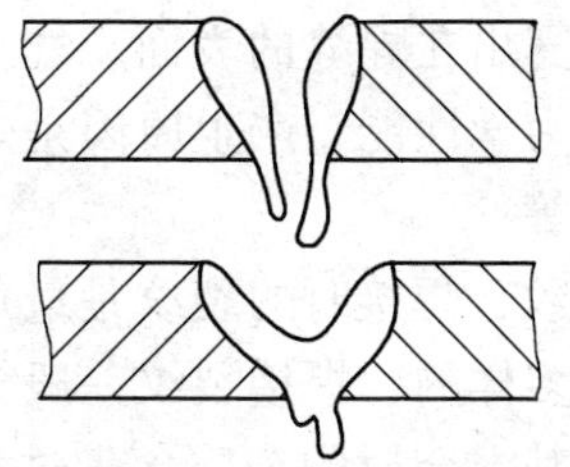

图6-20　焊穿和焊漏

4）咬边也称为咬肉，是指由于电弧将焊缝边缘熔化后，没有得到填充金属，而留下了缺口叫咬边如图6-21所示。咬边减弱了基本金属的有效面积及焊接接头强度，并且在咬边外形成应力集中，承载后有可能在咬边处产生裂纹。

产生咬边原因是平焊时焊接电流太大以及运条速度不合适；在角焊时，由于焊条角度或电弧长度不适当等。

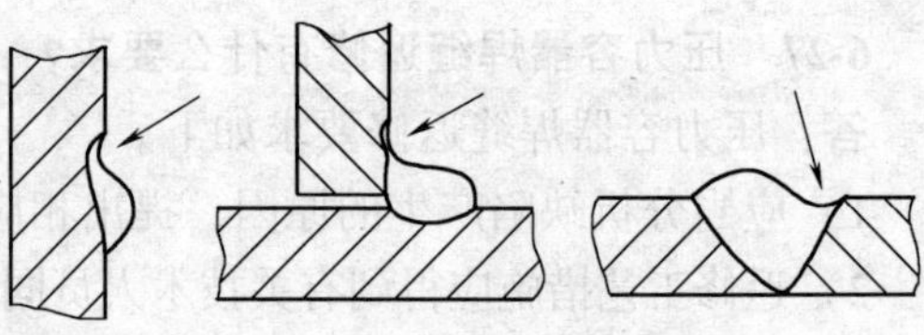

图 6-21　咬边

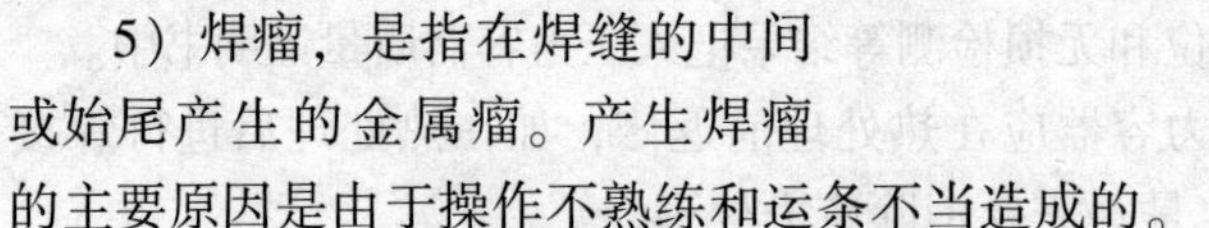

5）焊瘤，是指在焊缝的中间或始尾产生的金属瘤。产生焊瘤的主要原因是由于操作不熟练和运条不当造成的。

6）严重飞溅，是指在焊条电弧焊时产生这种严重飞溅是不正常的现象。如不及时进行清除而继续施焊很容易引起气孔和夹渣，造成严重飞溅的原因是因为焊条保存不当而变质，如药皮开裂，钢芯锈蚀造成的。对碱性焊条来说，严重飞溅产生的原因是由于受潮而引起的。

7）夹渣，是指夹在焊缝中的非金属熔渣称为夹渣，这将造成金属发脆，使焊缝产生热脆性。产生夹渣的原因有焊件边缘及焊层、焊道之间清理不干净；焊接电流太小使熔化金属凝固速度加快，熔渣来不及浮出；运条不当，焊件及焊条的化学成分不当。

8）未焊透，是指基本金属之间或基本金属与熔敷金属之间的局部未熔合现象。这类缺陷降低了接缝处的力学性能，同时由于未焊透处的缺口及端部是应力集中点，承载后可能引起裂纹。

① 产生未焊透的主要原因是焊接电流太小，运条速度太快；坡口角度太小，钝边太厚、间隙太窄；焊条角度不对；焊件有厚氧化皮及熔渣等，阻碍焊层之间的基本金属边缘及根部的熔化。

② 未焊透中还有一种“未熔合”的现象，这是由于焊件边缘加热不充分，但熔化金属却已覆盖在上面，造成“假焊”。产生原因是在焊条电弧焊时，使用过大的电流造成熔化太快，致使焊件边缘还没有熔化时，焊条的熔化金属已覆盖上去。

9）气孔，是指气体在焊缝金属中形成的空穴，气体可能产生在焊缝的内部，也可能露出在焊缝的表面。气孔使焊缝的有效工作截面面积减小，因而降低了焊缝的力学性能。产生原因是焊件表面上的脏物使焊条药皮脱落、焊接操作工艺不当等。

10）裂纹，焊接时的裂纹是最危险的一种缺陷，在焊接生产中出现的裂纹形式是多种多样的，焊接裂纹一般分为热裂纹、冷裂纹和再热裂纹 3 种。主要产生原因是基本金属的杂质含量过多；加热不均匀，增加内应力；焊接顺序和方向不对等。

6-29　焊接质量破坏性检验一般采用哪几种方法？

答：焊接质量破坏性检验一般用机械方法对焊缝及焊接接头试样作破坏性的检验，主要方法有力学性能试验、化学分析检验、金相组织检验及晶间腐蚀试验等。

1）力学性能试验。按国家专业标准进行压扁、拉力、冲击、抗剪、扭转、硬度、疲劳和弯曲试验，来检查焊缝金属及焊接接头的力学性能。

2）焊接接头的金相检验是用来检查焊缝、热影响区及基本金属的金相组织情况，同时确定内部缺陷。

金相检验又可分为宏观检验和微观检验两种。

3）焊缝金属的化学分析是检查焊缝的化学成分，其试样应从堆焊层内或焊缝金属内取得，一般被分析的元素有碳、锰、硅、硫、磷等。

4）晶间腐蚀试验。为了保证奥氏体型和奥氏体—铁素体型不锈钢焊接结构在使用时具有良好的抗晶间腐蚀性能，需要对焊接接头进行晶间腐蚀试验，以确保焊接质量。

6-30　压力容器焊接试件（板）与试样有哪些要求？

答：压力容器产品焊接试件（板）与试样要求从钢制、有色金属制造、奥氏体不锈钢制造进行表述，产品焊接试板力学和弯曲性能试验报告见表6-45。

表6-45　产品焊接试板力学和弯曲性能试验报告

产品编号：

产品试板			母材		焊接材料			试板热处理状态	试验报告编号	力学性能					弯曲试验			
试板代表产品编号	试板编号	代表部位	牌号	厚度/mm	焊条牌号	焊丝牌号	焊剂牌号			抗拉强度σ_b/MPa	拉伸试样断裂位置	伸长率δ_5（%）	冲击试验（V）		面弯a	背弯a	侧弯a	弯轴直径/mm
													温度/℃	冲击吸收功/J				

试验标准方法＿＿＿＿＿＿＿＿

检 验 结 论＿＿＿＿＿＿＿＿

理化责任师　　　　　填表人：　　　　　　年　　月　　日

1）压力容器产品焊接试板与试样的要求如下：

① 在制造过程中需要经过热处理恢复或者改善材料力学性能时，应当制备母材热处理试件。

② 试件的原材料必须合格，并且与压力容器用材具有相同标准、相同牌号、相同厚度和相同热处理状态。

③ 试样的种类、数量、截取与制备按照设计文件和产品标准的规定。

④ 为检验产品焊接接头和其他受压元件的力学性能和弯曲性能，应制作纵焊缝产品焊接试板，制取试样，进行拉力、冷弯和必要的冲击试验。采用新材料、新焊接工艺制造锻焊压力容器产品时，应制作模拟环焊缝的焊接试板。

⑤ 属于下列情况之一的，每台压力容器应制作产品焊接试板：a. 移动式压力容器（批量生产的除外）；b. 设计压力大于等于 10MPa 的压力容器；c. 现场组焊的球形储罐；d. 使用有色金属制造的中、高压容器或使用 σ_b 大于等于 540MPa 的高强钢制造的压力容器；e. 异种钢（不同组别）焊接的压力容器；f. 设计图样上或用户要求按台制作产品焊接试板的压力容器；g. GB 150—2011《压力容器》中规定应每台制作产品焊接试板的压力容器。

⑥ 若制造单位能提供连续 30 台（同 1 台产品使用不同牌号材料的，或使用不同焊接工艺评定的，或使用不同的热处理规范的，可按 2 台产品对待）同牌号材料、同焊接工艺（焊接重要因素和补加重要因素不超过评定合格范围，下同）、同热处理规范的产品焊接试板测试数据（焊接试板试件和检验报告应存档备查），证明焊接质量稳定，由制造单位技术负责人批准，可以批代台制作产品焊接试板。采用以批代台制作产品焊接试板，如有 1 块试板不合格，应加倍制作试板，进行复验并做金相检验，如仍不合格，此钢号应恢复逐台制作产品焊接试板，直至连续制造 30 台同钢号、同焊接工艺、同热处理规范的产品焊接试板测试数据合格为止。

⑦ 铸（锻）造受压元件、管件、螺柱（栓）的产品试样要求，应在设计图样上予以规定。

⑧ 凡需经热处理以达到或恢复材料力学性能和弯曲性能或耐腐蚀性能要求的压力容器，每台均应做母材热处理试板，并符合 GB 150—2011 的规定，热处理检验报告见表 6-46。

表 6-46　热处理检验报告

产品编号：

部件名称	部件图号	热处理方式	炉次号	试板热处理状态	热处理工艺要求						
				□同炉热处理 □无试板	入炉温度/℃	升温速度/（℃/h）	保温温度/℃	保温时间/h	降温速度/（℃/h）	冷却方式及时间	出炉温度/℃
实际热处理温度-时间记录曲线											
附：热处理温度-时间自动记录曲线图											
结论：□合格□不合格											

审核人：　　　　检查员：　　　　年　　月　　日

2）钢制压力容器产品焊接试板尺寸、试样截取和数量、试验项目、合格标准和复验要求，按 GB 150—2011 的规定执行。对焊接的管子接头试样截取、试验项目和合格标准，按 TSG 21—2016 的有关规定执行。

下列压力容器，应按 GB 150—2011 的要求进行（V 型缺口）低温冲击试验：a. 当设计温度低于 0℃时，采用厚度大于 25mm 的 20R 钢板、厚度大于 38mm 的 16MnR、15MnVR、15MnVNR 钢板和任意厚度 18MnMoNbR、13MnNiMoNbR 钢板制造的压力容器；b. 当设计温度低于零下 10℃时，采用厚度大于 12mm 的 20R 钢板、厚度大于 20mm 的 16MnR、15MnVR、15MnVNR 钢板制造的压力容器；c. 采用任意厚度的低合金钢板制造的移动式压力容器。

3）有色金属制压力容器的产品焊接试板的试样尺寸、试样截取和数量，可参照钢制压力容器的要求或按图样规定执行。

① 拉伸试验。拉伸试样的抗拉强度应符合下列规定之一：a. 不低于母材材料标准规定值下限；b. 对于不同强度等级母材组成的焊接接头，不低于两个抗拉强度中较低的规定值下限。

② 弯曲试验。弯曲试验的弯轴直径、支座间距离、弯曲角度应符合表 6-47 的规定。

表 6-47　有色金属及合金的焊接接头弯曲试验

母　材	试样厚度 t/mm	弯轴直径 D/mm	支座间距离 /mm	弯曲角度
纯铝、铝锰合金及镁的质量分数小于等于 4% 的铝镁合金	≤10	$4t$	$6.2t$	180°
镁的质量分数大于 4% 的铝镁合金		$6t$	$8.2t$	
铝镁硅合金		$16t$	$18.2t$	
纯铜、黄铜、白铜、铜硅合金		$4t$	$6.2t$	
铝青铜		$16t$	$18.2t$	
TA0、TA1、TA9	≤10	$8t$	$10.2t$	180°
TA2、TA3、TA10		$10t$	$12.2t$	
镍及镍合金		$4t$	$6.2t$	

注：1. 当弯轴直径大于 $10t$ 时，可使试样厚度薄一些，但最薄为 3.2mm。
2. 试样冷弯至 180°后，其拉伸面出现任何一条长度大于 3mm 的裂纹或缺陷即为不合格，试样弯曲时四棱先期开裂可不计，但因焊接缺陷引起的应计入。

③冲击试验。当设计图样有要求或材料标准规定要做冲击试验时，其合格标准应符合相应标准规定，且三个试样的平均值不低于母材规定值的下限。

6-31　腐蚀监测在压力容器检验中是如何应用的？

答：腐蚀监测是对压力容器的腐蚀性破坏进行系统的测量，其目的是了解腐蚀过程，了解腐蚀控制的应用情况及控制效果。多年来实践证明腐蚀监测是压力容器控制腐蚀一种安全可靠而有效的手段。

腐蚀监测技术最初是从工厂检验技术和实验室腐蚀试验技术两个不同的方面发展起来的，经过必要的改进和简化，而应用于压力容器的腐蚀监测。随着近年来电子学的发展和应用，腐蚀监测技术也有了很大的发展。常用腐蚀监测方法如下。

（1）电阻法。电阻法是应用平衡电桥测量在腐蚀过程中探针的电阻变化，从而确定腐蚀速度。所用的仪器为腐蚀计，腐蚀计的电阻探针结构如图 6-22 所示，它包括两个部分：上部是裸露的金属试片；下部是密封的参考试片。测量时，电阻探针插入正在运转的设备中，裸露的金属试片在腐蚀介质中受腐蚀减薄，从而使其电阻增大。周期性地测量这种增加电阻，实际测量的是被测试片与不受腐蚀的参考试片之间电阻比的变化量，由此便可计算出腐蚀速度。

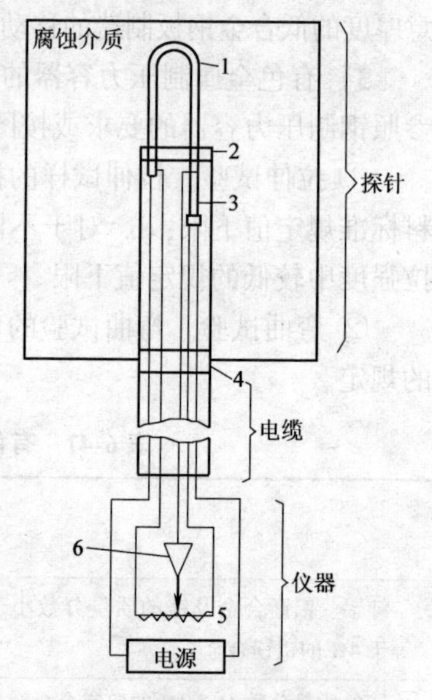

图 6-22　电阻探针结构示意图
1—暴露的测量电极　2—电极密封
3—保护的参比电极　4—探针密封
5—表盘指示　6—放大器

用于测量的金属试片，可以用与被监测压力容器相同的材料制成，也可用不同材料制成。减小金属试片的横截面面积，可以提高测量灵敏度，所以薄状试片用得较多。测量电阻比变化的电桥，通常用凯尔文电桥。

电阻法可用于液相或气相介质中对压力容器金属材料做腐蚀监测，以确定介质的腐蚀性和介质中所含物质（如缓蚀剂）的作用。

（2）线性极化法　线性极化法又称极化电阻法，是近年发展起来的一种快速测量电化学腐蚀速度的方法。其原理是将试样通以外加电流，在自然腐蚀电位附近，当极化电位不超过 ±10mV 时，外加电流 ΔI 与极化电位 ΔE 之间呈线性关系。

腐蚀电流 I_C 和极化电阻 R_P 之间存在着反比关系，即极化电阻越小，腐蚀电流越大；极化电阻越大，腐蚀电流越小。

根据法拉第定律，电化学腐蚀过程可用腐蚀电流表示腐蚀速度，测定了极化电阻 R_P，由上式计算出腐蚀电流，就可以计算出腐蚀速度。

测量极化电阻的电路原理如图 6-23 所示，线性极化探针有三电极型和双电极型。三电极型探针有一极是参比电极，由于电位测量回路和电流测量回路是互相独立的，参比电极在电流回路之外，所测量的极化电位值中受到的电阻降影响显然要比双电极型小。

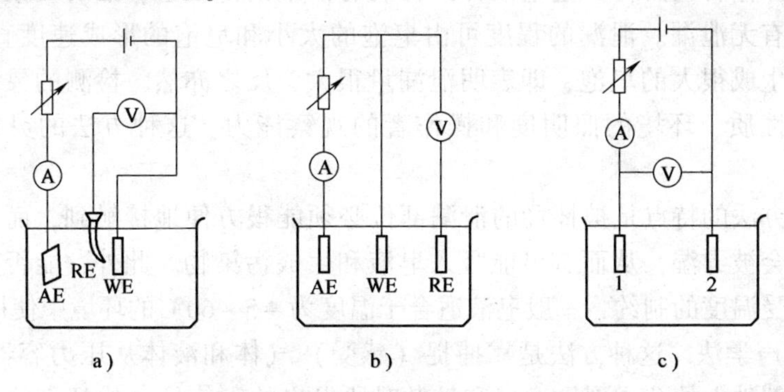

图 6-23 测量极化电阻的电路原理图
a）经典三电极系统 b）同种材料三电极系统 c）同种材料双电极系统

线性极化技术已经用于压力容器的各种环境中，包括范围广泛的压力容器/电解液组合。它的应用局限于液体，且最好是在电阻率小的介质中使用。国产仪器有上海生产的 FC 型腐蚀快速测试仪。

（3）腐蚀电位法　这种方法的原理是，压力容器金属的腐蚀电位与它的腐蚀状态之间存在着某种特征的相互关系。如金属是处于钝态还是活化态，可由腐蚀速率来鉴别。

腐蚀电位监测实质上就是用一个高阻伏特计测量压力容器金属材料相对于某参比电极的电位。为了有效实施电位监视，要求体系的不同腐蚀状态之间互相分开一个相当大的电位区间，一般要求 100mV 或更大一些的范围。这样，即使在工作状态下由于温度、流速、充气状态或浓度的波动使电位变动达几十毫伏或十几毫伏，仍然能比较清楚地识别由于腐蚀状态的变化所引起的电位移动。

对压力容器的腐蚀电位监测要比参比电极坚实耐用，尽可能减少维修，而且在所研究的环境中具有足够的电位稳定性。如在氧化还原体系，可采用不锈钢、铂、钛或钽等作为参比电极。

腐蚀电位监测是最简单易行的腐蚀监测方法之一。但这种方法只能给出定性的指示，而不能得到定量的腐蚀速度。

6-32　泄漏检测在压力容器检验中是如何应用的？

答： 泄漏检测是指气体或液体从裂纹、孔眼或空隙逸出（或进入）且达到了可测量的程度。对于压力容器而言，从安全和经济这两个方面来说，检查和修理泄漏部位都是非常重要的。

目前，已经有各种不同的泄漏检测方法，比较常用的有气泡（皂液）检漏法、声学法、示踪气体（氦质谱仪）法、红外分光仪检漏法等。

（1）气泡（皂液）检漏法　这是气体泄漏检测法中最常用也是最简单的一

种方法。操作者只需将少量皂液抹到怀疑有泄漏的部位上，然后观察有无皂泡即可识别有无泄漏。泄漏的程度可由皂泡的大小和皂泡的形成速度直接判定。如果很快生成很大的皂泡，即表明泄漏量很大，反之亦然。检测的灵敏度取决于流体的性质、环境的照明度和操作者的观察能力。这种方法的灵敏度约为$10^{-4}cm^3/s$。

这种方法的特点是被怀疑的泄漏部位必须能很方便地接触到，而且压力容器或管道会被弄湿，从而有可能吸入皂液和生成污染物。此外，能否有效地使用皂液要受温度的制约，一般皂液适合于温度为-5～60℃的环境中使用。

（2）声学法　这种方法是靠捕捉（感受）气体和液体从压力容器、管道、阀或其他部件上的孔或裂纹逸出和扩散时所发出的声信号（或超声信号）来检查泄漏部位的。随检测装置性能的不同，可测信号的范围在10～100kHz之间。信号经转换、放大之后，可以用仪表显示，或者通过耳机或扬声器听出，这种手持式仪器由电池供电，灵敏度约为$10^{-3}cm^3/s$。

1）声学检漏器使用的测头有接触式和扫描式两种，这两种测头都装有压电晶体拾波器，存在超声信号时它们会发生振荡，通常接触式测头用于查找凝汽压力容器、管道、阀的泄漏处。扫描式测头主要用来接收通过大气传输的信号，可用来监测和检查压力容器和安全装置以及压力系统和真空系统中的少量泄漏处。

2）声学检测器装上专用的发声附件后，可检测非压力设备上的泄漏部位。即将由电池供电的超声波发生器直接放到所需测试的部件上，整个被测区域内即充满它所发出的高频声波。这种声信号的频率约为40kHz，它能进入到孔隙内，故可用测头检测出泄漏处。利用这种发生器，可检查空的管道、压力容器、热交换器、冷凝器、密封装置和焊缝。

3）声学检测法的一个主要特点是：在某些应用场合下不能滤除同泄漏声响混杂在一起的环境噪声。这种特点不但限制了这类仪器的使用范围，而且还降低了灵敏度；采用排除噪声干扰技术，可以在一定程度上消除这一缺陷。

（3）示踪气体（氦质谱仪）法　这种方法是将示踪气体充入待检测的系统，然后用测头检查有无这种气体的泄漏，从而确定泄漏部位和泄漏量。工业上应用的氦质谱仪就是其中的一种。它是将氦作为示踪气体，主要零部件有质谱仪管、真空系统、机械泵、阀、放大器、读数装置及同待测部位连接用的快速可拆装附件。氦质谱仪是所有工业应用泄漏检测仪器中灵敏度最高的一种，可达$10^{-11}mm^3/s$。

1）检测时可以采用压力式或抽真空式两种方式。采用压力方式时，在管道、压力容器或其他设备内充入一定压力的氦气，然后用吸气测头检查有无氦气泄漏。采用真空方式时，使被测设备内部形成真空，然后在怀疑有泄漏的部位外围喷上氦气，如有泄漏处，氦气就会进入到系统内由仪表测出。

2）这种仪器的可靠性非常高，而且检测的时间不超过2s，但是这种装置只能通过它所适应并能定量测出的示踪气体（氦）来指示泄漏量。采用氦做示踪气体，是因为它比较便宜、无毒、渗透能力强，且在大气中的存在量只需够示踪用即可。

3）图6-24所示为小型便携式氦质谱仪的原理图。这种仪器约重22.5kg，便于携带各处使用。但这种泄漏检测器价格高，质谱仪管内的钨丝必须定期更换，真空系统冷凝阀中的液氦必须经常补充，才能确保正常使用。

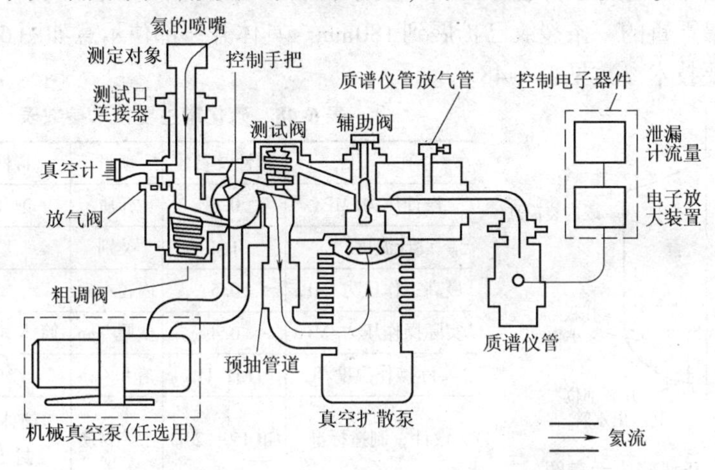

图6-24　小型便携式氦质谱仪的原理图

（4）红外分光仪检漏法　红外分光仪是一种较新的仪器，它以选定的红外线波长测定气体量。这种仪器主要包括一个单向的红外分光仪和一个气体取样室，如图6-25所示。

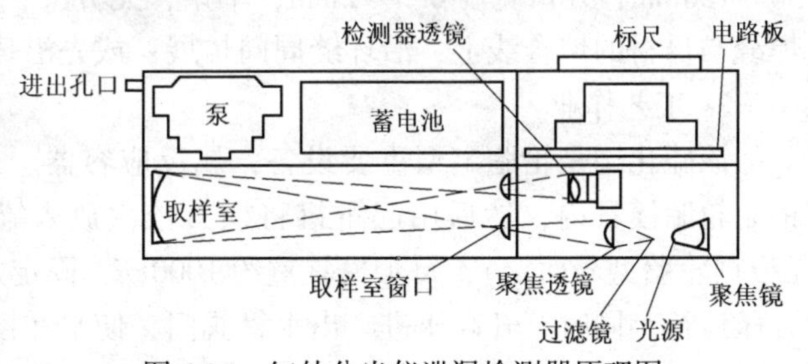

图6-25　红外分光仪泄漏检测器原理图

空气由泵抽到取样室内，由一些可拆换的过滤器对各种气体加以鉴别和测定。吸收的红外线量被换算成分数，并通过仪表读出。这种仪器能检测出300种以上的气体和蒸气，并可用相应的过滤器——标尺装置来测定数量。如三氯乙烯、聚氯乙烯、氯甲烷等一些常用的去油剂，都具有很强的吸收红外线能力，因此，能够很容易地将它们检测出来。

取样测头装有一根3m长的软管，故可达到较远的部位。仪器的作用时间约为15s，灵敏度为1×10^{-6}，总重约9kg，既可由蓄电池供电，也可由线路供电。

此外，还有一些适用于一定场合的泄漏检测器。如火焰电离器、光化电离检测器、触煤燃烧器、卤族气体泄漏检测器等，可根据使用目的加以选用。

6-33　硫化罐压力容器产生裂纹的原因是什么（案例）?

答：［案例6-7］

1. 硫化罐裂纹情况

1）东北某企业生产轮胎有多台硫化罐，检验9台硫化罐，发现有4台下封头连接管的角焊缝部位开裂；3年后检测18台，仍发现有11台在同样部位角焊缝开裂，最严重的一条裂纹已扩展到180mm。具体开裂部位示意如图6-26所示，硫化罐主要技术参数见表6-48。

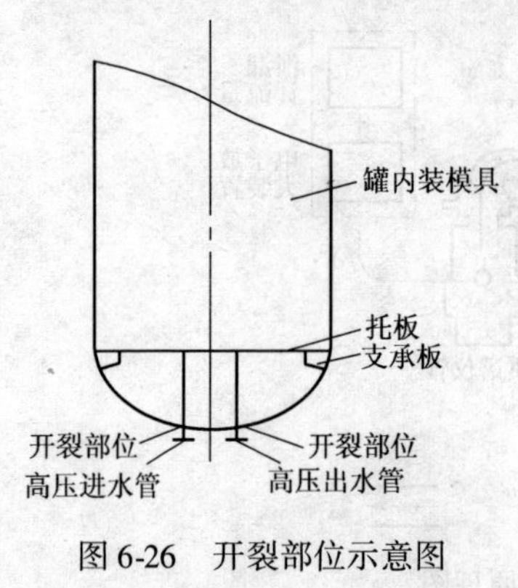

图6-26　开裂部位示意图

表6-48　硫化罐主要技术参数表

项　目	特性及参数	项目	特性及参数
设计压力/MPa	0.6	介质	饱和水蒸气
设计温度/℃	164	类别	1类
最高工作压力/MPa	0.5	内径/mm	1700
实际操作压力/MPa	0.4	壁厚/mm	筒体10、封头10
实际操作温度/℃	151.11	容积/m^3	9.48
设计、制造标准	GB 150—2011	主体材质	筒体Q235B、封头Q235B

2）裂纹特征：一是开裂部位无明显宏观变形，均是穿晶、穿透性，裂纹长30～180mm，开口宽度0.5～2mm，单条，无分叉，尾部尖细；二是裂纹起源在焊缝与母材的熔合线上，沿环缝周向扩展；或先沿环缝周向扩展又向母材扩展。

2. 工艺作业

该硫化罐是轮胎定型重要设备，属反应容器。首先将所需硫化的水胎放入钢制轮胎模具内，然后用起重机将模具依次放入罐内，每罐装10～12个模具（根据轮胎型号而定），每个模具重约1000kg，固定好模具，关好盖，通入蒸汽，升压运行。同时打开高压进、出水管阀门，使水在模具内循环。

3. 开裂部位应力分析

1）该接管部位属于应力集中部位，加上焊接条件差就十分容易产生微裂纹等焊接缺陷，同时接管还有外载荷的作用，所以该部位是硫化罐的主要薄弱环节。

2）该部位开裂主要是由于交变应力引起的。而最主要的是冲击力，此冲击力在焊缝部位产生很大的应力。冲击力的大小与模具的重量和下落的速度有关，模具越重，速度越大，则冲击力就越大，产生的应力也就越大。每放一个模具就对焊缝冲击 1 次，每昼夜装罐 5 次，就冲击 50 余次，如此反复循环。使焊缝有缺陷的部位或焊缝薄弱部位很短时间就产生裂纹，直到裂纹扩展，呈现低周疲劳。如该厂投用的一批新罐，有 2 个罐仅使用 2 个月此焊缝就开裂穿透泄漏，后经该厂人员打磨补焊修理，仅使用半年又开裂了。其次影响较大的是模具重力产生的应力，模具重达 10 000kg，尽管放在托板上，但仍有一部分重力通过接管作用在焊缝上，使焊缝、壳体承受向下的拉力。上述两交变载荷有时同时存在，共同作用。

4. 改进措施

1）接管角焊缝处多次开裂，主要是设计上缺陷，与企业生产工艺不相适应。对检出接管角焊缝开裂的硫化罐进行修理改造，将接管位置改在筒体下部，如图 6-27 所示，使原来的刚性结构改为弹性结构，冲击力得到缓冲。改造后的硫化罐使用多年也未出现开裂现象。

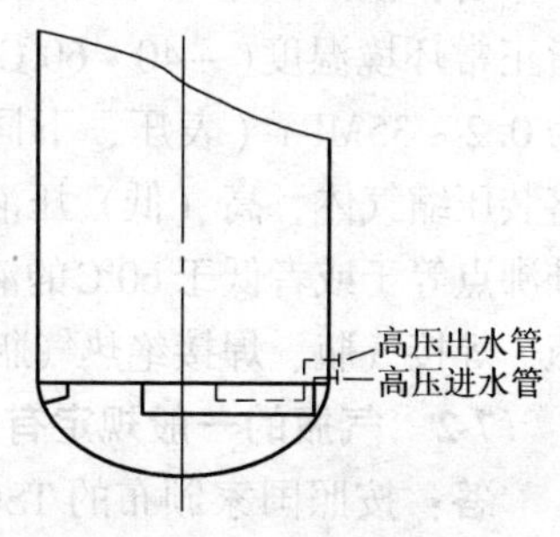

图 6-27 接管位置改变示意图

2）对开裂出现缺陷硫化罐进行修复前，应对产生开裂的原因进行详细分析，采取正确和可行的修复措施。

第7章 气瓶基本知识及安全使用

7-1 什么是气瓶？

答： 按照国家颁布的 TSG R0006—2014《气瓶安全技术监察规程》，气瓶是指正常环境温度（-40～60℃）下使用、公称容积为0.4～3000L、公称工作压力为0.2～35MPa（表压，下同）且压力与容积的乘积大于或者等于1.0MPa·L，盛装压缩气体、高（低）压液化气体、低温液化气体、溶解气体、吸附气体、标准沸点等于或者低于60℃的液体及混合气体（两种或者两种以上气体）的无缝气瓶、焊接气瓶、焊接绝热气瓶、缠绕气瓶、内部装有填料的气瓶及气瓶附件。

7-2 气瓶的一般规定有什么内容？

答： 按照国家颁布的 TSG R0006—2014《气瓶安全技术监察规程》（以下简称《气瓶规程》），气瓶的一般规定内容如下。

（1）瓶装气体的分类　按 GB 16163—2012《瓶装气体分类》的规定。按其临界温度可划分为3类：a. 临界温度低于等于-50℃的气体为压缩气体；b. 临界温度高于-50℃且低于等于65℃的气体为高压液化气体；c. 临界温度高于65℃的气体为低压液化气体。

（2）气瓶的压力系列　见表7-1。气瓶的水压试验压力，一般为公称工作压力的1.5倍；特殊情况者，按相应国家标准的具体规定。

1）气瓶公称工作压力：a. 盛装压缩气体气瓶的公称工作压力，是指在基准温度（20℃）下，瓶内气体达到完全均匀状态时的限定（充）压力；b. 盛装液化气体气瓶的公称工作压力，是指温度为60℃时瓶内气体压力的上限值；c. 盛装溶解气体气瓶的公称工作压力，是指瓶内气体达到化学、热量及扩散平衡条件下的静置压力（15℃时）；d. 焊接绝热气瓶的公称工作压力是指在气瓶正常工作状态下，内胆顶部气相空间可能达到的最高压力；e. 盛装标准沸点等于或者低于60℃的液体及混合气体气瓶的公称工作压力，按照相应标准规定。

2）盛装高压液化气体的气瓶，其公称工作压力不得小于10MPa。盛装毒性为剧毒的低压液化气体的气瓶，其公称工作压力的选取一般要参考LC50的大小，在60℃时饱和蒸气压值之上再适当提高。

3）常用气体气瓶的公称工作压力见表7-2。

4）气瓶的公称容积系列，一般情况下12L（含12L）以下为小容积，12～150L（含150L）为中容积，150L以上为大容积。

5）盛装毒性程度为有毒或剧毒气体的气瓶上，禁止装配易熔合金塞、爆破片及其他泄压装置。

表 7-1 气瓶压力系列一览表 （单位：MPa）

压力类别	高	压					低	压		
公称工作压力	30	20	15	12.5	10	8	5	3	2	1
水压试验压力	45	30	22.5	18.8	15	12	7.5	4.5	3	1.5

表 7-2 盛装常用气体气瓶的公称工作压力

气体类别	公称工作压力/MPa	常用气体
压缩气体 $T_c \leqslant -50℃$	35	空气、氢、氮、氩、氦、氖等
	30	空气、氢、氮、氩、氦、氖、甲烷、天然气等
	20	空气、氧、氢、氮、氩、氦、氖、甲烷、天然气等
	15	空气、氧、氢、氮、氩、氦、氖、甲烷、一氧化碳、一氧化氮、氪、氘（重氢）、氟、二氟化氧等
高压液化气体 $-50℃ < T_c \leqslant 65℃$	20	二氧化碳（碳酸气）、乙烷、乙烯
	15	二氧化碳（碳酸气）、一氧化二氮（笑气、氧化亚氮）、乙烷、乙烯、硅烷（四氢化硅）、磷烷（磷化氢）、乙硼烷（二硼烷）等
	12.5	氙、一氧化二氮（笑气、氧化亚氮）、六氟化硫、氯化氢（无水氢氯酸）、乙烷、乙烯、三氟甲烷（R23）、六氟乙烷（R116）、1，1-二氟乙烯（偏二氟乙烯、R1132a）、氟乙烯（乙烯基氟、R1141）、三氟化氮等
低压液化气体及混合气体 $T_c > 65℃$	5	溴化氢（无水氢溴酸）、硫化氢、碳酰二氯（光气）、硫酰氟等
	4	二氟甲烷（R32）、五氟乙烷（R125）、溴三氟甲烷（R13B1）、R410A 等
	3	氨、氯二氟甲烷（R22）、1，1，1-氟烷（R143a）、R407C、R404A、R507A 等
	2.5	丙烯
	2.2	丙烷
	2.1	液化石油气
	2	氯、二氧化硫、二氧化氮（四氧化二氮）、氟化氢（无水氢氟酸）、环丙烷、六氟丙烯（R1216）、偏二氟乙烷（R152a）、氯三氟乙烯（R1113）、氯甲烷（甲基氯）、溴甲烷（甲基溴）、1，1，1，2-四氟乙烷（R134a）、七氟丙烷（R227e）、2，3，3，3-四氟丙烯（R1234yf）、R406A、R401A 等
	1.6	二甲醚
	1	正丁烷（丁烷）、异丁烷、异丁烯、1-丁烯、1，3-丁二烯（联丁烯）、二氯氟甲烷（R21）、氯二氟乙烷（R142b）、溴氯二氟甲烷（R12B1）、氯乙烷（乙基氯）、氯乙烯、溴乙烯（乙烯基溴）、甲胺、二甲胺、三甲胺、乙胺（氨基乙烷）、甲基乙烯基醚（乙烯基甲醚）、环氧乙烷（氧化乙烯）、（顺）2-丁烯、（反）2-丁烯，八氟环丁烷（RC318）、三氯化硼（氯化硼）、甲硫醇（硫氢甲烷）、氯氟烷（R133a）等
低温液化气体 $T_c \leqslant -50℃$	—	液化空气、液氩、液氦、液氖、液氮、液氧、液氢、液化天然气

（3）气瓶的钢印标记　它是识别气瓶的依据。钢印标记必须准确、清晰、完整，以永久标记的形式打印在瓶肩或不可卸附件上，且采用机械方法打印钢印标记。钢印的位置和内容应符合《气瓶规程》的规定。纤维缠绕气瓶、低温绝热气瓶和高强度钢气瓶的制造钢印标记按相应国家标准的规定。特殊原因不能在规定位置上打钢印的，必须按锅炉压力容器安全监察局核准的方法和内容进行标注。

1）气瓶制造企业的代号和气瓶注册商标必须在制造许可证批准机构备案。

2）气瓶外表面的颜色、字样和色环，必须符合 GB/T 7144—2016《气瓶颜色标志》的规定，并在瓶体上以明显字样注明产权单位和充装单位。盛装未列入国家标准规定的气体和混合气体的气瓶，其外表面的颜色、字样和色环均须符合锅炉压力容器安全监察局核准的方案。

（4）气瓶充装单位的职责　气瓶的充装单位对自有气瓶和托管气瓶的安全使用及按期检验负责，并应建立气瓶档案。气瓶档案包括合格证、产品质量证明书、气瓶检验记录等。气瓶的档案应保存到气瓶报废为止。

1）气瓶充装单位应按规定向所在地地市级以上（含地市级）质量技术监督行政部门锅炉压力容器安全监察机构报告自有气瓶和托管气瓶的种类和数量。

2）气瓶必须专用。只允许充装与钢印标记一致的介质，不得改装使用。

（5）进口气瓶的安全性　应依据强制性国家标准进行检验，其中涉及气瓶安全质量的关键项目，如环境温度、水压试验压力、瓶体力学性能、无损检测、水压爆破试验和各项型式试验均不得低于相应国家标准的规定。

进口气瓶检验合格后，由检验单位逐只打检验钢印，涂检验色标。气瓶表面的颜色、字样和色环应符合国家标准 GB/T 7144—2016 的规定。

7-3　气瓶的钢印标记有什么具体规定？

答：一般无缝气瓶、焊接气瓶及低温绝热气瓶（含车用焊接绝热气瓶）应有钢印标记，但焊接气瓶中的工业用非重复充装焊接钢瓶除外。

1. 基本要求

1）钢印标记应当准确、清晰、完整，打印在瓶肩或者铭牌、护置等不可拆卸附件上。

2）应当采用机械打印或者激光刻字等可以形成永久性标记的方法。

2. 标记方式

1）钢印标记位置，气瓶的钢印标记，包括制造钢印标记和定期检验钢印标记。钢印标记打在瓶肩上时位置如图 7-1a 所示，打在护罩上时如图 7-1b 所示，打在铭牌上时如图 7-1c 所示。

2）钢印标记的项目和排列，制造钢印标记的项目和排列，如图 7-2a ~ c

所示。

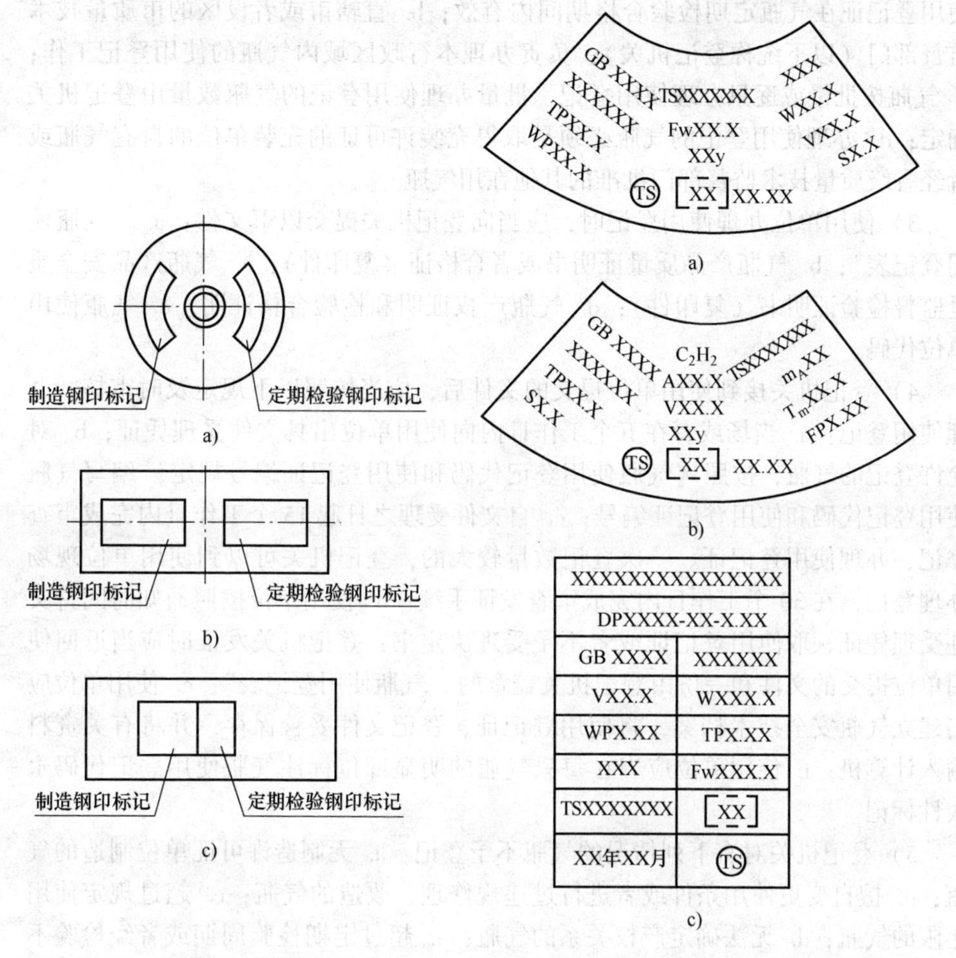

图 7-1 钢印标记位置示意图

a）钢印标记打在瓶肩上

b）钢印标记打在护罩上

c）钢印标记打在铭牌上

图 7-2 制造钢印标记的项目和排列

a）气瓶制造钢印的项目和排列（溶解乙炔气瓶及焊接绝热气瓶除外） b）溶解乙炔气瓶制造钢印标记的项目和排列

c）焊接绝热气瓶制造钢印标记的项目和排列（竖版铭牌）

7-4 气瓶使用登记管理规则有什么规定？

答：为了加强气瓶使用登记管理，应规范使用登记行为。

1）该规则适用于正常环境温度（－40～60℃）下使用的、公称工作压力大于等于0.2MPa（表压），并且压力与容积的乘积大于等于1.0MPa·L的盛装气体、液化气体和标准沸点等于或低于60℃的液体的气瓶（不含灭火用气瓶、呼吸器用气瓶、非重复充装气瓶等）。

2）气瓶充装单位、车用气瓶产权单位或者个人（以下统称使用单位）应当按照规定办理气瓶使用登记，领取“气瓶使用登记证”。具体要求如下：a. 气瓶使用登记证在气瓶定期检验合格期间内有效；b. 直辖市或者设区的市质量技术监督部门（以下统称登记机关），负责办理本行政区域内气瓶的使用登记工作；c. 气瓶按批量或逐只办理使用登记，批量办理使用登记的气瓶数量由登记机关确定；d. 办理使用登记的气瓶必须是取得充装许可证的充装单位的自有气瓶或者经省级质量技术监督部门批准的其他在用气瓶。

3）使用单位办理使用登记时，应当向登记机关提交以下文件：a. “气瓶使用登记表”；b. 气瓶产品质量证明书或者合格证（复印件）；c. 气瓶产品安全质量监督检验证明书（复印件）；d. 气瓶产权证明和检验合格证明；e. 气瓶使用单位代码。

4）登记机关接到使用单位提交的文件后，应当按照以下规定及时审核、办理使用登记：a. 当场或者在五个工作日内向使用单位出具文件受理凭证；b. 对允许登记的气瓶，按照《气瓶使用登记代码和使用登记证编号规定》编写气瓶使用登记代码和使用登记证编号；c. 自文件受理之日起 15 个工作日内完成审查登记、办理使用登记证。一次登记数量较大的，登记机关可以到使用单位现场办理登记，在 30 个工作日内完成审查发证手续；d. 使用单位按照通知时间持文件受理凭证领取使用登记证或者不予受理决定书；登记机关发证时应当返回使用单位提交的文件和一份由登记机关盖章的“气瓶使用登记表”；e. 使用单位应当建立气瓶安全技术档案，将使用登记证、登记文件妥善保存，并将有关资料输入计算机；f. 使用单位应当在每只气瓶的明显部位标注气瓶使用登记代码永久性标记。

5）登记机关对有下列情况的气瓶不予登记：a. 无制造许可证单位制造的气瓶；b. 擅自变更使用条件或者进行过违规修理、改造的气瓶；c. 超过规定使用年限的气瓶；d. 无法确定产权关系的气瓶；e. 超过定期检验周期或者经检验不合格的气瓶；f. 其他不符合有关安全技术规范或国家标准规定的气瓶。

6）登记机关应当对气瓶使用登记实施年度监督检查，并且及时更新气瓶使用登记数据库。具体内容如下：a. 气瓶需要过户，气瓶原使用单位应当持使用登记证、“气瓶使用登记表”、有效期内的定期检验报告和接受单位同意接受的证明，到原登记机关办理使用登记注销手续；b. 原登记机关应当在“气瓶使用登记表”上做注销标记，并且向气瓶原使用单位签发“气瓶过户证明”；c. 气瓶原使用单位应当将“气瓶过户证明”、标有注销标记的“气瓶使用登记表”、历次定期检验报告及登记文件全部移交给气瓶新使用单位；d. 气瓶过户时，其使用登记代码永久标记不得更改，但应当在气瓶原标记前标注“CH + 气瓶新使用单位代码”字样。

7）对于定期检验不合格的气瓶，气瓶检验机构应当书面告知气瓶使用单位和登记机关。登记机关收到报告后，应当注销其气瓶使用登记。

8）气瓶报废时，使用单位应当持使用登记证和“气瓶使用登记表”到登记机关办理报废、使用登记注销手续。

7-5　气瓶装压缩气体是如何分类的？

答：

1. 第1类　压缩气体和低温液化气体

1）a组　不燃无毒和不燃有毒气体。

2）b组　可燃无毒和可燃有毒气体。

3）c组　低温液化气体（深冷型）。

其中：a组和b组气体在正常环境温度（－40～60℃）下充装、储运和使用过程中均为气态；c组气体充装时及在绝热焊接气瓶中运输为深冷液体形式，在使用过程中是以液态或液体汽化及常温气态使用。

2. 第2类　液化气体

（1）高压液化气体

1）a组　不燃无毒和不燃有毒气体。

2）b组　可燃无毒和可燃有毒气体。

3）c组　易分解或聚合的可燃气体。

此类气体，在正常环境温度下充装、储运和使用过程中随着气体温度，压力的变化，其状态也在气、液两态间交化，当此类气体在温度超过气体的临界温度时为气态。

（2）低压液化气体

1）a组　不燃无毒和不燃有毒气体。

2）b组　可燃无毒和可燃有毒气体。

3）c组　易分解或聚合的可燃气体。

在充装、储运和使用过程中，正常环境温度均低于此类气体的临界温度。

3. 第3类　溶解气体

该类气体为易分解或聚合的可燃气体。

7-6　从结构上来讲，气瓶是如何分类的？

答：根据气瓶结构和用途不同，气瓶主要可分为：

（1）无缝气瓶　瓶体无接缝的气瓶，如图7-3所示。工业用气瓶中无缝气瓶占很大比例，其公称容积为40L，外径为219mm。它由瓶体、瓶阀、瓶帽、防振圈组成。无缝瓶体多数用碳素结构钢或合金钢坯冲压拉深或用钢管旋压制成。由于瓶底收口的形式不同，气瓶端部有凹形、凸形等不同形状。为了便于平稳直立，凸形底部常用热套方法加装筒状或四角形底座，如图7-4所示。

（2）焊接气瓶　瓶体有焊缝的气瓶，如图7-5、图7-6所示。焊接气瓶是公称直径较大的气瓶，一般由两个封头和一个筒体，并配装其他附件组成。

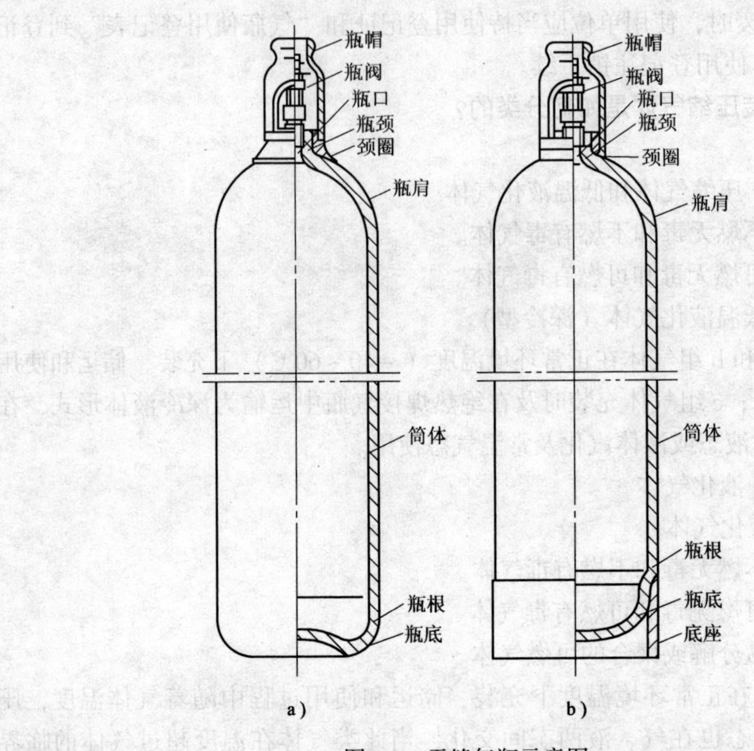

图 7-3　无缝气瓶示意图

a）凹形底气瓶　b）带底座凸形底气瓶

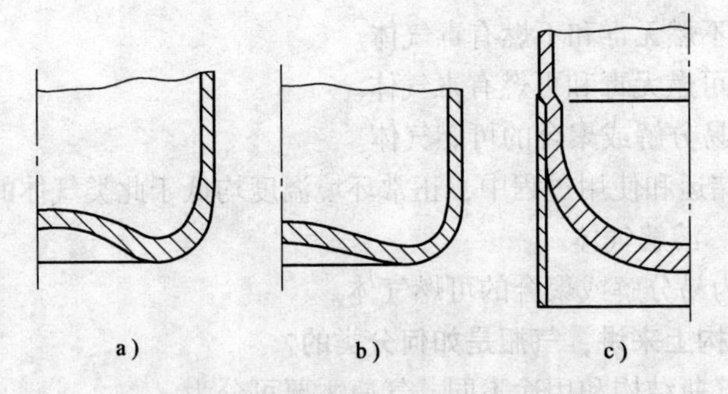

图 7-4　无缝气瓶瓶底收口形式示意图

a）凹形底气瓶　b）凹形底气瓶　c）带底座凸形底气瓶

焊接气瓶单面焊垫板的作用是提高焊缝强度；护罩的作用是保护钢瓶，同时使钢瓶能直立；螺塞和螺塞座焊在封头上，螺塞内孔有锥螺纹，拧紧螺塞；螺塞内灌有易熔合金，当发生火灾等意外事故时，易熔合金熔化泄压，保护气瓶不致超压。

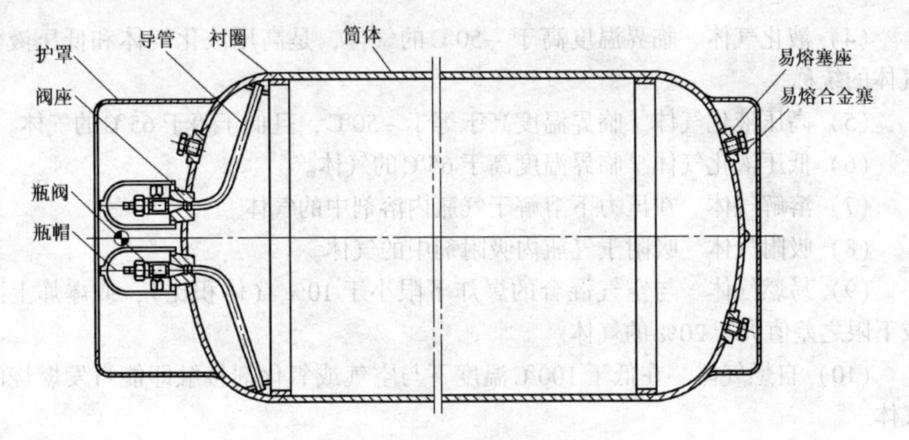

图 7-5　焊接气瓶结构示意图

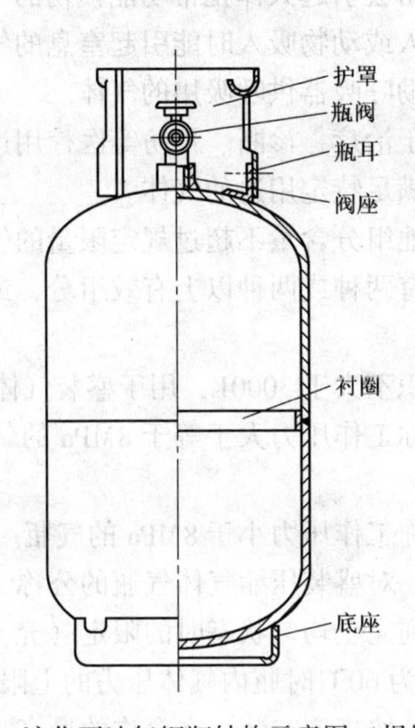

图 7-6　液化石油气钢瓶结构示意图（焊接气瓶）

7-7　气瓶管理中采用哪些技术用语？

答： 由于气瓶种类繁多，使用工艺越来越广，为了加强气瓶的安全管理，现将气瓶使用中技术用语表达如下。

1. 基本术语

（1）压缩气体　永久气体、液化气体和低温液化（深冷型）、吸附溶解气体的统称。

（2）瓶装气体　以压缩、液化、溶解等方式装瓶储运的气体。

（3）永久气体　临界温度低于或等于 -50℃的气体。

（4）液化气体　临界温度高于－50℃的气体，是高压液化气体和低压液化气体的统称。

（5）高压液化气体　临界温度高于等于－50℃，且低于等于65℃的气体。

（6）低压液化气体　临界温度高于65℃的气体。

（7）溶解气体　在压力下溶解于气瓶内溶剂中的气体。

（8）吸附气体　吸附于气瓶内吸附剂中的气体。

（9）易燃气体　与空气混合的爆炸下限小于10%（体积比），或爆炸上限或下限之差值大于20%的气体。

（10）自燃气体　在低于100℃温度下与空气或氧化剂接触即能自发燃烧的气体。

（11）毒性气体　泛指会引起人体正常功能损伤的气体。

（12）窒息气体　当人或动物吸入时能引起窒息的气体。

（13）呼吸气体　借助呼吸器供呼吸用的气体。

（14）医用气体　用于治疗、诊断、预防等医疗用途的气体。

（15）特种气体　为满足特定用途的气体。

（16）单一气体　其他组分含量不超过规定限量的气体。

（17）混合气体　含有两种或两种以上有效组分，或虽属非有效组分但其含量超过规定限量的气体。

（18）气瓶　公称容积不大于3000L，用于盛装气体的移动式压力容器。

（19）高压气瓶　公称工作压力大于等于8MPa的气瓶（术语中的压力均指表压）。

（20）低压气瓶　公称工作压力小于8MPa的气瓶。

（21）公称工作压力　对盛装压缩气体气瓶的公称工作压力是指在基准温度（20℃）下，瓶内气体达到完全均匀状态时的限定（充）压力；对盛装液化气体气瓶的公称压力是指温度为60℃时瓶内气体压力的上限值等。

（22）最高温升压力　按规定充装，在允许的最高工作温度时瓶内介质达到的压力。

（23）许用压力　气瓶在充装、使用、储运过程中允许承受的最高压力。

（24）设计压力　气瓶强度设计时作为计算载荷的压力参数。气瓶的设计压力一般取水压试验压力。

（25）水压试验压力　为检验气瓶静压强度所进行的以水为介质的耐压试验的压力。

（26）屈服压力　气瓶在内压作用下，筒体材料开始沿壁厚全屈服时的压力。

（27）爆破压力　气瓶爆破过程中所达到的最高压力。

（28）基准温度　由气体产品标准规定的充装标准温度。

（29）最高工作温度　气瓶标准允许达到的气瓶最高使用温度。

（30）公称容积　气瓶容积系列中的容积等级。

（31）水容积　气瓶内腔的实际容积。

（32）充装系数　标准规定的气瓶单位容积允许充装的最大气体重量。

（33）充装量　气瓶内充装的气体重量。

（34）气相空间　瓶内介质处于气-液两相平衡共存状态时气相部分所占的空间。

（35）满液　瓶内气相空间为零时的状态。

（36）气瓶净重　瓶体及其不可拆连接件的实际质量（不包括瓶阀、瓶帽、防震圈等可拆件）。

（37）皮重　瓶体及所有附件、填充物的质量。

（38）实瓶质量　气瓶充装气体后的总重。

2. 气瓶及附件

（1）液化石油气钢瓶　专门用于盛装液化石油气的钢质气瓶。

（2）溶解乙炔气瓶　瓶内装有多孔填料及溶剂，用于充装乙炔的气瓶。

（3）复合气瓶　瓶体由两种或两种以上材料制成的气瓶。

（4）玻璃钢气瓶　以金属材料为内层筒体（亦称瓶胆），其外侧缠绕高强纤维并以塑料固化作为加强层的复合气瓶。

（5）绕丝气瓶　在气瓶筒体外部缠绕一层或多层高强钢丝作为加强层，借以提高筒体强度的复合气瓶。

（6）加强层　复合气瓶瓶体为承受内压或提高承受内压能力而采用的外层承载结构。

（7）瓶体　直接承受内压的气瓶主体。

（8）筒体　瓶体上的圆柱壳体部分。

（9）瓶口　气瓶的介质进出口。

（10）瓶颈　无缝气瓶瓶口部位的瓶体缩颈部分，通常有内螺纹用以连接瓶阀。

（11）颈圈　固定连接在瓶颈外侧用以装配瓶帽的零件。

（12）瓶肩　气瓶筒体与瓶颈之间的上封头部分。

（13）瓶根　凹形底或凸形底无缝气瓶筒体与瓶底连接过渡的部分。

（14）瓶底　气瓶瓶体封闭端的非筒体承压部分。

（15）底座　为使凸形底气瓶能稳定站立，与气瓶瓶体固定连接的座圈式零件。

（16）凸形底　封头向外突出，凹面受内压的瓶底，如图7-7a、b所示。

(17) 凹形底　封头向里凹入，凸面受内压的瓶底，如图 7-7c、d 所示。

(18) H 形底　带有冲压成形的轴向突缘为底座的瓶底，如图 7-8 所示。

(19) 阀座　焊接在气瓶封头上用以装配瓶阀的零件。

(20) 易熔合金塞　为防止瓶内介质因升温超压发生事故而设置的、由易熔合金作为动作部件的熔化泄放型气瓶安全附件，简称易熔塞。

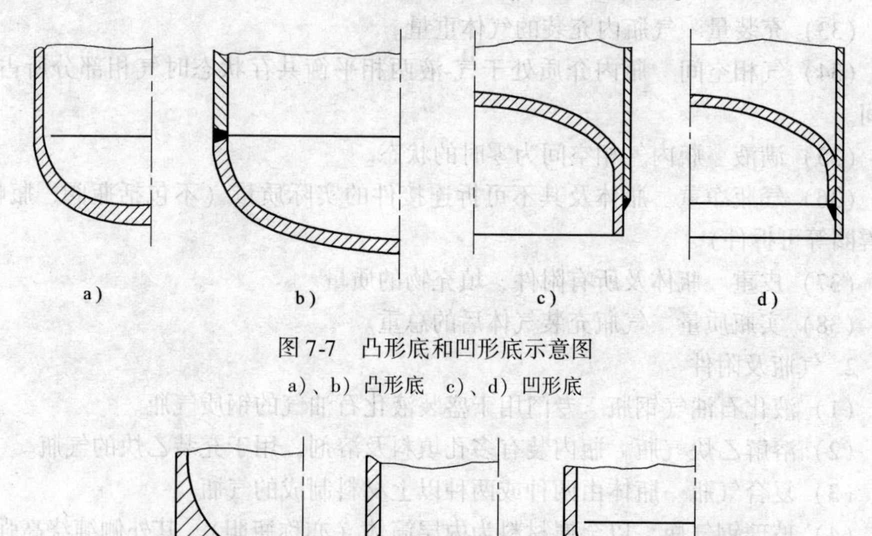

图 7-7　凸形底和凹形底示意图

a)、b) 凸形底　c)、d) 凹形底

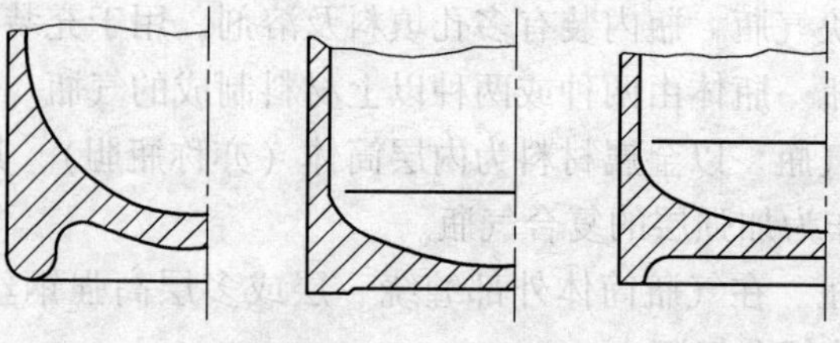

图 7-8　H 形底示意图

(21) 易熔塞座　焊接在气瓶瓶体上用以安装易熔合金塞的零件。

(22) 护罩　保护瓶帽、瓶阀或易熔合金塞免受撞击而设置的敞口屏罩式零件，也可兼作提升零件。

(23) 瓶耳　连接护罩与瓶体并起定位作用的零件。

(24) 防震圈　套装在气瓶筒体上使瓶体免受直接冲撞的橡胶圈。

(25) 导管　与瓶阀相连，插入液化气瓶内部用以从瓶内排放气态或液态介质的接管。

(26) 衬圈　为保证根部焊透，沿对接环焊缝内壁设置的垫板。

(27) 缩口　筒体一端直径缩小，插入与之焊接的另一筒端，起榫插式对接环焊缝补圈作用的部分。

(28) 多孔填料　充满溶解乙炔气瓶内用以吸附溶剂——乙炔的多孔物质。

(29) 气瓶专用螺纹　气瓶瓶口与瓶阀连接，瓶帽与颈圈连接所规定采用的螺纹。

(30) 瓶阀　气瓶专用阀门的统称。

(31) 出气口　气瓶使用时瓶阀的放气口。

3. 气瓶设计与制造

(1) 计算壁厚　按有关标准规定的计算方法求得的新瓶所需壁厚。

(2) 设计壁厚　计算壁厚经圆整后所得到的壁厚。

(3) 名义壁厚　根据设计壁厚并综合考虑腐蚀裕度、材料及制造等因素，由设计图样规定的气瓶壁厚。

(4) 实测量小壁厚　气瓶壁厚的最小测量值。

(5) 爆破安全系数　气瓶爆破压力与公称工作压力之比值。

(6) 使用安全系数　水压试验压力与最高温升压力之比值。

(7) 设计应力系数　瓶体材料屈服应力设计取值与水压试验压力下筒体当量应力之比。

(8) 屈服系数　气瓶最小屈服压力与试验压力之比值。

(9) 许用压力　气瓶强度设计中在水压试验压力下瓶体允许达到的当量应力最大值。

(10) 壁应力　整体气瓶筒体在水压试验压力下达到的当量应力。

(11) 冲拔拉深法　以坯、锭、棒材为原材料，经挤压、拉深或旋压减薄工艺制造无缝气瓶的方法。

(12) 冲压拉深法　以板材为原材料，经冲压、拉深或旋压减薄工艺制造气瓶的方法。

(13) 管子收口法　以无缝管材为原材料，经热旋压收底收口等工艺制造无缝气瓶的方法。

4. 气瓶试验和检验

(1) 容积变形试验　用水压试验方法测定气瓶容积变形的试验。

(2) 外测法容积变形试验　用水套法从气瓶外侧测定容积变形的试验。

(3) 内测法容积变形试验　从气瓶内侧测定容积变形的试验。

(4) 容积全变形　气瓶在水压试验压力下瓶体的总容积变形。其值为容积弹性变形与容积残余变形之和。

(5) 容积弹性变形　瓶体在水压试验压力卸除后能恢复的容积变形。

(6) 容积残余变形　瓶体在水压试验压力卸除后不能恢复的容积变形。

(7) 容积残余变形率　瓶体容积残余变形对容积全变形之百分比。

(8) 疲劳失效　气瓶因承受压力循环而导致的瓶体破裂或泄漏。

(9) 压扁试验　为评定瓶体材料塑性及是否存在影响塑性的缺陷，依照有关标准规定的方法从瓶体中部将气瓶局部压扁的试验。

(10) 弯曲试验　为评定瓶体材料或焊缝的塑性及是否存在影响性能的缺

陷，依照有关标准规定的方法在瓶体上取样进行的弯曲试验。

（11）安全性能试验　为检验气瓶安全使用性能所进行的各项试验的统称。

（12）易熔合金流动温度　按照有关标准规定测出的易熔合金开始熔断的温度。

（13）易熔塞动作温度　按照有关标准规定测出的易熔塞开始排放气体的最低温度。

（14）气瓶宏观检查　泛指内外表面宏观形状、几何公差及其他表面可见缺陷的检验。

（15）音响检验　按照有关标准规定敲击气瓶，以声响特征判别瓶体品质的检验。

（16）凹陷　气瓶瓶体因钝状物撞击或挤压造成的壁厚无明显变化的局部塌陷变形。

（17）凹坑　由于打磨、磨损、氧化皮脱落或其他非腐蚀原因造成的瓶体局部壁厚有减薄、表面浅而平坦的洼坑状缺陷。

（18）鼓包　气瓶外表面凸起，内表面塌陷，壁厚无明显变化的局部变形。

（19）磕伤　因尖锐锋利物体撞击或磕碰，造成瓶体局部金属变形及壁厚减薄，且在表面留下底部是尖角，周边金属凸起的小而深的坑状机械损伤。

（20）划伤　因尖锐锋利物体划、擦造成瓶体局部壁厚减薄，且在瓶体表面留下底部是尖角的线状机械损伤。

（21）裂纹　瓶体材料因金属原子结合遭到破坏，形成新界面而产生的裂纹，它具有尖锐的缺口和较大长宽比的特点。

（22）夹层　泛指重皮、折叠、带状夹杂等层片状几何不连续。它是由冶金或制造等原因造成的裂纹性缺陷，但其根部不如裂纹尖锐，且其起层面多与瓶体表面接近平行或略成倾斜，也称分层。

（23）皱折　无缝气瓶收口时因金属挤压在瓶颈及其附近内壁形成的径向（或略呈螺旋形）的密集皱纹或折叠；焊接气瓶封头直边段因冲压抽缩沿环向形成的波浪式起伏也称皱折。

（24）环沟　位于瓶根内壁，因冲头严重变形引起的经线不圆滑转折。

（25）点腐蚀　腐蚀表面长径及腐蚀部位密集程度均未超过有关标准规定（通常指长径小于壁厚，间距不小于10倍壁厚）的孤立坑状腐蚀。

（26）线状腐蚀　由腐蚀点连成的线状沟痕或由腐蚀点构成的链状腐蚀缺陷。

（27）局部腐蚀　腐蚀表面平坦且腐蚀表面面积未超过有关标准规定的小面积腐蚀缺陷。

（28）普遍腐蚀　腐蚀表面平坦且腐蚀表面面积超过有关标准规定的大面积

腐蚀缺陷。

（29）热损伤　泛指气瓶因过度受热而造成的材质内部损伤或遗留的外伤痕迹，如涂层烧损、瓶体烧伤或烧结、瓶体变形、电弧烧伤、高温切割的痕迹等。

7-8　气瓶的设计、材料有什么具体规定？

答：为了加强气瓶安全管理工作，保证气瓶安全使用，在《气瓶规程》中，对气瓶的产品设计、材料使用有具体规定。

1）气瓶产品应符合相应国家标准的规定。研制、开发气瓶及其附件新产品，应在试验研究并取得成果的基础上进行产品试制。试制品应符合产品标准的要求，并按要求执行，由国家质量技术监督局锅炉压力容器安全监察局授权的单位组织专家进行技术评定。经型式试验技术评定合格的气瓶，允许在省级锅炉压力容器安全监察机构指定的范围和规定时间内试用。试用期满后，按程序办理制造资格认可手续。

2）气瓶的设计，实行设计文件审批制度。气瓶制造所采用的设计文件必须经审核批准，审批标记如图 7-9 所示。

3）符合下列情况之一者，为改变原设计，应重新办理设计审批：a. 改变气瓶瓶体材料牌号；b. 改变设计壁厚；c. 改变瓶体结构、形状。

4）制造气瓶的主体材料应符合相应国家标准的规定，还应符合相关气瓶产品标准对材料的要求。

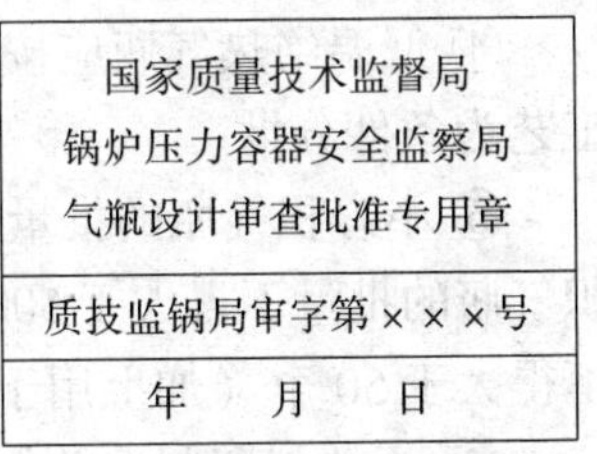

国家质量技术监督局 锅炉压力容器安全监察局 气瓶设计审查批准专用章
质技监锅局审字第×××号
年　月　日

图 7-9　气瓶设计文件审批标记示意图

5）钢质气瓶瓶体材料及缠绕气瓶钢质内胆材料，必须是电炉或氧气转炉冶炼的镇静钢。制造无缝气瓶的优质碳素钢或合金钢坯料，应适合压力加工；制造焊接气瓶的瓶体材料，必须具有良好的压延和焊接性能。

6）制造铝合金气瓶瓶体及纤维缠绕气瓶铝合金内胆的材料，应具有良好的抗晶间腐蚀性能。

7）采用气瓶国家标准规定之外的材料或新研制的材料试制气瓶，材料生产企业应按照在锅炉压力容器安全监察局备案的企标或供货技术条件供货。气瓶制造厂在向国家质量技术监督局锅炉压力容器安全监察局提出试用申请后，按核准的数量试制气瓶。

8）采用国外材料制造气瓶瓶体，应符合下列规定：a. 材料牌号应是国外压力容器或气瓶用材标准所列牌号，有相应的技术要求、性能数据和工艺资料；b. 技术要求和性能数据应不低于气瓶安全监察规程和我国相应气瓶国家标准的规定；c. 使用国外材料制造气瓶之前，企业应先进行冷热加工工艺试验、焊接及热处理工艺评定，并制定出相应的工艺文件。

9）气瓶制造单位，必须按炉罐号对制造气瓶瓶体的金属材料进行化学成分验证分析，按批号进行力学性能验证检验，按相应标准的规定进行无损检测、低倍组织验证检查。

7-9　气瓶的制造、充装等方面有什么具体规定？

答：为了加强气瓶安全管理工作，保证气瓶安全使用，在《气瓶规程》中，对气瓶的制造、充装等方面做了规定。

1）气瓶制造单位必须持有相应的特种设备制造许可证，并按批准的项目和审批的设计文件制造气瓶。

2）气瓶应按批组织生产，气瓶的分批和批量，应符合下列规定：

① 无缝气瓶应按同一设计、同一炉号材料，同一制造工艺及按同一热处理规范连续进行热处理的条件分批。

② 焊接气瓶应按同一设计、同一材料牌号、同一焊接工艺及按同一热处理规范连续进行热处理的条件分批。

③ 缠绕气瓶金属内胆按①项规定分批，成品瓶按同一规格、同一设计、同一制造工艺、同一复合材料型号，连续生产为条件分批。

④ 低温绝热气瓶应按同一设计、同一材料牌号、同一焊接工艺、同一绝热工艺为条件分批。

⑤ 小容积气瓶的批量不得大于200 个（加上用于破坏性试验的数量）；中容积气瓶的批量不得大于500 个（加上用于破坏性试验的数量）；大容积气瓶批量不得大于50 个（加上用于破坏性试验的数量）。特殊情况按产品标准的规定。

3）无缝气瓶制造单位应在有关技术文件中，对气瓶冲压、拉拔的冲头，旋压或模压收口的模板或模具，做出投入使用前的工艺验证、定期检查、修理和更换的规定。

4）气瓶出厂时，制造单位应逐只出具产品合格证，按批出具批量检验质量证明书。产品合格证和批量检验质量证明书的内容，应符合相应的产品标准的规定。同时必须在产品合格证的明显位置上，注明制造单位的制造许可证编号。

5）属于下列情况之一的气瓶，应先进行处理，否则严禁充装：a. 钢印标记、颜色标记不符合规定，对瓶内介质未确认的；b. 附件损坏、不全或不符合规定的；c. 瓶内无剩余压力的；d. 超过检验期限的；e. 经外观检查，存在明显损伤，需进一步检验的；f. 氧化或强氧化性气体气瓶沾有油脂的；g. 易燃气体气瓶的首次充装或定期检验后的首次充装，未经置换或抽真空处理的。

6）压缩气体的充装装置，必须防止可燃气体与助燃气体的错装和防止不相容气体的错装。充气后在20℃时的压力，不得超过气瓶的公称工作压力。

7）采用电解法制取氢、氧气的充装单位，应制订严格的定时测定氢、氧纯度的制度，宜设置自动测定氢、氧浓度和超标报警的装置。当氢气中含氧或氧气中含氢超过0.5%（体积比）时，严禁充装，同时应查明原因。

8）液化气体的充装系数，必须分别符合表7-3或表7-4的规定。

未列入表7-3和表7-4的其他液化气体或混合气体的充装系数按相应国家标准的规定或按经特种设备安全监察局核准的充装系数充装。

表7-3 高压液化气体的充装系数

序号	气体名称	化学式	气瓶在不同公称工作压力/MPa下的充装系数/(kg/L) 不大于			
			20.0	15.0	12.5	8.0
1	氙	Xe			1.23	
2	二氧化碳	CO_2	0.74	0.60		
3	一氧化二氮（笑气）	N_2O		0.62	0.52	
4	六氟化硫	SF_6			1.33	1.17
5	氯化氢	HCl			0.57	
6	乙烷	C_2H_6 [CH_3CH_3]	0.37	0.34	0.31	
7	乙烯	C_2H_4 [$CH_2=CH_2$]	0.34	0.28	0.24	
8	三氟氯甲烷 [R-13]	CF_3Cl			0.94	0.73
9	三氟甲烷 [R-23]	CHF_3			0.76	
10	六氟乙烷 [R-116]	C_2F_6 [CF_3CF_3]			1.06	0.83
11	1.1二氟乙烯 [R-1132a]	$C_2H_2F_2$ [$CH_2=CF_2$]			0.66	0.46
12	氟乙烯（乙烯基氟）[R-1141]	C_2H_3F [$CH_2=CHF$]			0.54	0.47
13	三氟溴甲烷（R-13B1）	CF_3Br			1.45	1.33
14	硅烷	SiH_4		0.3		
15	磷烷	PH_3		0.2		
16	乙硼烷	B_2H_6		0.035		

表7-4 低压液化气体的充装系数

序号	气体名称	化学式	充装系数/（kg/L）不大于
1	氨	NH_3	0.53
2	氯	Cl_2	1.25
3	溴化氢	HBr	1.5
4	硫化氢	H_2S	0.66

（续）

序号	气体名称	化学式	充装系数/(kg/L)不大于
5	二氧化硫	SO_2	1.23
6	四氧化二氮	N_2O_4	1.30
7	碳酰二氯（光气）	$COCl_2$ [O═C—Cl, \Cl]	1.21
8	氟化氢	HF	0.83
9	丙烷	C_3H_8 [$CH_3CH_2CH_3$]	0.41
10	环丙烷	C_3H_6 [CH_2—CH_2, \ /, CH_2]	0.53
11	正丁烷	正—C_4H_{10} [$CH_3CH_2CH_2CH_3$]	0.51
12	异丁烷	异—C_4H_{10} [CH_3CHCH_3, |, CH_3]	0.49
13	丙烯	C_4H_6 [$CH_2=CHCH_3$]	0.42
14	异丁烯（2－甲基丙烯）	异—C_4H_8 [CH_2═C—CH_3, |, CH_3]	0.53
15	1-丁烯	C_4H_8—[1] [$CH_2=CHCH_2CH_3$]	0.53
16	1.3丁二烯	C_4H_6—[1.3] [$CH_2=CHCH=CH_2$]	0.55
17	六氟丙烯（R-1216）	C_3F_6 [$CF_2=CFCF_3$]	1.06
18	二氯二氟甲烷（R-12）	CF_2Cl_2	1.14
19	一氟二氯甲烷（R-21）	$CHFCl_2$	1.25
20	二氟氯甲烷（R-22）	CHF_2Cl	1.00
21	四氟二氯乙烷（R-114）	$C_2F_4Cl_2$ [$CF_2Cl=CF_2Cl$]	1.31
22	二氟氯乙烷（R-142b）	$C_2H_3F_2Cl$ [CH_3CF_2Cl]	0.99
23	1.1.1三氟乙烷（R-143a）	$C_2H_3F_3$ [CH_3CF_3]	0.70
24	1.1二氟乙烷（R-152a）	$C_2H_4F_2$ [CH_3CHF_2]	0.77
25	二氟溴氯甲烷（R-12B1）	CF_2ClBr	1.62
26	三氟氯乙烯（R-1113）	C_2F_3Cl [$CF_2=CFCl$]	1.10
27	氯甲烷（甲基氯）	CH_3Cl	0.81
28	氯乙烷（乙基氯）	C_2H_5Cl [CH_3CH_2Cl]	0.80
29	氯乙烯（乙烯基氯）	C_2H_3Cl [$CH_2=CHCl$]	0.82

（续）

序号	气体名称	化学式	充装系数 /(kg/L)不大于
30	溴甲烷（甲基溴）	CH_3Br	1.50
31	溴乙烯（乙烯基溴）	C_2H_3Br [$CH_2=CHBr$]	1.28
32	甲胺	CH_3NH_2	0.60
33	二甲胺	$(CH_3)_2NH$ [$(CH_3)_2NH$]	0.58
34	乙胺	CH_5NH_2 [$CH_3CH_2NH_2$]	0.62
35	甲醚（二甲醚）	C_2H_6O [CH_3OCH_3]	0.58
36	三甲胺	$(CH_3)_3N$ [$CH_3-N(CH_3)-CH_3$]	0.56
37	乙烯基甲醚（甲基乙烯基醚）	C_3H_6O [$CH_2=CHOCH_3$]	0.67
38	环氧乙烷（氧化乙烯）	C_2H_4O [CH_2-CH_2, 以O桥接]	0.79
39	（顺）2-丁烯	C_4H_8	0.55
40	（反）2-丁烯	C_4H_8	0.54
41	五氟氯乙烷（R-115）	CF_5Cl	1.05
42	八氟环丁烷（RC-318）	C_4F_8	1.30
43	三氯化硼（氯化硼）	BCl_3	1.2
44	甲硫醇（硫氢甲烷）	CH_3SH	0.78
45	三氟氯乙烷（R-133a）	$C_2H_2F_8Cl$	1.18
46	砷化氢（砷烷）	A_sH_3	
47	硫酰氟	SO_2F_2	1.0
48	液化石油气	混合气体（符合 GB 11174）	0.42 或按相应国家标准

9）充装液化气体必须遵守下列规定：a. 应当采用逐瓶称重的方式进行充装，禁止无称重直接充装（车用气瓶除外）；实行充装质量逐瓶复验制度，严

禁过量充装。充装超量的气瓶不准出厂。采用连续自动称重进行充装时，以抽检替代逐瓶复验，应有相应的抽检制度，并经充装注册机构核准；b. 称重衡器应保持准确，其最大称量值应为常用称量的1.5~3.0倍。称重衡器按有关规定定期进行校验，每班应对衡器进行一次核定。称重衡器必须设有超装警报或自动切断气源的装置；c. 严禁从液化石油气储罐或罐车直接向气瓶灌装，不允许瓶对瓶直接倒气；d. 充装后应逐只检查气瓶，发现有泄漏或其他异常现象，应妥善处理；e. 充装前的检查记录、充装操作记录、充装后复验和检查记录应完整，内容至少应包括气瓶编号、气瓶容积、实际充装量、发现的异常情况、检查者、充装者和复称者姓名或代号、充装日期。记录应妥善保存、备查。

10）气瓶充装单位及其气体经销者，有责任配合气瓶事故的调查，气瓶充装单位应承担由于充装不当造成事故的相应责任。

11）气瓶充装单位应当具备下列条件：a. 有与气瓶充装和管理相适应的管理人员和技术人员；b. 有与气瓶充装和管理相适应的充装设备、检测手段、场地厂房、器具、安全设施和一定的气体贮存能力，并能够向使用者提供符合安全技术规范要求的气瓶；c. 有健全的充装安全管理制度、责任制度、紧急处理措施；d. 气瓶充装单位应当对气瓶使用者安全使用气瓶进行指导，提供服务。

7-10　焊接气瓶在生产中要注意哪些方面？

答：焊接气瓶在生产中要遵守下列有关规定。

1）焊接工作必须由经过考试合格的焊工担任。

2）焊条的力学性能应与气瓶本体材料相适应，应做焊接接头的力学性能试验，试验项目、方法、数量应在工艺规程中规定。

3）气瓶筒体的纵向焊缝如果采用单面焊接时，必须采取措施，以保证全部焊透。气瓶的内、外表面不得有裂纹和重皮。

4）焊缝必须进行射线检测，射线检测的长度应按照设计技术条件的规定办理。

7-11　气瓶检验安全监察管理有什么规定？

答：加强对在用气瓶检验的管理与监督，提高在用气瓶检验单位工作质量，确保气瓶安全使用，保障人民生命和财产的安全。

1）凡境内使用的各类在用气瓶应按有关规定和标准进行定期检验。从事在用无缝气瓶、焊接气瓶、溶解乙炔气瓶和液化石油气瓶定期检验的单位，均应取得质量技术监督局颁发的“气瓶定期检验核准证”，具体要求如下：a. 气瓶定期检验核准证有效期为4年，逾期未申请换证或未被批准换证，不得继续从事在用气瓶的检验；b. 各在用气瓶检验和充装单位负责贯彻执行，各级质量技术监督局特种设备安全监察机构负责监察和监督实施。

2）在用气瓶检验单位应具备下列基本条件：a. 法人或法人授权的组织；b. 应符合 GB/T 12135—2016《气瓶检验机构技术条件》的要求并有健全的气瓶检验质量保证体系，并有相应的标准、规范等技术资料；c. 适应气瓶检验（每瓶种检验人员不得少于 2 人）与管理需要的人员，检验站总人数不得少于 10 人；d. 有与气瓶检验种类、数量相适应的厂房、场地、安全设施、检测设备及工量器具。

3）在用气瓶检验单位应根据气瓶有关法规、标准的要求，结合本单位实际情况，建立健全气瓶检验质量保证体系和制订相关文件。

4）申请气瓶检验资格的单位应先向质量技术监督局特种设备安全监督机构提交“在用气瓶检验许可证申请书”，见表 7-5；同时提交“在用气瓶检验单位基本情况表”，见表 7-6（供参考）。

表 7-5　在用气瓶检验许可证申请书

原检验许可证号：

质量技术监督局：

我单位因

1. 气瓶检验许可证有效期满

2. 新申请如下气瓶检验

请审查

检验气瓶种类	检验气瓶名称	备注

申请单位（盖章）：

法定代表人（签章）：

申请日期：

注：1. 气瓶种类分为无缝、焊接、溶解乙炔和液化石油气瓶 4 类。

2. 气瓶名称分为氧气、溶解乙炔、液化石油气瓶，液氯、液氨钢瓶等。

3. 申请增加的检验气瓶应在备注栏内注明。

特种设备安全监察机构通过对气瓶检验资格单位申请报告进行初审和试检验工作程序，进入审查阶段。主要是审查在用气瓶检验单位质保体系的运转情况；对气瓶检验有关法规、标准和管理制度的执行情况；现场检查气瓶检验质量情况；审查用户服务意见和用户反馈意见。审查内容主要是“气瓶检验单位审查情况表（必备条件部分）”，见表 7-7；“气瓶检验单位审查情况表（一般条件部分）”，见表 7-8。

表 7-6　在用气瓶检验单位基本情况表

证号		电话		邮编		定点批文号、日期	
单位名称					法定代表人		
单位地址					技术负责人		
检验地点					所有制性质		

从事气瓶检验的主要管理、技术、检验人员

姓名	年龄	性别	何时、何地、经何种专业培训	职务、职称、工种

检验情况	检验气瓶种类	液化石油气瓶	溶解乙炔气瓶	无缝气瓶	焊接气瓶
	检验量/（只/年）				

现有主要设备情况	名称	规格型号	台（套）	名称	规格、型号	台（套）

注：人员、设备栏不够填写时，可另附页。

5）特种设备安全监督机构审核

完成审查工作后，应按“气瓶检验单位审查得分与审查评分意见对照表”的要求提出意见并写出审查报告在30天内报送审查组织单位，见表7-11。

6）“气瓶定期检验核准证”是从事气瓶检验的凭证，必须在省质量技术监督局批准的检验任务授权的范围、地区和规定的有效期内使用方为有效；“气瓶定期检验核准证”不得涂改、转让。

7）对违反规定和有关规范进行充装、检验、事故隐患严重且不及时整改的充装和检验单位，当地锅炉压力容器安全监察机构应依据有关规定查处。

表 7-7 气瓶检验单位审查情况表（必备条件部分）

审查项目 8 项 应审查____项 审查合格____项 合格率____%

<table>
<tr><th>序</th><th colspan="2">审查项目</th><th>审查内容及要求</th><th>审查方法</th><th>审查实际情况</th><th>审查结论</th></tr>
<tr><td>1</td><td colspan="2">检验单位合法性</td><td>有法人或法人授权的组织
有企业法人营业执照
有省质量技术监督局和有关部门定点批文</td><td>查工商营业执照，有关部门核发的证书、批复</td><td></td><td></td></tr>
<tr><td>2</td><td colspan="2">质量保证体系</td><td>应按国家有关法规、标准结合本单位实际情况建立质保体系，制订“质保手册”，并可执行</td><td>检查质保体系建立情况</td><td></td><td></td></tr>
<tr><td>3</td><td rowspan="4">基本技术力量</td><td>技术人员条件</td><td>配备从事检验技术管理和设备管理的技术人员，技术负责人有工程师职称</td><td>查有关人员任命书、学历及职称证书</td><td></td><td></td></tr>
<tr><td>4</td><td rowspan="3">检验人员、技术工人</td><td>每个瓶种持气瓶检验员证的检验员至少 2 名以上，且要与检验任务相适应</td><td rowspan="3">核查有关人员岗位配置及持证情况</td><td></td><td></td></tr>
<tr><td>5</td><td>应设专职或兼职安全员，并熟悉本岗位工作</td><td></td><td></td></tr>
<tr><td>6</td><td>锅炉压力容器等特种设备操作人员应持证上岗</td><td></td><td></td></tr>
<tr><td>7</td><td rowspan="2">检验装备</td><td>厂房条件</td><td>应有与所检验气瓶品种、数量相适应的厂房、场地、设备，符合防火规范</td><td>查看现场及消防部门批复</td><td></td><td></td></tr>
<tr><td>8</td><td>设备设施</td><td>易燃、有毒液化气体应按规定有蒸汽吹扫或置换（中和）设施，乙炔气和液化气体有残液（气）回收条件</td><td>查看验收资料及现场</td><td></td><td></td></tr>
</table>

表7-8　气瓶检验单位审查情况表（一般条件部分）

审查项目17项　额定100分　应审查____　应得____分　评定____分　共2页　第1页

序	审查项目	审查内容及要求	审查方法	额定分	评分标准	审查实际情况	评定分	备注
1	人员情况	站长、技术负责人应有一定管理能力和技术水平。熟悉检验工作	取证、换证审查时对技术负责人并抽两名气瓶检验员进行理论考试（50岁以上开卷，其余闭卷）和实际操作考核和答辩。考核内容为国家有关法规标准及检验工作要求，其余人员进行口试、实际操作考核	15	平均成绩≥80分得10分；平均成绩70~79分，得6分，平均成绩<69分，扣10分；其余人员考核评价“优”得5分，“中”扣3分，“差”扣5分	姓名 岗位 考核成绩		
2		设备、安全管理人员熟悉管理知识并经过业务培训考核合格				总平均 理论 实践		
3		锅炉压力容器等特种操作人员持证上岗，气瓶附件维修人员应熟悉业务、胜任工作				其余人员考核		
4	设备仪器管理情况	检验、办公用房适应需要、环境条件良好，检测设备、仪器、工量具齐全	对照GB 12135各条款核查	6	条件不适应需要扣2分，检测设备、仪器、工量具缺1台扣2分			
5		关键设备完好率达100%，且有定期维修与检查记录	现场检查，核查资料	6	有1台不完好扣1分，有1台无检查维修记录和1分			
6		设备仪器建档率100%，并有台账，专人保管	设备逐台建档，台账清楚便于查阅	4	有1台无档加1分，无台账扣2分，保存不善扣2分			
7		设备专管率100%，并挂牌	现场检查	4	无人专管不得分，有1台未挂牌扣0.5分			
8		锅炉压力容器应注册登记、定期检验、领取使用证，检验资料保存完好	查锅炉压力容器有关见证资料和现场	4	有1台无证或未检不得分，有1台资料不全扣1分			
9		安全附件、计量仪表、称重衡器应配置齐全，并定期校验，校验资料保存完好	查台账和见证，现场核查	6	缺校验见证扣2分，查1只失灵、未校扣2分，扣完为止			

（续）

审查项目17项　额定100分　应审查____　应得____分　评定____分　共2页　第2页

序	审查项目	审查内容及要求	审查方法	额定分	评分标准	审查实际情况	评定分	备注
10	检验工作质量	气瓶检验质保手册已经最高领导颁发，手册内容齐全、正确。质保体系已建立并运转，有关责任人员能按规定的控制点签字	查质保手册的完整、正确性和质保体系建立运转情况，检查气瓶检验资料	8	内容不齐全、不正确扣2分，质保体系基本正常酌情扣分；体系未建立或运转不正常不得分			
11	检验工作质量	各项制度已建立，法规、标准齐全，并得到执行	抽查4或5个制度及法规、标准	4	缺法规、标准或执行不严扣4分；有1项制度未执行扣1分，缺1项制度扣0.5分			
12		应有气瓶检验工艺，气瓶检验记录、检验项目、数量、结论应正确、合理	审查气瓶检验工艺和检验记录见证；抽查10份气瓶检验记录	14	无检验工艺扣2分；记录不符要求每份扣1分；抽查2只气瓶核对，有1处不符扣0.5分，结论不正确扣5分			
13		瓶阀检修应逐只进行，并更换易损件、易燃有毒气瓶瓶阀，应进行气密性试验	从已检气瓶上抽查瓶阀并解体；现场检查气密性试验情况	3	不符合规定要求不得分			
14		检验资料便于追踪，保管至少一个检验周期	检查资料登记保管情况	6	缺1份资料扣2分；资料不全酌情扣分			
15		报废气瓶应有登记，报废气瓶破坏处理符合规定要求，处理有去向	检查登记台账和去向，并与实物相符；检查实际处理情况	10	无登记台账扣4分；无去向扣4分；退给用户扣4分；破坏处理不符合规定不得分			
16		用户信息反馈处理有见证，有重大隐患或事故按规定及时上报	查资料，必要时走访用户	5	无见证不得分，有检验问题，每份扣1分，有1项未及时处理扣1分，未按规定上报，有1项扣1分			
17		人员培训、安全检查、安全教育活动有见证可查	查见证资料	5	活动无记录或不真实扣3分，未活动不得分			

表 7-9　气瓶检验单位审查得分与审查评分意见对照表

<table>
<tr><td colspan="2">审查得分要求</td><td colspan="2" rowspan="2">审查评定意见</td></tr>
<tr><td>必备条件</td><td>一般条件</td></tr>
<tr><td>100%合格</td><td>得分≥90分</td><td colspan="2">具备发证条件</td></tr>
<tr><td>100%合格</td><td>80分≤得分<90分</td><td rowspan="3">基本具备发证条件</td><td>整改后上报换证</td></tr>
<tr><td>100%合格</td><td>70分<得分<80分</td><td rowspan="2">整改后由省或省辖市监察机构确认后上报换证</td></tr>
<tr><td>有一项不合格</td><td>得分≥80分</td></tr>
<tr><td>有一项不合格</td><td>70分≤得分<80分</td><td rowspan="2">暂不具备或不具备发证条件</td><td rowspan="2">限期整改，暂缓发证或注销气瓶检验许可证</td></tr>
<tr><td colspan="2">必备条件有两项以上（含两项）不合格或一般条件审查得分<70分</td></tr>
</table>

7-12　气瓶定期检验有什么具体规定?

答: 气瓶定期检验具体规定如下。

1）承担气瓶定期检验的单位，应符合 GB 12135—2016《气瓶检验机构技术条件》的规定，经所在地省级质量技术监督行政部门锅炉压力容器安全监察机构核准，取得资格证书。气瓶定期检验资格证书有效期为 4 年，气瓶定期检验单位有效期满 6 个月前向原发证机构提出换证申请。逾期不申请者，视为自动放弃，有效期满后不得从事气瓶定期检验工作。

从事气瓶定期检验工作的人员，应按 TSG Z8002—2013《特种设备检验人员考核规则》进行资格考核，并取得资格证书。

2）气瓶检验单位的主要职责是：a. 对气瓶进行定期检验，出具检验报告，并对其正确性负责；b. 对可拆卸的气瓶、瓶阀等附体进行更换（按规定）；c. 对气瓶表面涂敷颜色和色环，按规定做出检验合格标志；d. 对报废气瓶进行破坏性处理（受气瓶产权单位委托）等。

3）各类气瓶的检验周期，不得超过下列规定：a. 盛装腐蚀性气体的气瓶、潜水气瓶以及常与海水接触的气瓶每 2 年检验 1 次；b. 盛装一般性气体的气瓶，每 3 年检验 1 次；c. 盛装惰性气体的气瓶，每 5 年检验 1 次；d. 液化石油气钢瓶、液化二甲醚钢瓶，每 4 年检验 1 次；e. 低温绝热气瓶，每 3 年检验 1 次；f. 车用液化石油气钢瓶每 5 年检验 1 次。汽车报废时，车用气瓶同时报废；g. 气瓶在使用过程中，发现有严重腐蚀、损伤或对其安全可靠性有怀疑时，应提前进行检验；h. 库存和停用时间超过一个检验周期的气瓶，启用前应进行检验；i. 发生交通事故后，应对车用气瓶、瓶阀及其他附件进行检验，检验合格后方可重新使用。

4）检验气瓶前，应对气瓶进行处理。达到下列要求方可检验：a. 确认气瓶内压力降为零后，方可卸下瓶阀；b. 盛装毒性、易燃气体气瓶内的残余气体应回收，不得向大气排放；c. 易燃气体气瓶须经置换，液化石油气瓶需经蒸汽吹扫，达到规定的要求。否则，严禁用压缩空气进行气密性试验。

5）气瓶定期检验必须逐只进行，各类气瓶定期检验的项目和要求，应符合相应国家标准的规定。

6）气瓶的报废处理应包括：a. 由气瓶检验员填写“气瓶判废通知书”，见表 7-10，并通知气瓶充装单位；b. 由气瓶检验单位对报废气瓶进行破坏性处理，报废气瓶的破坏性处理为压扁或将瓶体解剖。经地、市级质量技术监督行政部门锅炉压力容器安全监察机构同意，可指定检验单位集中进行破坏性处理。

表 7-10　气瓶判废通知书

（　）字　第　号

______________：

根据 TSG R 0006—2014《气瓶安全技术监察规程》的规定，经检验你单位__________气瓶共__________只已判废，对其中的__________只已做破坏性处理。特此通知。

检验员：（签字或盖章）

单位技术负责人：（签字或盖章）　　（检验单位章）

年　月　日

瓶　号	制造单位	公称容积	判废原因	处理结果

注：本表一式 2 份，检验单位存档 1 份，气瓶产权单位或所有者 1 份。

7）气瓶附件包括气瓶专用爆破片、安全阀、易熔合金塞、瓶阀、瓶帽、液位计、防振圈、紧急切断和充装限位装置等。根据国家质量技术监督局公布的目录，列入制造许可证范围的安全附件需取得国家质量技术监督局颁发的特种设备制造许可证，未列入制造许可证范围的安全附件，除瓶帽和防振圈外，需在锅炉压力容器安全监察局办理安全注册。

8）气瓶附件制造企业应保证其产品至少安全使用到下 1 个检验日期。

7-13　气瓶安全质量基本要求有哪些内容？

答：气瓶安全质量基本要求主要内容如下。

1）各类气瓶必须按照国家标准进行设计、制造。型式试验前，设计文件需经鉴定。暂时没有国家标准时，应将所依据的制造标准和相关技术文件报总局安全监察机构审批。其中涉及气瓶安全质量的关键项目，如设计温度、设计压力、爆破试验、无损检测、力学性能等，均不得低于相应国家标准的规定。

2）各类进口气瓶的颜色标志应按照国家标准 GB/T 7144—2016《气瓶颜色标志》的规定执行。

7-14 气瓶型式试验技术评定有什么内容和要求？

答：气瓶正式投产前，应按有关标准进行型式试验，气瓶型式试验技术评定内容和要求如下。

1）技术评定的内容：a. 审查气瓶设计文件；b. 审查主要生产工艺和技术参数；c. 考查生产设备、检测能力对批量生产的适应性和稳定性；d. 检测产品质量。

2）评定时用于检测产品质量的气瓶，由评定组从试制的产品中抽取，抽取数量不得少于 20 个。

3）产品质量的检测项目和检测的数量，按有关产品标准的规定。检测的方法和结果的评判，应符合相应的国家标准要求。对于标准中未明确型式试验具体项目和数量时，可由技术评定组提出方案报压力容器安全监察局核准。

4）各项检测和试验结果应有完整记录，型式试验技术评定组应做出书面的评定结论。

7-15 气瓶产品安全性能监督检验有什么具体规定？

答：按照 TSG R7003—2011《气瓶制造监督检验规则》，气瓶产品安全性能监督检验具体规定如下。

1）监检内容：a. 对气瓶制造过程中涉及产品安全性能的项目进行监督检验；b. 对受检企业质量体系运转情况进行监督检查。

2）监检项目和方法：a. 检查气瓶产品企业标准备案、审批情况；确认气瓶产品设计文件已按有关规定审批，总图应有审批标记；检查气瓶型式试验的试验结果；b. 检查确认该气瓶瓶体材料有质量合格证明书，确认各项数据符合规程、相应标准和设计文件的规定；c. 检查气瓶瓶体材料，按炉号验证化学成分，并审查验证结果，必要时由监督检验单位进行验证。以钢坯做原材料的，应确认低倍组织验证结果；以无缝管作原材料的，应确认其逐根无损检测情况和结果；d. 检查经验证合格的材料所作标记和分割材料后所作标记移植；e. 审查焊接工艺评定及记录，确认产品施焊所采用的焊接工艺符合相关标准、规范。审查无缝瓶热处理工艺验证试验报告；f. 审查气密性试验记录和报告等，并确认合格；g. 中、小容积试样瓶由监检员到现场抽选并作标记，记录样瓶瓶号。试样瓶的外观和产品标准中规定的逐个检验项目，其检验结果应符合有关规程和相应标准的规定；h. 检查大容积气瓶的产品焊接试板材料，应与瓶体材料相一致，在焊接试板从瓶体纵焊缝割下之前，监检员应在试板上打监检钢印予以确认，并检查试板上应有瓶号和焊工代号；i. 审查力学性能试验过程和试验结果，应符合有关规定；j. 监检员按规定抽取压扁试验的气瓶，试验前应检查准备工作，并现场监督试验。在负荷作用下，检查压头间距、压扁量，并检查压扁处有无裂纹；k. 检查金相组织分析报告，必要时，检查金相照片。对重新热处理的气瓶，应检查试验样品和金相照片。检查底部解剖试样的截取和制备，审查其低倍组织分析结果，测量底部结构形状和尺寸；l. 监检员从每批产品中抽选一个试样瓶，现场监督水压爆破试验。试验报告前应检查试验设备、仪表、安全防范措施，应对试验记录和试验结果进行确认；m. 检查瓶体外观、钢印标记、气瓶颜色和色环，应与标准色卡相符；n. 检查出厂气瓶批量检验报告，应逐个出具产品合格证，并在合格证上加盖监检员章，由监检单位人员逐个打监检钢印标记（ⓉⓈ符号）。

3）监检数量：a. 每批气瓶必须完成“监检项目表”中规定的该品种气瓶的全部监检项目；b. 监检中，若发现不合格项目，应对该项目再增加检验数量，增加的数量应符合标准的规定；标准中未规定的，可由监检单位做出规定。必要时，监检单位可在“监检项目表”之外增加监检项目。

7-16　气瓶的颜色是如何标志的?

答：按照 GB/T 7144—2016《气瓶颜色标志》规定，气瓶颜色标志是指在充装气体识别标志的气瓶外表面涂色和字样。

1）气瓶的涂膜颜色名称和鉴别：a. 气瓶的漆膜颜色应符合 GB/T 3181—2008《漆膜颜色标准》的规定（铝白、黑、白除外）；b. 气瓶的漆膜颜色编号、名称和色卡见表 7-11；c. 选用漆膜以外方法涂敷的气瓶，其涂膜颜色均应符合表 7-11 的规定。

表 7-11　气瓶的漆膜颜色编号、名称和色卡

GB/T 3181 颜色编号、名称		GSB G51001 漆膜颜色标准卡	GB/T 3181 颜色编号、名称		GSB G51001 漆膜颜色标准卡
P	01 淡紫		YR	05 棕	
PB	06 淡（酞）蓝		R	01 铁红	
B	04 银灰		R	03 大红	
G	02 淡绿		RP	01 粉红	
G	05 深绿		铝白		
Y	06 淡黄		黑		
Y	09 铁黄		白		

2）气瓶颜色标志：a. 充装常用气体的气瓶颜色标志见表 7-12；b. 瓶帽、护罩、瓶耳、底座等的涂膜颜色应与瓶色一致。

表 7-12　气瓶颜色标志一览表

序号	充装气体名称	化　学　式	瓶色	字　　样	字色	色　　环
1	乙炔	$CH\equiv CH$	白	乙炔不可近火	大红	
2	氢	H_2	淡绿	氢	大红	$p=20$，淡黄色单环 $p=30$，淡黄色双环
3	氧	O_2	淡（酞）蓝	氧	黑	
4	氮	N_2	黑	氮	淡黄	$p=20$，白色单环 $p=30$，白色双环
5	空气		黑	空气	白	
6	二氧化碳	CO_2	铝白	液化二氧化碳	黑	$p=20$，黑色单环
7	氨	NH_3	淡黄	液氨	黑	
8	氯	Cl_2	深绿	液氯	白	
9	氟	F_2	白	氟	黑	
10	一氧化氮	NO	白	一氧化氮	黑	
11	二氧化氮	NO_2	白	液化二氧化氮	黑	
12	碳酰氯	$COCl_2$	白	液化光气	黑	
13	砷化氢	AsH_3	白	液化砷化氢	大红	
14	磷化氢	PH_3	白	液化磷化氢	大红	
15	乙硼烷	B_2H_6	白	液化乙硼烷	大红	
16	四氟甲烷	CF_4	铝白	氟氯烷 14	黑	
17	二氟二氯甲烷	CCl_2F_2	铝白	液化氟氯烷 12	黑	
18	二氟溴氯甲烷	$CBrClF_2$	铝白	液化氟氯烷 12B1	黑	
19	三氟氯甲烷	$CClF_3$	铝白	液化氟氯烷 13	黑	
20	三氟溴甲烷	$CBrF_3$	铝白	液化氟氯烷 13B1	黑	$p=12.5$，深绿色单环
21	六氟乙烷	CF_3CF_3	铝白	液化氟氯烷 116	黑	
22	一氟二氯甲烷	$CHCl_2F$	铝白	液化氟氯烷 21	黑	
23	二氟氯甲烷	$CHClF_2$	铝白	液化氟氯烷 22	黑	
24	三氟甲烷	CHF_3	铝白	液化氟氯烷 23	黑	
25	四氟二氯乙烷	$CClF_2\text{-}CClF_2$	铝白	液化氟氯烷 114	黑	
26	五氟氯乙烷	CF_3-CClF_2	铝白	液化氟氯烷 115	黑	
27	三氟氯乙烷	CH_2Cl-CF_3	铝白	液化氟氯烷 133a	黑	
28	八氟环丁烷	$\underbrace{CF_2CF_2CF_2CF_2}$	铝白	液化氟氯烷 C138	黑	
29	二氟氯乙烷	CH_3CClF_2	铝白	液化氟氯烷 142b	大红	
30	1，1，1 三氟乙烷	CH_3CF_3	铝白	液化氟氯烷 143a	大红	
31	1，1 二氟乙烷	CH_3CHF_2	铝白	液化氟氯烷 152a	大红	

（续）

序号	充装气体名称	化 学 式	瓶色	字 样	字色	色 环
32	甲烷	CH_4	棕	甲烷	白	$p=20$，淡黄色单环 $p=30$，淡黄色双环
33	天然气		棕	天然气	白	
34	乙烷	CH_3CH_3	棕	液化乙烷	白	$p=15$，淡黄色单环 $p=20$，淡黄色双环
35	丙烷	$CH_3CH_2CH_3$	棕	液化丙烷	白	
36	环丙烷	$CH_2CH_2CH_2$（环）	棕	液化环丙烷	白	
37	丁烷	$CH_3CH_2CH_2CH_3$	棕	液化丁烷	白	
38	异丁烷	$(CH_3)_3CH$	棕	液化异丁烷	白	
39	液化石油气 工业用		棕	液化石油气	白	
	液化石油气 民用		银灰	液化石油气	大红	
40	乙烯	$CH_2=CH_2$	棕	液化乙烯	淡黄	$p=15$，白色单环 $p=20$，白色双环
41	丙烯	$CH_3CH=CH_2$	棕	液化丙烯	淡黄	
42	1-丁烯	$CH_3CH_2CH=CH_2$	棕	液化丁烯	淡黄	
43	2-丁烯（顺）	$H_3C—CH$ ‖ $H_3C—CH$	棕	液化顺丁烯	淡黄	
44	2-丁烯（反）	$H_3C—CH$ ‖ $HC—CH_3$	棕	液化反丁烯	淡黄	
45	异丁烯	$(CH_3)_2C=CH_2$	棕	液化异丁烯	淡黄	
46	1、3-丁二烯	$CH_2=(CH)_2=CH_2$	棕	液化丁二烯	淡黄	
47	氩	Ar	银灰	氩	深绿	$p=20$，白色单环 $p=30$，白色双环
48	氦	He	银灰	氦	深绿	
49	氖	Ne	银灰	氖	深绿	
50	氪	Kr	银灰	氪	深绿	
51	氙	Xe	银灰	液氙	深绿	
52	三氟化硼	BF_3	银灰	氟化硼	黑	
53	一氧化二氮	N_2O	银灰	液化笑气	黑	$p=15$，深绿色单环
54	六氟化硫	SF_6	银灰	液化六氟化硫	黑	$p=12.5$，深绿色单环

（续）

序号	充装气体名称	化 学 式	瓶色	字 样	字色	色 环
55	二氧化硫	SO_6	银灰	液化二氧化硫	黑	
56	三氯化硼	BCl_3	银灰	液化氯化硼	黑	
57	氟化氢	HF	银灰	液化氟化氢	黑	
58	氯化氢	HCl	银灰	液化氯化氢	黑	
59	溴化氢	HBr	银灰	液化溴化氢	黑	
60	六氟丙烯	$CF_3CF=CF_2$	银灰	液化全氟丙烯	黑	
61	硫酰氟	SO_2F_2	银灰	液化硫酰氟	黑	
62	氘	D_2	银灰	氘	大红	
63	一氧化碳	CO	银灰	一氧化碳	大红	
64	氟乙烯	$CH_2=CHF$	银灰	液化氟乙烯	大红	
65	1，1 二氟乙烯	$CH_2=CF_2$	银灰	液化偏二氟乙烯	大红	$p=12.5$，淡黄色单环
66	甲硅烷	SiH_4	银灰	液化甲硅烷	大红	
67	氯甲烷	CH_3Cl	银灰	液化氯甲烷	大红	
68	溴甲烷	CH_3Br	银灰	液化溴甲烷	大红	
69	氯乙烷	C_2H_5Cl	银灰	液化氯乙烷	大红	
70	氯乙烯	$CH_2=CHCl$	银灰	液化氯乙烯	大红	
71	三氟氯乙烯	$CF_2=CClF$	银灰	液化三氟氯乙烯	大红	
72	溴乙烯	$CH_2=CHBr$	银灰	液化溴乙烯	大红	
73	甲胺	CH_3NH_2	银灰	液化甲胺	大红	
74	二甲胺	$(CH_3)_2NH$	银灰	液化二甲胺	大红	
75	三甲胺	$(CH_3)_3N$	银灰	液化三甲胺	大红	
76	乙胺	$C_2H_5NH_2$	银灰	液化乙胺	大红	
77	二甲醚	CH_3OCH_3	银灰	液化甲醚	大红	
78	甲基乙烯基醚	$CH_2=CHOCH_3$	银灰	液化乙烯基甲醚	大红	
79	环氧乙烷	CH_2OCH_2（环状）	银灰	液化环氧乙烷	大红	
80	甲硫醇	CH_3SH	银灰	液化甲硫醇	大红	
81	硫化氢	H_2S	银灰	液化硫化氢	大红	

注：色环栏内的 p 是气瓶的公称工作压力（MPa）。

3）气瓶检验色标：a. 在气瓶检验钢印标志上应按检验年份涂检验色标，10年一循环；b. 小容积气瓶和检验标志环的检验钢印标志上可以不涂检验色标；c. 公称容积 40L 气瓶的检验色标，矩形约为 80mm × 40mm；椭圆形的长短轴分别约为80mm和40mm。其他规格的气瓶，检验色标的大小宜适当调整。

7-17　对新制造的气瓶出厂时有什么要求？

答：对新制造的气瓶出厂时的具体要求如下。

1）新制成的气瓶应在彻底清除内外表面氧化皮等杂物后，进行容积和质量测定，气瓶质量不包括水阀、安全帽和防振圈的质量。

2）新制造的气瓶应在它的肩部按图7-1的要求进行打钢印。钢印必须明显清晰；钢印字体高度为7～10mm，深度为0.3～0.5mm；降压或报废的气瓶，除在检验单位的后面打上降压或报废标志外，还应在气瓶制造厂打的工作压力标记的前面打上降压或报废标志。

3）新制造的气瓶出厂时，必须附有质量合格证。

7-18　对企业（事业单位）使用气瓶有什么具体规定？

答：企业（事业单位）使用气瓶具体规定如下。

1）使用时：a. 禁止敲击、碰撞；b. 气瓶不得靠近热源，可燃、助燃性气体气瓶与明火的距离一般不得小于10m；瓶阀冻结时，不得用火烘烤；夏季要防止日光曝晒；c. 瓶内气体不能用尽，必须留有剩余压力；d. 盛装易起聚合反应的气体气瓶，不得置于有放射性射线的场所。

2）运输气瓶时：a. 旋紧瓶帽、轻装、轻卸，严禁抛、滑或碰击；b. 气瓶装在车上应妥善加以固定，汽车装运气瓶一般应横向放置，头部朝向一方，装车高度不得超过车厢栏板高度；c. 夏季要有遮阳设施、防止曝晒；d. 车上禁止烟火，运输可燃、有毒气体时，车上应备有灭火器材或防毒用具；e. 易燃品、油脂和带有油污的物品，不得与氧气瓶或强氧化剂气瓶同车运输；f. 所装介质相互接触后，能引起燃烧，爆炸的气瓶不得同车运输。

3）气瓶的贮存：a. 旋紧瓶帽、放置整齐、留有通道、妥善固定，气瓶卧放应防止滚动，头部朝向一方；b. 盛装有毒气体的气瓶或所装介质互相接触后能引起燃烧、爆炸的气瓶，必须分室贮存，并在附近设有防毒用具或灭火器材；c. 盛装易于起聚合反应的气体气瓶，必须规定贮存期限。

4）贮存气瓶的仓库建筑应符合GB 50016—2014《建筑设计防火规范》的规定。

7-19　气瓶在什么情况下要进行降压使用或报废处理？

答：气瓶经技术检验后，有下列情况的，应进行降压使用或报废处理。

1）瓶壁有裂纹、渗漏或明显变形的应报废。

2）经测量最小的壁厚，通过强度校核（不包括腐蚀裕度）不能按原设计压力使用的。

3）高压气瓶容积残余变形率大于10%的。

检验合格的气瓶由检验单位按规定要求打上合格标记，降压或报废的气瓶由检验单位打上降压、报废的标记。

7-20　气瓶水压试验有什么要求?

答: 按照 GB/T 9251—2011《气瓶水压试验方法》, 气瓶水压试验是气瓶定期检验的重要一环, 除检查气瓶有无泄漏外, 还要通过容积残余变形的测定, 对气瓶强度做出较好的鉴定。

1) 试验以水为加压介质, 逐步增大受试瓶内的压力, 达到气瓶的水压试验压力。对气瓶的安全承载能力进行试验验证。对高压气瓶, 还要测定其在水压试验的容积变形, 以判定其安全可靠性。

2) 受试瓶内的压力升至工作压力时, 应暂停升压, 检查系统各连接处有无泄漏; 受试瓶在试验压力下至少保持30s, 压力不应下降。

3) 气瓶灌满水后, 要排除瓶内残余气体, 同时环境温度与水温不低于5℃; 操作人员与试验气瓶应设置防护设施; 同时试压系统不得有渗漏现象和存留气体。

4) 不应连续对同一气瓶重复做超压试验。

5) 气瓶进行水压试验前, 内部必须要彻底清理, 同时进行内、外部检查, 新制造的气瓶要逐个测定质量。

6) 试验系统压力表精度不低于1.5级, 气瓶称重衡器最大刻度值应为称重的1.5~3.0倍, 以保证试验数据的准确。

7-21　为什么建议大容积钢质无缝气瓶采用外测法进行水压试验(案例)?

答: [案例7-1]

气瓶在使用过程中, 由于使用场所不固定, 周围环境比较差, 容易受碰撞和冲击, 存在的裂纹等缺陷容易扩展, 通过气瓶的水压试验, 了解和掌握气瓶在水压试验时的应力情况, 在水压试验的同时, 精确测定它的全变形或残余变形是否在正常范围之内, 从而确保气瓶安全可靠使用。对在国内销售的气瓶一般采用内测法进行水压试验; 对大容积钢质无缝气瓶采用内测法测定, 还无法提供有关残余变形率有关数据, 而采用外测法水压试验具有较高的可能性, 能够将试验效果数据化, 及时提供气瓶残余变形率的数值变化有关数据, 通过分析可以及时找到气瓶残余变形率较高的原因, 通过调整热处理工艺或加强对钢瓶变形及厚度均匀性的检测, 以确保钢瓶安全可靠使用。同时销往欧美国家的气瓶均要按照 ISO 11120 全球使用的气瓶标准规定采用外测法进行水压试验, 且根据提供试验数据才予以承认。国家已起草 GB/T 33145—2016《大容积钢质无缝气瓶》, 所以大容积钢质无缝气瓶采用外测法进行水压试验。

(1) 外测法水压试验　外测法水压试验是把气瓶放进一只完全充满水的容器内, 安装在该容器上的适当装置, 分别测量出气瓶承压时和卸压后, 由于气瓶膨胀, 从水套内排出的水量来达到测量气瓶的残余变形率。从容积残余变形率则可以了解气瓶的水压试验压力是否已经接近或超过了气瓶的整体屈服压力。所以, 容积变形就成为评定气瓶耐压试验是否合格的一个重要指标。目前, 国际上常用的大容积钢质无缝气瓶标准有：美国运输部规范 49 CFR. §178.37、§178.45，国际标准化组织编制的适合于全球使用的气瓶标准 ISO 11120《150～3000L 无缝钢质气瓶设计、制造和试验》。这两个标准均采用外测法水压试验，要求永久体积膨胀量（卸压后的体积膨胀量）不能超过试验压力下总膨胀体积的 10% 为合格。

（2）外测法水压试验结果　某公司生产的大容积钢质无缝气瓶参照国际标准的水压试验方法，进行外测法水压试验，已有几年的生产经验。在长期的生产实践中总结出，气瓶残余变形率极少有超过 3% 的，图 7-10 为残余变形率分布汇总，该图为对 380 个钢瓶水压试验时残余变形率统计结果，横坐标为残余变形率（%），纵坐标为各个残余变形率所占 380 个气瓶总数的百分比。

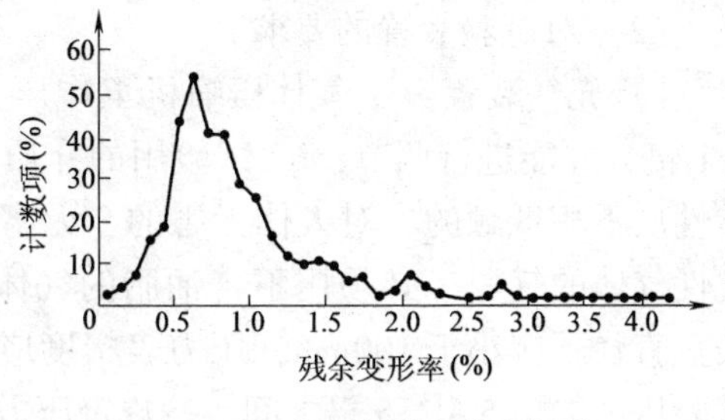

图 7-10　残余变形率分布汇总

（3）产生残余变形原因

1）在试验过程中，瓶体受内压，承受周向弯矩，使瓶体产生趋圆效应。

2）组织不均匀，局部屈服强度低，产生局部变形。

3）钢瓶整体强度不够，当承受内压时，瓶体内的应力超过最低屈服极限，产生变形。

4）用于制造气瓶的材料均为塑性材料，在计算瓶体壁厚时，通常近似认为塑性材料在未达到弹性极限前都处于完全弹性状态，实际上完全弹性体是不存在的。

（4）避免残余变形超标的措施

1）校验系统，要定期对系统进行校验，保证数据的准确性。

2）在原材料供应及制造过程中，尽量避免变形，如热处理过程中热源及支撑的均匀性，都可能导致瓶体变形，不圆度超标。

3）由于钢瓶热处理时，受热不均匀，造成组织不均匀现象，强度低的部位在承受内压时先屈服，出现塑性变形。通过瓶体硬度检测，配合拉伸试样，可初步推断瓶体力学性能的均匀性，如不符合要求，可重新热处理，以减少局部变形产生的残余变形超标现象。

4）如果气瓶整体强度不足，就需要改进热处理工艺，使之达到要求的强度。瓶体的强度是通过同炉热处理的试验环来检验，通过从试验环截取一定数量的试样进行力学性能试验来检测。

7-22　气瓶气密性试验方法有什么具体内容？

答：气瓶进行压力试验有两种：水压试验和气密性试验。气密性试验可以采用浸水法和涂液法两种方法，对无缝气瓶、焊接气瓶、液化石油气钢瓶和溶解乙炔气瓶进行气密性试验。

（1）试验方法

1）浸水法。指充有规定压力压缩气体的受试气瓶浸入水槽中检验气瓶气密性的方法。浸水法适用于气瓶整体或任何部位的气密性检验。

2）涂液法。指在充有规定压力压缩气体的受试气瓶的某些部位上涂以试验液检验气瓶气密性的方法。涂液法适用于检验气瓶瓶阀螺纹连接处、瓶阀阀杆处、易熔塞或气瓶局部部位的气密性的方法。

（2）对试验装置的要求

1）充气装置：a. 气体压缩机工作压力应大于气瓶气密性试验充装压力的1.1倍，并能进行调节；b. 试验用的介质可用空气、氮气或其他与气瓶盛装气体性质不相抵触的、对人体无害的、无腐蚀和非可燃性气体，对盛装氧气或氧化性气体的气瓶，必须用不含油脂的气体；c. 压缩机和贮气罐均应装压力表，表盘直径不应小于100mm，压力表精度应不低于1.5级，压力表量程应选择在试验压力的1.5~2.5倍之间，按规定压力表使用在检定周期内。

2）试验水槽：a. 试验水槽的深度应能使气瓶任何部位离水面最小深度大于5cm；b. 试验水槽内壁应呈白色。

3）试验液：a. 试验液不得对气瓶产生有害的作用，用于盛装氧气或氧化性气体的气瓶，应用无油脂的试验液；b. 试验液应选择表面张力较小的液体，推荐采用肥皂水、洗涤精等。

（3）试验应注意事项

1）气瓶气密性试验的环境温度应不低于5℃。

2）气密性试验的气瓶必须水压试验合格（溶解乙炔气瓶及气瓶试验过程中不允许进水的气瓶除外），且气瓶瓶壁不得有油污或其他杂质。

3）根据不同气瓶的试验要求，按规定的充气速度将待试气瓶充到气瓶气密性试验压力。对于溶解乙炔气瓶充气速度应控制在0.3MPa/min以下。

7-23 企业（事业单位）建立气瓶库有何安全要求？

答：企业（事业单位）的气瓶库的安全要求如下。

1）气瓶库受日光直射方向的玻璃窗应涂白色（库内温度一般不得超过35℃），库内应整洁无油垢，严禁利用楼梯间或多层建筑的底层和地下室贮存气瓶。

2）气瓶库与相邻建筑物的安全距离应符合表7-13的要求。

表7-13 气瓶库与周围建筑物的安全距离

贮存量/瓶	建筑物名称	距离/m
500	生产厂房	20
501~1500	生产厂房	25
1500以上	生产厂房	30
气瓶库	住宅、厂外铁路	50
气瓶库	厂外公路	15
气瓶库	厂内铁路	10
气瓶库	厂内干道	5

3）对易燃易爆气体的气瓶，气瓶库必须要有良好通风条件，

同时气瓶库用照明，通风机插座、开关等一切电气装置必须采用防爆型元器件。

7-24　气瓶的运输、贮存、经销和使用等方面有什么具体规定？

答：为确保气瓶安全使用，在 TSG R0006《气瓶安全技术监察规程》中对气瓶的运输、贮存、经销和使用等方面做了如下具体规定。

（1）加强对运输、贮存、经销和使用气瓶的安全管理

1）有掌握气瓶安全知识的专人负责气瓶安全工作。

2）根据本规程和有关规定，制定相应的安全管理制度。

3）制定事故应急处理措施，配备必要的防护用品。

（2）运输和装卸气瓶时应遵守下列要求

1）运输工具上应有明显的安全标志。

2）必须配带好瓶帽（有防护罩的气瓶除外）、防震圈（集装气瓶除外），轻装轻卸，严禁抛、滑、滚、碰。

3）吊装时，严禁使用电磁起重机和金属链绳。

4）瓶内气体相互接触可引起燃烧、爆炸、产生毒物的气瓶，不得同车（厢）运输；易燃、易爆、腐蚀性物品或与瓶内气体起化学反应的物品，不得与气瓶一起运输。

5）采用车辆运输时，气瓶应妥善固定。立放时，车厢高度应在瓶高的 2/3 以上，卧放时，瓶阀端应朝向一方，垛高不得超过五层且不得超过车厢高度。

6）夏季运输应有遮阳设施，避免曝晒；在城市的繁华地区应避免白天运输。

7）运输可燃气体气瓶时，严禁烟火。运输工具上应备有灭火器材。

8）运输气瓶的车、船不得在繁华市区、人员密集的学校、剧场、大商店等附近停靠；车、船停靠时，驾驶与押运人员不得同时离开。

9）装有液化石油气的气瓶，严禁运输距离超过 50km。

（3）贮存气瓶时应遵守下列要求

1）应置于专用仓库贮存，气瓶仓库应符合 GB 50016—2014《建筑设计防火规范》的有关规定。

2）仓库内不得有地沟、暗道，严禁明火和其他热源，仓库内应通风、干燥，避免阳光直射。

3）盛装易起聚合反应或分解反应气体的气瓶，必须根据气体的性质控制仓库内的最高温度，规定贮存期限，并应避开放射线源。

4）空瓶与实瓶应分开放置，并有明显标志，毒性气体气瓶和瓶内气体相互接触能引起燃烧、爆炸、产生毒物的气瓶，应分室存放，并在附近设置防毒用具或灭火器材。

5）气瓶放置应整齐，配带好瓶帽。立放时，要妥善固定；横放时，头部朝

同一方向。

(4) 使用气瓶应遵守下列规定

1) 采购和使用有制造许可证企业的合格产品，不使用超期未检的气瓶。

2) 使用者必须到已办理充装注册的单位或经销注册的单位购气。

3) 气瓶使用前应进行安全状况检查，对盛装气体进行确认，不符合安全技术要求的气瓶严禁入库和使用；使用时必须严格按照使用说明书的要求使用气瓶。

4) 气瓶的放置地点，不得靠近热源和明火，应保证气瓶瓶体干燥。盛装易起聚合反应或分解反应的气体的气瓶，应避开放射线源。

5) 气瓶立放时，应采取防止倾倒的措施。

6) 严禁在气瓶上进行电焊引弧。

7) 严禁用温度超过40℃的热源对气瓶加热。

8) 瓶内气体不得用尽，必须留有剩余压力或质量，永久气体气瓶的剩余压力应不小于0.05MPa；液化气体气瓶应留有不少于0.5%～1.0%规定充装量的剩余气体。

9) 液化石油气瓶用户及经销者，严禁将气瓶内的气体向其他气瓶倒装，严禁自行处理气瓶内的残液。

10) 气瓶投入使用后，不得对瓶体进行挖补、焊接修理。

11) 严禁擅自更改气瓶的钢印和颜色标记。

(5) 气瓶事故处理规定　气瓶发生事故时，发生事故单位必须按照压力容器特种设备事故处理规定及时报告和处理。

7-25　气瓶的附件有哪些安全要求？

答：气瓶附件安全要求如下。

1) 瓶阀材料必须根据气瓶所装气体的性质选用，特别要防止可燃气体瓶与非可燃气体瓶的瓶阀错装。

2) 瓶阀应有防护装置，如气瓶配带瓶帽，瓶帽上必须有泄气孔。

3) 气瓶上应配带两个防震圈。

4) 氧气瓶（包括强氧化剂气瓶）的瓶阀密封填料，必须采用不燃烧和无油脂的材料。

7-26　气瓶的瓶阀通用技术条件有什么内容？

答：按GB 15382—2009《气瓶阀通用技术要求》，对适用于环境温度-40～60℃、公称工作压力为0.1～30MPa，可重复充气的移动式气瓶上使用的瓶阀通用技术条件如下。

(1) 气瓶瓶阀（以下简称阀）的基本结构

1) 阀的基本结构分隔膜式、针形式和其他形式。

2）阀的进气口连接锥螺纹按 GB 8335—2011《气瓶专用螺纹》的规定。

3）阀的出气口连接型式和尺寸按 GB 15383—2011《气瓶阀出气口连接型式和尺寸》的规定。

（2）外观要求 阀体不得有裂纹、折叠、过烧、夹杂物等缺陷，手轮不应有锐边、毛刺。

（3）性能要求

1）启闭力矩。在公称工作压力下，针形结构的阀启闭力矩最大不超过 12N · m,采用其他结构时，启闭力矩最大不超过 7N ·m。

2）气密性。在公称工作压力或1.1倍公称工作压力或特定压力下，阀处于关闭和任意开启状态时，不得有泄漏。

3）耐用性。在公称工作压力下，按规定力矩，全行程启闭阀耐用次数应符合表 7-14 规定。

表 7-14 全行程启闭阀耐用次数

类型	全行程启闭次数	结果
隔膜式	1000	应无泄漏及其他异常现象
针形式		
其他形式	4000	

（4）检查与试验方法

1）连接螺纹检查。进气口连接螺纹采用按 GB/T 8336—2011《气瓶专用螺纹量规》制造的量规检查。出气口圆柱管螺纹采用按 GB/T 10922—2006《55°非密封管螺纹量规》制造的量规检查。

2）启闭力矩试验。将阀装在专用装置上，从阀进气口充入氮气或空气至公称工作压力按规定关闭后，浸入水中 1min，应无泄漏现象，然后按规定能顺利地将阀打开。

3）气密性试验。将阀装在专用装置上分别使阀处于关闭和任意开启状态（当阀处于开启状态时应封闭出气口），从阀的进气口充入氮气或空气至公称工作压力，浸入水中，各持续 30s，其结果应符合规定。

4）耐用性试验。将阀装在专用装置上，封闭出气口，使阀处于关闭状态，从阀进气口充入氮气或空气至公称工作压力，按要求进行耐用性试验，试验结束后应根据气密性试验再进行复试，应符合其规定要求。

针形式结构的阀在进行耐用性试验时，如在压帽和阀杆处出现泄漏，允许将压帽用规定力矩拼紧至泄漏消失，继续进行试验。

5）安全装置动作试验。带易熔合金式安全装置的阀进行试验时，应将阀装在专用装置上，使阀处于关闭状态，从阀进气口充入氮气或空气至 0.4MPa 压力，将专用装置放入盛有甘油的槽内逐渐升温，应满足规定。

6）带膜片式安全装置的阀进行试验时，应将阀同水压泵相连接，充水压至1.2～1.5倍公称工作压力，应满足规定。

（5）包装

1）包装前应清除残留在阀内的水分，对氧气瓶阀要进行脱脂。

2）包装时应保持阀的清洁，进出口螺纹不受损伤。

3）包装箱内应有产品合格证和装箱单。

4）产品合格证应注明：阀的名称、型号、公称尺寸、公称工作压力、质量部门盖章、检验日期。

7-27　气瓶瓶阀制造许可专项条件具体要求是什么？

答：根据TSG RF001—2009《气瓶附件安全技术监察规程》，气瓶瓶阀制造许可专项条件具体要求如下。

1）申请制造许可的各型号气瓶瓶阀均应通过型式试验。

2）应具备足够的存放气瓶瓶阀原材料、辅料、外协件、外购件和产品的库房。

3）应具备与所制造产品相适应的锻压成形、机械加工设备、螺纹加工等专用设备及起吊、传送设备。

4）应具备产品型式试验和其他检验所需的装置和器具（如启闭力矩测定、气密性试验、耐振性试验、耐温性试验、耐压性试验、耐用性试验、安全泄放装置试验、真空度检验等装置）。

5）应具有阀体材料化学成分分析和力学性能试验装置。

7-28　气瓶的瓶阀能起到什么安全作用？

答：气瓶的瓶阀安全作用具体如下。

1）气瓶的瓶阀是气瓶的主要附件，它是控制气瓶内气体进出的装置，因此要求瓶阀体积小，强度高，气密性好，经久耐用和安全可靠。

2）气瓶装配何种材质的瓶阀与瓶内气体性质有关，一般瓶阀的材料是用黄铜或碳素钢制造。氧气瓶多用黄铜制造的瓶阀，主要是黄铜耐氧化、导热性好、燃烧时不发生火花。液氯容易与铜产生化学反应，因此液氯瓶的瓶阀，要选用钢制瓶阀。在乙炔瓶上因铜可能会与乙炔形成爆炸性的乙炔铜，所以要选用钢制瓶阀。

3）瓶阀主要由阀体、阀杆、阀瓣、密封件，压紧螺母、手轮，以及易熔合金塞等组成。阀体的侧面有一个带外螺纹或内螺纹的出气口，用以连接充装设备或减压器。阀体的另一侧装有易熔塞。

4）当瓶内温度、压力上升超过规定，易熔塞熔化而泄压，以保护气瓶安全。

5）瓶阀的种类较多，目前低压液氯，液氨、乙炔钢瓶等采用密封填料式瓶阀；氧、氮、氩等高压气体钢瓶采用活瓣式瓶阀。

7-29 氧气瓶阀通用技术条件有什么具体内容?

答: 由于氧气瓶使用广泛，除一般工矿企业使用以外，医疗机构、试验场所、运动场所、高原铁路及事业单位都需要使用，而氧气瓶阀是氧气瓶特别重要的安全附件，掌握氧气瓶阀通用技术显得更加重要。

(1) 基本结构

1) 氧气瓶阀（以下简称阀）分为带安全装置和不带安全装置两种。

2) 阀分带手轮和不带手轮两种如图 7-11 和图 7-12 所示。阀均应具有启闭方向的标志。

3) 阀的进气口螺纹为锥螺纹。螺纹规格为 PZ19. 2 和 PZ27. 8 两种，其形式和尺寸应符合 GB 8335 的规定。

4) 阀的出气口连纹连接形式和尺寸应分别符合下列三种规定：a. 内螺纹连接，锥面密封，见图 7-13、表 7-15；b. 外螺纹连接，锥面密封，见图 7-14、表 7-16；c. 外螺纹连接，平面密封，见图 7-15、表 7-17。

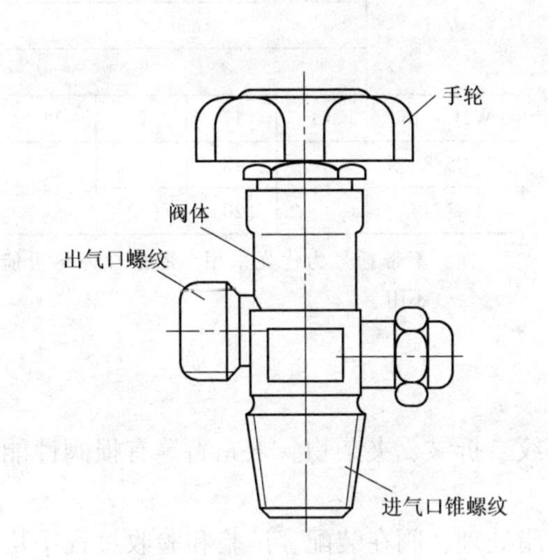

图 7-11 带手轮的氧气瓶阀

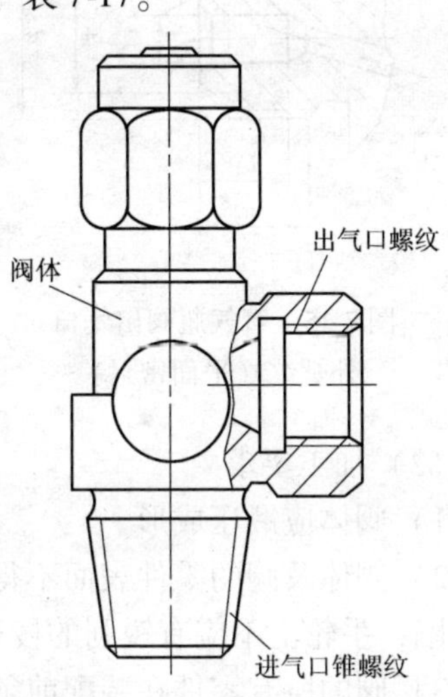

图 7-12 不带手轮的氧气瓶阀

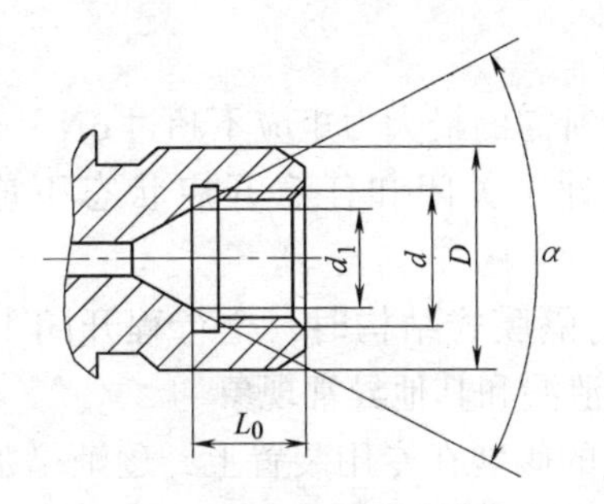

图 7-13 氧气瓶阀出气口内螺纹（锥面密封）

表 7-15 氧气瓶阀出气口内螺纹（锥面密封）尺寸

d/in	d_1	D	L_0	α
	mm			
G5/8	18	35	17	60°
		32	16	(90°)

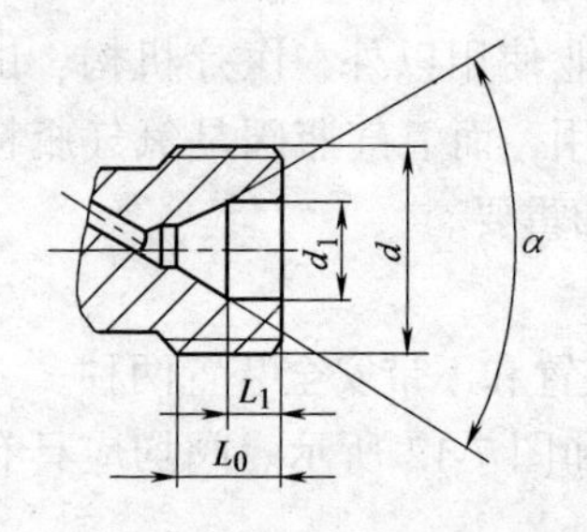

图 7-14　氧气瓶阀出气口外螺纹（锥面密封）

表 7-16　氧气瓶阀出气口外螺纹（锥面密封）尺寸

d/in	d_1	L_0	L_1	α
	mm			
(G1/2)	13	13	4	60°
G5/8	15	14	6	
(G3/4)				
W21.8－14	13			

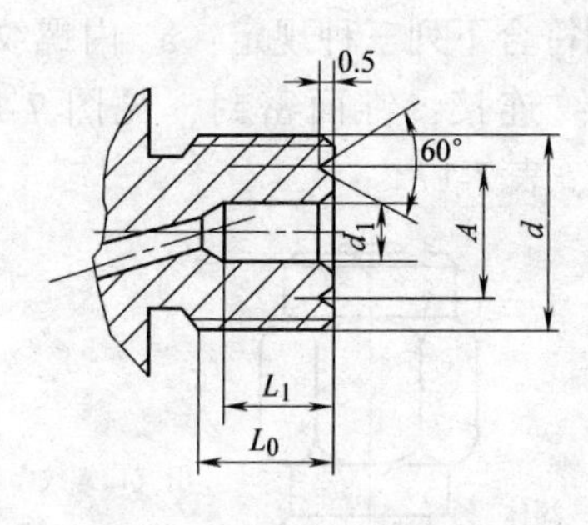

图 7-15　氧气瓶阀出气口外螺纹（平面密封）

表 7-17　氧气瓶阀出气口外螺纹（平面密封）尺寸

d/in	d_1	A	L_1	L_0
	mm			
W21.8-14	13	17	9	11
G5/8	14	18	6	14
(G3/4)		(20)	(7)	

注：不带括号为优先采用，带括号为尽可能不用。

（2）加工要求

1）阀体应锻压成形。

2）阀体及阀的零件表面不得有裂纹、折皱、夹杂物、未充满等有损阀性能的缺陷，手轮上不应有锐利的棱边。

3）阀的所有零件在装配前须经脱脂处理，阀在装配、试验和验收过程中均不得沾染可燃性的油脂。

（3）性能要求

1）启闭力矩：在公称压力下，阀的启闭所需的最大力矩应不超过6N·m。

2）气密性：在1.1倍公称压力下，阀处于关闭和任意开启状态下应无泄漏。

3）耐用性：在公称压力下，阀的结构为隔膜式结构时，全行程开闭1000次；其他结构的阀全行程开闭4000次，应无泄漏和其他异常现象。

4）安全装置动作试验：将带有安全装置的阀装在专用装置上，逐渐增加压力，压力升至安全膜片爆破为止，此爆破压力范围应符合规定。

（4）出厂检验

1）凡与氧气直接接触的部位，都不得涂有可燃润滑剂。

2）外观检查。凡属下列情况之一的阀为不合格品：a. 部件、零件缺少或装配不妥；b. 阀严重碰伤，有影响阀性能的缺陷；c. 进、出气口可见的螺纹缺陷；d. 手轮不符合规定要求。

7-30　气瓶的瓶帽与防震圈起到什么安全作用？

答： 瓶帽和防震圈是气瓶重要的安全附件。

（1）瓶帽　保护瓶阀用的帽罩式安全附件统称。按其结构型式可分为固定式瓶帽和拆卸式瓶帽，如图 7-16 所示。

气瓶的瓶帽主要用于保护瓶阀免受损伤。瓶帽一般用钢管，可锻铸铁或球墨铸铁制造，当瓶阀漏气时，为防止瓶帽承受压力，瓶帽上开有排气孔，排气孔位置对称，避免气体由一侧排出时的反作用力使气瓶倾倒，图 7-17 为气瓶防震圈、漆色、标志示意图。

（2）防震圈　防震圈是用橡胶或塑料制成，厚度一般不小于 25～30mm，富有弹性，一个气瓶上套上两个，当气瓶受到撞击时，能吸收能量，减少振动，同时还有保护瓶体漆层标记的作用。

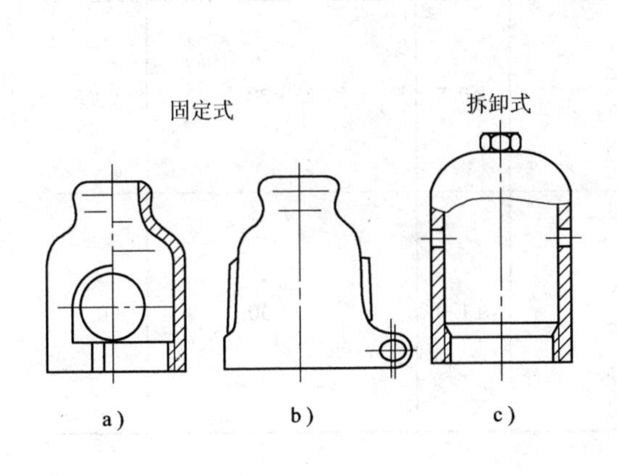

图 7-16　瓶帽形状示意图

a）、b）固定式　c）拆卸式

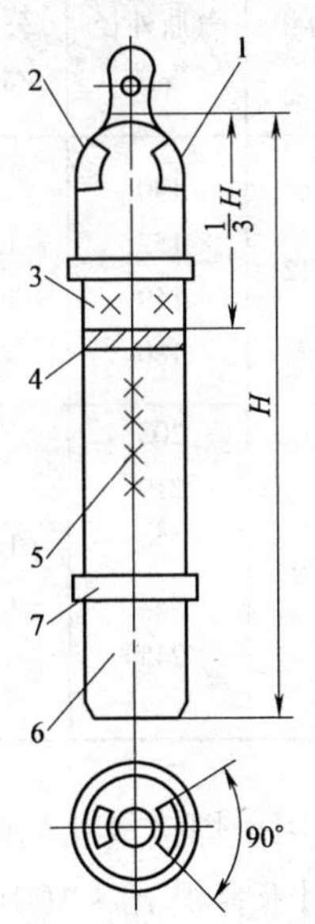

图 7-17　气瓶防震圈、漆色、标志示意图

1—检验钢印　2—制造钢印　3—气体名称　4—色环　5—所居单位名称　6—整体漆色（包括瓶帽）　7—防震圈

7-31　气瓶防震圈通用技术条件有什么具体内容？

答： 根据 LD52—1994《气瓶防震圈》规定，气瓶防震圈通用技术条件的具体内容如下。

(1) 通用技术条件

1) 材料应用天然橡胶或合成橡胶按规定配方压制成形。

2) 气瓶防震圈的断面形状应符合图7-18的规定。

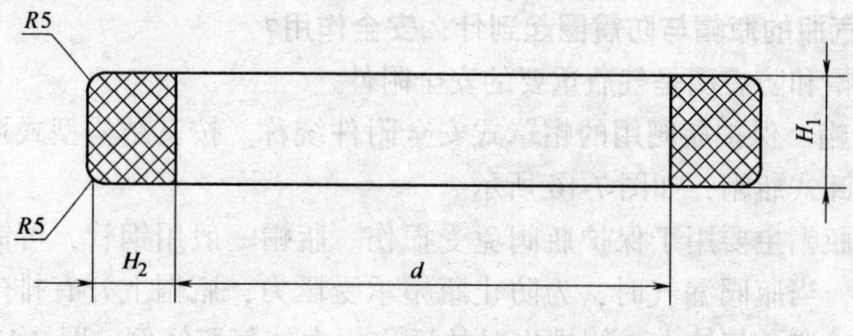

图7-18 气瓶防震圈的断面形状示意图

(2) 用于无缝气瓶的防震圈 其规格尺寸及公差应符合表7-18的规定。

表7-18 无缝气瓶防震圈的规格尺寸及公差范围

气瓶类别	气瓶容积/L	气瓶外径/mm	公差/mm	防震圈的内径尺寸 d/mm	公差/mm	防震圈的断面尺寸/mm $H_1 \times H_2$	公差/mm
小容积无缝气瓶	7.0~12	140 152 159 180	+1.25 -1.00	134 146 151 172	±0.5	25×20	±0.5
大容积无缝气瓶	20~80	203 219 229 232 245 273	+1.25 -1.00	193 209 219 222 235 263	±1.0	30×30	±0.5

(3) 用于焊接气瓶的防震圈 其规格尺寸及公差应符合下列规定。

1) 用于容积10~100L气瓶的防震圈，其内径应比气瓶外径小6mm，公差±1.0mm（下同），断面尺寸（$H_1 \times H_2$，下同）为30mm×30mm（YSP-10型和YSP-15型液化石油气气瓶为20mm×20mm），公差±0.5mm（下同）。

2) 用于容积150~200L气瓶的防震圈，其内径应比气瓶外径小8mm，断面尺寸为30mm×30mm。

3) 用于容积400~1000L气瓶的防震圈，其内径应比气瓶外径小10mm，断面尺寸为50mm×50mm。

（4）气防震圈用胶料半成品的物理力学性能　应符合表 7-19 的规定。

表 7-19　胶料半成品的物理力学性能

项　目	指　标
扯断强度/MPa	≥6
扯断伸长率（%）	≥300
扯断永久变形（%）	≤25
硬度（邵尔 A 型）	60±5
磨损体积/（cm^3/1.61km）	≤1.0

（5）气瓶防震圈的外观质量　应符合下列规定。

1）表面不得有明显的杂质和污点。

2）表面不得有裂纹和不超过 1mm 凸凹缺陷五处。

3）表面不允许有欠硫及喷霜现象。

4）表面上的名义质量值和制造厂名称或代号的标记应清晰。

（6）包装、标志、储运

1）气瓶防震圈应用编织袋或纸箱包装。在保证产品质量的前提下，制造厂和用户双方也可协商确定包装形式。

2）每只包装袋（箱）应标明产品名称、数量、生产批号、生产日期和制造厂名称。

3）每只包装袋（箱）内，应附有产品合格证，其内容包括产品名称、制造标准编号与名称、生产批号、生产日期、数量、每只防震圈名义质量、质量检验部门印讫及制造厂名称。

4）气瓶防震圈在储运过程中，应避免阳光直射，并防止与酸、减、油脂及其他有害物质接触。

5）气瓶防震圈应贮存在温度 0～35℃和湿度不大于 80% 的库房内，距离热源 1m 以外，距地面 0.5m 以上。

7-32　气瓶用易熔合金塞通用技术条件有什么具体内容？

答：根据 GB 8337—2011《气瓶用易熔合金塞装置》，安装在气瓶上的易熔合金塞是由塞体和易熔合金两部分组成，其基本结构如图 7-19 所示，而气瓶阀也是采用易熔合金来达到安全泄压作用。气瓶用易熔合金塞通用技术条件具体内容如下。

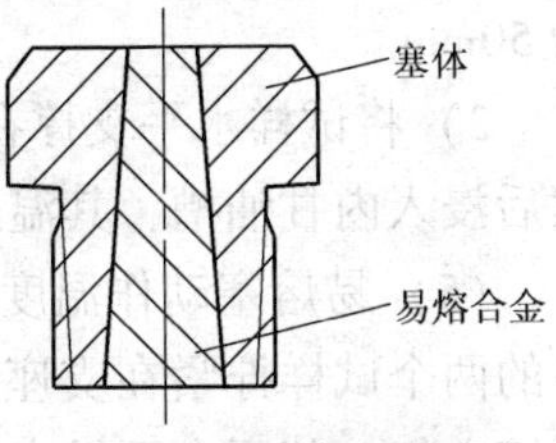

塞体

易熔合金

图 7-19　易熔合金塞基本结构示意图

（1）技术名称和其作用

1）易熔塞装置。通过装在塞孔内的易熔合金的流动或熔化而进行动作、不可重复关闭、可拆卸式的压力泄放装置。在正常情况下塞孔处于关闭状态；在给定温度下塞孔内的易熔合金流动或熔化，将介质放出使气瓶泄压，以防止气瓶内介质因升温超压发生事故。

2）塞体。设有塞孔的可拆卸部件，其塞孔用于灌注易熔合金。

3）易熔合金。采用低熔点金属材料按质量比组成的低熔点合金。

4）易熔合金的流动温度。指按规定进行试验时，易熔合金试样熔断时甘油浴的温度。

5）易熔塞装置的动作温度。指按规定进行试验时，易熔塞装置中的易熔合金流动或熔化使瓶内气体放出时甘油浴的温度。

（2）塞体基本形式

1）塞体基本形式如图7-20所示。其结构应保证具有足够强度，在使用中不变形。

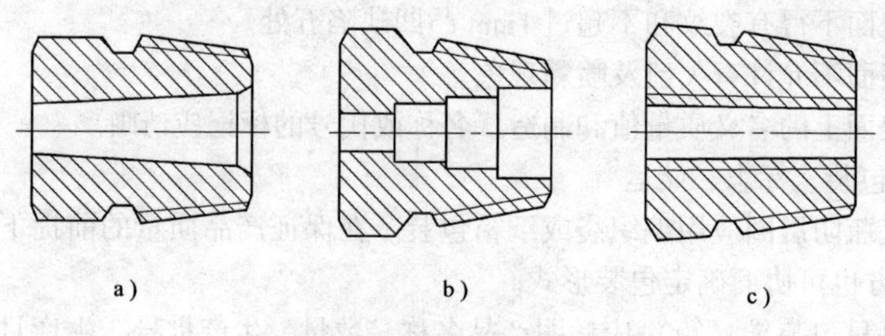

图7-20　塞体基本形式示意图

a）锥孔　b）台阶孔　c）螺纹孔

2）塞体外螺纹应采用GB 8335—2011《气瓶专用螺纹》中规定或GB/T 7306—2000《55°密封管螺纹》的规定。

（3）灌注易熔合金

1）在易熔合金灌注前，应彻底清洗塞体，除去塞孔内的油污和锈蚀等杂质。

2）塞孔清洗后，宜先在塞孔表面进行挂层。挂层材料推荐采用锡或锡铅合金。

（4）易熔合金流动温度试验

1）从每炉易熔合金中任选两个试样进行试验，试样直径为6mm，长度为50mm。

2）将试样水平支撑在距离25mm的刀口上，两端在刀口外各伸出12.5mm，然后浸入内甘油槽，其温度由外甘油槽控制，试验装置如图7-21所示。

（5）易熔塞动作温度测定试验　试验装置如图7-22所示，按照规定试验合格的两个试样拧紧在支座上，与气瓶内部介质接触的一端朝下，并对该端通入压缩空气，其压力不得小于0.02MPa；与此同时，将试样浸在甘油槽内，测温仪尽量靠近易熔塞，甘油浴的温度应在规定的最小温度以下的3℃以内。

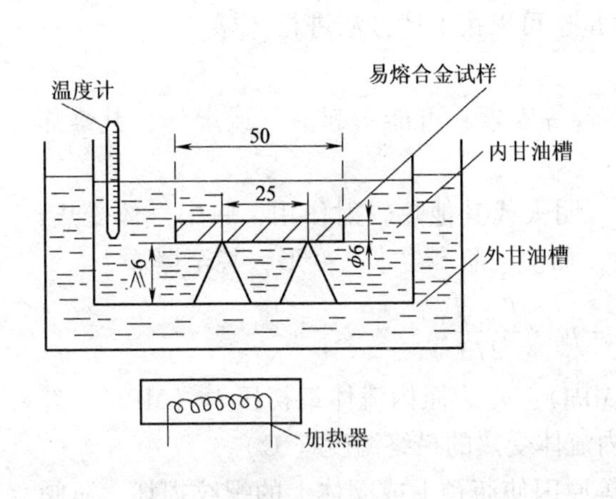

图 7-21　易熔合金流动温度试验装置示意图

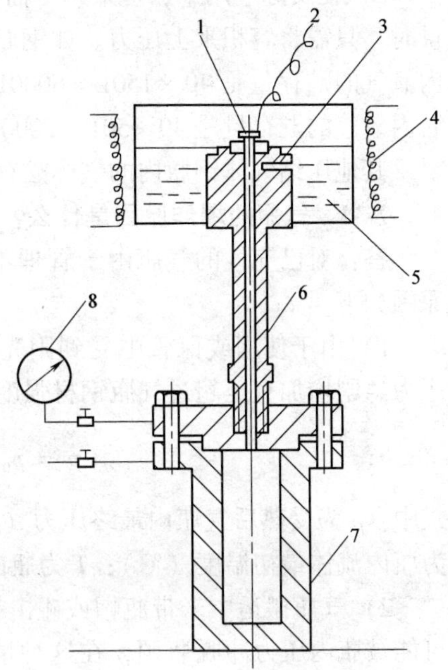

图 7-22　易熔塞试验装置示意图

1—易熔塞试样　2—测温仪　3—测温连通孔
4—加热器　5—甘油槽　6—加热试验部分
7—空气压缩罐　8—压力表

（6）标志

1）应在易熔塞与外部接触的端面上制出永久性标志，标志应清晰、牢固。

2）标志项目包括：a. 易熔塞公称动作温度，70℃或100℃；b. 生产批号；c. 制造厂代号；d. 制造年月。

3）标志顺序。标志应沿圆周线排列，各项目按图 7-23 指示的顺序顺时针排列。

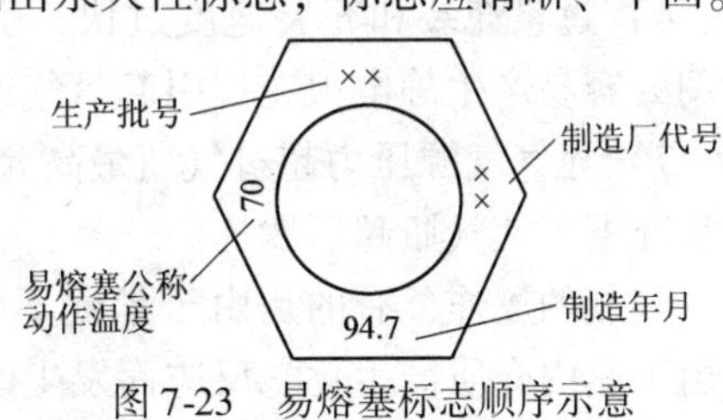

图 7-23　易熔塞标志顺序示意

7-33　采用什么简易方法来计算气瓶内气体的贮存量（案例）？

答：［案例 7-2］

1）气瓶内气体的贮存量一般采用简易公式来计算：

$$V = 10V' \cdot p$$

式中：V 为气体的贮存量（L）；V' 为气瓶的容积，一般取 40L；p 为气瓶内压力（MPa）。

2）在实际应用中，可采用更简单计算方法。一般计算氧气瓶内氧气的贮存量时，只需将容积乘上压力。如钢瓶的容积为40L，氧气压力是15MPa，则钢瓶内氧气的贮存量是40×150L=6000L或等于$6m^3$，如用过后压力降至5MPa，则瓶内氧气的贮存量是40×50L=2000L或等于$2m^3$。

其他压缩气体钢瓶内的气体贮存量也可以按上述办法进行计算。

7-34　气瓶的爆炸原因是什么？

答：对已充气的气瓶由于管理不善等因素，可能引起漏气或爆炸，其爆炸原因如下。

1）由于使用或保管中受到阳光、明火或其他热辐射作用，瓶中气体受热，压力急剧增加直至超过气瓶钢材强度，而使气瓶产生永久变形，甚至爆炸。

$$p = p_0 + p_0 \cdot \frac{T - T_0}{273}$$

式中：p为受热后气瓶内最终压力（MPa）；p_0为瓶内流体最初压力（MPa）；T_0为瓶内流体最初温度（℃）；T为瓶内流体受热的最终温度（℃）。

2）气瓶搬运中未带瓶帽或碰击等原因使瓶颈上或阀体上的螺纹损坏，瓶阀可能被瓶内压力冲脱瓶颈，在这种情况下气瓶将高速地向排放气体相反方向飞行，造成严重事故。

3）气瓶在搬运、使用过程中发生坠落而造成事故。

4）氧气瓶与易燃易爆气瓶充装时未辨别或辨别后未严格清洗，以致可能产生燃烧的混合气体导致气瓶爆炸。

5）未按规定进行技术检验，由于锈蚀使气瓶壁变薄及气瓶的裂纹等原因导致事故。

6）过量充装和充装速度过快，引起过度发热而造成事故；放气速度太快，阀门处容易产生静电火花，引起氧气或易燃气体燃烧爆炸。

7）充气气源压力超过气瓶最高允许压力，在没有减压装置或减压装置失灵的情况下，使气瓶超压爆炸。

气瓶的爆炸，有的是由于承受不了介质的压力而发生的物理性爆炸；有的是由于瓶内介质产生化学反应而发生的化学性爆炸。气瓶爆炸往往伴随着燃烧，有的甚至散发有毒气体。如1只40L、压力为15MPa的气瓶发生爆炸，爆炸功达154000kg·m，如爆炸时间为0.1s，则相当于20530Hp（1Hp=735W）。

7-35　如何做好丁烷气瓶爆炸事故分析报告（案例）？

答：做好气瓶安全事故分析是十分重要的，通过本案例事故分析报告内容剖析，从中吸取事故教训尽快整改，确保气瓶安全可靠安全使用。

[案例7-3]

丁烷气瓶爆炸事故分析报告。

（1）事故概况

1）2012 年 7 月浙江某公司一操作人员在丁烷气瓶瓶组间用氮气瓶的氮气把液态丁烷从丁烷气瓶内压送完毕后，在排出丁烷气瓶中的气体时，该丁烷气瓶发生爆炸，该操作人员被炸身亡。

2）该瓶组间系钢架彩板屋顶结构的简易厂房，彩板屋顶部分被掀翻，钢架部分损坏。事故气瓶下封头从底座处整圈断裂。

3）该瓶组间的生产工艺流程为氮气瓶的氮气压力经减压至 1.0～1.2MPa 后导入丁烷气瓶内，将液态丁烷从丁烷气瓶中压送至丁烷分配缸，再由丁烷泵抽送至发泡工序使用。丁烷气瓶中的液态丁烷压送完毕后，丁烷空瓶内的氮气、丁烷混合气体直接排放大气中，排空瓶内余压以备再次充装使用。

4）气瓶、分配缸、丁烷泵之间均采用橡胶软管连接，且均无连接导静电的接地装置，也无测量气瓶质量的测量装置；液态丁烷的压送情况仅依据操作人员凭经验判断。该事故气瓶在生产过程中导入过两瓶氮气，原因是第一瓶氮气导入用完后，该事故气瓶内的丁烷未能压送完，因此又导入第二瓶氮气。

（2）事故调查

1）事故气瓶为江苏某厂生产的丁烷气瓶，出厂编号为 42577，设计压力为 1.0MPa，工作压力为 1.0MPa，设计壁厚为 3.5mm，容积为 400L，瓶重为 249kg，未见到检验标志。从现场的其他丁烷气瓶的底座检验标志看，该公司所用丁烷气瓶均属超期未检验的气瓶。

2）事故气瓶的下封头从底座处整圈断裂分离，断裂口为脆性断口，断口断面与壁厚方向呈 45°角，没有明显壁厚减薄段；断口距离座与下封头连接焊缝 5～27mm 不等，即在焊接热影响区。瓶体下部 700mm 长段有不同程度的直径胀粗，最大周长为 2183mm，正常周长为 2042mm，计算得出最大变形率为 6.9%。

（3）技术鉴定

1）壁厚测定。气瓶内、外表面未见腐蚀现象，经壁厚测定，该事故气瓶最大壁厚位于上封头为 8.4mm，下封头最大壁厚为 8.2mm，断口处最小壁厚为 6.7mm，判断壁厚正常。

2）材质分析。为验证该事故气瓶的材质是否存在质量问题，切除爆炸后的下封头的部分为样品进行光谱分析、金相分析。

光谱分析结果显示，该样品的材料成分除硅含量稍有超标外，其他成分均合格。据文献介绍，金属材料当硅的质量分数超过 0.6% 后才对冲击韧度不利，使脆性转变温度提高；该样品硅的质量分数为 0.438%，对材质的冲击韧度影响甚微。金相分析结果显示，该样品的金相组织未见异常。

3）减压器试验和压力表测试。为验证减压器上压力表的准确性，将减压器上的两个压力表送检。测试结果显示，压力表的准确性合格。

为验证减压器的有效性，当日下午在事故现场对减压器进行模拟试验。模拟试验结果显示该减压器工作正常，减压效果稳定。

4）气体分析。为验证事故所用氮气、丁烷质量是否合格，将事故丁烷气瓶导入过的两瓶氮气和事故现场所封存的一瓶丁烷抽样送权威机构检验。检验结论显示：前一瓶氮气质量严重不合格，含氧量高达93.5%；后一瓶氮气质量合格，丁烷质量合格。

（4）事故技术原因分析

1）非超压爆炸的分析。该丁烷气瓶发生爆炸时处于空瓶状态，因此，可以排除超装引起超压的可能性。

2）丁烷是一种易燃、易爆、无色，容易被液化的气体，与空气形成爆炸混合物；在空气中的爆炸极限为1.8%～8.4%，在氧气中的爆炸极限为1.8%～40%，是一种易燃、易爆的危险化学品。由于它的爆炸极限低，一旦混入空气或氧气，极容易达到爆炸极限范围，形成爆炸混合物。丁烷爆炸混合物遇到明火或静电电荷的作用就会产生爆炸。

3）由于该事故丁烷气瓶在使用中导入过含氧量高达93.5%的严重不合格氮气，极容易形成丁烷爆炸混合物；压送过程、排空余压过程中，丁烷在气瓶、管道内流动都会产生静电电荷，而该生产设备和丁烷气瓶均无连接导静电的接地装置，静电电荷势必在气瓶中积累。

4）该生产工艺流程无测量气瓶质量的测量装置，液态丁烷的压送情况仅依据操作人员凭经验判断，气瓶内的液态丁烷残余量无法准确控制。而且，压送管与气瓶内壁有一定的间隙，液态丁烷无法完全排净。当有空气或氧气混入时更易在空瓶状态下与残留的丁烷形成处于爆炸极限范围的丁烷爆炸混合物。

（5）结论意见　综上所述，该爆炸事故的直接原因是丁烷爆炸混合物在静电电荷作用下在气瓶内产生的化学爆炸。

1）由于化学爆炸瞬间即产生巨大的化学能量，在密闭气瓶中瞬间全部为气瓶壁所承受，当内应力大于气瓶材质的强度极限时，即在其最薄弱处发生脆性断裂，产生气瓶爆炸事故。

2）该事故丁烷气瓶的断裂口为脆性断口，断裂口位于焊接热影响区，又是曲率不连续处的制造工艺减薄段，正是气瓶的最薄弱处。该断裂口的形状、位置的典型特征，也验证了该爆炸事故是化学爆炸的技术分析的正确性。

（6）事故教训

1）该公司发生的丁烷气瓶爆炸事故，是因为该生产工艺、生产装置不完善，操作过程中导入过严重不合格的“氮气”（其实质是不合格的氧气），所产生的丁烷爆炸混合物在静电电荷作用下，导致气瓶内产生化学爆炸而引发的气瓶爆炸事故。

2）该公司安全管理不善，体现在一是对易燃易爆介质使用、处理时的安全措施不到位；二是管理不到位。

3）防范措施：a. 熟悉本岗位的操作工艺，完善安全操作规程；b. 加强巡回安全制度落实；c. 做好气瓶事故记录，以便不断地总结经验和教训。

7-36 如何做好乙炔气柜爆炸事故分析报告（案例）？

答：做好事故分析是十分重要，以便不断地总结经验和教训。

[案例 7-4]

乙炔气柜爆炸事故报告。

（1）事故概况　某厂某天乙炔站 3 人值早班，凌晨 3 点钟 1 位操作工上 4 楼加料。下楼之际发现 2# 发生器到振动输送器的进料橡胶短节破裂，乙炔气正大量喷出，立即下楼报告班长。班长检查感到问题严重，准备向调度报告，在下楼时发生了猛烈的燃烧，班长即与两名操作工进行扑救。由于一开始火势就很大，很快把振动输送器到发生器的橡胶短节烧毁，大量乙炔气正在燃烧使 3 楼平台一片火海，火焰直达 4 楼平台。尽管向发生器使用干粉灭火器扑救，但仍无法控制火势。即向总调度报警，总调度了解情况后即通知消防队。消防队立即到达现场，组织第一次扑救，并向市消防中队求援，市消防中队又赶到现场。由于无法制止电石在发生器里的水解反应，这时位于同一楼面的正、逆水封和安全水封槽的玻璃水位计全部烧毁，逆水封槽进水管烧断。在消防队组织第一次扑救过程中，乙炔站班长通知一名操作工下楼关闭发生器到乙炔气柜的阀门。当阀门关至 2/3 位置，30m 外的乙炔气柜发生爆炸，随着一声巨响，气柜上空出现一团火球，气柜顶盖 8t 多重的钢板炸成两块飞到 100m 外的空地上。冲击波使 300m 内的一部分玻璃震破。

（2）事故原因分析　由于橡胶短节局部老化破裂，造成大量乙炔气夹带电石粉尘喷出，速度很快，并产生的声响。由于气流速度大，粉尘与粉尘，粉尘与橡胶摩擦产生静电火花，导致喷出的乙炔气在空气中燃烧，燃烧的火焰接着把发生器进料口短节烧毁，乙炔气从短节口喷出燃烧，安全水封，正、逆水封 4 个槽处在火焰包围之中，这时，乙炔气柜尚在运行中，以 800m^3/h 流量抽出，在管道中加热的空气带入气柜引起回火，造成乙炔气柜爆炸。

（3）结论意见　这起乙炔气柜爆炸事故，是由设备故障、操作者处理不当、现场设备设计不合理原因引起的。

（4）事故教训　这次重大事故没有造成人员伤亡，也没有波及有机合成工段，是不幸中之大幸。但是，因火灾爆炸造成了 16 万多元的直接经济损失，有机合成工段被迫提前 43 天投入设备大修。

1）乙炔气柜爆炸事故的发生是完全可以避免的，操作工处理事故技术水平低，在事故初期没有立即向调度报告，并做出停车处理；没及时关闭反应器出口大阀，使乙炔气柜与电石反应器完全隔开。

2）正逆水封槽位置不妥，虽然便于巡回检查，但没有考虑火灾时可能波及的后果。

3）安全管理薄弱。设备的定期安全检查和定期更换没有落实。

4）事故性质属于设备故障和操作者处理不当所引起的，同时存在现场设备设计不合理的因素。

5）操作人员、管理人员必须熟悉本岗位的操作方法、事故处理办法。

6）定期更换振动输送器进口和出口的橡皮短节。

7）增加危险岗位上的消防器材，提高扑救初期火灾的能力。

8）正逆水封槽移至一楼；加大水封进水管；乙炔气柜出气水封改道。

7-37　如何做好氧气瓶爆炸事故分析报告（案例）？

答：［案例7-5］

（1）事故概况　湖北1只由上海某厂制造的氧气瓶，材质为40Mn2，公称壁厚6mm，公称容积41.2L，内径210mm。使用10年后，按13.5MPa压力进行充装，充装完毕后半小时内发生了爆炸，氧气瓶炸裂成3块。

（2）检查检验

1）氧气瓶炸裂成3块，爆炸导致局部瓶壁内外反卷，瓶壁内表面严重锈蚀导致瓶壁厚薄不均。断面已生锈，但仍可分辨出爆炸过程中裂纹发展的几个区域：纤维区、放射区、剪切唇区。

2）用精度为0.1mm的DM4测厚仪从外表面对钢瓶碎片进行抽查测厚，共抽查18点，测得厚度值范围为3.0～5.9mm，具体数字见表7-20。

表7-20　测厚结果　（单位：mm）

编号	1	2	3	4	5	6	7	8	9
厚度	3.0	3.1	3.0	5.7	4.5	5.3	3.6	3.2	3.0
编号	10	11	12	13	14	15	16	17	18
厚度	4.6	5.4	5.9	5.7	4.9	5.0	4.3	5.6	5.9

3）断口分析。断口经稀盐酸清洗去锈，进行电镜显微分析。电镜分析表明：纤维区呈塑性断裂韧窝状，放射区呈准解理花纹，剪切唇区呈抛物线状的韧窝，显微特征与宏观分析相符。

4）金相分析。取试样打磨后用3%的硝酸酒精溶液清洗表面。测得钢中硫化物A1.5级，氧化物B1.5级。从金相磨面上测得断口最薄处厚度为1.28mm。金相组织观察结果为钢瓶壁薄处、厚处组织均无明显变形，组织均为珠光体+铁素体，但外壁表面含碳量偏低。

5）碎片的含氧量测定。用电子探针和能谱仪对氧气瓶碎片中的氧含量进行了测定，氧含量为0.0023%，说明该气瓶选用材料的韧性较好。

6）从3块碎片中各取一个试样，进行了化学成分分析，结果均见表7-21。从化学成分分析结果看，该氧气瓶的材质为40Mn2。

表7-21 化学成分分析

元素	Si	Mn	P	Nb	V	N	C	S
质量分数（%）	0.50	1.72	0.022	<0.005	<0.005	0.0057	0.419	0.010

7）碎片的强度校核。根据使用单位提供的氧气瓶使用日期，决定按“65规程”对该气瓶进行强度计算：

$$p = \frac{230[\sigma]\delta}{D_1 + \delta}$$

已知：$\sigma_b = 885\text{MPa}$，故 $[\sigma] = \sigma_b/3 = 30.07\text{kgf/mm}^2$（$1\ \text{kgf/mm}^2 = 9.81\text{MPa}$），$\delta = \delta_{min} = 3.0\text{mm}$，计算得 $p = 97.41\text{kgf/mm}^2 = 9.6\text{MPa}$，充装压力 $p_{完=13.5\text{MPa}}$，$p < p_{完}$，强度校核不合格。

（3）原因分析及建议

1）从以上检验分析结果来看，氧气瓶发生爆炸的主要原因为钢瓶内壁受腐蚀严重，导致壁厚减薄不均，最大腐蚀坑深2.9mm，最大蚀坑直径4.0mm，使得钢瓶局部有效承载面积大大变小，从而使钢瓶承载能力下降，不能满足气瓶的充装压力而引起的爆炸。

2）由于氧气瓶只有一个瓶口，单凭肉眼是不可能检查到瓶内情况的，为搞清楚瓶内状况，建议增加视屏内窥镜检验项目，借助视屏内窥镜，可以观察到瓶内腐蚀状况。

3）应对使用年限较长的气瓶，增加测厚点，尽可能测出最小剩余厚度。

7-38 如何做好一起进口气瓶爆炸事故分析报告（案例）？

答：［案例7-6］

（1）事故概况　江苏某气体工业公司一只无缝气瓶在该公司液氧充装台发生爆炸。现场3名公司员工和1名用户当场两死两伤，后来1名受伤员工因抢救无效死亡。气瓶为粉碎性爆炸，现场共搜集碎片68块。

（2）检查检验

1）根据现场爆炸气瓶原始钢印标记查证，该气瓶为1987年制造的进口溶解乙炔气瓶，经调查该气瓶是从社会收集来的旧进口气瓶，经过相应修理，并将原瓶阀换装新的瓶阀，使用时间不长，该气瓶钢印标记的瓶重为41.7kg，收集到的碎片总重量为35.45kg。

2）对爆炸气瓶碎片取样，进行力学性能试验化学成分分析和断口金相试验，结果见表7-22、表7-23。

表 7-22 气瓶碎片化学成分和力学性能

试验项目	化学成分（%）							力学性能/MPa			
	C	S	P	C_u	S+P	S_i	M_n	σ_S	σ_b	δ_5	α_K
	不大于							不大于			
1#试样实测值	0.40	0.025	0.018	—	0.043	0.23	1.57	527	720	15	18
2#试样实测值	0.39	0.020	0.019	—	0.039	0.23	1.58	530	731	14	17
3#试样实测值	0.39	0.020	0.019	—	0.039	0.23	1.58	530	725	16	17
4#试样实测值	0.40	0.022	0.019	—	0.041	0.23	1.57	532	721	15	18
《气瓶规程》规定值	0.40	0.045	0.040	0.20	—	—	—	—	—	10	6

表 7-23 金相试验结果

试验项目	1#试样	2#试样	《瓶规》规定值
非金属夹杂 S+O	1 级	2 级	≤5.5 级
晶粒度	6~7 级	6~7 级	>5 级
组织	珠光体+铁素体		

经上述试验结果表明，爆炸气瓶的化学成分和金相试验结果，与我国相关标准规定的气瓶用钢基本相符。气瓶自身质量基本符合我国的相关标准。可判定该次爆炸，不是由于气瓶本身的质量缺陷所致。

3）爆炸时曾引起燃烧。现场监控录像显示，爆炸瞬间产生很大的黄、蓝色火团，以及包围在火团周围的黑烟。对周围建筑物、设备和人员造成巨大的破坏和杀伤力。碎片断面兼备脆性断裂和塑性断裂的特征，该次爆炸为化学性爆炸。

4）追踪调查还有 2 只同样的进口气瓶经取样分析，发现瓶内气体均含有氢与乙炔的成分。

（3）爆炸原因　气瓶换气点将充装介质不明的原进口溶解乙炔的气瓶，用来充装氧气，与其他 10 个氧气瓶一起待充氧。当 11 个气瓶瓶阀全部打开时，爆炸气瓶内残余的可燃气体窜至其他瓶内，在充装氧气过程中就形成了爆炸性气体。

经过对现场爆炸物的测量及有关计算，爆炸气瓶内压力瞬间在 150MPa 以上。

综合以上分析，该起事故直接原因为用户使用不合格气瓶，瓶内含有可燃性气体。充装单位未按规定认真进行充装前检查，导致充装瓶内氧气与易燃易爆气体混合产生爆鸣性气体，因漏气进行回气处理操作过程中，产生摩擦热及静电火花，引起化学性爆炸。

（4）措施

1）强化对气瓶换气点的监管，严禁个别单位收购废旧钢材市场的报废气瓶，进行自行修理、换阀、刷漆、再出售给使用气瓶的单位。

2）严抓气瓶的充装环节，严格气瓶充装前检查制度，逐个判明瓶内介质，凡不合格气瓶一律不得充装，以及充装台必须安装防错装接头，防止气瓶错装和混装。

3）严格执行气瓶定期检验制度，以确保气瓶的外表漆色完好、清晰、规范。

7-39　如何做好含 CO_2 混合气体气瓶的腐蚀破坏爆炸事故分析报告（案例）？

答：［案例 7-7］

（1）事故概况　南方某省先后发生四次在用的含 CO_2 混合气体（含 CO_2 气体 7.6% ~8.4%）气瓶爆炸事故，这些气瓶使用时间在 1 ~3 年。

（2）检查检验

1）瓶体材料的金相组织、钢瓶的制造质量、瓶内的混合气体比例均符合相关要求，尚未爆炸的同种气瓶内壁存在大量裂纹。

2）瓶壁内表面点腐蚀。对气体成分分析，气体中含有达 80×10^{-6} 的水分；经 EDS 分析，断口表面存在的腐蚀产物中含有 O、S、Cl、Na 等元素，这些元素及其化合物的存在都会对气瓶材料造成腐蚀。尤其是 CO_2-H_2O 环境下气瓶内壁腐蚀明显。

3）腐蚀坑底出现启裂源。在应力作用下工作的气瓶随着点腐蚀逐渐加深，造成应力集中，腐蚀坑底部开始产生启裂裂纹，形成应力腐蚀的初期，裂纹呈放射状向外壁扩展。

4）二次裂纹产生。随着裂纹呈放射状向外壁扩展，在扩展过程中衍生多处二次裂纹，且有的二次裂纹表现出穿晶断裂的形态，这是应力腐蚀开裂的典型特征。

5）瓶体破坏。在应力作用下工作的气瓶，随着点腐蚀逐渐加深穿透瓶壁出现泄漏。

6）在应力作用的工作的气瓶，则随着裂纹向外壁的扩展，瓶壁剩余的有效承载截面不足以承受内压，发生破裂或爆炸。

7）由于气瓶中的混合气体含有一定量的水分，且气瓶长期竖直放置（使用）使所含水分逐渐向气瓶下部聚集，在气瓶下部生成含 CO_2+H_2O、Cl、S、Na、O 的腐蚀性溶液，对瓶体材料产生腐蚀，其腐蚀机理如下：$Fe\rightarrow Fe^{2+}+2e^-$；$Fe+HCO_3^-\rightarrow FeCO_3+2e^-+H^+$；$Fe+CO_3^{2-}\rightarrow FeCO_3+2e^-$。

（3）爆炸原因　含 CO_2 的混合气体中，由于含水量不能严格控制，造成气瓶应力腐蚀，随着应力腐蚀裂纹的产生和不断扩展达到一定深度后，剩余有效承载气瓶壁厚不足以承受内压，导致气瓶发生爆炸事故。

(4) 措施　国内各行业使用含 CO_2 混合气体气瓶越来越多，为保证安全使用，采取措施如下：

1）对在用的此类气瓶进行全面检查，如无法确定瓶内气体的含水率，应对已连续使用 2 年以上的气瓶做暂时性撤换；对撤换下的气瓶逐只进行以超声检测和耐压试验为主的技术检验，确认其可靠性。

2）气瓶充装前，必须对瓶内进行干燥处理，充装的混合气体的含水量，应严格控制在相应气体技术标准规定的范围内。

3）加强对气瓶，安全附件定期技术检验工作。

第8章　各类钢瓶管理和检验评定

8-1　钢质无缝气瓶钢印标记具体有什么规定?

答：按GB 5099—1994《钢质无缝气瓶》的规定，钢质无缝气瓶钢印标记规定如下：

1）每个钢瓶在瓶肩上按图7-1所示项目、位置打钢印标记。

2）钢印必须明显、完整、清晰。

3）钢印字体高度，钢瓶外径等于小于70mm的为4mm；70~140mm的为5~7mm；大于140mm以上的，不小于8mm，钢印字体深度为0.3~0.5mm。

4）容积和瓶重的钢印标记应保留一位小数，公称容积小于10L的应保留两位小数。

8-2　钢质无缝气瓶出厂时应提供什么技术文件?

答：出厂的每只钢质无缝气瓶均应附有产品合格证，且应向用户提供使用说明书。

1）对出厂合格证的要求如下：a. 钢瓶制造厂名称；b. 钢瓶编号；c. 水压试验压力；d. 公称工作压力；e. 气密性试验压力；f. 筒体设计壁厚；g. 实际质量（不包括瓶阀、瓶帽和防振圈）；h. 实际水容积；i. 出厂检验标记；j. 制造年月。⑪钢瓶制造厂生产许可证号。

2）出厂合格证应用透明塑料袋盛装，并固定于瓶阀或瓶帽上。

3）出厂的每批钢瓶，均应附有批量检验质量证明书。该批钢瓶有1个以上用户时，所有用户均应有批量检验质量证明书的复印件，见表8-1。

表8-1　钢质无缝气瓶批量检验质量证明书

（补充件）

钢瓶名称＿＿＿＿＿＿＿＿＿＿＿＿＿＿生产批＿＿＿＿＿＿＿＿＿＿＿＿＿＿

盛装介质＿＿＿＿＿＿＿＿＿＿＿＿＿＿＿＿＿＿＿＿＿＿＿＿＿＿＿＿

图号＿＿＿＿＿＿＿＿＿＿＿＿＿＿＿＿底部结构＿＿＿＿＿＿＿＿＿＿＿＿＿＿

制造许可证编号＿＿＿＿＿＿＿＿＿＿＿＿＿＿＿＿＿＿＿＿＿＿＿＿＿

本批钢瓶共＿＿＿＿＿＿＿＿只，编号从＿＿＿＿＿＿＿＿号到＿＿＿＿＿＿＿＿号

注：本批合格钢瓶中不包括下列瓶号：

（续）

1. 主要技术数据

公称容积______________L　公称工作压力______________MPa

公称直径______________mm　水压试验压力______________MPa

设计最小壁厚______________mm　气密性试验压力______________MPa

2. 主体材料化学成分（质量分数,%）

编号	牌号	C	Mn	Si	S	P	Mo	Cr	V
国家标准规定值									

3. 热处理方法：

______________热处理　热处理介质______________

4. 力学性能试验：　　工厂取用的最小屈服应力值：______________N/mm²

试验瓶号	σ_{ea}/MPa	σ_{ba}/MPa	δ_5（%）	ψ（%）	A_K/（J/cm²）	冷弯（180°）

5. 金相检查：

组织	晶粒度/级	带状/级	魏氏/级	脱碳层/mm		夹杂物/级	
				外壁	内壁	硫化物	氧化物

8-3　钢质无缝气瓶在制造工艺上有什么要求？

答：目前使用的钢质无缝气瓶其设计、制造公称工作压力为8～30MPa，公称容积为0.4～80L，用于盛装永久气体或高压液化气体的可重复充气的移动式钢瓶，一般地区钢瓶的使用环境温度为－20～60℃，寒冷地区的使用环境温度为－40～60℃。钢质无缝气瓶在制造工艺诸方面具体要求如下。

1）钢瓶瓶体一般应符合图8-1所示形式。

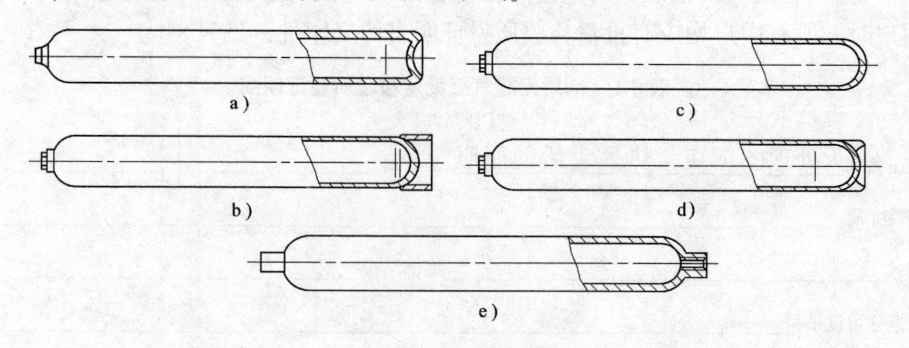

图8-1　钢瓶瓶体形式

2）瓶体材料一般规定如下：

① 必须采用碱性平炉、电炉或吹氧碱性转炉冶炼的无时效性镇静钢。

② 制造钢瓶的钢种必须经国家或国际有关部门鉴定认可，应选用优质锰钢、铬钼钢或其他合金钢。

③ 制造钢瓶的材料，必须符合其相应国家标准或行业标准的规定，并有质量合格证明书。钢瓶制造厂应按炉罐号进行各项验证分析。

④ 钢瓶的瓶体材料，应具有良好的冲击性能。

⑤ 钢瓶瓶体材料的化学成分限定见表 8-2。

⑥ 无缝钢管，a. 钢管的外形和内外表面质量应不低于 GB/T 8163《输送流体的无缝钢管》的规定；b. 钢管的壁厚偏差不应超过公称壁厚的$^{+15\%}_{-10\%}$；c. 如钢管在钢厂已检测，气瓶制造厂可在同一批钢管中抽查 10%；如钢厂未逐根检测，气瓶制造厂则应逐根检测，检测合格级别应符合 GB/T 8163—2008 的规定。

⑦ 经鉴定的材料钢种，钢瓶制造厂应制造不少于 20000 个钢瓶投入使用，质量满足各项要求后方可纳标作为国家认可的钢种。

表 8-2　钢瓶瓶体材料化学成分　（质量分数，%）

钢种 \ 成分	碳锰钢		铬钼钢或其他合金钢	
	Mn	MnH	CM	
C	max0. 40	max0. 40	0. 26 ~ 0. 34	0. 32 ~ 0. 40
Mn	1. 40 ~ 1. 75	max1. 70	0. 40 ~ 0. 70	0. 40 ~ 0. 70
Si	max0. 37	max0. 37	0. 17 ~ 0. 37	0. 17 ~ 0. 37
S	max0. 030	max0. 035	max0. 035	max0. 035
P	max0. 035	max0. 035	max0. 030	max0. 030
S + P	max0. 06	max0. 06	max0. 055	max0. 055
V	max0. 12			
Cr			0. 80 ~ 1. 10	0. 80 ~ 1. 10
Mo			0. 15 ~ 0. 25	0. 15 ~ 0. 25
采用热处理方式	正火或正火后回火	淬火后回火		

3）设计一般规定如下：a. 受压部位的壁厚设计取用该材料热处理后的 σ_e 保证值。正火处理的钢瓶，热处理后的屈服应力保证值 σ_e 应不大于 520MPa。b. 设计计算瓶体壁厚应以水压试验压力 p_h 为准。钢瓶的水压试验压力为公称工作压力的 1.5 倍，永久气体气瓶的许用压力不得超过水压试验压力的 0.8 倍。

4）凹形底的结构如图 8-2 所示，其公称尺寸应满足相关要求。

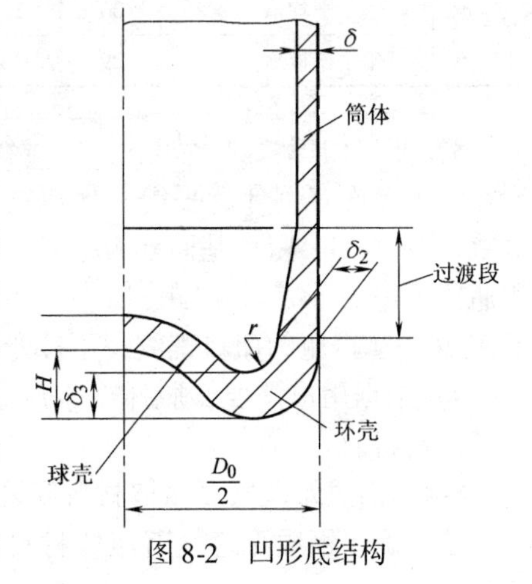

图 8-2　凹形底结构

5）制造要求如下：a. 钢瓶制造应符

合产品图样和技术条件的规定。b. 钢瓶瓶体的制造方法一般为以钢坯或钢板等为原料，经冲拔、冲压拉伸制造；以无缝钢管为原料，经收底、收口制成；c. 进厂的瓶体材料应对其化学成分和低倍组织等进行验证，分析结果应满足规定要求。

6）瓶体内、外观要求如下：a. 筒体内、外表面应光滑圆整，不得有肉眼可见的裂纹、折叠、波浪、重皮、夹杂等影响强度的缺陷；对氧化皮脱落造成的局部圆滑凹陷和修磨后的轻微痕迹允许存在，但必须保证筒体设计壁厚；b. 经挤压拉伸制成的瓶体，其凹形底深度应符合设计规定值，底部球壳和环壳的厚度均应符合设计要求。

7）热处理要求：a. 钢瓶制造厂除遵守标准规定外，应制定相应的热处理规范；b. 采用淬火工艺可用油或水中加添加剂作为淬火介质，在水中加添加剂作为淬火介质时，瓶体在介质中的冷却速度应不大于在20℃水中冷却速度的80%；且应完成相应的热处理工艺评定；c. 采用淬火后回火处理的瓶体，硬度值应符合材料强度值要求；d. 按规定要求，钢瓶瓶体热处理后的力学性能应符合表8-3规定。

表8-3　钢瓶瓶体热处理后的力学性能

<table>
<tr><td colspan="2">热处理状态
试验项目</td><td colspan="2">正火或正火后回火处理</td><td colspan="6">淬火后回火处理</td></tr>
<tr><td colspan="2">σ_{ea}/σ_{ba}　≤</td><td colspan="2">0.80</td><td colspan="6">0.92</td></tr>
<tr><td colspan="2">σ_e/MPa　≥</td><td colspan="8">钢瓶制造厂热处理保证值</td></tr>
<tr><td colspan="2">σ_b/MPa　≥</td><td colspan="8">钢瓶制造厂热处理保证值</td></tr>
<tr><td colspan="2" rowspan="2">δ_5（%）　≥</td><td colspan="2" rowspan="2">16</td><td colspan="4">MnH</td><td colspan="2">CM</td></tr>
<tr><td colspan="2">16</td><td colspan="2">14</td><td colspan="2">14</td></tr>
<tr><td rowspan="4">A_k
/(J/cm²)</td><td>V型缺口试样截面/mm</td><td>3×5</td><td>5×10</td><td>3×5</td><td>5×10</td><td>3×5</td><td>5×10</td><td>3×5</td><td>5×10</td></tr>
<tr><td>试验温度/℃</td><td colspan="2">-20</td><td colspan="2">-20</td><td colspan="2">-50</td><td colspan="2">-50</td></tr>
<tr><td>平均值</td><td>36</td><td>33</td><td>70</td><td>60</td><td>60</td><td>50</td><td>60</td><td>50</td></tr>
<tr><td>单个试样最小值</td><td>29</td><td>26</td><td>53</td><td>45</td><td>50</td><td>40</td><td>50</td><td>40</td></tr>
</table>

8）瓶口内螺纹要求如下：a. 螺纹的牙型、尺寸和公差，应符合GB 8335的规定，不允许有倒牙、平等、牙双线、牙底平、牙尖、牙阔及螺纹表面上的明显跳动波纹；b. 瓶口基面起有效螺距数，中容积瓶体不得少于8个螺距，小容积瓶体不得少于7个螺距；c. 瓶口螺纹基面位置的轴向变动量为+1.5mm；d. 特殊用途钢瓶的瓶口螺纹，可按专门的要求设计和制造。

9）根据用户需要，瓶体在水压或气密性试验后，应采取内表面干燥处理，并予以密封。

8-4　钢质无缝气瓶瓶体材料应采用哪些试验方法？

答：确保钢质无缝气瓶瓶体材料质量是安全使用的重要保证，采用正确的试验方法是重要手段。

1）瓶体材料技术指标验证。

2）瓶体制造公差应用标准的或专用的量具样板进行检查，应用测厚仪检查瓶体厚度，用专用工具对瓶体内外表面进行修磨。

3）瓶体热处理后进行各项性能指标测定，具体内容如下：

① 取样，a. 取样部位如图 8-3 所示；b. 试样应从筒体中部纵向截取，采用实物扁试样；c. 取样数量：拉伸试验试样不少于 2 个；冲击试验试样不少于 3 个；冷弯试验试样不少于 4 个，如图 8-4 所示。

② 拉伸试验，a. 拉伸试验的测定项目应包括抗拉强度、屈服应力、伸长率；b. 拉伸试样制备形状如图 8-5 所示。

③ 冲击试验　规定以 3mm×10mm×55mm 或 5mm×10mm×55mm 带有 V 型缺口的试样作为标准试样。按规定进行冲击试验。

④ 冷弯试验，a. 试样截取的部位如图 8-6 所示，圆环应从拉伸试样的瓶体上用机械方法横向截取；b. 试样制作和冷弯试验方法按 GB/T 232—2010《金属材料　弯曲试验方法》执行，试样按图 8-6 进行弯曲。

⑤ 压扁试验，a. 压扁试验按 GB/T 13440—1992《无缝气瓶压扁试验方法》执行；b. 将瓶体的中部，放进垂直于瓶体轴线的两个顶角为 60°，半径为 13mm 的压头中间，以 20～50mm/min 的速度对瓶体施加压力，在负荷作用下测量压头间距 T；c. 压头的长度应不小于瓶体已经压扁的宽度，如图 8-7 所示。

⑥ 硬度测定应按 GB/T 230.1—2009《金属材料　洛氏硬度试验　第 1 部分：试验方法》或 GB/T 231.1—2009《金属材料　布氏硬度试验　第 1 部分：试验方法》执行。

⑦ 金相试验，金相试样应从拉伸试验的瓶体上截取，试样的制备、尺寸和方法应按 GB/T 13298—2015《金相显微组织检验方法》执行。

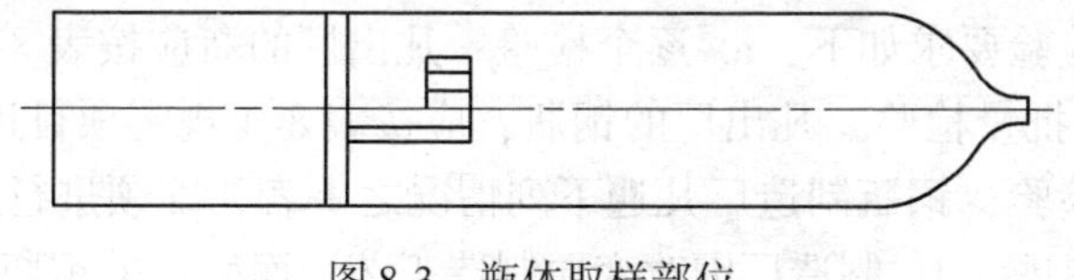

图 8-3　瓶体取样部位

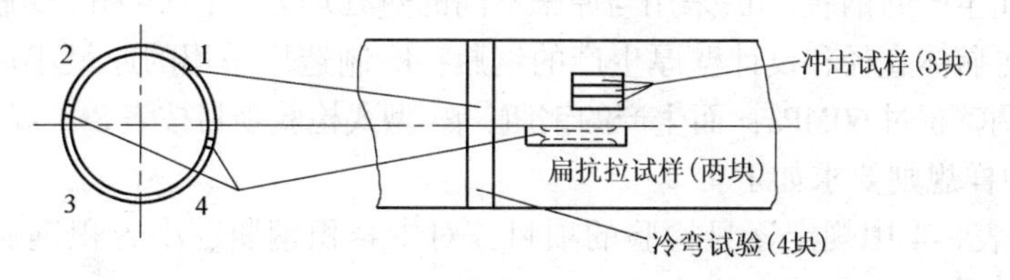

图 8-4　瓶体材料取样部位及取样数量

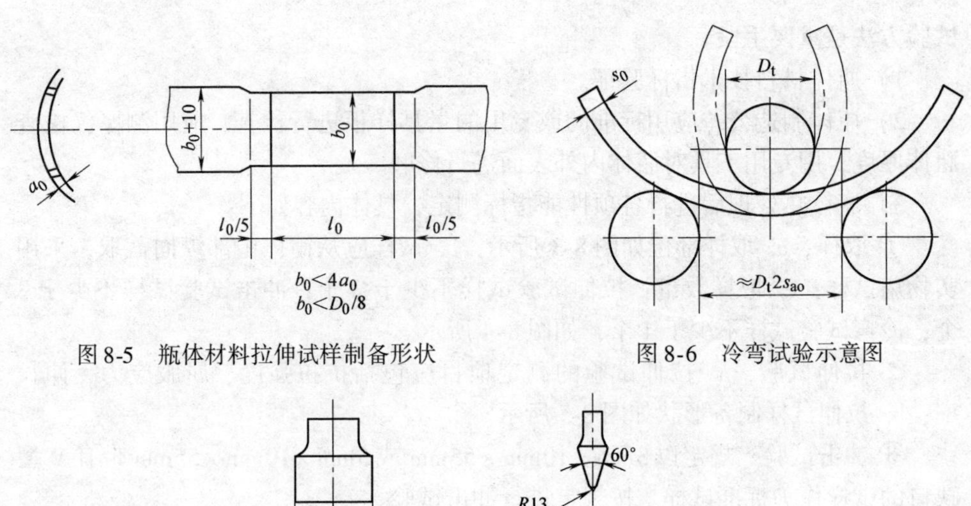

图 8-5 瓶体材料拉伸试样制备形状

图 8-6 冷弯试验示意图

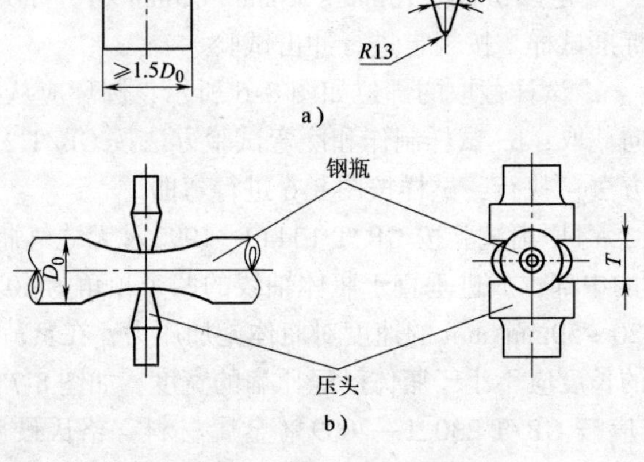

图 8-7 压扁试验示意图

a) 压头 b) 压扁

8-5 钢质无缝气瓶检验规则有哪些要求？

答：钢质无缝气瓶检验规则主要有以下具体要求。

1) 出厂检验要求如下：a. 逐个检验 凡出厂的瓶应按表 8-4 规定项目进行逐个检验；b. 批量检验 凡出厂的钢瓶，应按表 8-4 规定项目进行批量检验。

2) 型式检验，钢瓶制造厂凡遇下列情况之一者，即须进行型式检验：a. 制造厂新设计的钢瓶；b. 制造厂因改变原制造工艺，而生产的钢瓶；c. 改变瓶体材料牌号，而生产的钢瓶；d. 采用与原来不同的热处理方式；e. 因改变瓶体底型结构，而变更瓶体直径和设计壁厚生产的钢瓶；f. 制造厂采用的原最小屈服应力保证值，因调整超过 60MPa，而生产的钢瓶；g. 型式检验项目按表 8-4 规定。

3) 抽样规则要求如下：

① 凡表 8-4 中规定逐只检验的项目，对中容积钢瓶、小容积钢瓶，都应按项目逐个检验。

② 凡表 8-4 中规定的批量检验的项目，每批的抽样数不少于 2 个。钢瓶制

造厂应抽取对试验目的有代表性的 3 个钢瓶进行疲劳试验。

③ 凡出现下列情况之一时，应按批抽取 1 个瓶体进行压扁试验：a. 改变材料或材料性能有波动；b. 开始生产或生产间断达 3 个月恢复后的首批钢瓶；c. 钢瓶制造厂在正常情况下，应每半年不少于 1 次进行压扁试验。

4）若按规定要求进行的型式检验不合格，则不得投入批量生产，不得投入使用。

表 8-4 钢质无缝气瓶出厂检验、型式试验项目表

序号	检验项目	出厂检验		型式检验
		逐个检验	批量检验	
1	瓶体壁厚	√		√
2	瓶体制造公差	√		√
3	瓶体内、外观	√		√
4	拉伸试验		√	√
5	冲击试验		√	√
6	冷弯试验		√	√
7	压扁试验		√	√
8	硬度	√		√
9	金相组织		√	√
10	底部解剖		√	√
11	无损探伤	√		√
12	瓶口内螺纹	√		√
13	水压试验	√		√
14	气密性试验	√		√
15	爆破试验		√	√
16	疲劳循环试验			√

8-6 钢质无缝气瓶定期检验与评定有什么内容？

答： 钢质无缝气瓶定期检验与评定主要内容有：检验周期与检验项目、检验准备、外观检查与评定、音响检查、瓶口螺纹检查、内部检查、内部干燥、瓶阀检验与装配等。

1）检验周期与检验项目：a. 盛装惰性气体的气瓶，每 5 年检验 1 次；盛装腐蚀性气体的气瓶、潜水气瓶及常与海水接触的气瓶，每 2 年检验 1 次；盛装其他气体的气瓶，每 3 年检验 1 次。在使用过程中若发现气瓶有严重腐蚀、损伤或对其安全可靠性有怀疑时，应提前进行检验。库存或停用时间超过 1 个检验周期的气瓶，启用前应进行检验；b. 气瓶定期检验项目包括外观检查、声响检查、内部检查、瓶口螺纹检查、质量与容积测定、水压试验、瓶阀检验和气密性试验。

2）检验准备：a. 逐只检查登记气瓶制造标志和检验标志。登记内容包括国别、制造厂名称代号、出厂编号、出厂年月、公称工作压力、水压试验压力、实际容积、实际质量、上次检验日期；b. 对于瓶内介质不明、瓶阀无法开启的气瓶，应与待检瓶分别存放以待另行妥善处理；c. 确认瓶内介质后，根据介质的不同性质，在保证安全、卫生和不污染环境的条件下采用与瓶内介质相适应的方法将气体排出。对于盛装毒性气体的气瓶，在排放瓶内气体后还必须采取有效措施进行瓶内解毒处理；d. 确认瓶内压力与大气压力一致时，用不损伤瓶壁金属的瓶阀装卸机和防震圈装卸机卸下瓶阀和防振圈；e. 用不损伤瓶体金属的适当方法将气瓶内外表面的污垢、腐蚀产物、沾染物等有碍表面检查的杂物及外表面的疏松漆膜清除干净。

3）外观检查与评定：

① 瓶体外观检查。应逐个对气瓶进行目测检查，检查其外表面是否存在凹陷、凹坑、鼓包、磕伤、划伤、裂纹、夹层、皱折、腐蚀、热损伤等缺陷。即 a. 瓶体存在裂纹、鼓包、结疤、皱折或夹杂等缺陷的气瓶应报废；b. 瓶体磕伤、划伤、凹坑处的剩余壁厚小于设计壁厚 90% 的气瓶应判废品。

② 对未达到判废条件的缺陷，特别是线性缺陷或尖锐的机械损伤应进行修磨，使其边缘圆滑过渡，但修磨后的壁厚应大于设计壁厚的 90%。

③ 如受检气瓶属于 GB 5099—1994《钢质无缝气瓶》实施前制造或进口的气瓶，其剩余壁厚应不小于该瓶设计制造规程或有关标准确定的规定值。

④ 瓶体凹陷深度超过 2mm 或大于凹陷短径 1/30 的气瓶应报废。

⑤ 瓶体存在弧疤、焊迹或明火烧烤等热损伤而使金属受损的气瓶应报废。

⑥ 瓶体上孤立点腐蚀处的剩余壁厚小于设计壁厚 2/3 的气瓶应报废。

⑦ 瓶体线腐蚀或面腐蚀处的剩余壁厚小于设计壁厚 90% 的气瓶应报废。

⑧ 颈圈松动无法加固的气瓶，或颈圈损伤且无法更换的气瓶应报废。

⑨ 底座松动、倾斜、破裂、磨损或其支撑面与瓶底最低点之间距离小于 10mm 的气瓶应报废。

4）瓶口螺纹检查：a. 用目测或低倍放大镜逐个检查螺纹有无裂纹、变形、腐蚀或其他机械损伤；b. 瓶口螺纹不得有裂纹性缺陷，但允许瓶口螺纹有不影响使用的轻微损伤，对高压气瓶允许有不超过 2 圈螺纹的缺口；对低压气瓶允许有不超过 3 圈螺纹的缺口，且缺口长度不超过圆周的 1/6，缺口深度不超过螺纹高的 1/3。

5）内部检查：a. 应用内窥镜或电压不超过 24V、具有足够亮度的安全灯逐只对气瓶进行内部检查；b. 对盛装氧化性介质的气瓶，要特别注意检查瓶内有无被油脂沾污。发现有油脂沾污时，必须进行脱脂处理；c. 内表面有裂纹、结疤、皱折、夹层或凹坑的气瓶应报废。

6）内部干燥：a. 经水压试验合格的气瓶，必须逐个进行内部一般干燥。对盛装介质露点有特殊要求的气瓶，充装单位应在检验站进行一般干燥的基础上，根据充装介质对露点的具体要求再对气瓶进行特殊干燥；b. 气瓶经水压试验合格后，将瓶口朝下倒立一段时间，待瓶内残留的水沥净，采用内加温或外加温方法进行内部一般干燥；c. 内部一般干燥的温度通常控制在70～80℃；干燥时间不得少于20min。

7）瓶阀检验与装配：a. 应逐个对瓶阀进行解体检验、清洗和更换损坏的零部件，保证开闭自如、不泄漏；b. 阀体和其他部件不得有严重变形，螺纹不得有严重损伤，其要求可参照有关规定；c. 更换瓶阀或密封材料时，必须根据盛装介质的性质选用合适的瓶阀或材料；在装配瓶阀之前，必须对瓶阀进行气密性试验。

8）水压试验：a. 气瓶必须逐个进行水压试验，水压试验装置、方法和安全措施应符合GB/T 9251—2011《气瓶水压试验方法》的要求；b. 气瓶在试验压力下的保压时间，试验压力等于大于12MPa的高压无缝气瓶不少于2min；试验压力等于小于7.5MPa低压无缝气瓶不少于3min；c. 水压试验时，瓶体出现渗漏、明显变形或保压期间压力有回降现象（非因试验装置或瓶口泄漏）的气瓶应报废。

9）气密性实验：a. 气瓶水压试验合格后，必须逐个进行气密性试验；试验装置和方法应符合GB/T 12137—2015《气瓶气密性试验方法》的要求，试验压力应等于气瓶公称工作压力；b. 盛装可燃气体或毒性气体的气瓶及盛装高纯或混合气体的气瓶，应用浸水法进行气密性试验。气瓶浸水保压时间不少于2min，保压期间不得有泄漏或压力回降现象。

8-7　钢质无缝气瓶对质量与容积是如何测定的？

答：对钢质无缝气瓶的质量与容积测定方法和要求如下。

1）气瓶必须逐个进行质量与容积测定。

2）质量与容积测定用的衡器应保持准确，其最大称量值应为常用称量值的1.5～3.0倍。衡器的检定周期按每天规定执行。

3）气瓶现质量与制造标志质量的差值大于5%时，应测定瓶壁最小壁厚。除点腐蚀外，最小壁厚小于设计壁厚90%的气瓶应报废。

4）对质量测定合格的气瓶，采用水容积测定的方法测定现容积。

5）现容积值小于制造标志容积值的盛装高压或低压液化气体的气瓶，必须根据容积测定记录将原制造标志容积值改为现容积值。现容积值大于制造标志容积值10%的气瓶应报废。

6）钢质无缝气瓶水容积测定方法。气瓶水容积测定必须在清除瓶内锈蚀物和沾染物之后进行，以免造成误差，其测定方法如下：a. 向设于检验室内的试验用水槽中注入洁净的淡水，并敞口静置一昼夜；b. 将质量测定合格的气瓶直立于检验室内地坪上，向瓶内注满引自试验用水槽的清水，静置8h（一般应第1天注水，第2天测定容积），其间应断续的用木槌自下而上轻敲瓶壁数次并将瓶内每次下降的水补满，直至瓶口水面不再下降为止；c. 确认瓶内气泡排除、瓶口液面不再下降时，将气瓶移至称重衡器上称出瓶与水的总质量；d. 以“瓶水总重”减去该瓶实测的质量（空瓶质量）得出瓶内容纳的水重，再乘以称重时瓶内水温下每公斤水的体积数，即得出气瓶的现容积值。每个温度下的体积数见表 8-5。

表 8-5　不同水温下每公斤水的体积

温度/℃	体积/L	温度/℃	体积/L	温度/℃	体积/L	温度/℃	体积/L
1	1.00007	11	1.00037	21	1.00199	31	1.00466
2	1.00003	12	1.00048	22	1.00221	32	1.00497
3	1.00001	13	1.00060	23	1.00224	33	1.00530
4	1.00000	14	1.00073	24	1.00269	34	1.00563
5	1.00000	15	1.00087	25	1.00294	35	1.00598
6	1.00003	16	1.00103	26	1.00320	36	1.00633
7	1.00007	17	1.00120	27	1.00347	37	1.00669
8	1.00012	18	1.00138	28	1.00375	38	1.00706
9	1.00019	19	1.00157	29	1.00405	39	1.00743
10	1.00027	20	1.00177	30	1.00435	40	1.00782

8-8　钢质无缝气瓶其凹陷、凹坑、磕伤和划伤深度是如何测量的？

答：对钢质无缝气瓶其凹陷、凹坑、磕伤和划伤深度测量方法如下。

1）凹陷深度（*h*）的测量方法：a. 以凹陷的弦为基准测量深度，量具为高度游标卡尺或钢直尺、钢直尺应沿气瓶轴线放置，钢直尺长度应大于凹陷最大直径的 3 倍，如图 8-8a 所示；b. 以凹陷处瓶体外圆周的弧为基准测量深度，量具为弧形样板，弧形样板应沿圆周放置，样板弧长应大于气瓶周长的 2/5，如图 8-8b 所示。

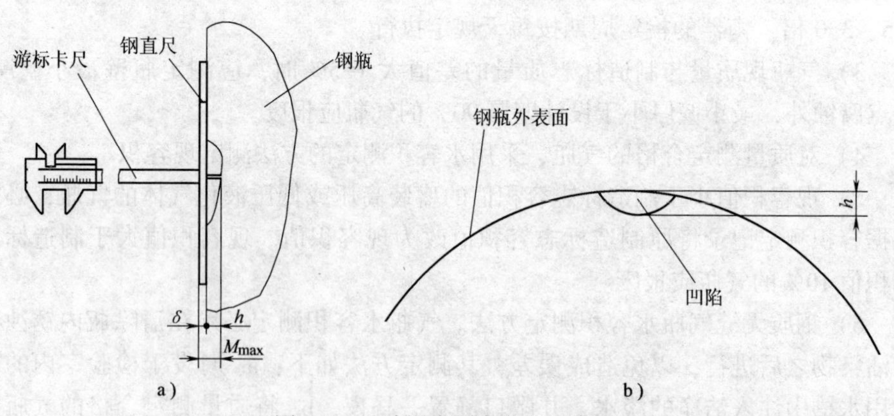

图 8-8　凹陷深度测定方法示意图

a）以凹陷的弦为基准测量深度　b）以凹陷处瓶体外圆周的弧为基准测量深度

2）凹坑、磕伤、划伤深度的测量方法。可用下述的任 1 种：a. 凹坑、磕伤、划伤深度值以最深处为准，测量用的专用量具如图 8-9 所示。卡板的型面曲率半径于钢瓶外廓相吻合，千分表的针尖插入缺陷中测量其深度，针尖的楔角应小于等于 30°，半径应小于等于 0. 25mm；b. 将软铅锤满凹坑、磕伤、划伤之中，取出软铅，用卡尺量得最大软铅高度即为所测深度值。

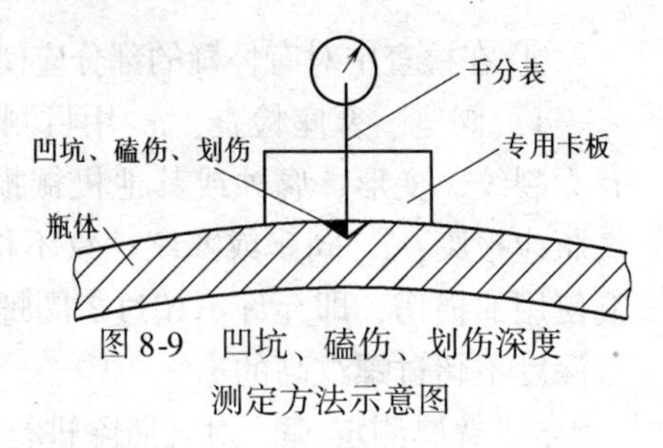

图 8-9　凹坑、磕伤、划伤深度测定方法示意图

8-9　钢质焊接气瓶定期检验与评定有什么内容?

答: 根据 GB 5100—2011《钢质焊接气瓶》的规定，钢质焊接气瓶定期检验与评定主要内容有检验周期与检验项目、检验准备、外观检查与评定、阀座及塞座检查、内部检查、壁厚测定、瓶阀、泄压阀及盲塞检验与装配等（部分内容与要求和钢质无缝气瓶相同，本处不再重复)。

1）检验周期与检验项目：a. 盛装一般气体的气瓶，每 3 年检验 1 次；盛装腐蚀性气体的气瓶，每 2 年检验 1 次。在使用过程中若发现气瓶有严重腐蚀、损伤或对其安全可靠性有怀疑时，应提前进行检验。库存或停用时间超过一个检验周期的气瓶，启用前应进行检验；b. 气瓶定期检验项目包括外观检查、焊缝检查、阀座与塞座检查、内部检查、容积测定、水压试验、瓶阀及卸压阀检验和气密性试验。

2）检验准备：a. 逐个检查登记气瓶制造标志和检验标志。登记内容包括制造国别、制造厂名称或代号、出厂编号、出厂年月、公称工作压力、水压试验压力、实际容积、实际质量、上次检验日期；b. 未经质检部门认可的厂商制造的气瓶、制造标志不符合 GB 5100—2011 和 TSG R0006—2014《气瓶安全技术监察规程》规定的气瓶、制造标志模糊不清或关键项目不全而又无据可查的气瓶、有关政府文件规定不准再用的气瓶，登记后不予检验按报废处理；c. 对使用年限超过 12 年的盛装腐蚀性气体的气瓶及使用期限超过 20 年的盛装其他气体的气瓶按报废处理，登记后不予检验。

3）外观检查与评定：

① 瓶体外观检查。应逐个对气瓶进行目测检查，检查其外表面及其焊缝是否存在凹陷、凹坑、鼓包、磕伤、划伤、裂纹、夹层、皱折、腐蚀、热损伤以及焊缝缺陷。

② 瓶体存在裂纹、鼓包、结疤、皱折或夹杂等缺陷的气瓶应报废。

③ 主体焊缝不符合下列规定的气瓶应报废，即 a. 焊缝不允许咬边，焊缝和热影响区表面不得有裂纹、气孔、弧坑、凹陷和不规则的突变；b. 主体焊缝上的划伤或磕伤经修磨后，焊缝不得低于母材；c. 主体焊缝热影响区的划伤或磕伤处修磨后剩余壁厚不得小于设计壁厚；d. 主体焊缝及其热影响区的凹陷最大深度不得大于 6mm。

④ 在检查中对有怀疑的部分应使用10倍放大镜检查，必要时进行无损检测。

4）阀座、塞座检查：a. 用目测或低倍放大镜逐个检查阀座或塞座及其螺纹有无裂纹、变形、腐蚀或其他机械损伤；b. 阀座或塞座有裂纹、倾斜、塌陷的气瓶应报废；c. 阀座或塞座螺纹不得有裂纹或裂纹性缺陷，但允许有轻微不影响使用的损伤，即允许不超过3圈螺纹的缺口，缺口长度不超过圆周的1/6，缺口深度不超过螺纹高的1/3。

5）壁厚测定：a. 对气瓶除进行有缺陷部位的局部测厚外，还必须逐只进行定点测厚；b. 测厚仪的误差应不大于±0.1mm；c. 对内外表面腐蚀程度轻微的气瓶，至少在上封头、筒体和下封头3个部位上各测定1点；对腐蚀程度严重的气瓶，至少在上封头测定2点、筒体上测定4点、下封头测定两点；各测点应选于腐蚀深处；d. 在上封头、筒体和下封头3个部位上，无论选定多少个测点，只要有1点的剩余壁厚小于设计壁厚的90%，则该瓶应判废。

6）容积测定：a. 气瓶必须逐只进行容积测定；b. 容积测定用的衡器应保持准确，其最大称量值应为常用称量值的1.5～3.0倍；c. 容积测定采用水容积法进行测定；d. 现容积小于标准规定值的气瓶应报废。

7）瓶阀、泄压阀及盲塞检验与装配：a. 应逐个对瓶阀和泄压阀进行解体检验、清洗和更换损伤的零部件，保证开闭自如、不泄漏；对弹簧式泄压阀应校验其启闭压力及排放量；b. 阀体及其零部件不得有严重变形，螺纹不得有严重损伤；c. 更换瓶阀、泄压阀及盲塞或密封材料时，必须根据盛装介质的性质选用合适的瓶阀或材料。在装配瓶阀、泄压阀之前，必须对瓶阀、泄压阀的气密性进行试验；d. 瓶阀、泄压阀及盲塞应装配牢固并应保证其与阀座或塞座连接的有效螺纹圈数和密封性能，其外露螺纹数不得少于1～2圈。

8）对水压试验，内部干燥，气密性试验等要求和内容同钢质无缝气瓶。

8-10　铝合金无缝气瓶定期检验与评定有什么内容？

答：根据GB 11640—2011《铝合金无缝气瓶》规定，铝合金无缝气瓶其公称容积不超过50L，公称工作不大于30MPa，用于贮存和运输永久气体或液化气体，并可重复充气的移动式铝瓶，其定期检验与评定要求和内容（部分内容与要求和钢质无缝气瓶相同，本处不再重复）如下。

1）检验周期与检验项目：a. 铝瓶检验周期。盛装惰性气体的铝瓶，每5年检验1次；盛装腐蚀性气体的铝瓶或在腐蚀性介质（如海水等）环境中使用的铝瓶，每2年检验1次；盛装其他气体的铝瓶，每3年检验1次。铝瓶在使用过程中，如发现有严重腐蚀、损伤或其他可能影响安全使用的缺陷时，应提前送检；b. 铝瓶检验项目。铝瓶定期检验项目包括硬度测定、外观检查、内部检查、瓶口螺纹检查、质量与容积测定、水压试验、瓶阀检验与装配和气密性试验。

2）检验前的准备：

① 验明标志，即 a. 逐个检查铝瓶的制造钢印和检验钢印是否符合有关规程和标准的要求；b. 对制造钢印模糊不清或项目不全而又无据可查的铝瓶，不予检验，按报废处理；对提前送检的铝瓶，应查明原因后予以检验。

② 排除剩余气体。

3）检验与评定：

① 硬度测试。应逐只对铝瓶进行硬度测定，测定点位于距瓶底 20mm 以下的筒体或瓶底表面；对硬度低于 48HRB 的铝瓶应报废。

② 外观检查，即 a. 应逐个对铝瓶进行目测检查，检查其外表是否有凹陷、凹坑、凸起、损伤、裂纹、夹层、腐蚀或烧伤等缺陷；b. 筒体存在凹陷时，应测量最大凹陷深度，钢直尺应沿铝瓶轴线放置，弧形样板应沿圆周放置，用钢直尺测量时，钢直尺长度应大于凹陷最大直径的五倍；用弧形样板测量时，样板弧长应大于铝瓶周长的 1/3；凹陷最大深度超过 1.5mm 且超过铝瓶公称直径的 1.0% 或大于凹陷直径 1/40 的铝瓶应报废；c. 测量筒体圆度、直线度和垂直度，凡圆度超过 2%、直线度超过 4‰且大于 5mm 或垂直度超过 8‰的铝瓶应报废。

③ 内部检查，即 a. 用内窥镜或电压不超过 24V、具有足够亮度的安全灯，逐个对铝瓶进行内部检查；b. 对盛装氧化性介质的铝瓶，要特别注意检查瓶内有无油脂，发现油脂时必须进行脱脂处理；c. 内表面有裂纹或裂纹性缺陷的铝瓶应报废；d. 内表面存在腐蚀缺陷时，参照有关要求评定；e. 在瓶底与瓶壁过渡处附近，如存在向瓶壁凹进的环沟缺陷时，该铝瓶应报废。

④ 质量与容积测定，即 a. 铝瓶应逐个进行质量与容积测定；b. 衡器的最大量程为受检铝瓶质量的 1.5～3.0 倍，其感应量应不低于 1‰，衡器检定周期按有关要求执行；c. 铝瓶现质量与制造钢印标记质量的差值大于 5% 且小于 10% 时，应测定壁厚，其最小壁厚小于设计壁厚 90% 或者质量的差值大于 10% 时应判废；d. 向质量测定合格的铝瓶内注满洁净淡水并静置 8h，在水压试验前逐瓶进行称重和测量瓶内水温，算出瓶内水的质量并根据水温将水重换算为铝瓶的现容积；现容积以 3 位有效数字表示，第 4 位数字舍去；凡现容积大于制造钢印标记容积 5% 的铝瓶，应报废。

4）重新喷涂颜色标记，检验合格的铝瓶，如需要重新喷涂漆色、字样、色环时，必须按 GB/T 7144—2016 的规定喷涂。

8-11　小容积液化石油气钢瓶在制造、材料选用有何要求？

答： 根据 GB 5842—2006《小容积液化石油气钢瓶》的规定，在正常环境温度（-40～60℃）下使用，试验压力为 3.2MPa，公称容积为 1.2～12L，可重复充装的小容积液化石油气钢质焊接气瓶，在制造、材料选用要求（部分内容与钢质无缝气瓶相同，本处不再重复）如下。

1）小容积液化石油气钢瓶规格及形式：a. 钢瓶规格表 8-6；b. 形式，由上下两个椭圆形封头构成的瓶体、底座和瓶阀护罩组成。一条环焊缝在瓶体中间的横断面上。

表 8-6　小容积液化石油气钢瓶规格

参数 / 规格	公称容积/L	充装液化石油气质量/kg	H/D_o	护罩外直径/mm	底座外直径/mm
YSP-0.5	1.2	≤0.5	0.8～1.1	$2/3D_o\pm5$	$4/5D_o\pm5$
YSP-2.0	4.7	≤2.0	0.8～1.2	$2/3D_o\pm5$	$4/5D_o\pm5$
YSP-5.0	12	≤5.0	1.0～1.5	$2/3D_o\pm5$	$4/5D_o\pm5$

注：D_o 钢瓶外直径（mm）；H 钢瓶瓶体高度（m），系指两封头凸形端点之间的距离。

2）材料：a. 钢瓶主体材料必须采用电炉或氧气转炉冶炼的镇静钢，具有良好的冲压和焊接性能，并应符合 GB 6653—2008《焊接气瓶用钢板和钢带》的规定，采用钢带时必须经过精整。不允许用普通钢材；b. 焊在钢瓶主体上的所有零部件，必须采用与主体材料可焊性相适应的材料；c. 所采用的焊接材料焊成的焊缝，其抗拉强度不得低于母材抗拉强度规定值的下限；d. 材料（包括焊接材料）应符合相应标准的规定，并必须具有质量合格证书；e. 主体材料必须按炉、罐号验证化学成分，按批号验证力学性能，经验证合格的材料应有材料标记。验证结果应与质量合格证书一致。

3）设计：a. 钢瓶瓶体由上下两封头组成，只有一条环焊缝；b. 钢瓶护罩、底座与瓶体采用焊接；c. 钢瓶瓶体壁厚的设计，其材料的强度参数应采用屈服强度 σ_s；d. 瓶体的计算壁厚按下式计算：

$$S_{00}=\frac{p_h\cdot D_i}{\frac{2\sigma_s\phi}{1.3}-p_h}$$

式中：σ_s 为材料的屈服强度，应选用标准规定的最小值（MPa）；ϕ 为焊缝系数，取 0.9；p_h 为钢瓶水压试验压力（MPa）；D_i 为钢瓶内直径（mm）；S_{00} 为钢瓶瓶体计算壁厚（mm）（包括封头曲面部分和圆筒部分）。

4）焊接工艺评定：a. 正式生产钢瓶之前或在生产过程中，改变材料（包括焊接材料）、焊接工艺或改变焊接设备时，均应按 NB/T 47014—2011《承压设备焊接工艺评定》进行焊接工艺评定；b. 进行焊接工艺评定的焊工和无损检测人员应分别符合焊接、检验工艺规定；c. 焊接工艺评定在钢瓶瓶体上进行。

5）焊接的一般规定：a. 钢瓶的焊接必须由按 TSG Z6002—2010《特种设备焊接操作人员考核规则》考试合格，并由持有有效证书的焊工承担，应在钢瓶的适当位置上打上焊工代号；b. 钢瓶主要焊缝的焊接必须严格遵守经评定合格的焊接工艺；c. 钢瓶主要焊缝的焊接应采用自动焊接方法施焊；d. 焊接坡口的形状和尺寸应符合图样的规定。坡口表面应清洁、光滑，不得有裂纹、分层和夹渣等缺陷；e. 焊接应在室内进行，相对湿度不得大于90%，否则应采取有效措施。当焊接件温度低于0℃时，应在始焊处预热。

6）焊缝：

① 瓶体环焊缝的余高为0~2mm；最宽最窄处之差应不大于2mm。

② 当图样无规定时，角焊缝的焊脚高度不得小于焊接件中较薄者的厚度，其几何形状应圆滑过渡至母体表面。

③ 焊缝表面的外观应符合下列规定：a. 焊缝和热影响区不得有裂纹、气孔、弧坑、夹渣和未熔合等缺陷；b. 环焊缝不允许咬边，与瓶体焊接的零部件的焊缝在瓶体一侧不允许咬边；c. 焊缝表面不得有凹陷或不规则的突变；d. 焊缝两侧的飞溅物必须清除干净。

④ 焊缝不允许返修。

⑤ 封头应用整块钢板制成。

⑥ 封头最大最小直径差不得大于1.5mm。

⑦ 封头总高公差 ΔH_{-2}^{+3}mm。

⑧ 封头的纵向皱折深度不得大于0.20%D_o。

⑨ 组装：a. 上下封头在组装前均应进行外观检查，不合格者不得组装；b. 上下封头对口错边量不大于0.20S；棱角高度E不大于0.1S+1.5mm；使用检查尺长度不小于200mm；c. 零配件的装配应符合图样规定。

7）射线检测：a. 钢瓶的无损检测人员须经考试合格，并持有有效证书；b. 按生产顺序每50个（不足50个时，也应抽取1个）抽取1个，对环焊缝进行100%射线检测。如不合格，应再抽取2只检验，如仍有1个不合格时，则应逐个检验；c. 焊缝射线检测结果应按NB/T 47013.2—2015《承压设备无损检测　第2部分：射线检测》评定，Ⅲ级为合格；d. 未经射线检测的焊缝质量也必须保证符合有关规定。

8）水压爆破试验：

① 水压爆破试验按GB/T 15385—2011《气瓶水压爆破试验方法》规定进行。应测定下列数据：a. 钢瓶水容积；b. 水压试验压力下钢瓶的容积变形量；c. 钢瓶达到屈服强度时的内压力；d. 钢瓶破裂时的压力p_b和容积变形率。

② 进行水压爆破试验时，水泵每小时的送水量应为钢瓶容积的1~2倍。

③ 进行水压爆破试验前应先称出空瓶的质量；充满水后再称出钢瓶和水的总重，从而计算出钢瓶的水容积。

④ 进行水压爆破试验时应缓慢升压，先升至2.1MPa，再卸压，反复进行数次，以排出水中的气体。排尽气体后，再升压至水压试验压力p_h，至少保持30s后，测量钢瓶容积全变形量。然后再升压测量记录压力、时间和进水量，以便绘制压力-时间、压力-进水量曲线，确定钢瓶开始屈服的压力，直至爆破并确定爆破压力和总进水量。

⑤ 爆破压力实测值p_b应不小于按下式计算的结果：

$$p_b \geqslant \frac{2\delta_0\sigma_b}{D_o - \delta}$$

式中：p_b 为爆破压力实测值（MPa）；δ_0 为钢瓶瓶体设计壁厚（mm）（包括封头曲面部分和圆筒部分）；σ_b 为抗拉强度（MPa）；D_o 为钢瓶外直径（mm）；δ 为钢瓶瓶体名义壁厚（mm）（包括封头曲面部分和圆筒部分）。

⑥ 钢瓶破裂时的容积变形率（爆破时钢瓶容积增加量与试验前钢瓶实际容积之比）应大于10%。

⑦ 如果钢瓶破裂时形成碎片或断口发生在阀座角焊缝上、环焊缝上（垂直于环焊缝者除外），则试验为不合格。

8-12　小容积液化石油气钢瓶出厂时应提供什么技术文件?

答：小容积液化石油气钢瓶在出厂时应提供下列有关技术文件。

1）产品合格证和质量证明书：a. 每只钢瓶出厂时均应有合格证，合格证格式见表 8-7；b. 每批出厂的钢瓶均应有质量证明书，格式见表 8-8。

2）标志：a. 钢瓶上标志的排列和内容应符合 TSG R0006—2014《气瓶安全技术监察规程》的规定；b. 钢印标志应明显、清晰，压印在护罩上或封头上，钢瓶上的标志应是永久性的，不得用铭牌代替钢瓶标志。

表 8-7　产品合格证格式

××××××××厂 小容积液化石油气钢瓶 产品合格证	
钢瓶型号	
出厂编号	
出厂批号	
出厂日期	
制造许可证号	
本产品制造符合 GB 5842—2006《液化石油气钢瓶》和设计图样要求，经检验合格。	
校验科长（章）	质量检验专用章 年　月
充装介质	
最大充装量	kg
质量	kg
容积	L
瓶体材料	
瓶体设计壁厚	mm
试验压力	MPa
气密性试验压力	MPa
热处理方式	
焊工代号	
检验员签章	
钢瓶使用说明：（由制造厂编号）	

注：规格要统一，表心尺寸为 100mm×75mm。

表 8-8 质量证明书格式

××××××××厂

小容积液化石油气钢瓶

批量检验质量证明书

钢瓶型号

充装介质

图　　号

出厂批号

出厂日期

制造许可证号

本批钢瓶共　　　　只

经检验符合 GB 5842—2006《液化石油气钢瓶》，是合格产品。

监检专用章　　　　　　　　　　　制造厂检查专用章

监检员　　　　　　　　　　　　　检验科长

年　月　日　　　　　　　　　　　年　月　日

制造厂地址：

1. 主要技术数据

公称容积　　　L　　　公称工作压力　　　MPa

内直径　　　mm　　　试验压力　　　MPa

图样规定厚度　　　mm　　　气密性试验压力　　　MPa

2. 试验瓶的测量

试验瓶号	容积/L	质量/kg	最小实测壁厚/mm	热处理方式

3. 主体材料化学成分（质量分数,%）

编号	牌号	C	Si	Mn	P	S
（标准代号）标准规定值						

4. 焊接材料

焊丝牌号	焊丝直径/mm	焊剂牌号

（续）

5. 钢瓶热处理

方法　　　　　　　　　　加热温度　　　　　　℃

保温时间　　　　　　　　冷却方式

6. 焊缝射线检查

按 NB/T 47013 检查　Ⅲ级合格

7. 力学性能试验

试板编号	抗拉强度 σ_{ba}/MPa	伸长率 δ_5（%）	弯曲试验	
			正　弯	反　弯
试板数量				

8. 水压爆破试验

试验瓶号	爆破压力/MPa	开始塑变压力/MPa	试验压力下容积变形量	容积变形率（%）

质量检验专用章

注：规格要统一，表心尺寸为 100mm×75mm。

3）涂敷：a. 钢瓶经检验合格，在清除了表面上的油污、铁锈、氧化皮、焊接飞溅等杂物并保持干燥的情况下方可涂敷；b. 应书写“液化石油气”红色字样，字体为仿宋体汉字。钢瓶漆色应符合 GB 7144—2016 的规定；c. 涂敷应均匀，不应有气泡、流痕、龟裂和剥落等缺陷。

4）包装：a. 钢瓶的阀口应妥善密封，以免在运输、储存过程中进入杂物或有害介质；b. 出厂的钢瓶应有包装以免碰伤；c. 钢瓶在运输、装卸时要防止碰撞、划伤；d. 钢瓶应贮存在没有腐蚀性气体，通风、干燥，且不受日光曝晒的地方。

8-13　液化石油气钢瓶与小容积液化石油气钢瓶产品有什么要求？

答：根据 GB 5842—2006《液化石油气钢瓶》的规定，液化石油气钢瓶与小容积液化石油气钢瓶产品主要要求如下。

1）液化石油气钢瓶主要规格见表 8-9。

表 8-9 液化石油气钢瓶规格

参数 \ 规格	YSP4.7	YSP12	YSP26.2
钢瓶内直径/mm	200	244	294
公称容积/L	4.7	12	26.2
最大充装量/kg	1.9	5.0	11.0

2）液化石油气钢瓶形式如图 8-10 所示。

3）筒体：a. 筒体由钢板卷焊而成时，钢瓶的轧制方向应和筒体的环向一致；b. 筒体焊接成形后应符合下列要求：筒体同一横截面最大最小直径差不大于 $0.01D_i$；筒体纵焊缝对口错边量 b 不大于 $0.1S$，如图 8-11 所示；筒体纵焊缝棱角高度 E 不大于 $0.1\delta+2\text{mm}$，如图 8-12 所示，用长度为 $1/2D_0$，且不大于 300mm 的样板测量。

4）封头：a. 封头应用整块钢板制成；b. 封头的形状公差与尺寸公差不得超过表 8-10 的规定；c. 封头最小壁厚实测值不得小于计算壁厚；d. 封头直边部分的纵向皱折深度不得大于 $0.25\%D_0$。

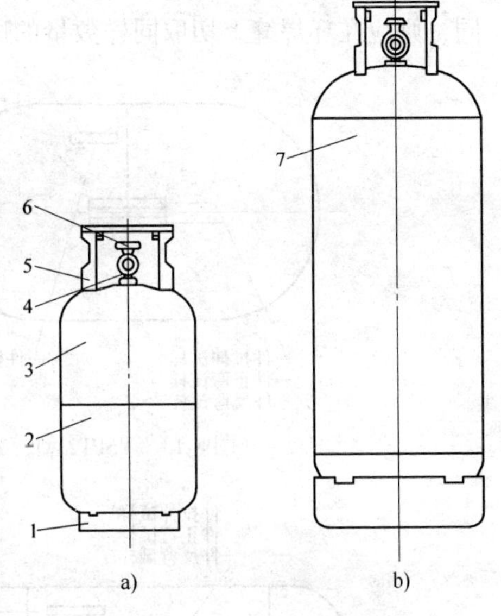

图 8-10 液化石油气钢瓶形式

1—底座 2—下封头 3—上封头 4—瓶阀座 5—护罩 6—瓶阀 7—筒体

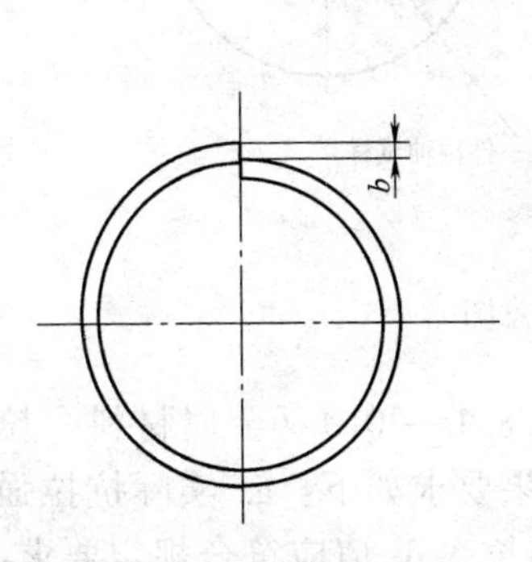

图 8-11 筒体纵焊缝对口错边量示意图

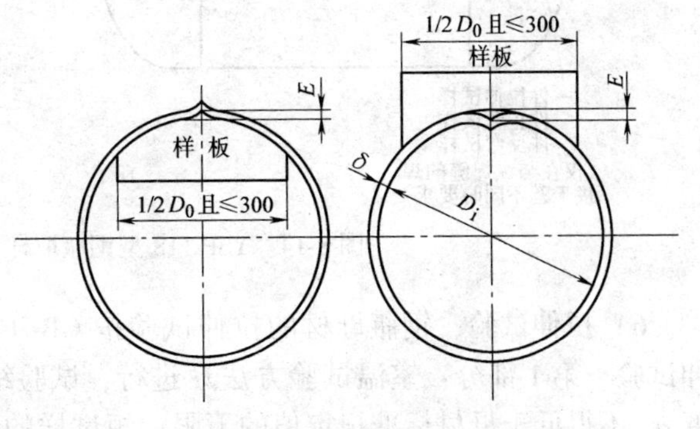

图 8-12 筒体纵焊缝棱角高度示意图

表 8-10 封头形状公差与尺寸公差 （单位：mm）

圆周长公差 $\pi\Delta D_i$	最大最小直径差	总高公差 ΔH
±4	2	$^{+5}_{0}$

5）取样要求：a. YSP12 型和 YSP26. 2 型钢瓶（仅有环焊缝），应从钢瓶环焊缝处切取焊接接头的拉力、横向正弯和反弯试样各 1 件（图 8-13）；b. YSP118 型钢瓶有纵、环焊缝，应从筒体部分沿纵向切取母材拉伸试样 1 件，从封头顶部切取母材拉伸试样 1 件，从母材任一部分切取正、反弯试样各 1 件，从纵焊缝上切取拉伸、横向正弯、反弯试样各 1 件。如果环焊缝和纵焊缝的焊接工艺不同，则应在环焊缝上切取同样数量的试样（图 8-14）。

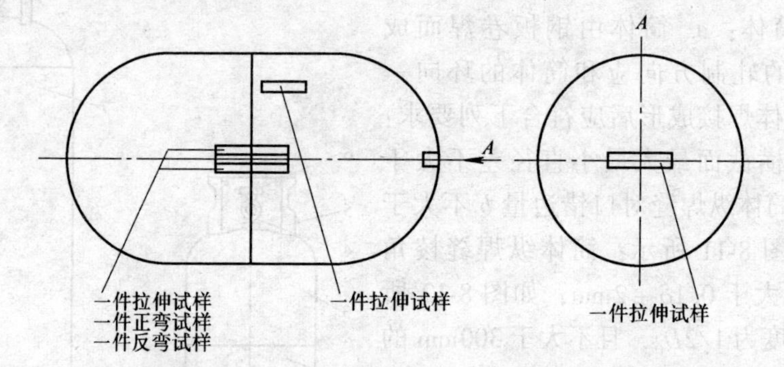

图 8-13 YSP12 型、YSP26. 2 型钢瓶取样示意图

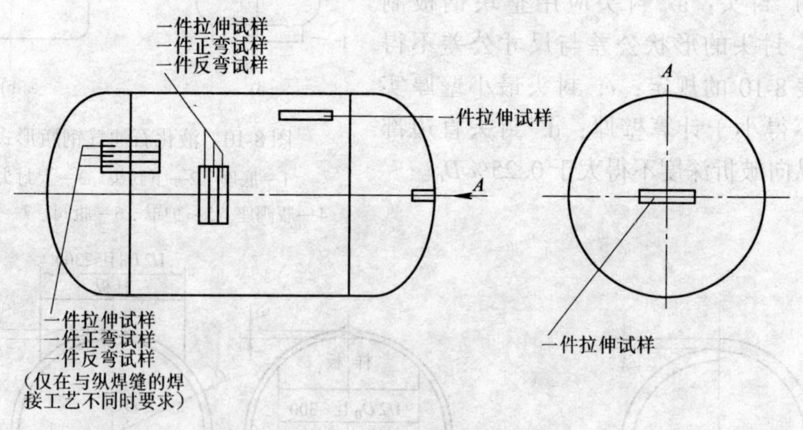

图 8-14 YSP 118 型钢瓶取样示意图

6）拉伸试验，钢瓶母材的拉伸试验按 GB/T 228. 1—2010《金属材料 拉伸试验 第 1 部分：室温试验方法》进行，试验结果要求如下：a. 实际抗拉强度 σ_{ba}不得低于母材标准规定值的下限；短试样的伸长率 δ_5 值应符合规定要求；b. 钢瓶焊接接头的拉伸试验按 GB/T 2651—2008《焊接接头拉伸试验方法》的

规定进行。试样采用该标准规定的带肩板形试样，其实际抗拉强度不得低于母材标准规定的下限。

7）每只出厂的钢瓶均应有产品合格证，合格证的格式见表8-11。产品合格证所记入的内容应和制造厂保存的生产检验记录相符。

表 8-11　产品合格证

×××××××厂 液化石油气钢瓶 产品合格证 钢瓶名称＿＿＿＿＿＿＿＿＿ 钢瓶编号＿＿＿＿＿＿＿＿＿ 制造年月＿＿＿＿＿＿＿＿＿ 制造许可证号＿＿＿＿＿＿＿＿＿ 本产品的制造符合 GB 5842—2006《液化石油气钢瓶》和设计图样要求，经检验合格。 检验科长（章）　　　　质量检验专用章 年　月

注：规格要统一，表心尺寸为150mm×100mm。

8-14　液化石油气钢瓶定期检验与评定有什么内容？

答：液化石油气钢瓶是钢焊接气瓶，它的定期检验与评定钢质气瓶有相同之处，由于液化石油气钢瓶使用特殊性，所以液化石油气钢瓶定期检验与评定主要特点（部分内容与要求和钢质无缝气瓶相同，本处不再重复）如下。

（1）检验周期与检验项目

1）液化石油气钢瓶，每4年检验1次。当钢瓶受到严重腐蚀、损伤及其他可能影响安全使用的缺陷时，应提前进行检验。库存或停用时间超过一个检验周期的钢瓶，启用前应进行检验。

2）钢瓶定期检验项目包括外观检查、壁厚测定、容积测定、水压试验或残余变形率测定、瓶阀检验、气密性试验。

（2）外观初检与评定　逐个目测检查（需要专用工具）易于发现和评定的

外观缺陷，凡属下列情况之一的受检瓶，按报废处理。

1）无任何制造标志的钢瓶。

2）有纵向焊缝或螺旋焊缝的钢瓶。

3）耳片、护罩脱落或其焊缝断裂及主焊缝出现裂纹的钢瓶。

4）因底座脱落、变形、腐蚀、破裂、磨损及其他缺陷影响直立的钢瓶。

5）底座支撑面与瓶底中心的间距小于表 8-12 规定尺寸的钢瓶。

表 8-12　底座支撑面与瓶底中心的间距　　（单位：mm）

型　号	间　距
YSP4.7，G，YSP12	4
YSP26.2，YSP35.5	6
YSP118	8

6）局部或全面遭受火焰或电弧（制造焊缝除外）烧伤的钢瓶。

7）磕伤、划伤或凹坑深度大于规定或腐蚀部位深度大于规定的钢瓶。

8）主焊缝上及其两边各 50mm 范围内凹陷深度在 6mm 以上或其他部位凹陷深度大于规定的钢瓶。

9）瓶体倾斜、变形或封头直边存在纵向皱褶深度大于钢瓶外径 0.25% 的钢瓶。

（3）残液残气回收与蒸汽吹扫

1）在保证不泄漏、不污染环境、不影响操作人员健康的前提下，采取适当密闭方法逐只回收瓶内残液和残气。

2）外观初检报废的钢瓶也必须逐只回收瓶内残液和残气，并按规定要求进行蒸汽吹扫。

3）确认瓶内压力与大气压力一致时，将瓶阀卸掉并做上记号以备装回原钢瓶。在卸瓶阀时，一般不应卸掉可拆式护罩；如需要拆卸，则必须做上记号以备装回原瓶。

4）将钢瓶倒置于蒸汽吹扫装置上，利用蒸汽吹扫瓶内残气和残留物。蒸汽压力和吹扫时间按工艺参数确定，在一般情况下，蒸汽压力应大于等于 0.2MPa，吹扫时间应大于等于 3min。

5）用可燃气体检测器测定瓶内吹扫后的残气浓度，凡浓度高于 0.4%（体积）的钢瓶必须重新进行蒸汽吹扫。

（4）外观

1）瓶体上不允许有裂纹、明火烧伤、电弧损伤和肉眼可见的容积变形等缺陷。

2）同一截面最大最小直径差不大于 $0.01D_i$（钢瓶内直径）。

3）瓶体磕伤、划伤、凹坑处的剩余壁厚小于设计壁厚 90% 的钢瓶应报废。

4）瓶体凹陷深度超过10mm或大于凹陷短径的1/10的钢瓶应报废。

5）深度小于6mm的凹陷内，其磕伤或划伤深度大于0.4mm及深度大于或等于6mm的凹陷内存在磕伤或划伤缺陷的钢瓶应报废。

6）瓶体上孤立的点腐蚀处的剩余壁厚小于设计壁厚2/3的钢瓶应报废。

7）瓶体线腐蚀或面腐蚀处的剩余壁厚小于设计壁厚90%的钢瓶应判废。

（5）重新涂敷

1）经检验合格的检后瓶，清除其表面上的灰尘、油污、锈蚀物及制造时留下的氧化皮和焊接飞溅物等杂质并在干燥的状态下进行涂敷。

2）除执行GB 7144—2016《气瓶颜色标志》和CJ/T 34—2002《液化石油气钢瓶涂覆规定》（已废止，仅参考）的规定外，还必须按下列规定进行涂敷：a.“液化石油气”红色字样的高度为60～80mm的仿宋体；b. 涂层应均匀喷涂两层，不得出现气泡、流痕、龟裂或剥落等缺陷；c. 在涂敷钢瓶漆色的同时，必须在滚压或打印检验标志的部位喷涂检验色标。使用检验环时，应喷涂在护罩上。

（6）钢瓶检验记录与报废处理

1）钢瓶检验员必须将钢瓶检验结果逐项填入“液化石油气钢瓶定期检验记录”并填写检验报告交产权单位存档。

2）报废气瓶由检验单位负责销毁，销毁方式为压扁或锯切，并按《气瓶安全技术监察规程》的规定填写“气瓶判废通知书”通知气瓶产权单位。

8-15　液化石油气瓶阀通用技术条件有什么内容？

答：根据GB 7512—2006《液化石油气瓶阀》的规定，由于液化石油气属易燃易爆气体，所以液化石油气瓶阀有一些特殊性能，才能确保液化石油气瓶安全、可靠使用，液化石油气瓶阀通用技术条件（部分内容与要求钢质无缝气瓶阀相同，本处不再重复）如下。

（1）阀的型号编制

1）液化石油气瓶阀用汉语拼音缩写字母YSQ表示。

2）阀的结构型式，有自闭装置的阀用“Z”表示。

3）产品设计序号用阿拉伯数字表示。

4）产品改进序号用大写英文字母依次按顺序表示。

例如：

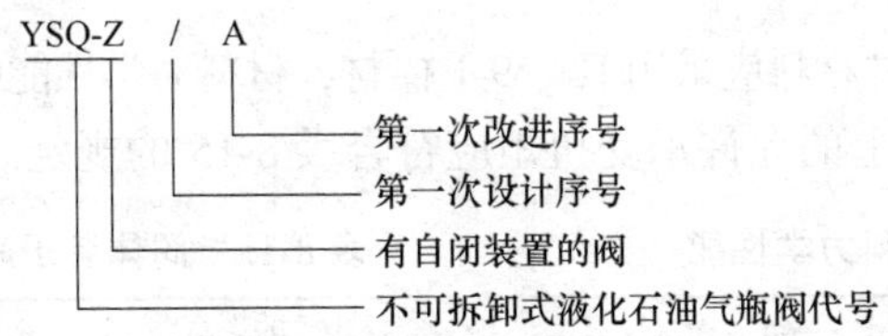

（2）基本连接尺寸

1）阀门开启高度应不小于公称尺寸的1/4。

2）瓶阀的基本尺寸应符合表 8-13 和图 8-15 的规定执行。

表 8-13 液化石油气瓶阀连接尺寸 （单位：mm）

序号	锥螺纹 PZ	公称通径	阀总高 H（关闭状态）	手轮外径 D_i	方身厚度 B_1	L_0	L_1	L_2	锥螺纹颈部 d_0
1	PZ27.8	≥$DN7$	90±2	$\phi42\pm0.8$	30_{-1}^{0}	48	17.67	26	$\phi26$
2	PZ19.2	≥$DN5$	86±2	$\phi42\pm0.8$	24_{-1}^{0}	43	16	22	$\phi18$

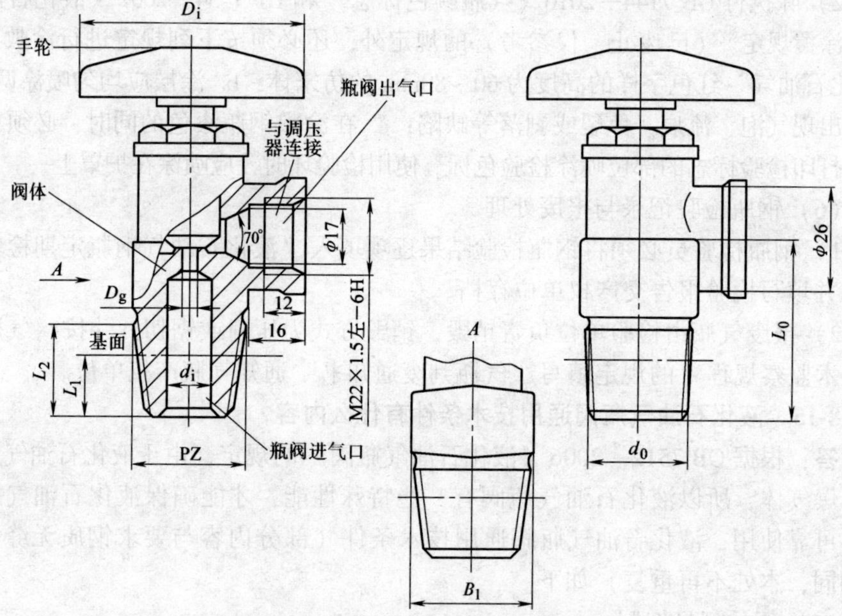

图 8-15 液化石油气瓶阀的基本尺寸

3）瓶阀的进气口螺纹为 PZ27.8 和 PZ19.2，其牙型和尺寸应符合 GB 8335—2011《气瓶专用螺纹》的规定。

4）瓶阀与调压器连接部分的尺寸按图 8-15 规定，其加工精度应符合 GB/T 197—2003《普通螺纹 公差》的规定。

（3）性能要求

1）阀的主要零件材料应采用 HP_b59-1 棒材，材料力学性能应符合表 8-14 的规定。

2）阀体装于瓶上的允许承受扭矩应符合表 8-15 的规定。

表 8-14 材料力学性能

抗拉强度 R_m/(N/mm²)	伸长率 A（%）
不小于 390	不小于 14

表 8-15 阀体装于瓶上的允许承受力矩

锥螺纹规格	允许承受力矩/N·m
PZ 27.8	300
PZ 19.2	150

3）启闭力矩。在公称工作压力下，瓶阀启闭力矩不大于5N·m。

（4）检验规则

1）材料与零件进厂必须具有质量合格证书或质量保证单，对阀体材料应进行复验，对零件进厂应进行抽查。

2）对阀体锻坯的力学性能要进行随机抽样检验，每3万个坯料检验1次，但至少每月1次，每次不少于3件。若有不合格，则加倍抽验，若仍不合格，则该批坯料为不合格品。

3）出厂检验。产品出厂前逐个检验有关项目。

4）型式检验。有下列情况之一时，必须由第三方进行型式检验：a. 设计、工艺、材料等有重大改变时；b. 新产品试制定型鉴定时；c. 换发制造许可证时；d. 型式检验的内容应符合表8-16规定。

表8-16　型式检验内容

序号	检验项目	抽检数
1	瓶阀基本尺寸检查	5
2	外观检查	
3	进出气口螺纹检查	
4	启闭性试验	
5	气密性试验	
6	耐振性试验	
7	阀体耐压性试验	1
8	耐用性试验	1
9	安装性能试验	1
10	质量检查	5

5）型式检验抽验数与方法。型式检验试件应从出厂检验合格的产品中抽取，样品数为5000个，抽检数为五个，其中如有1个瓶阀不符合标准某一项之要求，则加倍抽取试件重新进行试验；如仍不合格，则该批产品为不合格品。

8-16　机动车用液化石油气钢瓶通用技术条件有什么内容？

答：根据GB 17259—2009《机动车用液化石油气钢瓶》的规定，机动车用液化石油气是为了节能减排，由于在机动车上使用，更要加强对钢瓶的安全管理，通用技术条件具体内容如下。

1）适用于工作环境温度为－40～60℃，公称工作压力为2.2MPa，耐压试验压力为3.3MPa，公称容积为1～240L，可重复充装液化石油气的车用钢瓶。

2）基本名称：a. 批量是指采用同一设计、相同牌号材料、同一焊接工艺、同一热处理工艺连续生产的车用钢瓶所限定的数量；b. 组合部件是指直接与瓶体用螺纹或螺栓法兰形式连接的液位计、阀门等组装完备的受压元件；c. 附件是指直接焊在瓶体上用于补强或保护组合部件的装置，以及用于搬运、固定和钢印标记等零件；d. 车用A类钢瓶是指按设计的技术要求已装配好组合部件及附件，提供给用户（或安装者）的整备车用钢瓶；e. 车用B类钢瓶是指未按设计的技术要求装配组合部件，提供给用户（或安装者）的，具有安装接口的车用钢瓶。

3）类别及基本参数。

① 车用钢瓶型号标记表示方法如下：

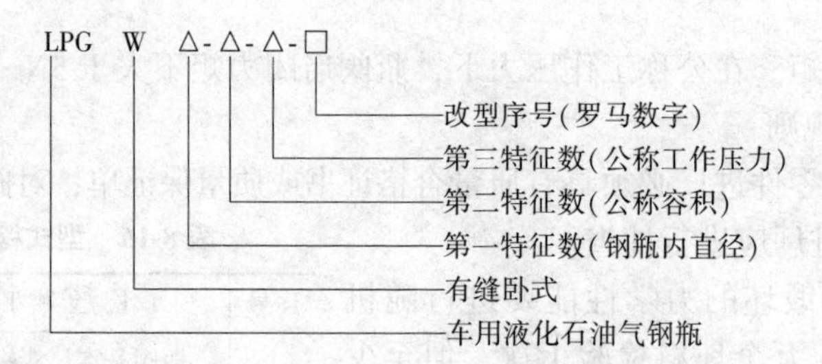

型号示例：

公称工作压力 2.2MPa，公称容积 50.2L，内径 ϕ314mm，有缝卧式车用钢瓶（Ⅰ型），其型号标记为："LPGW314-50.2-2.2-Ⅰ"。

②公称容积和内直径。车用钢瓶公称容积和内直径见表 8-17。

表 8-17　车用钢瓶公称容积和内直径

公称容积 V/L	1~20	20~150	150~240
内径 D_i/mm	60、80、100、120、150、180、200	200　230　250　280　314　350　400	400　450　500
		(217)　(294)　(367)	

注：括号内数值不推荐使用。

③ 公称工作压力和耐压试验压力。车用钢瓶公称工作压力为 2.2MPa，耐压试验压力为 3.3MPa。

4）设计与制造：

① 一般规定，即 a. 新设计车用钢瓶应进行型式试验，考核设计的合理性；b. 车用钢瓶瓶体的组成不得超过 3 部分，即纵焊缝不得多于 1 条，对接环焊缝不得多于 2 条；c. 车用钢瓶封头的形状应为椭圆形、碟形或半球形，封头的直边高度 h 应不小于 25mm，如图 8-16 所示。

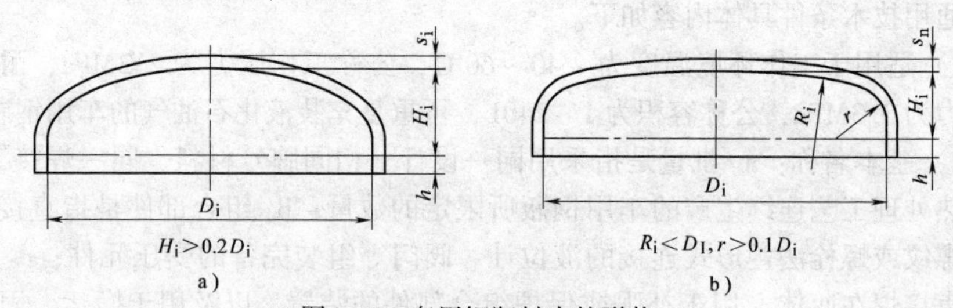

图 8-16　车用钢瓶封头的形状

a）椭圆形封头　b）碟形封头

② 开孔，即 a. 允许在封头或筒体上开孔，开孔应避开应力集中和焊缝部位，孔边缘与对接焊缝边缘距离应不小于 25mm；b. 开孔应进行等面积补强，补强方法与计算参照 GB 150—2011 或按有限元分析法补强，补强所用材料应与瓶体材料焊接性能相适应；c. 开孔直径不能超过瓶体外直径的 40%，沿封头的轴

线垂直方向测量孔边缘与封头外圆周的距离不应小于瓶体外直径的10%；d. 瓶体所有开孔与连接件的焊接应保证全焊缝，包括阀座、管接头在内的焊后凸出部分距瓶体外表面不应大于35mm。

5）组合部件：

① 按测定容积法充装的车用钢瓶应装配下列组合部件，并在总体装配后检验无任何泄漏；组合部件宜设计为一个整体，也可以单独使用。组合部件为a. 充装单向阀（含限充装装置）；b. 液位计；c. 安全阀；d. 出液阀（含截流装置）。

② 使用称重法充装的车用钢瓶，允许不装液位计。

③ 组合部件应符合相应部件标准，进口部件应符合国外相应标准并同时满足下述要求：a. 安全阀必须设置在容器气相部位，其开启压力应为（2.50±0.2）MPa，回座压力不低于2.2MPa，在2.64MPa下排放量应不低于下式的计算值（安全阀压力比公称工作压力高20%时）：$Q \geqslant 10.66A^{0.82}$；式中，$Q$为排出能力（$m^3/min$）；$A$为容器外表面积（指壳体）（$m^2$）；b. 限充阀，当瓶内的液位高度达到额定高度即钢瓶水容积80%时应能确保自动停止进液，不超装；c. 出液阀，当出液流量超过规定值或管路破裂时，应自动关闭切断出液；d. 液位计，结构牢固、观测方便，液位测量必须灵敏、准确，在表盘上应有最高安全液位的红色标记，其凸出瓶体部分应加保护装置。

④ 所有接口螺纹应符合GB 8335—2011的规定。

8-17　机动车用液化石油气钢瓶在制造工艺上有什么具体规定？

答：机动车用液化石油气钢瓶在制造工艺上具体规定如下（部分内容与要求和钢质焊接气瓶相同，本处不再重复）。

（1）焊接工艺评定

1）在生产车用钢瓶之前，或生产中需要改变瓶体材料、焊接材料、焊接工艺、焊接设备时，制造单位应进行焊接工艺评定。

2）焊接工艺评定可以在焊接评定试板上进行，也可以直接在瓶体上进行。进行工艺评定的焊缝，应能代表车用钢瓶的主要焊缝（纵焊缝、环焊缝、角焊缝）。

3）焊接工艺评定试板应经外观检查，对纵、环焊缝应100%射线检测，检测结果应符合相关规定。

4）焊接接头应进行拉伸、弯曲试验。

5）瓶体开孔处角焊缝均应做表面检测并按GB/T 226—2015《钢的低倍组织及缺陷酸蚀检验法》进行宏观酸蚀检测。

6）焊接工艺评定试验结果要求如下：a. 焊接接头的抗拉强度应符合规定；b. 表面无损检测应符合规定；c. 角焊缝宏观酸蚀检测中焊缝应与母材完全熔合，不得有裂纹、夹渣、密集气孔及未熔合等缺陷；d. 弯曲试样弯曲至180°时应无裂纹，试样边缘先期开裂可以不计。

（2）筒体

1）筒体由钢板卷焊而成时，钢板的轧制方向应和筒体的环向一致。

2）筒体焊接成形后应符合下列要求：

① 筒体同一横截面最大最小直径差 e 不大于 $0.01D$。

② 筒体纵焊缝对口错边量 b 不大于 $0.1\delta_n$，如图 8-17 所示。

③ 筒体纵焊缝棱角高度 E 不大于 $0.1\delta_n+2\text{mm}$，如图 8-18 所示，用长度为 $1/2D_i$ 的样板测量。

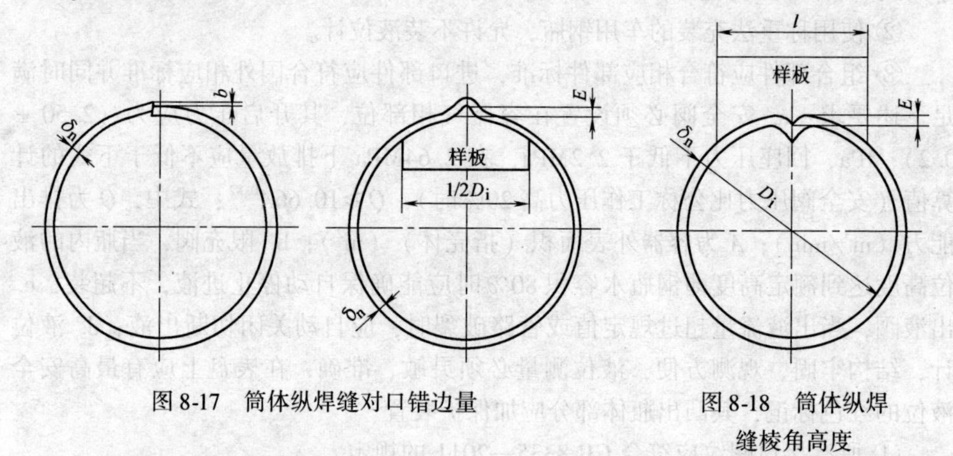

图 8-17　筒体纵焊缝对口错边量　　图 8-18　筒体纵焊缝棱角高度

（3）封头

1）封头应用整块钢板制成。

2）封头的形状公差与尺寸公差不得超过表 8-18 的规定，符号如图 8-19 所示。

表 8-18　封头的形状公差与尺寸公差　（单位：mm）

钢瓶内径 D_i	圆周长公差 $\pi\Delta D_i$	最大最小直径差 e	表面凹凸面 c	曲面与样板间隙 a	内高公差 ΔH_i
<400	±4	2	1	2	+5
400～500	±6	3	2	3	−3

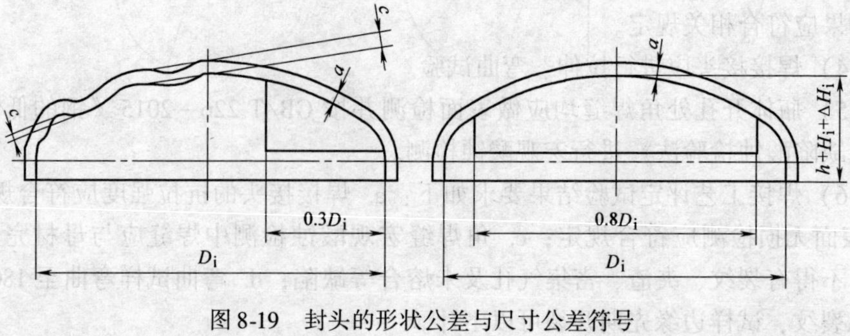

图 8-19　封头的形状公差与尺寸公差符号

3）封头最小壁厚实测值不得小于封头设计壁厚。

4）封头直边部分的纵向皱折度不得大于0.25% D_i，且不得大于1.5mm。

（4）组装

1）车用钢瓶的受压元件在组装前均应进行外观检查，不合格者不得组装且不准进行强力组装。

2）对接环焊缝的对口错边量 b 不大于 $0.25\delta_n$，棱角高度 E 不大于 $0.1\delta_n$ + 2mm，使用检查尺长度不小于 $1/2D_i$。

3）当瓶体由两部分组成时，圆柱形筒体部分的直线度应不大于2‰。

4）附件和组合部件与瓶体的组装应符合产品图样。

5）用户（安装者）装配车用B类钢瓶时，应符合规定要求。

（5）容积和质量

1）车用钢瓶的实测水容积应不小于其公称容积。对于公称容积大于150L的车用钢瓶，其实测容积可用理论容积代替，但不得有负偏差。容积单位为升（L）。

2）车用钢瓶制造完毕后应逐只进行质量的测定，质量单位为千克（kg）。

3）测定质量应使用量程为1.5～3.0倍理论质量的衡器，其精度应能满足最小称量误差的要求，其检定周期不应超过3个月。

（6）力学性能试验

1）对公称容积不大于150L的车用钢瓶，应按批抽取样瓶进行力学性能试验。样瓶必须经射线检测和逐个检验合格。对公称容积大于150L的车用钢瓶，可按批制备产品焊接试板进行力学性能试验。

2）在瓶体进行力学性能试验时，对于由2个部分组成的瓶体，试验取样部位如图8-20所示；对于由3个部分组成的钢瓶，试验取样部位如图8-21所示。

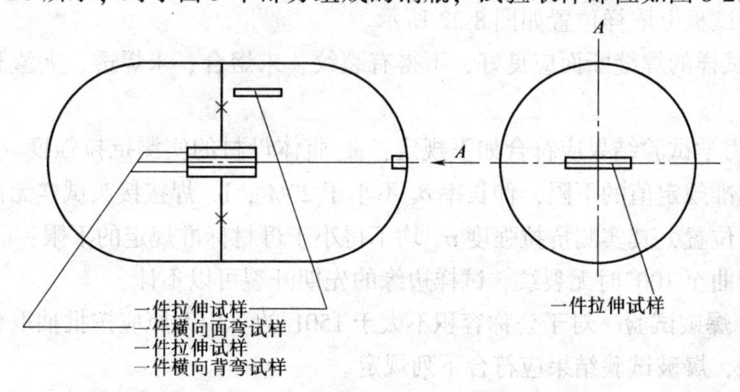

图8-20　由2个部分组成的瓶体试验取样部位

注：图中“×”表示焊缝位置。

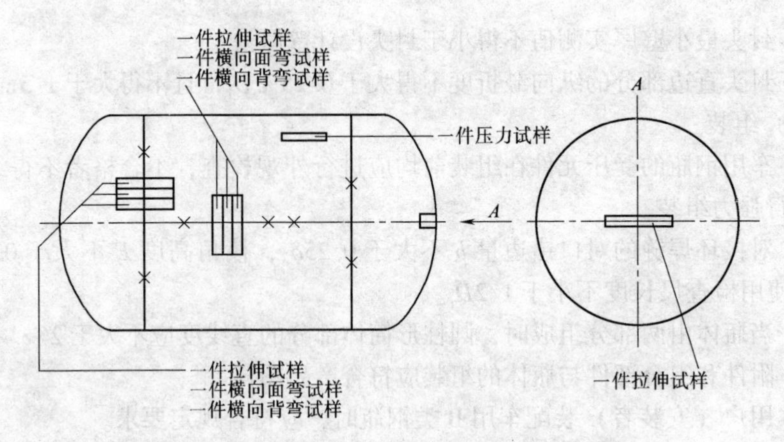

图 8-21　由 3 个部分组成的钢瓶试验取样部位

3）采用产品焊接试板进行力学性能试验时，产品焊接试板应和受检钢瓶在同 1 块钢板或同 1 炉批钢板）上下料，作为受检钢瓶纵焊缝的延长部分，与纵焊缝一起焊成并与受检钢瓶同 1 炉热处理。试板应打上受检钢瓶的瓶号和焊工代号钢印。试板上的焊缝应进行外观检查和 100% 的射线检测并符合规定，焊接试板上取样位置如图 8-22 所示。

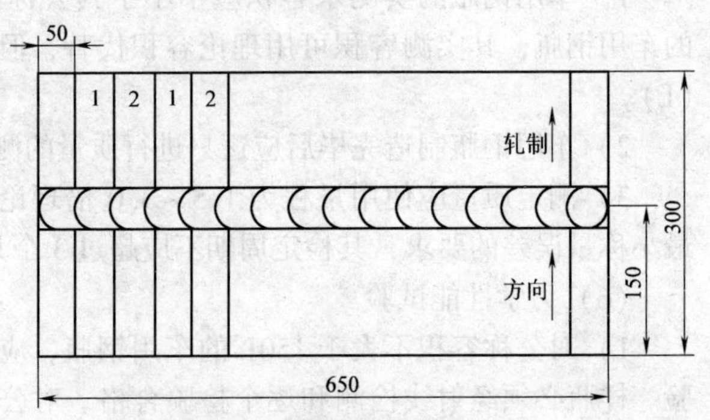

图 8-22　焊接试板上取样位置

1—拉伸试样　2—弯曲试样，其余为舍弃部分

4）试样的焊缝断面应良好，不得有裂纹、未熔合、未焊透、夹渣和气孔等缺陷。

5）力学试验结果应符合如下规定：a. 瓶体母材的实测抗拉强度 σ_{ba} 不得小于母材标准规定值的下限，伸长率 δ_5 不小于 20%；b. 焊接接头试样无论断裂发生在什么位置，其实测抗拉强度 σ_{ba} 均不得小于母材标准规定的下限；c. 焊接接头试样弯曲至 100° 时无裂纹，试样边缘的先期开裂可以不计。

（7）爆破试验　对于公称容积不大于 150L 的车用钢瓶应按批抽取样瓶进行爆破试验，爆破试验结果应符合下列规定。

1）爆破压力实测值 p_b（MPa），不小于按下式计算的结果。

$$p_b = \frac{2S_b \times \sigma_b}{D_o - \delta_b}$$

式中：δ_b 为筒体实测平均壁厚（mm）；D_o 为筒体外径（mm）；σ_b 为瓶体材料热处理后的抗拉强度保证值（MPa）。

2）瓶体破裂时的容积变形率：

当 $\sigma_b \leqslant 490$MPa 时，≥15%；

当 $\sigma_b > 490$MPa 时，≥12%。

3）瓶体破裂不产生碎片，爆破口不允许发生在封头（只有 1 条环焊缝，$L \leqslant 2D_o$ 的钢瓶除外）、纵焊缝及其熔合线、环焊缝（垂直于环焊缝除外）及角焊缝部位。

4）瓶体的爆破口为塑性断口，即断口上有明显的剪切唇，但没有明显的金属缺陷。

8-18　机动车用液化石油气钢瓶检验规则有什么内容？

答：机动车用液化石油气钢瓶检验规则具体内容（部分内容与要求和钢质焊接气瓶相同，本处不再重复）如下。

（1）材料检验

1）车用钢瓶制造单位应按规定的方法对制造瓶体的材料按炉、罐号进行成品化学成分验证分析，按批号进行力学性能验证试验。

2）成品化学成分验证分析结果和熔炼化学成分的偏差应符合该材料标准的规定。

3）力学性能验证试验结果应符合规定。

（2）逐个检验　车用钢瓶逐只检验应按表 8-19 规定的项目进行。

（3）型式检验　凡新设计产品，均需进行型式检验，型式检验项目见表 8-19。

表 8-19　车用钢瓶检验表

序　号	检验项目		逐个检验	批量检验	型式检验
1	筒体	最大最小直径差 e	△		△
2		纵焊缝对口错边量 b	△		△
3		纵焊缝棱角高度 E	△		△
4		直线度	△		△
5	封头	内圆周长公差 $\pi\Delta D_i$	△		△
6		表面凹凸量 c	△		△
7		最大最小直径差 e	△		△
8		曲面与样板间隙 a	△		△
9		内高公差 ΔH_i	△		△
10		直边部分纵向皱折深度	△		△
11	环焊缝对口错边量 b		△		△

（续）

<table>
<tr><th>序 号</th><th colspan="2">检 验 项 目</th><th>逐 个 检 验</th><th>批 量 检 验</th><th>型 式 检 验</th></tr>
<tr><td>12</td><td colspan="2">环焊缝棱角高度 E</td><td>△</td><td></td><td>△</td></tr>
<tr><td>13</td><td colspan="2">瓶体表面</td><td>△</td><td></td><td>△</td></tr>
<tr><td>14</td><td colspan="2">焊缝外观</td><td>△</td><td></td><td>△</td></tr>
<tr><td>15</td><td colspan="2">瓶体壁厚</td><td>△</td><td></td><td>△</td></tr>
<tr><td>16</td><td colspan="2">射线检测</td><td>△</td><td></td><td>△</td></tr>
<tr><td>17</td><td colspan="2">开孔处角焊表面渗透检测</td><td>△</td><td></td><td>△</td></tr>
<tr><td>18</td><td colspan="2">力学性能</td><td></td><td>△</td><td>△</td></tr>
<tr><td>19</td><td colspan="2">质量</td><td>△</td><td></td><td>△</td></tr>
<tr><td>20</td><td colspan="2">容积（小于 150L）</td><td>△</td><td></td><td>△</td></tr>
<tr><td>21</td><td colspan="2">耐压试验</td><td>△</td><td></td><td>△</td></tr>
<tr><td>22</td><td colspan="2">气密性试验</td><td>△</td><td></td><td>△</td></tr>
<tr><td>23</td><td colspan="2">爆破试验</td><td></td><td>△</td><td>△</td></tr>
<tr><td>24</td><td colspan="2">附件</td><td>△</td><td></td><td>△</td></tr>
<tr><td rowspan="3">25</td><td rowspan="3">安全性能试验</td><td>振动试验</td><td></td><td></td><td>△</td></tr>
<tr><td>火烧试验</td><td></td><td></td><td>△</td></tr>
<tr><td>爆炸冲击试验</td><td></td><td></td><td>△</td></tr>
</table>

（4）分批的抽样规则

1）对于公称容积不大于 150L 的车用钢瓶，以不多于 500 个为 1 批，从每批中各抽 1 个分别做力学性能试验和水压爆破试验。

2）对于公称容积大于 150L 的车用钢瓶，以不多于 50 个为 1 批，做 1 块产品焊接试板进行力学性能试验。

（5）复验规则

1）在批量检验中，如有不合格项目应进行复验。

2）批量检验项目中，如有证据证明是操作失误或试验设备失灵造成试验失败，则可在同 1 个钢瓶（必要时也可在同批钢瓶中另抽 1 个）或原产品焊接试板上做第 2 次试验。第 2 次试验合格，则第 1 次试验可以不计。

3）公称容积不大于 150L 的车用钢瓶瓶体进行的力学性能或爆破试验不合格时，应按表 8-20 的规定进行复验，复验钢瓶在同批中任选。

表 8-20　车用钢瓶复验表

<table>
<tr><th>批　量</th><th>不合格项目</th><th>复验项目</th><th>批　量</th><th>不合格项目</th><th>复验项目</th></tr>
<tr><td rowspan="2">≤250</td><td>1M</td><td>2M　1B</td><td rowspan="2">>250～500</td><td>1M</td><td>2M　2B</td></tr>
<tr><td>1B</td><td>1M　2B</td><td>1B</td><td>1M　4B</td></tr>
</table>

注：M 为力学性能试验；B 为爆破试验。

4）对复验仍有1个以上钢瓶不合格时，则该批钢瓶为不合格。但允许对这批钢瓶进行修理，清除缺陷后再重新热处理并按规定作为新的一批重新检验。

（6）使用寿命及定期检测

1）按本标准设计和制造的车用钢瓶（含组合部件）正常使用寿命为15年。

2）在使用寿命年限内必须对车用钢瓶由经批准有检测资格的检测单位定期检测，正常情况下，每隔5年应根据有关规定进行检测。

3）为确保车用钢瓶使用安全，对用户（或安装者）提出下列要求：a. 车用钢瓶的安装和使用应符合相应的有关国家（行业）标准及气瓶安全监察有关规定；b. 车用A类钢瓶已经制造单位检测合格，不允许用户（或安装者）自行拆卸或更换组合部件。若由于特殊原因须更换组合部件时应按要求进行；c. 车用B类钢瓶，用户（或安装者）应选配与钢瓶相适应的组合部件装配；装配后应经车用钢瓶制造单位或有钢瓶检测资格证的单位逐个进行气密性试验，不允许泄漏；经检测合格后应在钢印标记牌规定位置打印检测单位的鉴别标记及日期；d. 不论是车用A类或B类钢瓶，在安装使用时，不得在瓶体上任何部位施焊，固定时不得对瓶体造成过分的应力或磨损；e. 凡经确定报废的车用钢瓶，应采取有效措施将其彻底毁坏，防止再次被使用。

4）试验用车用钢瓶应充装液化石油气到额定充装量。瓶体水平固定在水泥地面上，在瓶体中部上表面堆放50g硝胺当量的炸药，然后引爆，爆炸后钢瓶不破坏为合格。

（7）安全性能试验复试

1）凡是因操作失误使试验失败，允许补做1个，合格后即通过。

2）凡有1次试验未通过，允许重新抽双倍数量（2个）复试，必须2个同时合格则被通过；若其中有1个不合格，评定该类型车用钢瓶不予通过，不得投入生产。

（8）安全条件　各项安全性能试验均应重视试验人员的安全及以防万一失败时造成的严重后果。特别强调如危险性较大试验，必须得到有关部门批准和配合，选取合适地点，加强安全防护措施。

（9）车用钢瓶钢印标记牌

1）钢印标记包括制造钢印标记和检验钢印标记。

2）钢印标记牌规格及内容如图8-23所示。

3）钢印字体高度除图示中（3）车用钢瓶类型（A或B）（10±1）mm之外，其余字体高度均为（8±1）mm，深度必须超过0.5mm以上。

4）钢印标记牌用钢板厚度为0.75～1.0mm，长150mm，宽80mm，焊接应保证安装后标记牌在明显位置。

5）允许将标记打印在永久性附件上，但其格式与内容必须符合图8-23要求。

(1) ××××厂		(2) (3)
(4)	(5) δ	(14) B△
(6) $TP3.3$	(7) $WP2.2$	(15) △
(8) V	(9) W	(16) △
(10) LPG	(11) ≤80% V	(17) △
(12) ○		(13) ▱

图 8-23　钢印标记牌标记示例图

（1）—制造单位名称　（2）—车用钢瓶型号　（3）—车用钢瓶类别（A 或 B）
（4）—主体材料牌号　（5）—瓶体设计壁厚（mm）　（6）—耐压试验压力（MPa）
（7）—公称工作压力（MPa）　（8）—实测水容积（L）　（9）—空瓶净重（kg）
（10）—充装介质　（11）—最大充装量，为瓶体水容积的 80%
（12）—生产编号、制造单位检验标记和制造年月　（13）—监制单位检验标记
（14）—B 类钢瓶组装后检测单位标记及年月　（15）、（16）、（17）—定期检测单位标记及年月

（10）机动车用液化石油气钢瓶产品合格证　机动车用液化石油气钢瓶产品合格证见表 8-21。

（11）机动车用液化石油气钢瓶批量检验质量证明书　机动车用液化石油气钢瓶批量检验质量证明书见表 8-22。

表 8-21　机动车用液化石油气钢瓶产品合格证

×××××厂 机动车用液化石油气钢瓶 产　品　合　格　证 钢瓶名称　　　　型号　　　　类别 产品编号 钢瓶批号 出厂日期 制造许可证 本产品的制造符合 GB 17259—2009《机动车用液化石油气钢瓶》和设计图样要求，经检验合格。 检验部门负责人（章）　　　　质量检验专用章 年　月

注：规格要统一，表心尺寸推荐 150mm×100mm。

（续）

主要技术数据：

公称容积	L	实际容积	L
内直径	mm	总长度	mm
充装介质		最大充装量	kg
筒体设计壁厚	mm	封头设计壁厚	mm

筒体、封头钢板牌号　　　　　　　　材料标准代号

材料化学成分规定值（质量分数，%）

C　Si　Mn　P　S　P+S

材料强度规定值：σ_b　　　　MPa

σ_s　　　　MPa

钢瓶净重（不包括可拆件）　kg

热处理方式		加热温度	℃
保温时间	h	冷却方式	
耐压试验压力	MPa	气密性试验压力	MPa

焊缝系数 ϕ

焊缝射线透照检测

依据标准

检测比例

合格级别

检测结果

焊缝返修次数

1次______处

焊缝返修部位展开简图

上封头	筒　体	下封头

（3个部分组成）

上封头	下封头

（2个部分组成）

使用说明：

内容由制造单位编写，但必须有遵守相应规程、最高使用温度以及使用注意事项等方面的条款。

钢瓶简图：

表 8-22　机动车用液化石油气钢瓶批量检验质量证明书

××××厂

机动车用液化石油气钢瓶批量检验质量证明书

钢瓶型号　　　　　　　　　　　类别

盛装介质

图　　号

出厂批号

出厂日期

制造许可证编号

本批钢瓶共　　只，编号从　　号到　　号，经检查和试验符合 GB 17259—2009《机动车用液化石油气钢瓶》的要求，是合格产品。

监检单位检验专用章　　　　　　　　　　制造厂检验专用章

检验员　　　　　　　　　　　　　　　　检验部门负责人

年　　月　　日　　　　　　　　　　　　年　　月　　日

制造厂地址　　　　　　　　　　　　　　邮政编码：

注：规格要统一，表心尺寸推荐为 150mm×100mm。

1. 主要技术数据

公称容积　　　　L　　　　公称工作压力　　　　MPa

公称直径　　　　mm　　　耐压试验压力　　　　MPa

瓶体名义壁厚　　mm　　　气密性试验压力　　　MPa

2. 试验瓶的测量　　　　（$V>150$L 时，指带试板的瓶）

试验瓶号	实际容积/L	净重/kg	最小实测壁厚/mm		热处理方式
			筒体	封头	

注：净重不包括可拆件。

（续）

3. 瓶体材料化学成分（质量分数,%）

编号	牌号	C	Si	Mn	P	S
标准的规定值						

4. 焊接材料

焊丝牌号	焊丝直径/mm	焊剂牌号

5. 瓶体及试板热处理

热处理方式　　　　　　　加热温度　　℃

保温时间　　　h　　　冷却方式

6. 焊缝射线透照检测

焊缝总长　　　　　　　mm　　　　　　检查比例

按 JB 4730 检查　　　　　级合格

试验用瓶（$V>150$L 时，指带试板的瓶）

反修一次　　处

7. 力学性能试验

试板编号	抗拉强度 σ_b/MPa	伸长率 δ_5（%）	弯曲试验	
			横向面弯	横向背弯
试样数量				

8-19　汽车用压缩天然气钢瓶通用技术条件有什么内容？

答：按照 GB 17258—2011《汽车用压缩天然气钢瓶》的规定，目前汽车用压缩天然气钢瓶（以下简称钢瓶）的天然气替代汽油作为燃料，为汽车用油开辟了一个新的途径，由于我国成品油严重短缺，采用天然气替代汽油具有重大意义，而管理天然气钢瓶显得十分重要。汽车用压缩天然气钢瓶通用技术条件（部分内容与要求和钢质无缝气瓶相同，本处不再重复）如下。

（1）钢瓶技术条件　设计、制造公称工作压力为 20MPa（标准压力均指表压），公称容积为 30 ~ 300L，工作温度为 − 40 ~ 65℃，设计使用寿命为 15 年的钢瓶。

按标准制造的钢瓶，只允许充装符合有关标准的，且经脱水、脱硫和脱轻油处理后，每标准立方米水分含量不超过8mg和硫化氢含量不超过20mg的作为燃料的天然气。

（2）形式和参数

1）钢瓶瓶体结构一般应符合图8-24所示形式。

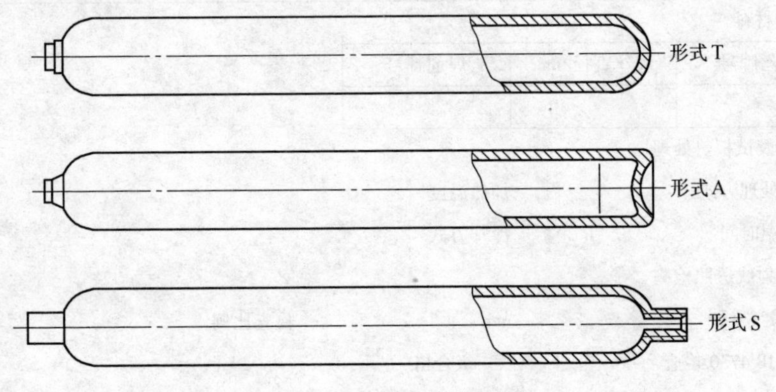

图8-24　钢瓶瓶体结构形式

2）钢瓶的公称工作压力应为16MPa或20MPa。公称水容积和公称外径一般应符合表8-23的规定。

表8-23　钢瓶的水容积和外径

项　目	数　值	允许偏差（%）
公称水容积/L	≥30～120	+2.5 -2.5
	>120～300	+1.25 -1.25

3）钢瓶型号由以下部分组成。

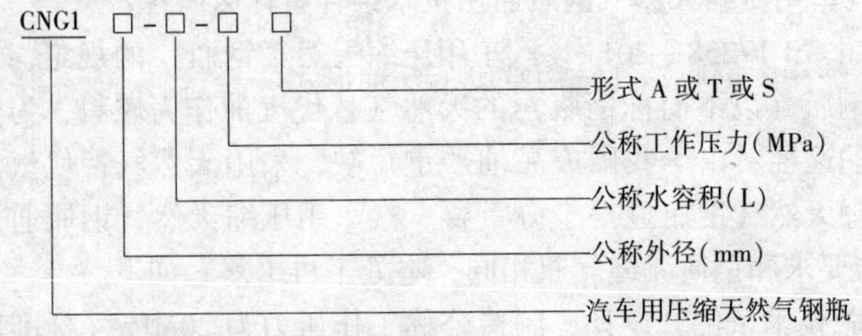

型号示例：公称工作压力为20MPa，公称水容积为60L，公称外径为229mm，结构型式为A的钢瓶，其型号标记为“CNG1-229-60-20A”。

(3) 瓶体材料一般规定

1) 瓶体材料应是碱性平炉、电炉或吹氧碱性转炉冶炼的无时效性镇静钢。

2) 钢种应选用优质铬钼钢。

3) 瓶体材料应具有良好的低温冲击性能。

4) 瓶体材料的化学成分限定见表8-24，化学成分允许偏差应符合表8-24的规定。

表8-24 瓶体材料化学成分 (质量分数,%)

C	Si	Mn	Cr	Mo	S	P	S+P	Cu	Ni
≤0.40	0.17~0.37	0.40~0.70	0.80~1.20	0.15~0.30	≤0.020	≤0.020	≤0.030	≤0.020	≤0.30

(4) 设计

1) 一般规定

① 钢瓶设计所依据的内压力应为水压试验压力。水压试验压力应为公称工作压力的1.5倍。

② 设计计算瓶体壁厚所选用的屈服应力保证值不得大于抗拉强度保证值的90%。

③ 应对材料的实际抗拉强度进行限制，钢瓶瓶体材料实际抗拉强度不应大于880MPa。

2) 筒体设计壁厚S按下式计算：

$$S=\frac{D_0}{2}\left(1-\sqrt{\frac{FR_e-\sqrt{3}p_h}{FR_e}}\right)$$

式中：F取$\frac{0.6}{R_e/R_g}$或0.71的较小值。

$$S\geqslant\frac{D_0}{250}+1$$

式中：S为筒体设计壁厚(mm)；D_0为筒体外径(mm)；F为设计应力系数；R_e为材料热处理后的屈服应力保证值(MPa)；R_g为瓶体材料热处理后的抗拉强度保证值(MPa)；p_h为水压试验压力(MPa)。

3) 端部结构，钢瓶端部结构有以下几种形式：

① 带瓶口半球形如图8-25a所示。

② 半球形如图8-25b所示。

③ 碟形如图8-25c所示。

④ 凹形如图8-25d所示。

4) 碟形端部结构应满足下列要求：

$r\geqslant0.075D_0$。

$H/D_0 \geqslant 0.22$；或 $H/D_0 \geqslant 0.40$。

$\delta_1 \geqslant 1.5\delta$；$\delta_1 \geqslant \delta$。

$\delta_2 \geqslant 1.5\delta$；$\delta_2 \geqslant \delta$。

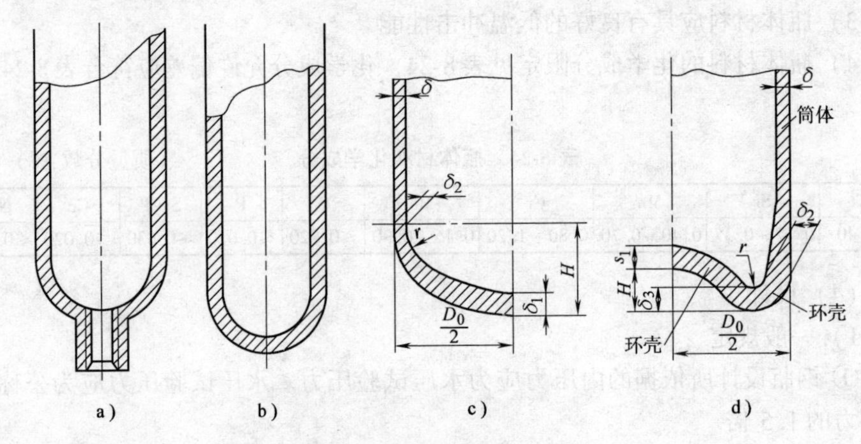

图 8-25　钢瓶端部结构型式图

a）带瓶口半球形　b）半球形　c）碟形　d）凹形

5）凹形端部的公称尺寸应满足下列要求。凹形端部若其中参数不能满足下列要求者，应以循环疲劳试验来验证。

（5）热处理

1）钢瓶应进行整体热处理，热处理应按评定合格的热处理工艺进行。

2）淬火温度不应大于930℃，回火温度不应小于538℃，

3）不准在没有添加剂的水中淬火，以水加添加剂作为淬火介质时，瓶体在介质中的冷却速度应不大于在20℃水中冷却速度的80%。

4）瓶体热处理后应逐个进行硬度测定和无损检测。

8-20　汽车用压缩天然气钢瓶检验规则有什么要求?

答：汽车用压缩天然气的钢瓶检验规则具体要求（部分内容与要求和钢质无缝气瓶相同，本处不再重复）如下。

（1）瓶体允许的制造公差

1）筒体的壁厚偏差不应超过设计壁厚的 +22.5%。

2）筒体外径的制造公差不应超过设计的 ±1%。

3）筒体的圆度，在同一截面上测量其最大与最小外径之差，不应超过该截面平均外径的2%。

4）筒体的直线度不应超过瓶体长度的2‰。

5）瓶体的垂直度不应超过其长度的8‰。

6）瓶体高度的制造公差不应超过 ±15mm。

(2) 瓶体内外观要求

1) 筒体内、外表面应光滑圆整，不得有肉眼可见的裂纹、折叠、波浪、重皮、夹杂等影响强度的缺陷；对氧化皮脱落造成的局部圆滑凹陷和修磨后的轻微痕迹允许存在，但必须保证筒体设计壁厚。

2) 瓶体底部内表面不得有肉眼可见的凹孔、皱褶、凸瘤和氧化皮；底部缺陷允许用机械加工方法清除，但必须保证瓶底设计厚度。

3) 瓶肩和瓶底与筒体必须圆滑过渡；瓶肩上不允许有沟痕存在。

(3) 冷弯和压扁试验

1) 冷弯试验和压扁试验以无裂纹为合格，弯心直径和压头间距的要求应符合表 8-25 规定。

2) 抗拉强度实测值超过保证值 10% 的，应以压扁试验代替冷弯试验。

表 8-25　冷弯试验和压扁试验的弯心直径和压头间距要求

(单位：mm)

钢瓶实测抗拉强度值 σ_{ba}/MPa	弯心直径 D_f	压头间距 T	钢瓶实测抗拉强度值 σ_{ba}/MPa	弯心直径 D_f	压头间距 T
≤580	$3S_{ao}$	$6S_{ao}$	>685～784	$5S_{ao}$	$6S_{ao}$
>580～685	$4S_{ao}$	$6S_{ao}$	>784～880	$6S_{ao}$	$7S_{ao}$

(4) 爆破试验

1) 实际爆破压力不得小于公称工作压力的 2.4 倍。

2) 实测爆破试验中瓶体塑性变形的压力应大于等于 $0.77p_h$。

3) 实测屈服压力与爆破压力的比值，应与瓶体材料实测屈服应力与抗拉强度的比值相接近。

4) 瓶体爆破后应无碎片，破口必须在筒体上。瓶体上的破口形状与尺寸应符合图 8-26 的规定。

5) 瓶体主破口应为塑性断裂，即断口边缘应有明显的剪切唇，断口上不得有明显的金属缺陷；破口裂纹不得引伸超过瓶肩高度的 20%。

(5) 无损检测　瓶体热处理后应进行无损检测，无损检测应使用磁粉检测（A 型高灵敏度试片）或超声检测的方法，不得有裂纹或裂纹性缺陷，按 NB/T 47013—2015《承压设备无损检测》，合格标准均为 Ⅰ 级。

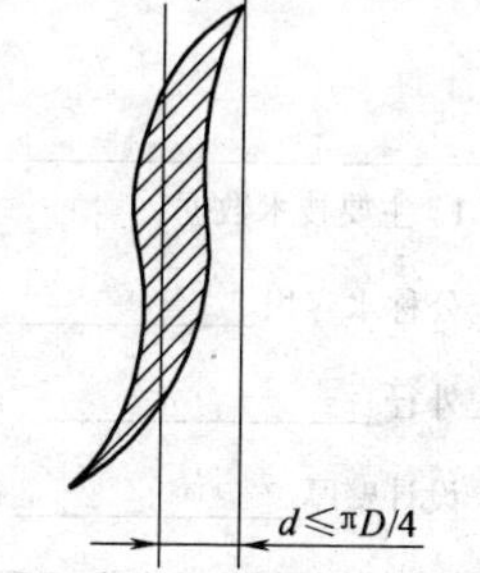

图 8-26　瓶体破口形状与尺寸示意图

(6) 火烧试验

1) 试验装置。钢瓶充装压缩天然气至公称工作压力，将瓶体水平架起，燃烧装置长 1650mm，与钢瓶对中，放在钢瓶下侧约 100mm 处。为防止火焰直接触及瓶阀、连接件和安全装置，应使用金属护板且金属护板不应与上述部件直接接触。燃烧装置应使规定的试验温度持续时间不小于30min。3个热电偶固定在钢瓶的下侧部，彼此间隔不大于0.75m，应使用金属护板防止火焰直接触及热电偶。

2）试验方法。点火后，火焰应环绕钢瓶整个环向；点火后5min内，所有热电偶应显示不低于650℃并持续保持不低于650℃的温度。

3）合格标准。钢瓶达到下列结果之一为合格：经30min火烧试验不爆破或安全装置泄放。但若安全装置在点火后5min内泄放，则应继续火烧试验至少5min。

（7）爆炸冲击试验

1）试验方法。钢瓶充装压缩天然气至公称工作压力，将钢瓶水平放置地面，在钢瓶中部上表面上放置200g左右硝胺炸药，然后引爆。

2）合格标准。钢瓶应不破裂，测量凹坑深度应不小于5mm为合格。

（8）循环疲劳试验　合格标准为钢瓶承受12000次循环，不破坏为合格。

（9）汽车用压缩天然气钢瓶批量检验质量证明书　见表8-26。

表8-26　汽车用压缩天然气钢瓶批量检验质量证明书

钢瓶型号：________________________ 盛装介质：CNG ________________________

制造单位：________________________ 制造许可证编号：________________________

产品图号：________________________ 底部结构：________________________

生产批号：________________________ 制造日期：________________________

本批钢瓶共____________只，编号从____________号到____________号

注：本批合格钢瓶中不包括下列瓶号。

1. 主要技术数据

公称水容积____________L　公称工作压力____________MPa

外径____________mm　水压试验压力____________MPa

设计壁厚____________mm　气密性试验压力____________MPa

2. 主体材料化学成分（质量分数,%）

材料牌号	C	Mn	Si	S	P	S+P	Mo	Cr	Cu
标准规定值									

3. 热处理方法

____________热处理　热处理介质____________

（续）

4. 力学性能试验　　工厂取用的最小屈服应力值：________MPa

试验瓶号	σ_{ea}/MPa	σ_{ba}/MPa	δ_5（%）	ψ（%）	a_k（-50℃）/（J/cm²）	冷弯（180°）

5. 金相检查

组织	晶粒度/级	带状组织/级	魏氏组织/级	脱碳层/mm		夹杂物/级	
				外壁	内壁	硫化物	氧化物

6. 底中心解剖检查

结构形状尺寸符合图样要求，低倍组织合格。

7. 爆破试验

瓶号________屈服压力________MPa　实测屈强比________爆破压力________MPa。爆破口为塑性变形，无碎片，破口形状符合标准要求。

8. 压扁试验结果

试验编号	材料强度≥MPa	4点壁厚（A，B，C，D）	平均壁厚 $\frac{(A+B+C+D)}{4}$	压头距离/mm	受压吨位/kN	受压速度/（mm/min）	结果

经检查和试验符合 GB 17258—2011 标准的要求，是合格产品。

监督检验单位确认　　　　　　制造厂检验专用章

监督检验员________　　　　　检验科长________

年　月　日　　　　　　　　　年　月　日

8-21　车用压缩天然气瓶阀通用技术条件有什么内容？

答：根据 GB 17926—2009《车用压缩天然气瓶阀》的规定，车用压缩天然气瓶阀通用技术条件如下。

（1）基本形式

1）瓶阀分带手轮和不带手轮两种基本形式，如图 8-27 所示。瓶阀应具有启闭方向的永久性标志。

2）瓶阀的进气口连接螺纹为 PZ27.8，出气口连接螺纹为 W21.8-14LH。

3）瓶阀应带有安全装置，其形式应为易熔合金塞和爆破片复合式。

4）瓶阀的公称尺寸为大于等于4mm。

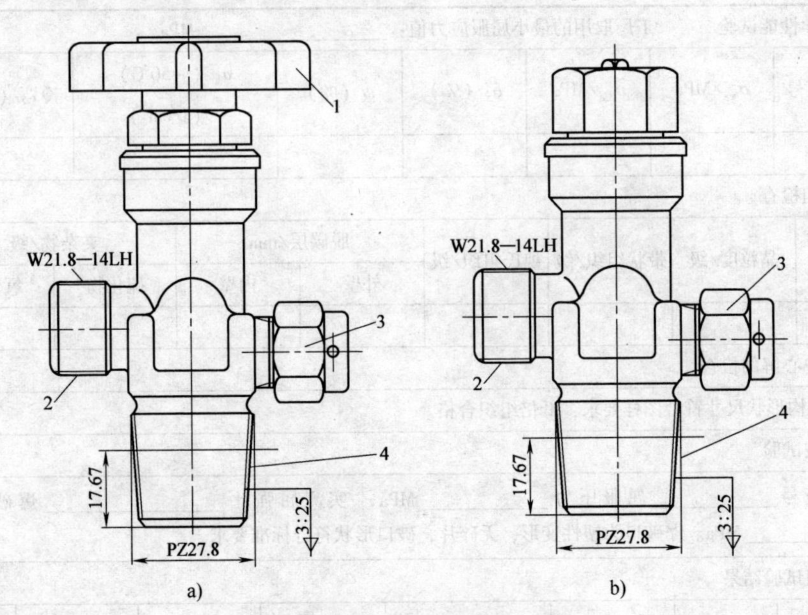

图8-27　阀基本形式

1—手轮　2—出气口　3—安全装置　4—进气口

a）带手轮瓶阀　b）不带手轮瓶阀

（2）技术要求

1）材料。瓶阀主要零件的材料及标准应符合表8-27。采用其他材料时，其性能应不低于表8-27的要求。

表8-27　瓶阀主要零件材料及标准

零件名称	材　料	符合标准	零件名称	材　料	符合标准
阀体、压帽、安全帽	HPb59-1	GB/T 4423—2007 GB/T 5231—2012	爆破片	不锈钢带	GB/T 3280—2015 GB/T 4238—2015
			密封垫圈	聚四氟乙烯	HG/T 2902—1997
手轮	ZL102	GB/T 1173—2013	密封件	聚酰胺 1010树脂	HG/T 2349—1992
易熔合金塞	易熔合金	GB 8337—2011			

2）加工要求。瓶阀体应锻压成形，阀体表面不应有裂纹、折皱、夹杂物、过烧等有损瓶阀性能的缺陷。阀体进气口连接螺纹应符合GB 8335—2011《气瓶专用螺纹》。手轮不应有锐边、毛刺。

（3）性能要求

1）启闭性，在公称工作压力下，瓶阀的启闭力矩应不大于7N·m。

2）气密性，在各种试验条件工作压力下，瓶阀处于关闭和任意开启状态时应无泄漏。

3）耐振性，在公称工作压力下，瓶阀经振幅为1.5mm、频率为17Hz、振动120min后，瓶阀上各螺纹连接应不松动，瓶阀应无泄漏。

4）耐温性，在公称工作压力下，瓶阀在-40~85℃的温度范围内应无泄漏。

5）耐压性，在4倍公称工作压力下，瓶阀处于开启状态时应无泄漏及发生异常现象。

6）耐用性，在公称工作压力下，瓶阀全行程启闭10000次应无泄漏。

7）安全装置，易熔合金塞动作温度应为（110±5）℃，瓶阀上的爆破片应在5/3倍公称工作压力爆破使瓶阀卸压，允许偏差±5%。安全装置的泄气通道的设计，应能使车用压缩天然气瓶按GB 17258进行火烧试验时，具有合格的流量。

8-22　什么是溶解乙炔气瓶？

答：溶解乙炔气瓶的焊接瓶体依据GB 11638—2011《溶解乙炔气瓶》设计制造的。我国在市场上销售的溶解乙炔气瓶均为公称容积40L的3件组装形式。而国外（如美国）多为无缝或2件组装形式。图8-28为溶解乙炔气瓶典型结构型式。

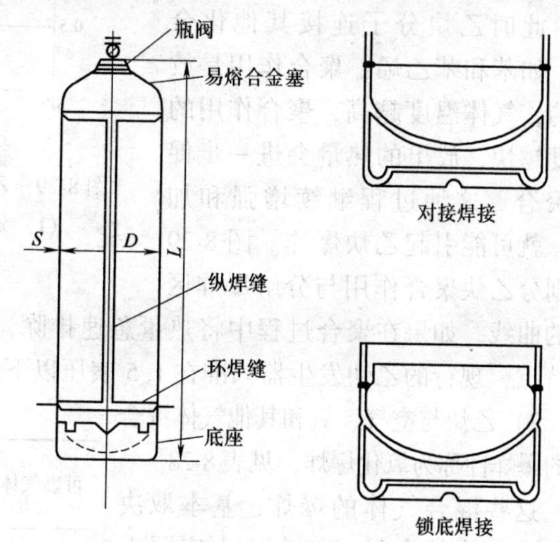

图8-28　溶解乙炔气瓶典型结构型式

溶解乙炔气瓶的颈圈用低碳圆钢加工而成，是瓶帽与瓶体、瓶阀与瓶体连接的零件。易熔合金塞座也是圆钢车削加工而成，它是易熔合金与瓶体连接的零件，简称易熔塞座。

上封头、筒体和下封头是溶解乙炔气瓶的主要受压元件，其材质应符合GB 5100—2011《钢质焊接气瓶》和GB 6653—2008《焊接气瓶用钢板和钢带》的要求。

筒体纵焊缝一般采用双面埋弧焊，而环焊缝有的是双面对接埋弧焊，也有是单面焊双面成形的气体保护焊，还有采用缩口形式，用单面埋弧焊施焊完成。

底座是非受压元件，与下封头焊接连接，但相接的焊缝不属于主体焊缝。

乙炔瓶是贮存和运输乙炔用的容器，其外形与氧气瓶相似，但构造要比氧气瓶复杂，这是因为乙炔不能以高压压入普通钢瓶必须利用乙炔的特性，采取必要的措施，才能将乙炔压入钢瓶内。乙炔瓶的瓶体呈圆柱形，其外表面漆成白色，并用红漆写明“乙炔”字样。乙炔瓶的主体部分是由优质碳素钢或低合金钢轧制成的圆柱形无缝瓶体，下面装有瓶座。

乙炔瓶的限定压力为1.56MPa，水压试验的压力为5.2MPa，水压试验合格后才能出厂使用。

8-23　乙炔的爆炸可分为哪3类?

答：乙炔是一种不稳定气体，它本身是吸热化合物，分解时要放出它生成时所吸收的全部热量。乙炔的爆炸特性大致可分为以下3类。

1）纯乙炔爆炸性。也称乙炔分解爆炸，当气体温度为580℃、压力为0.15MPa时，乙炔会发生分解爆炸。一般来说，当温度超过200～300℃时就开始发生聚合作用，此时乙炔分子连接其他化合物，如苯和苯乙烯；聚合作用是放热的，气体温度越高，聚合作用的速度越快，放出的热量会进一步促成聚合。这种过程继续增强和加快，就可能引起乙炔爆炸。图8-29为划分乙炔聚合作用与分解爆炸区域的曲线。如果在聚合过程中将热量急速排除，就不会形成分解爆炸。根据以上特点，现行的乙炔发生器只准在1.5表压以下运行，以确保安全。

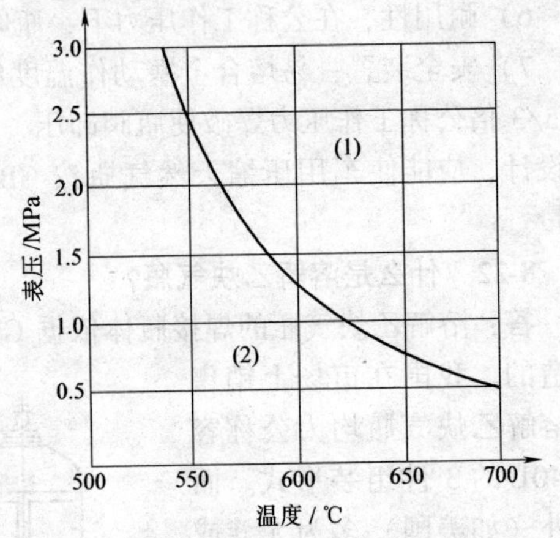

图8-29　乙炔聚合作用与分解爆炸的范围

（1）分解爆炸区　（2）聚合作用区

2）乙炔与空气、氧和其他气体混合时的爆炸性称为氧化爆炸，见表8-28。

表8-28　氧化爆炸范围表

可燃气体	在混合气体中含有量（体积分数（%））	
	空气中	氧气中
乙炔	2.5～82.0	2.8～93.0
一氧化碳	11.4～77.5	15.5～93.9
煤气	3.8～24.0	10.0～73.6
天然气	4.8～14.0	—
石油气	3.5～16.3	—

这些混合气体的爆炸，基本取决于其中乙炔的含量。加大压力实际上提高了混合气体爆炸性；含有7%～13%乙炔的空气混合气体和含有约30%乙炔的氧气混合气体最易爆炸；爆炸波的传播速度可达100m/s，爆炸力可达3～4MPa。乙炔中混入与其不发生化学反应的气体，如氮气、一氧化碳等，能降低乙炔的爆炸性。如把乙炔溶解在某种液体内（丙酮），也对乙炔产生同样影响。这是由于乙炔分子之间被其他流体的微粒所隔离，使发生爆炸的连锁反应条件破坏。乙炔溶解于丙酮，在100MPa表压下才会发生爆炸，利用乙炔的这一特性。可安全地制造、贮存、

使用乙炔瓶。

3）乙炔与某些金属化合物接触时产生的爆炸——化学爆炸，则：a. 乙炔与铜、银金属等长期接触会生成乙炔铜、乙炔银等易爆炸物质。因此，凡提供有关乙炔使用的器材，都不能用银和含铜量为70%（质量分数）以上的合金；b. 乙炔与氯、次氯酸盐等化合就会发生燃烧和爆炸，故发生与乙炔有关的火灾时，绝对禁止使用四氯化碳灭火机。

8-24　同时使用溶解乙炔气瓶和氧气瓶为什么应尽量避免放在一起？

答：溶解乙炔瓶（以下简称乙炔瓶）用途广泛，多数场合是与氧气瓶同时使用的，乙炔是易燃易爆气体，氧气是助燃气体，如这两种气瓶放在一起，一旦同时发生泄漏，氧与乙炔混合，很容易发生爆炸燃烧事故；如使用地点固定，使用的氧气瓶和乙炔瓶应放在分建两处的贮存间内；如果是野外现场临时使用或使用地点不固定，氧气瓶、乙炔瓶可以分别放在专用小车上，两辆专用小车不能停放在一起，以确保安全运行。

8-25　溶解乙炔气瓶安全使用规程有什么内容？

答：溶解乙炔气瓶（以下简称乙炔瓶）安全使用规程主要内容如下。

（1）乙炔瓶实行设计文件审批制度　乙炔瓶的设计文件由锅炉压力容器安全监察局审批。经审批的设计文件，在总图和瓶体图上盖审批标记。审批标记如图8-30所示。

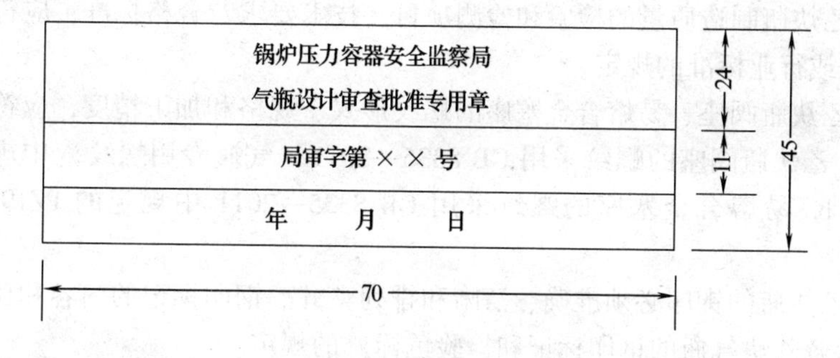

图8-30　乙炔瓶图样审批标记示意

1）钢瓶的设计和材料选用应符合TSG R0006—2014《气瓶安全技术监察规程》的有关规定，同时钢瓶的规格、水压试验压力和气密性试验压力，应符合GB 11638—2011《溶解乙炔气瓶》或相应行业标准的规定。

2）对填料的要求：a. 在任何情况下，不得与乙炔、溶剂、钢瓶或附件发生化学反应或产生损害；b. 不得有穿透性裂纹或溃散。填料上方的导流孔内，必须填满合适的填充物；c. 孔隙率、体积密度、抗压强度、孔洞及与瓶壁总间隙等技术要求，应满足相应国家标准或行业标准的规定；d. 按规定要求充装溶剂和乙炔气的气炔瓶，其安全性能和使用性能，应符合相应的国家标准或行业标准的规定。

3）对溶剂的要求：a. 在任何情况下，不得与填料、乙炔、钢瓶或附件发生化学反应，也不得影响乙炔的产品质量；b. 溶剂的品质，必须保证乙炔瓶在充装了规定量的溶剂和乙炔的条件下，通过安全性能和使用性能试验验证，符合相应国家标准或行业标准的规定。

4）每个乙炔瓶必须设置符合 GB 8337—2011《气瓶用易熔合金塞装置》规定的易熔合金塞。公称容积大于 10L 的乙炔瓶应不少于 2 个；公称容积小于等于 10L 的乙炔瓶应不少于 1 个。

5）乙炔瓶的公称容积大于等于 10L 时，应配有固定式瓶帽和 2 个防震圈；瓶底不能自行直立的，应装配底座。

6）有下列情况之一的，应按照规定重新办理设计文件审批手续：a. 改变乙炔瓶主体材料牌号；b. 改变乙炔瓶设计壁厚。

（2）制造乙炔瓶的材料　必须是列入国家标准或行业标准的气瓶用钢。新研制的钢材试制乙炔瓶前，气瓶制造单位应向锅炉压力容器安全监察局提出申请，并按批准的材料牌号和数量参照规定进行试制和技术鉴定。

1）乙炔瓶填料用原材料，应按相应国家标准或行业标准的规定进行复验。制造厂应制定严格的填料配制、蒸压和烘干工艺操作规程。生产操作时，应认真执行并做好生产记录。

2）乙炔瓶制造质量的检验和检测项目、技术要求及合格标准，应符合相应国家标准或行业标准的规定。

3）乙炔瓶阀座、易熔合金塞座的螺纹形式、规格和加工精度，应符合下列要求：a. 乙炔瓶阀座的螺纹采用 GB 8335—2011《气瓶专用螺纹》中规定的圆锥螺纹；b. 易熔合金塞座的螺纹采用 GB 8335—2011 中规定的 PZ19. 2 圆锥螺纹。

4）乙炔瓶的钢印必须准确、清晰和排列整齐。钢印标记的内容和位置，应符合《溶解乙炔气瓶的钢印标记和检验色标》的规定。

（3）乙炔瓶外表面为白色，并在“制造钢印标记”　一侧的瓶体上环向横写“乙炔”，轴向竖写“不可近火”。其瓶色、字色、字样及排列，应符合 GB 7144—2016《气瓶颜色标志》的规定。

1）乙炔瓶出厂时应配齐附件。所配附件应符合相应国家标准或行业标准的规定。

2）乙炔瓶出厂时，制造单位应逐个出具产品合格证，按批出具批量检验质量证明书。产品合格证、批量检验质量证明书的内容，应符合相应国家标准或行业标准的规定。

3）乙炔瓶附件包括瓶阀、易熔合金塞、瓶帽、防震圈和检验标记环。附件的设计、制造，应符合相应国家标准或行业标准的规定。

4）凡与乙炔接触的附件，严禁选用铜的质量分数大于70%的铜合金，以及银、锌、镉及其合金材料。

5）易熔合金塞应满足下列要求：a. 易溶合金塞与乙炔瓶塞座连接的螺纹，必须与塞座内螺纹匹配，并符合相应国家标准的规定，保证密封性；b. 易熔合金塞的动作温度为（100±5）℃；c. 易熔合金塞塞体应采用铜的质量分数不大于70%的铜合金制造。

6）检验标记环应满足下列要求：a. 铝或铝合金制；b. 套在瓶阀与阀座之间，能在固定瓶帽中转动。

（4）承担乙炔瓶定期检验的单位，应符合GB/T 12135—2016《气瓶检验机构技术条件》的要求，并按有关规定经资格审查取得乙炔瓶定期检验资格，方可检验乙炔瓶。

1）从事乙炔瓶检验的检验员，应按TSG Z8002—2013《特种设备检验人员考核规则》进行资格鉴定考核，取得含有QP1/2项检验资格的检验员证。

2）乙炔瓶定期检验单位的主要职责如下：a. 进行乙炔瓶的定期检验；b. 对乙炔瓶附件进行维修或更换；c. 进行乙炔瓶的表面除锈和涂敷；d. 对报废乙炔瓶进行破坏性处理；e. 对乙炔瓶检验工作人员进行培训。

3）乙炔瓶的定期检验，每3年进行1次。库存或停用周期超过3年的乙炔瓶，启用前应进行检验。

4）乙炔瓶使用过程中，发现有下列情况之一的，应提前进行检验：a. 瓶体或附件严重腐蚀、损伤或变形；b. 对瓶内填料、溶剂的质量有怀疑；c. 乙炔瓶皮重异常；d. 有回火、烧灼或表面漆色发黑的痕迹；e. 充装时瓶壁温度异常；f. 检验人员认为有必要提前检验的。

5）乙炔瓶定期检验，必须逐个进行。定期检验的项目和要求及检验后的处理，应符合GB 13076—2009《溶解乙炔气瓶定期检验与评定》或行业标准的规定。

6）检验合格的乙炔瓶，检验单位应按《溶解乙炔气瓶钢印标记和检验色标》的规定打检验钢印标记和涂检验色标。

7）乙炔瓶经定期检验，不符合标准规定的应予报废。检验单位应按下列要求进行报废处理：a. 出具“溶解乙炔气瓶判废通知书”，交乙炔瓶送检单位；b. 在乙炔瓶上打报废钢印；c. 对报废的乙炔瓶进行破坏性处理。

8）对于填料报废而钢瓶仍可安全使用的乙炔瓶，可只对填料做破坏性处理，但应做出标记，予以严格隔离。待积累到一定数量，造册向所在地的地、市锅炉压力容器安全监察机构备案后，再将乙炔瓶送原制造单位回用。

9）乙炔瓶检验单位认真填写GB 13076—2009规定的“溶解乙炔气瓶定期

检验与评定综合记录表”“溶解乙炔气瓶履历表”。采用计算机管理乙炔瓶检验工作的，其软件必须能与省级的或全国的统一软件兼容。

8-26 溶解乙炔气瓶定期检验与评定有何具体要求？

答：按照 GB 13076—2009《溶解乙炔气瓶定期检验与评定》的规定，溶解乙炔气瓶（以下简称乙炔瓶）是指适用于基准温度 15℃时，限定充装压力小于 1.86MPa、最高许用温度 40℃、公称容积 2～60L、内含多孔填料和溶剂、移动式、可重复充气的钢质焊接式溶解乙炔气瓶。溶解乙炔气瓶定期检验与评定具体要求如下。

1. 乙炔瓶的损伤

（1）划伤 因尖锐锋利物体划、擦造成瓶体局部壁厚减薄，且在瓶体表面留下底部是尖角的线状机械损伤。

（2）凹陷 气瓶瓶体因钝状物撞击或挤压造成的壁厚无明显变化的局部塌陷变形。

（3）点状腐蚀 直径不超过 s，且彼此间距不小于 $10s$ 的孤立腐蚀坑。

（注：s——筒体设计壁厚，即乙炔瓶肩部的钢印值。）

（4）线状腐蚀 连续或间断的腐蚀坑所形成的线状、链状或带状腐蚀。

（5）大面积均匀腐蚀 瓶体表面覆盖面积较大且较平整的腐蚀。

2. 检验周期

1）乙炔瓶每 3 年进行 1 次定期检验和评定。

2）乙炔瓶在使用过程中若发现下列情况一，应随时进行检验：a. 瓶体外观有严重损伤；b. 充气时瓶壁温度超过 40℃；c. 对填料和溶剂的质量有怀疑时；d. 瓶阀侧接嘴有乙炔回火迹象。

3. 检验准备

1）乙炔瓶检验前应验明产品合格证或履历表；对于既无合格证又无履历表，而且肩部钢印标记中制造厂名称、制造年月（或上次检验年月）、筒体设计最小壁厚和乙炔瓶皮重有一项不清的乙炔瓶，不予检验。待查明后，再予检验。如无法查明，则予以报废。

2）用精度不低于 1.5 级的压力表对受检乙炔瓶进行余气压力测量。若受检乙炔瓶的余气压力超过 0.05MPa，则余气必须回收，严禁排入大气中。

3）对于瓶阀无法开启的乙炔瓶，应与其他待检乙炔瓶分开存放，并采取妥善办法处理。

4）用最大称量为实际称量 1.5～3.0 倍、其允许误差符合“中准确度级”要求的衡器对受检乙炔瓶进行质量测定。对公称容积为 40L 的乙炔瓶，若放尽余气后，实际质量大于皮重 1kg，则应分析原因后进行妥善处理。

5）清除乙炔瓶外表面杂物、污垢和疏松涂层。

4. 瓶体外观

1）应逐个对乙炔瓶的瓶体外观进行检验。

2）存在下列缺陷之一的乙炔瓶，应予以报废：a. 瓶壁有裂纹和（或）鼓包，底座拼接焊缝开裂；b. 瓶壁划伤处的实测剩余壁厚小于 0.8s；c. 瓶壁凹陷深度超过其短径的 1/10 或最大深度大于 6mm，其测量方法按规定进行；d. 瓶壁上存在深度小于 6mm 的凹陷，凹陷内的划伤处的实测剩余壁厚小于 s；e. 瓶体烧损、变形，涂层烧毁（漆皮鼓泡除外），瓶阀或易熔合金塞上易熔合金熔化；f. 各种腐蚀处的实测剩余壁厚小于表 8-29 的规定。

表 8-29　乙炔瓶腐蚀处实测剩余壁厚

腐 蚀 种 类	腐蚀处实测剩余壁厚
点状腐蚀	$<0.6s$
线状腐蚀	$<0.8s$
大面积均匀腐蚀	

5. 焊缝

1）应逐个对乙炔瓶的焊缝及其热影响区进行检验，对有怀疑部位应采用 10 倍放大镜检查，必要时进行无损检测复查（底座拼接焊缝除外）。

2）主体焊缝上的划伤应予磨平，磨平处过渡应圆滑。

3）存在下列缺陷之一的乙炔瓶应予以报废：a. 焊缝外观不符合 GB 5100—2011《钢质焊接气瓶》规定的要求；b. 主体焊缝上的划伤经磨平后，焊缝低于母材；c. 主体焊缝热影响区内的划伤处实测剩余壁厚小于 δ；d. 主体焊缝及其热影响区的凹陷最大深度大于 5mm。

6. 填料

1）复测乙炔瓶内余气压力，确认不超过 0.05MPa 时，放尽余气使与外界气压相平衡。

2）逐个卸下乙炔瓶阀，并小心取出导流孔充填物后，检查填料。

3）用专用塞尺在平面角互呈 120°的 3 点上测量肩部轴向间隙，同一规格塞尺在同一位置上测量次数不应超过 2 次，专用塞尺如图 8-31 所示。

4）存在下列缺陷之一的乙炔瓶，其填料应予报废：a. 从瓶口观察，若发现填料已溃散、有裂纹或有火焰反击现象；b. 用手指推、按填料，手感填料疏松、柔软；c. 任一点的肩部轴向间隙超过填料长度的 0.3%，对公称容积为 40L 的乙炔瓶，超过 3.0mm；d. 填料径向间隙超过填料直径的 0.4%。

7. 壁厚

1）对于瓶体涂层剥落严重的乙炔瓶，在瓶体同一纵断面上进行壁厚测定，其测量点不得少于 8 处（上、下封头部位各 2 处，筒体部分 4 处）。测定前，应清除各测量点处的油漆和锈斑，然后用误差不大于 ±0.1mm 的测厚仪测量并记录。

2）对于瓶体涂层基本完好（内涂层未剥落）的乙炔瓶，仅对底座内下封头进行壁厚测定，但不得少于 2 点。

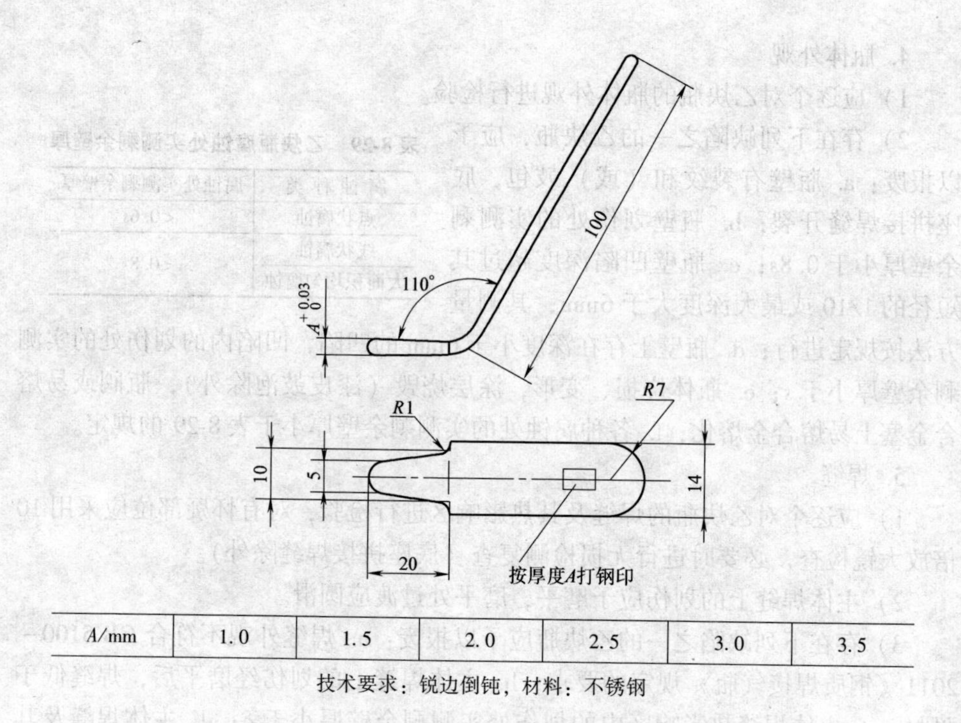

A/mm	1.0	1.5	2.0	2.5	3.0	3.5

技术要求：锐边倒钝，材料：不锈钢

图 8-31　测量局部轴向间隙使用（专用）塞尺示意图

3）最薄处的实测壁厚小于 0.8*s* 的乙炔瓶应予以报废。

4）对于划痕、腐蚀、焊缝部位的壁厚测量与评定按相应规定执行。

8. 瓶阀

1）应逐个对乙炔瓶的瓶阀进行检查；并按 GB 10879—2009《溶解乙炔气瓶阀》进行气密性试验，合格后在阀体上打上维修标志。

2）存在下列缺陷之一的瓶阀应予以更换：a. 阀体有裂纹或影响使用的变形；b. 螺纹有轴向损伤或变形。

9. 易熔合金塞

在进行气压试验时，不允许有泄漏。否则，应予以更换。

10. 气压试验

1）试验前准备：a. 由瓶口装入符合要求的导流孔充填物、毛毡垫与金属丝网；b. 将检验标记环和合格的瓶阀装在乙炔瓶上，应保证瓶阀锥螺纹外露 2 ~ 3 圈。

2）试验方法与评定按 GB 13076—2009 执行。

3）试验后处理。经气压试验合格的乙炔瓶应封存 0.05 ~ 0.1MPa 压力的氮气。

表 8-30　溶解乙炔瓶定期检验与评定综合记录表

（补充件）

检验单位　　　　送检单位　　　　编号

<table>
<tr><th rowspan="3">序号</th><th rowspan="3">瓶号（或厂编瓶号）</th><th rowspan="3">制造厂名（代号）</th><th rowspan="3">制造（上次检验）年月</th><th rowspan="3">下次检验 年　月</th><th rowspan="3">实重 /kg</th><th colspan="8">外　观</th><th rowspan="3">焊缝</th><th rowspan="3">塞座</th><th rowspan="3">阀座</th><th colspan="5">填　料</th><th colspan="4">壁厚/mm</th><th colspan="4">附件</th><th rowspan="3">改正皮重 /kg</th><th rowspan="3">气压试验</th><th rowspan="3">评定结论</th><th rowspan="3">履历表编号</th></tr>
<tr><th rowspan="2">裂纹</th><th rowspan="2">划伤</th><th rowspan="2">凹陷</th><th rowspan="2">鼓包</th><th rowspan="2">烧伤</th><th colspan="3">腐蚀</th><th rowspan="2">裂缝溃散</th><th rowspan="2">火焰反击</th><th rowspan="2">疏松柔软</th><th colspan="2">间隙/mm</th><th rowspan="2">上封头</th><th rowspan="2">下封头</th><th rowspan="2">筒体</th><th rowspan="2">其他</th><th rowspan="2">瓶阀</th><th rowspan="2">易熔塞</th><th rowspan="2">瓶帽</th><th rowspan="2">标记环</th></tr>
<tr><th>点</th><th>线</th><th>大面积</th><th>径向</th><th>轴向</th></tr>
<tr><td></td><td></td><td></td><td></td><td></td><td></td><td></td><td></td><td></td><td></td><td></td><td></td><td></td><td></td><td></td><td></td><td></td><td></td><td></td><td></td><td></td><td></td><td></td><td></td><td></td><td></td><td></td><td></td><td></td><td></td><td></td><td></td><td></td><td></td></tr>
<tr><td></td><td></td><td></td><td></td><td></td><td></td><td></td><td></td><td></td><td></td><td></td><td></td><td></td><td></td><td></td><td></td><td></td><td></td><td></td><td></td><td></td><td></td><td></td><td></td><td></td><td></td><td></td><td></td><td></td><td></td><td></td><td></td><td></td><td></td></tr>
<tr><td></td><td></td><td></td><td></td><td></td><td></td><td></td><td></td><td></td><td></td><td></td><td></td><td></td><td></td><td></td><td></td><td></td><td></td><td></td><td></td><td></td><td></td><td></td><td></td><td></td><td></td><td></td><td></td><td></td><td></td><td></td><td></td><td></td><td></td></tr>
</table>

填表＿＿＿＿审核＿＿＿＿检验日期＿＿＿＿

注：评定结论填写：通过——允许继续使用；报废——不准使用；待修——暂停使用。

表 8-31　溶解乙炔瓶履历表

（补充件）

充装单位　　　　产权单位　　　　编号

制造厂名（或代号）	制造年月	瓶号（或厂编瓶号）	皮重 /kg	水容积 /L	设计最小壁厚 /mm	水压试验压力 /MPa	限定充装压力 /MPa	填料孔隙率（%）	丙酮充装量 /kg	限定乙炔充装量 /kg	瓶阀型号

定期检验和评定记录

<table>
<tr><th rowspan="2">检验年月</th><th rowspan="2">记录表编号</th><th rowspan="2">外观缺陷</th><th>填料</th><th colspan="4">壁　厚</th><th colspan="2">附件</th><th rowspan="2">评定结论</th><th rowspan="2">签名</th></tr>
<tr><th>轴向间隙</th><th>上封头</th><th>下封头</th><th>筒体</th><th>其他</th><th>瓶阀</th><th>易熔塞</th></tr>
<tr><td></td><td></td><td></td><td></td><td></td><td></td><td></td><td></td><td></td><td></td><td></td><td></td></tr>
<tr><td></td><td></td><td></td><td></td><td></td><td></td><td></td><td></td><td></td><td></td><td></td><td></td></tr>
<tr><td></td><td></td><td></td><td></td><td></td><td></td><td></td><td></td><td></td><td></td><td></td><td></td></tr>
</table>

注：评定结论填写：通过——允许继续使用；报废——不准使用；待修——暂停使用。

11. 检验后处理

（1）检验记录

1）检验单位应详尽地填写“溶解乙炔气瓶定期检验与评定综合记录表”，格式见表8-30，由检验单位存档、备查。

2）检验单位应认真填写“溶解乙炔气瓶履历表”，格式见表8-31，交乙炔瓶充装单位或产权单位存档、备用。

3）对于报废的乙炔瓶由检验单位负责销毁，销毁方式由检验单位自定，但必须能防止其再次投入使用，并发出“溶解乙炔气瓶判废通知书”，格式见表8-32，一式2份，1份交乙炔瓶产权单位，检验单位自留1份存档、备查。

表8-32　溶解乙炔瓶判废通知书

（补充件）

________________：　　　　　　　　　　　　　　　　　　编号：________________

根据GB 11638—2011《溶解乙炔气瓶》和GB 13076—2009《溶解乙炔气瓶定期检验与评定》的规定，经检验，你单位　只乙炔瓶已判废，并已做破坏性处理，特此通知。

（检验单位章）

年　　月　　日

序号	瓶　号 （或厂编瓶号）	判废原因	检验员	审核

注：本表格一式2份，检验单位存档1份，气瓶产权单位1份。

（2）检验标记

1）检验合格的乙炔瓶，应于确认后按GB 11638—2011的规定补齐钢印标记，并在检验标记环上打如下检验钢印：检验单位代号；检验年、月及下次检验年份。

2）对于报废的乙炔瓶，除在检验标记环上检验单位的印章后打上报废钢印外，还必须在乙炔瓶肩部钢印乙炔瓶编号前打上报废钢印。

3）涂敷　检验合格的乙炔瓶经清除表面污物和除锈后，应按GB 11638—2011的规定进行涂敷，并在肩部钢印标记的对称部位涂检验色标，检验色标的颜色和形状见表8-33。

8-27　对溶解乙炔气瓶技术鉴定有什么内容和要求？

答：溶解乙炔气瓶（以下简称乙炔瓶）技术鉴定具体内容和要求如下：

1）按照GB 11638—2011《溶解乙炔气瓶》的规定，技术鉴定由试制单位所在地的省级以上（含省级）主管部门主持。鉴定委员会应由乙炔瓶设计、制造、充装、使用、科研、高等学校等单位和质检部门熟悉本专业的技术人员组成。

表 8-33　乙炔瓶质量检测项目表

序号	检测项目		检测用瓶数量/个	序号	检测项目		检测用瓶数量/个
1	填料	肩部轴向间隙	20	9	乙炔瓶	外观	20
2		与瓶壁总间隙	1	10		附件	
3		外观		11		气密性	
4		表面孔洞		12		皮重	
5		内部孔洞		13		回火试验	1
6		抗压强度		14		水浴升温试验	1
7		体积密度		15		模拟火灾试验	1
8		孔隙率		16		使用性能试验	3

2）技术鉴定内容应包括：a. 审查乙炔瓶的设计文件；b. 审查主要生产工艺和技术条件；c. 考查工装、设备、检测能力和技术熟练程度对批量生产的适应性和稳定性；d. 检测产品质量。

3）供鉴定用的乙炔瓶，应是按批量试制，经试制单位检验合格并出具产品合格证和批量检验质量证明书的成品瓶，数量不得少于 100 个。检测用瓶，由鉴定委员会或指定的检验机构，从鉴定用瓶中抽取。抽取数量不得少于 20 个。

4）乙炔瓶钢瓶质量的检测，按 TSG R0006—2014《气瓶安全技术监察规程》执行。检测用钢瓶从试制的钢瓶中抽取，数量不得少于 20 个。

5）乙炔瓶质量的检测项目，按表 8-33 的规定。检测的方法和结果的评判，应符合相应的国家标准或行业标准的规定。

6）在进行乙炔瓶安全性能试验时，被鉴定单位应制定切实的安全措施，以确保试验过程中的安全。

7）为缩短鉴定会时间所列检验项目，可在鉴定会召开之前，由技术鉴定会的主持部门委托有气瓶的检验资格的单位检测，出具检测技术数据和结论报告。为佐证检测情况，可提供检测过程照片、幻灯片或录像片。

8）各项检测内容应有完整的技术数据和明确的结果，鉴定委员会应做出书面的鉴定结论，并提供鉴定委员会名单和委员的签名。

8-28　对溶解乙炔气瓶如何进行气压试验?

答：对在用溶解乙炔气瓶（以下简称乙炔瓶）的定期检验和评定中要按规定进行气压试验，乙炔瓶气压试验的基本方法和技术要求如下。

（1）气压试验基本要求

1）气压试验是指检验乙炔瓶瓶体的静压强度和致密性，以氮气为加压介质进行的超工作压力试验。

2）气压试验压力是指检验乙炔瓶瓶体的静压强度所进行的气压试验的压力（表压）。

3）乙炔瓶的气压试验压力值为3.5MPa。

4）气压试验所用的氮气，应符合GB/T 3864—2008《工业氮》中的要求。

5）用于气压试验的氮气，应先经过干燥，其露点应达到-10℃以下。

（2）对试验装置的要求

1）每次气压试验的乙炔瓶应成组地并联在试验装置上。

2）氮气瓶的出口处应装减压器，减压后氮气进入干燥器，在干燥器和出口管上应分别装安全阀、调节阀和排放阀。

3）试验装置上必须使用两个量程相同且为试验压力的1.5~3.0倍、精度不低于1.5级、表盘直径不小于100mm的压力表。

4）压力表装设的位置应靠近调节阀，便于操作人员观察，其校验期不得超过3个月。

5）每只乙炔瓶的进气支管上应装设节流孔板，节流孔板上的节流孔径为ϕ1mm。

（3）试验程序

1）乙炔瓶的气压试验应在乙炔瓶的外表面、填料、瓶阀、易熔合金塞检查和壁厚测定合格之后进行。

2）将受试乙炔瓶与试验装置支管连接好后，开启乙炔瓶瓶阀。然后将氮气减压至3.5MPa，缓慢开启调节阀，同时观察压力表，以每分钟0.05~0.10MPa的升压速度升至0.5MPa。然后将乙炔瓶浸入水槽内，使其上表面浸入水中深度不小于1m。

3）继续按2）的升压速度，每次升压0.5MPa后，停止3min。当压力升至2.0MPa时，保压3min后，检查有无漏气。如试验装置与乙炔瓶连接处或乙炔瓶阀门、易熔合金塞处漏气，应清除漏气缺陷后再继续进行气压试验。如瓶体渗漏，则此瓶停止试验，按报废处理。

4）如检查无漏气，仍按规定的升压速度和升压方法长至3.5MPa，保压5min后进行全面检查。

（4）评定　若发现乙炔瓶瓶体渗漏或有明显变形时，则此瓶报废。

（5）安全技术

1）操作人员在升压时必须离开水槽5m以外或隔墙进行操作。

2）气压试验过程中如果发现有异常响声、压力下降或试验装置发生故障等不正常现象时，应立即停止试验并查明原因。

3）在气压试验过程中消除乙炔瓶阀门或易熔合金塞与瓶体连接处漏气，必须在卸压后进行。

4）在气压试验中及气压试验后的卸压速度均应缓慢。

8-29　溶解乙炔气瓶的钢印标记和检验色标是如何规定的？

答： 由于溶解乙炔气瓶（以下简称乙炔瓶）属易燃易爆气瓶，故钢印标记和检验色标有特殊性，要引起重视。乙炔瓶的钢印标记和检验色标具体规定如下。

1）乙炔瓶的钢印标记包括制造钢印标记和检验钢印标记。

2）乙炔瓶的钢印标记应符合下列规定：a. 钢印标记打在瓶肩上时，其位置如图 7-1 所示；b. 制造钢印标记的项目和排列，如图 7-2 所示；c. 检验钢印标记，排列如图 7-4 所示；d. 检验钢印标记打在检验标记环如图 7-5 所示。

8-30　溶解乙炔气瓶用多孔填料技术指标采用什么方法进行测定？

答： 乙炔是一种易燃易爆气体，乙炔要装入溶解乙炔气瓶（以下简称乙炔瓶）内，其瓶内必须装有填料，同时瓶内要灌入溶剂，目前采用溶剂为丙酮，由于填料有规定的孔隙率、体积密度、抗压强度、孔洞等，使之灌入溶剂一丙酮后达到充分吸收乙炔气体，并能达到安全使用，加强对乙炔瓶用多孔填料检测和评定是十分重要的，具体内容如下。

1. 一般规定

（1）试样　从多孔填料（以下简称填料）上切取符合一定尺寸要求的试块。（采用整体硅酸钙多孔填料）

（2）抗压强度　在室温下，试样高度方向被压缩 10% 的过程中，单位面积上所承受的最大载荷。

（3）体积密度

1）对于试样，是指其单位总体积的质量。

2）对于乙炔瓶内填料，是指乙炔瓶单位容积内填料的平均质量。

3）总体积是指试样中固体体积和多孔隙体积的总和。

（4）孔隙率　对于试样，是指其所有孔隙（能与大气相通的开口气孔）的体积与总体积的百分比。对于乙炔瓶内填料，是指包括所有孔隙、间隙、孔洞容积之总和与乙炔瓶实际容积的百分比。

（5）总间隙　在充满填料的乙炔瓶纵向剖面上观察，填料与乙炔瓶内壁之间相对应的两条缝隙宽度之和。分轴向总间隙（沿轴向测量）和径向总间隙（沿径向测量）。

（6）肩部轴向间隙　乙炔瓶内填料上表面与乙炔瓶上封头内壁之间的缝隙宽度。

（7）孔洞　表面孔洞，是指制造过程中，在整体填料表面产生的肉眼可见的凹坑。内部孔洞，是指在整体填料横向剖面上观察，剖面上肉眼可见的凹坑。

（8）抗压强度测定　用压力试验机以规定的速度，对一定尺寸的试样加荷压缩，直至压缩到原高度的90%为止，根据试验机指示的最大荷值和试样尺寸，计算出填料的抗压强度。

（9）体积密度测定　称量出填料干燥后的质量，根据试样尺寸或乙炔瓶实际容积，计算出试样或乙炔瓶内填料的体积密度。

（10）孔隙率测定　称量出经水煮后试样所吸收的水分的质量或称量出乙炔瓶内填料所失去的水分的质量。根据试样尺寸或乙炔瓶实际容积，分别计算出试样或乙炔瓶内填料的孔隙率。

（11）表面孔洞容积测定　用一定量的橡皮泥对填料表面孔洞进行充填修补后，通过称量剩余橡皮泥的质量，间接计算出填料表面孔洞的容积。

（12）内部孔洞表面直径测定　用带有刻度的10倍放大镜，测量内部孔洞表面直径。

（13）总间隙及肩部轴向间隙测定　借助专用塞尺，直接测量填料间隙。

（14）计算器具　应进行定期检定。

（15）填料技术指标检测用瓶　检测用瓶的解剖不应影响技术指标的测定，取样方法及工具不应改变填料性能，一般可采用机器带锯或手工锯。

2. 仪器设备

1）压力试验机可采用机械或液压材料试验机。

2）烘干箱带恒温自动控制装置。

3）天平最大称量不小于1000g，分度值为0.1g。

4）台秤（或电子秤）最大称量应为实际称量的1.5～3.0倍，最小分度值（或最小显示值）不大于0.2kg。

5）盛水容器容积不小于3L的铝锅或不锈钢锅。

6）量筒为50mL（或100mL）。

7）游标卡尺。

8）电炉。

9）电热烘干箱。

10）直角尺（或直尺）。

11）橡皮泥。

12）专用塞尺。

3. 制备

1）填料从检测用瓶内整体取出后，按图8-32所示在填料中部割取试样。

2）抗压强度试样：a. 尺寸为100mm×100mm×125mm（高125mm为轴向）；b. 数量为1块；c. 试样的承受载荷面应平整。当试样在平板上检查时，其垂直度公差和平行度公差均不大于3mm。

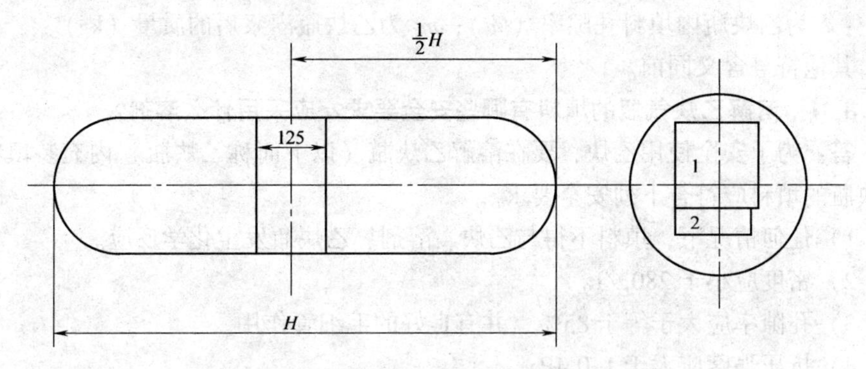

图 8-32　乙炔瓶用填料在整体中部割取试样示意图

1—抗压强度试样　2—体积密度和孔隙率试样

3）体积密度、孔隙率试样：a. 尺寸为 50mm × 80mm × 12mm；b. 数量为 1 块；c. 体积密度和孔隙率分开试样进行时，则试样数量应为两块；d. 试样各个面均应平整。用直尺检查时，直尺的直线边与试样任何一侧面的缝隙均不大于 1mm。

4. 检测用瓶内填料技术指标测定项目

总间隙、表面孔洞容积、内部孔洞表面直径、抗压强度、试样的体积密度、试样的孔隙率。

5. 乙炔瓶内填料技术指标测定

测定项目为肩部轴向间隙、乙炔瓶内填料的体积密度、钢瓶内填料的孔隙率。

1）肩部轴向间隙的测定。用专用塞尺在充满填料的乙炔瓶口部测量肩部轴向间隙，在平面角约相差 120° 的 3 点上进行，最大测量值为肩部轴向间隙的测定结果，同一规格塞尺在同一位置上测量次数不应超过两次。

2）乙炔瓶内填料的体积密度测定。称量出乙炔瓶（瓶壳）质量和充满填料的乙炔瓶烘干后的质量。

按下式计算出乙炔瓶内填料的体积密度：

$$\rho_p = \frac{m_p - m}{V} \cdot 1000$$

式中：ρ_p 为乙炔瓶内填料的体积密度（g/L）；m_p 为充满填料的乙炔瓶烘干后的质量（kg）；m 为乙炔瓶（瓶壳）质量（kg）；V 为乙炔瓶实际容积（L）。

计算结果保留 3 位有效位数。

3）乙炔瓶内填料的孔隙率测定。称量出乙炔瓶灌浆后的质量和烘干后的质量。

按下式计算出乙炔瓶内填料的孔隙率：

$$\delta = \frac{(m_j - m_p) \cdot v \cdot 1000}{V} \cdot 100\%$$

式中：δ 为乙炔瓶内填料孔隙率（%）；m_j 为乙炔瓶灌浆后的质量（kg）。

其他符号含义同前。

8-31　溶解乙炔气瓶的填料有哪些安全要求？应采用什么溶剂？

答：为了安全使用乙炔，要在溶解乙炔瓶（以下简称乙炔瓶）内充装填料，乙炔瓶的填料应符合下列安全要求。

1）任何情况下，填料不得与乙炔、溶剂、乙炔瓶发生化学反应。

2）密度应小于 280g/L。

3）孔隙率应大于等于 85%，并有良好的毛细管作用。

4）抗压强度应大于 1.0MPa。

5）含水率应小于 1%。

6）填料与乙炔瓶无晃动现象，与瓶壁的间隙，经向小于等于 0.5mm，轴向小于等于 3mm。

7）乙炔瓶的溶剂一般采用丙酮，丙酮的充装由乙炔充气单位进行，充装丙酮，必须先进行置换。丙酮充装量为

$$W=0.38\delta v$$

式中：W 为丙酮充装量（kg）；δ 为填料孔隙率（%）；v 为乙炔瓶实际容积（L）。

充装丙酮后，必须对丙酮充装量进行复核，允差在 0.5 之内。

8-32　如何测定溶解乙炔气瓶用填料径向间隙？

答：测定溶解乙炔气瓶（以下简称乙炔瓶）用填料径向间隙方法如下。

1）测定方法如图 8-33 所示。

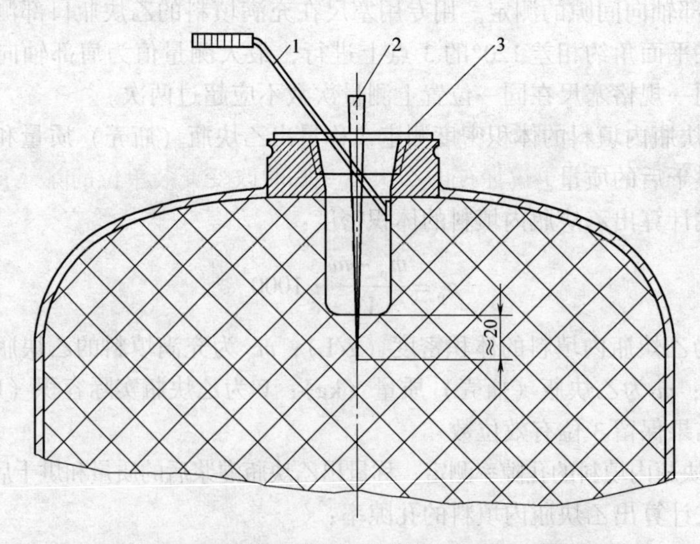

图 8-33　测定乙炔瓶用填料径向间隙示意图

1—弯勾　2—钢针　3—磁性刻度直尺

2）测量器具：a. 磁性刻度直尺0～150mm，刻度值0.5mm；b. 三棱钢针；c. 弯勾。

3）测量结果：用弯勾推动填料使填料紧贴瓶壁一侧后，再用弯勾反向推动填料，钢针移动距离即为填料径向间隙值。

8-33 溶解乙炔气瓶的充装有什么特殊安全要求？

答：溶解乙炔气瓶（以下简称乙炔瓶）的充装有一些特殊要求，具体内容如下。

1）乙炔瓶充装单位应向省级锅炉压力容器安全监察机构提出充装注册登记书面申请。经审查符合条件的，发给充装注册登记证。未办理注册登记的不得从事乙炔瓶充装工作。

2）乙炔瓶充装单位必须保证乙炔瓶充装安全和充装质量。

3）乙炔瓶实行固定充装单位制度。档案不在本充装单位的乙炔瓶，不得回收和充装。即：a. 乙炔瓶充装单位应列出固定在本单位充装的乙炔瓶用户名单，报送所在地的地、市级锅炉压力容器安全监察机构备案，以后每年11月1日前将当年的变动情况报送一次；b. 乙炔瓶充装单位对固定在本单位充装的乙炔瓶，应逐只建立档案。档案内容包括乙炔瓶编号、产品合格证、质量证明书、定期检验记录、充装记录等；c. 乙炔瓶充装单位要保证固定在本单位充装的乙炔瓶定期进行检验，保证及时补加溶剂，保证充装质量和充装安全，做好用户服务工作；d. 乙炔瓶用户要就地就近选择充装单位，不购买、不使用违反规定充装的、质量不符合标准的，不安全的乙炔瓶；e. 严禁违反规定充装乙炔瓶，严禁销售质量不合格的乙炔瓶。

4）乙炔瓶有下列情况之一的，不得进行充装：

① 无制造许可证的单位制造的乙炔瓶。

② 不符合规定的进口乙炔瓶。

③ 档案不在本充装单位保存的乙炔瓶（临时改变充装单位的除外）。

5）乙炔瓶充装前，充装单位应有专职人员对乙炔瓶进行检查，检查结果应填写在充装记录中，并由检查人签字。属于下列情况之一的，应先进行处理或检验，否则严禁充装：a. 钢印标记不全或不能识别的；b. 超过检验期限的；c. 颜色标记不符合GB 7144—2016《气瓶颜色标志》规定的或表面漆色脱落严重的；d. 附件不全、损坏或不符合规定的；e. 瓶内无剩余压力或怀疑混入其他气体的；f. 瓶内溶剂质量不符合GB 13591—2009《溶解乙炔气瓶充装规定》要求的；g. 经外观检查，存在明显损伤，需进一步进行检验的；h. 首次充装或经装卸瓶阀、易熔合金塞后，未经置换合格的。

6）乙炔瓶充装前，必须按GB 13591—2009测定溶剂补加量。乙炔瓶补加溶剂后，必须对瓶内溶剂量进行复核。

7）乙炔瓶的充装操作：a. 充装容积流速应进行适当控制，一般应小于 $0.015m^3/h \cdot L$；b. 瓶壁温度不得超过40℃。充装时可以用自来水喷淋冷却，也可以强制冷却；c. 一般分两次充装，中间的间隔时间不少于8h。

8）乙炔瓶充装后，应符合下列要求：a. 乙炔充装量和静置8h后的瓶内压力，应符合相应国家标准的规定；b. 不得有泄漏或其他异常现象；c. 不符合上述要求的乙炔瓶严禁出厂，并应妥善处理。

9）乙炔瓶充装单位应逐只认真填写充装记录，其内容应包括充装前检查结果、充装日期、充装间室温、乙炔瓶编号、皮重、实重、剩余压力、剩余乙炔量、溶剂补加量、乙炔充装量、静置后压力、发生的问题及处理结果、操作者签字等。乙炔瓶充装记录应至少保存12个月。

10）乙炔瓶的充装单位应负责保护好乙炔瓶的外表面颜色标记，并应做好使用中受损漆层的修复工作。

11）乙炔瓶充装单位所在地的地、市级锅炉压力容器安全监察机构，应加强对充装单位的监督检查。每年至少抽查1次，抽查的重点是固定充装制度执行情况、充装安全与充装质量及安全制度的落实情况。对发现的问题应采取有效措施加以解决，抽查结果应书面报告省级锅炉压力容器安全监察机构。

12）乙炔瓶充装单位违反规定由锅炉压力容器安全监察机构提出批评，令其改正；对屡犯不改的，由省级部门撤销其充装注册登记证。

13）乙炔瓶充装单位不遵守、不执行本规程和国家标准或行业标准规定，致使发生事故，后果严重的，应依照法律的规定追究其经济责任和刑事责任。

8-34　运输、贮存和使用溶解乙炔气瓶应遵守哪些安全要求？

答：运输、贮存和使用溶解乙炔瓶（以下简称乙炔瓶）应遵守的安全要求如下：

1）乙炔瓶的运输、贮存和使用，必须严格执行国务院颁发的《化学危险物品安全管理条例》的有关规定。

2）运输、贮存和使用乙炔瓶的单位，必须加强对运输、贮存和使用乙炔瓶的安全管理，并做到：a. 有专职人员负责乙炔瓶的安全工作；b. 根据本规程有关规定，制定相应的安全管理制度；c. 制定事故应急处理措施。

3）运输乙炔瓶的车、船和贮存、使用乙炔瓶的场所，应符合公安和交通部门的规定。汽车运输乙炔瓶时，还应遵守JT 617—2004《汽车运输危险货物规则》的规定。贮存、使用乙炔瓶的场所还应按照GB 50140—2005《建筑灭火器配置设计规范》的要求配置灭火器材，但不得配置和使用化学泡沫灭火器。乙炔瓶瓶库的设计和建造，应符合GB 50016—2014《建筑设计防火规范》和GB 50031—1991《乙炔站设计规范》（已废止，仅供参考）的规定。

4）运输、贮存和使用乙炔瓶时，应避免烘烤和曝晒，环境温度一般不超过40℃。不能保证时，应采取遮阳或喷淋措施降温。

5）运输和装卸乙炔瓶，应遵守下列规定：a. 运输车、船要有明显的危险物品运输标志；严禁无关人员搭乘；必须经过市区时，应按照当地公安机关规定的路线和时间行驶；b. 运输车、船严禁停靠在人口稠密区、重要机关和有明火的场所；中途停靠时，驾驶人员和押运人员不得同时离开；c. 不应长途运输装有乙炔气的乙炔瓶；d. 应轻装轻卸，严禁抛、滑、滚、碰和倒置；e. 吊装乙炔瓶应使用专用夹具，严禁使用电磁起重机和用链绳捆扎；f. 应带好瓶帽。立放时，应妥善固定，且厢体高度不得低于瓶高的2/3；横放时，乙炔瓶头部应方向一致，且堆放高度不得超过厢体高度；g. 装卸现场严禁烟火，必须配备灭火器。

6）贮存乙炔瓶，应遵守下列规定：a. 使用乙炔瓶的现场，乙炔气的贮存量不得超过$30m^3$（相当5瓶，指公称容积为40L的乙炔瓶）；b. 乙炔气的贮存量超过$30m^3$时，应用非燃烧体或难燃烧体隔离出单独的贮存间，其中一面应为固定墙壁；乙炔气的贮存量超过$240m^3$（相当40瓶）时，应建造耐火等级不低于二级的储瓶仓库，与建筑物的防火间距不应小于10m，否则应以防火墙隔开；c. 乙炔瓶的贮存仓库或储存间，应避免阳光直射，并应避开放射性射线源，与明火或散发火花地点的距离不得小于15m；d. 乙炔瓶的贮存仓库或贮存间应有良好的通风、降温等设施，不得有地沟、暗道和底部通风孔，并且严禁任何管线穿过；e. 空瓶与实瓶应分开、整齐放置，并有明显标志；f. 乙炔瓶贮存时，应保持直立位置，且应有防止倾倒的措施；g. 乙炔瓶不得贮存在地下室或半地下室内。

7）使用乙炔瓶，应遵守下列规定：a. 使用前，应对钢印标记、颜色标记及状况进行检查，凡是不符合规定的乙炔瓶不准使用；b. 乙炔瓶的放置地点，不得靠近热源和电器设备，与明火的距离不得小于10m（高空作业时，此距离为在地面的垂直投影距离）；c. 乙炔瓶使用时，必须直立，并应采取措施防止倾倒，严禁卧放使用；d. 乙炔瓶严禁放置在通风不良或有放射性射线源的场所使用；e. 乙炔瓶严禁敲击、碰撞，严禁在瓶体上引弧，严禁将乙炔瓶放置在电绝缘体上使用；f. 应采取措施防止乙炔瓶受曝晒或受烘烤，严禁用40℃以上的热水或其他热源对乙炔瓶进行加热；g. 移动作业时，应采用专用小车搬运；h. 瓶阀出口处必须配置专用的减压器和回火防止器；正常使用时，减压器指示的放气压力不得超过0.15MPa，放气流量不得超过$0.05m^3/h \cdot L$；如需较大流量时，应采用多只乙炔瓶汇流供气；i. 乙炔瓶使用过程中，开闭乙炔瓶瓶阀的专用扳手，应始终装在阀上；暂时中断使用时，必须关闭焊、割工具的阀门和乙炔瓶瓶阀，严禁手持点燃的焊、割工具调节减压器或开、闭乙炔瓶瓶阀；j. 乙炔瓶使用过程中，发现泄漏要及时处理，严禁在泄漏的情况下使用；k. 使用乙炔瓶的单位和个人不得自行对瓶阀、易熔合金塞等附件进行修理或更换，严禁对在用乙炔瓶瓶体和底座等进行焊接修理。

8-35 如何安全使用乙炔气瓶？

答：由于乙炔气瓶是易燃易爆的钢瓶，所以安全使用乙炔气瓶显得特别重要，主要从3个方面采取措施。

（1）乙炔气瓶附件的安全要求

1）瓶阀材料应选用碳素结构钢或低合金钢，如选用铜合金，铜的质量分数必须小于70%。

2）钢瓶的肩部至少应设置一个易熔塞，易熔合金的熔点为100℃ ±5℃。

3）同一规格、型号、商标的瓶阀和瓶帽成品质量应相等，瓶阀质量允差为5%，瓶帽质量允差为5%。

（2）使用乙炔气瓶应遵守的规定　乙炔是易燃易爆气体，使用时必须注意安全，除必须遵守一般安全规定外，还应严格遵守下列各项。

1）乙炔气瓶不应遭受剧烈的振动或撞击，以免瓶内的多孔性填料下沉而形成空穴，影响乙炔的安全储存。

2）乙炔气瓶工作时应直立放置，卧放会使丙酮流出，甚至会通过减压器流入乙炔胶管和焊、割炬内，这是非常危险的。

3）乙炔气瓶瓶体的表面温度不应超过40℃，因为乙炔气瓶温度过高会降低丙酮对乙炔的溶解度，从而使瓶内的乙炔压力急剧增高。同时，乙炔气瓶不得靠近热源和电气设备，与明火距离一般不小于10m，夏季还要防止曝晒，严禁把乙炔气瓶放置在通风不良及有放射线的场所。

4）乙炔气瓶必须装设专用的乙炔减压器和乙炔回火防止器，使用压力不得超过0.15MPa（$1.5kgf/cm^2$），输出流速不应超过1.5～2.0m/h。乙炔减压器与乙炔气瓶瓶阀的连接必须可靠，严禁在漏气状态下使用，否则会形成乙炔-空气混合气体，有发生爆炸的危险。

5）瓶内气体严禁用尽，必须留有不低于表8-34所规定的剩余压力。

表8-34　乙炔瓶内剩余压力与环境温度的关系

环境温度/℃	<0	0～15	15～25	25～40
剩余压力/MPa	0.049 (0.5)	0.098 (1)	0.19 (2)	0.29 (3)

（3）运输与贮存乙炔气瓶应遵守的规定　运输与贮存乙炔气瓶除应遵守储运气瓶的一般规定外，还应注意以下各项。

1）乙炔气瓶严禁与氯气瓶、氧气瓶及易燃品同车运输、同室贮存。

2）在使用乙炔气瓶的现场，乙炔气瓶贮存量不得超过五瓶。如有 5 ~ 20 个乙炔气瓶应建立单独的贮存间，超过 20 个乙炔气瓶则应设置乙炔气瓶库。贮存间与明火或散发火花地点的距离不得小于 15m，同时要备有消防用干黄沙或二氧化碳灭火器。

3）贮存间应有专人管理，并在醒目位置上设置“乙炔危险”“严禁烟火”的标志。

8-36　什么是乙炔气瓶的剩余乙炔量?

答：乙炔气瓶的剩余乙炔量计量很重要，因为乙炔气瓶在充装前，必须逐个测定实际和瓶内剩余压力，并计算出瓶内的剩余乙炔量 G_s。计算式如下：

$$G_s = 0.48\sigma \cdot v \cdot d \cdot \gamma_a\ (9.8p_s + 1) \cdot 10^{-3}$$

式中：G_s 为乙炔气瓶内剩余乙炔量（kg）；v 为乙炔气瓶实际容积（L）；σ 为填料孔隙率（%）；d 为乙炔在丙酮中的溶解度，查表可得；γ_a 为乙炔的堆密度（kg/m^3）；p_s 为乙炔瓶内剩余压力（MPa）。

根据乙炔气瓶净重、实重机剩余乙炔量，确定丙酮补加量。丙酮补加量 = 实重 − 乙炔气瓶净重 + 剩余乙炔量

补加丙酮后，必须对丙酮充装量进行复检，允差在 0.5kg 以内。

8-37　用浮力称重法测定体积应如何进行?

答：为计算体积，在压力容器及气瓶各种试验中经常采用浮力称重法来进行测定体积。

（1）方法原理　物体在水中的浮力等于该物体排开的水的质量，根据水的比体积，可间接计算出被测物体的体积。

（2）方法步骤

1）将煮沸冷却（已饱和水分）的试样用 1 根尼龙丝线吊住，并悬挂在带有溢流管且已注满蒸馏水的容器（或装有足够完全浸没试样的蒸馏水的其他容器）中，尼龙丝线的另一头挂在天平上，称量出试样在水中的质量。

2）蒸馏水也可用普通自来水代替。

3）按下式计算试样体积：

$$V_s = (m_b - m_c) \cdot v$$

式中：m_c 为试样在蒸馏水中的质量（g）；V_s 为试样体积（cm^3）；m_b 为饱和水分状态下试样质量（g）；v 为水的比体积，取值 0.001L/g。

8-38　气瓶表面划伤深度应如何测量?

答：气瓶表面划伤深度测量方法如下。

（1）测量原理　如图 8-34 所示，百分表下的针尖插入划伤中测量其深度。

（2）测量器具

1）百分表 1 只，分度值 0.01mm。

2）卡板型面应与钢瓶理论外形相符。

3）针尖楔角应小于等于 30°，半径应小于等于 0.25mm。测量过程中要定期校核百分表的零点，以消除由于针尖磨损造成的误差。

（3）测量结果　以最深处的测量结果作为划伤深度。

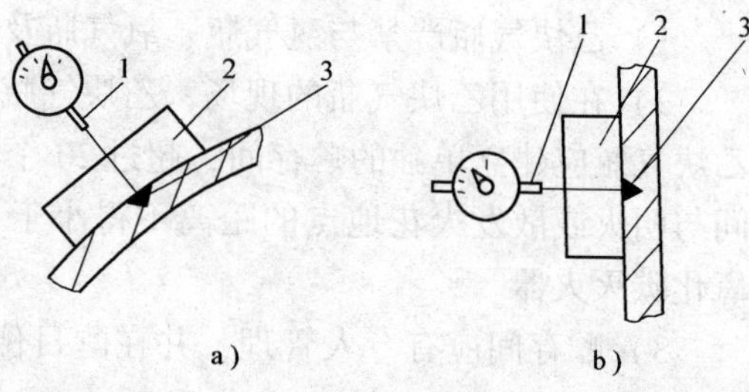

图 8-34　气瓶表面划伤深度测量方法示意图

a）封头部位　b）筒体部位

1—百分表　2—卡板　3—针头

8-39　气瓶的专用螺纹有什么具体规定？

答：由于气瓶内工作压力都很高，在用气瓶的瓶口与瓶阀连接及其他密封连接的锥螺纹（以下简称圆锥螺纹）及瓶帽与颈圈连接的非螺纹密封的圆柱管螺纹（以下简称圆柱螺纹），带安全装置气瓶的易熔塞与塞座连接的圆锥螺纹等，为防止瓶内介质泄漏加强对各种螺纹管理是十分重要的，对确保安全生产起到很大的作用，对气瓶专用螺纹具体规定如下。

1. 一般规定

（1）基准平面　垂直于螺纹轴线具有基准直径的平面，简称基面。

注：对内螺纹，是大端平面；对外螺纹，是到小端的距离等于基准距离的平面。

（2）基准直径　内螺纹或外螺纹的基本大径。

（3）圆锥螺纹螺距　在中径线上相邻牙对应两点间平行圆锥体母线的距离。

（4）圆锥螺纹中径偏差　包括中径本身的偏差和牙型半角偏差、螺距偏差、锥角偏差等所引起的中径径向补偿值在内的中径综合偏差。

（5）基准距离　从基准平面到圆锥外螺纹小端的距离，简称基距。

（6）参照面　外锥螺纹的小端面（检验可见平面），内锥螺纹的大端面（检验可见平面）。

（7）符号　$D(d)$ 为螺纹大径；$D_2(d_2)$ 为螺纹中径；$D_1(d_1)$ 为螺纹小径；PZ 为气瓶圆锥螺纹；PG 为气瓶圆柱螺纹；n 为每 25.4mm 内的螺纹牙数；P 为螺距；L_1 为基距；L_2 为圆锥外螺纹有效长度；L_3 为圆锥内螺纹有效长度；H 为原始三角形高度；h 为牙型高度（$h=2h_1=2h_2$）；r 为圆弧半径；α 为牙型角；$\Delta\frac{\alpha}{2}$ 为牙型半角偏差；φ 为倾斜角；$\Delta\varphi$ 为倾斜角偏差；K 为锥度。

2. 圆锥螺纹

1）圆锥螺纹的基本牙型和尺寸。圆锥螺纹的基本牙型、尺寸应符合图 8-35 和表 8-35 的规定。

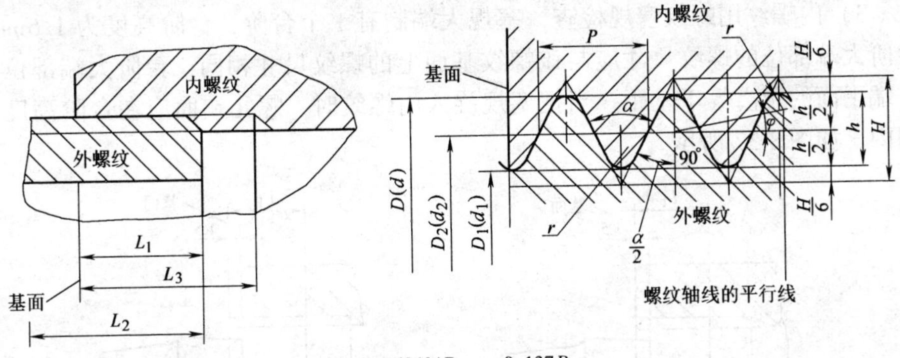

$H=0.960491P$；$r=0.137P$；

$h=0.640330P$；$K=3:25$。

注：1. 牙型角平分线垂直于锥体母线。

2. 牙型顶部允许是平的。

图 8-35　气瓶用圆锥螺纹示意图

表 8-35　螺纹的基本尺寸及偏差　（单位：mm）

螺纹代号	n	P	基面上直径									螺纹长度			牙型高度 h	r	α
			D（d）			D_2（d_2）			D_1（d_1）			L_1	L_2	L_3			
			基本尺寸	极限偏差		基本尺寸	极限偏差		基本尺寸	极限偏差							
				d	D		d_2	D_2		d_1	D_1						
			mm														
PZ39	12	2.117	39.000	+0.18	−0.18	37.643	+0.18	−0.18	36.286	+0.18	−0.18	17.67	26	22	1.355	0.291	55°
PZ27.8	14	1.814	27.800			26.636			25.472						1.162	0.249	
PZ19.2			19.200			18.036			16.872			16.00	22	19			

2）圆锥螺纹的中径偏差。

圆锥螺纹的中径偏差以基面位置的轴向变动量表示，其变动范围不超出1.5mm。圆锥外螺纹的中径偏差是+0.18mm，圆锥内螺纹的中径偏差是−0.18mm。圆锥外螺纹用圆锥螺纹环规检查。环规螺纹大端的螺纹尺寸应与该螺纹基面上的螺纹尺寸相同；环规螺纹小端制有1个台阶，台阶的高度为1.5mm，小端平面到大端平面的距离等于基距。当环规旋合在外螺纹上时，外螺纹小端平面应在环规小端台阶高度范围内，如图8-36所示。

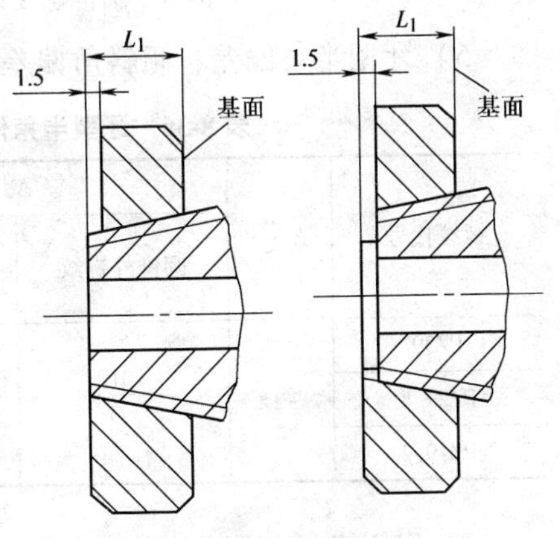

图 8-36　气瓶用圆锥螺纹中径偏差基准位置示意图

3）内螺纹用螺纹塞规检查，塞规大端制有 1 个台阶，台阶高度为 1.5mm，台阶大端部位的螺纹尺寸应与该螺纹基面上的螺纹尺寸相同，台阶大端部位到小端平面的距离等于基距。当把塞规旋入内螺纹时，螺孔端面应在台阶高度范围内，如图 8-37 所示。

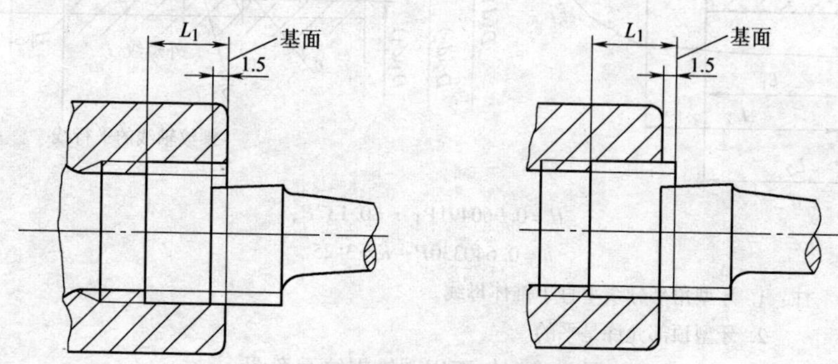

图 8-37　内螺纹用螺纹塞规检查示意图

4）圆锥螺纹的牙顶与牙底至螺纹中径线距离的偏差按图 8-38 的规定，即对螺纹牙顶（圆锥外螺纹为 h_1，圆锥内螺纹为 h_2）的偏差，h_1 取 -0. 025mm，h_2 取 +0. 025mm；对螺纹牙底（圆锥外螺纹为 h_2，圆锥内螺纹 h_1）的偏差，均取 ±0. 025mm。

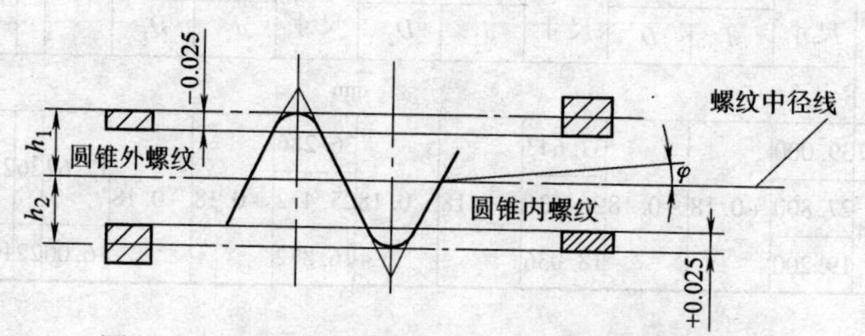

图 8-38　圆锥螺纹牙顶与牙底至螺纹中径线距离

5）牙型半角偏差、倾斜角偏差和螺距偏差按表 8-36 的规定。

表 8-36　牙型半角偏差、倾斜角偏差和螺距偏差

螺纹代号	$\Delta\frac{\alpha}{2}$	$\Delta\varphi$		ΔP	
		圆锥外螺纹	圆锥内螺纹	在 L_1 长度上	在 L_2 和 L_3 长度上
				mm	
PZ39	±1°	+10′ -5′	+5′ -10′	±0. 04	±0. 07
PZ27. 8					
PZ19. 2					

6）偏差作为设计圆锥螺纹工量具时的依据。

7）溶解乙炔气瓶易熔塞与瓶的连接允许采用 Rc1/4/R1/4、Rc1/8/R1/8 两种规格，其精度、尺寸应符合 GB/T 7306—2000《55°密封管螺纹》的规定；检验量规应符合 JB/T 10031—1999《用螺纹密封的管螺纹量规》的规定。

8）必要时可由供需双方同意增加单项要素的检验，以提高螺纹的质量。

9）圆锥螺纹牙型表面粗糙度按 GB/T 3505—2009《产品几何技术规范（GPS）表面结构 轮廓法 术语、定义及表面结构参数》的规定。

3. 圆柱螺纹

1）PG80 圆柱螺纹的基本牙型和尺寸应符合图 8-39 和表 8-37 的规定。

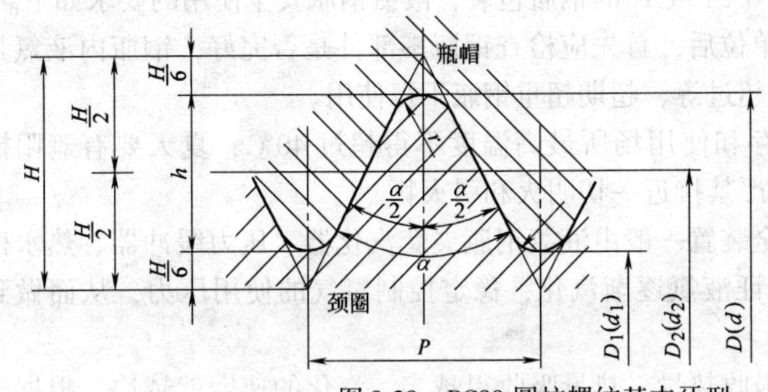

$P=\frac{25.4}{n}$

$H=0.960491P$

$h=0.640330P$

$r=0.137320P$

图 8-39 PG80 圆柱螺纹基本牙型

表 8-37 PG80 圆柱螺纹的基本尺寸

螺纹代号	n	P	h	r	瓶帽（颈圈）			α
					D（d）	D_2（d_2）	D_1（d_1）	
		/mm						
PG80	11	2.309	1.479	0.317	80.000	78.521	77.042	55°

2）PG80 圆柱螺纹的极限偏差应符合图 8-40 和表 8-38 的规定。

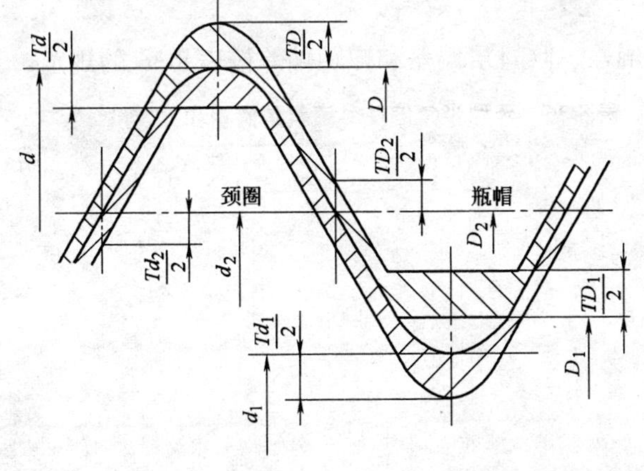

图 8-40 PG80 圆柱螺纹极限偏差示意图

表 8-38 PG80 圆柱螺纹的极限偏差 （单位：mm）

螺纹类别	瓶帽			颈圈		
螺纹直径	D	D_2	D_1	d	d_2	d_1
极限偏差	+0.620 +0.100	+0.360 +0.100	+0.900 +0.340	0 -0.52	0 -0.260	0 -0.430

8-40 液氯钢瓶安全使用有何特殊要求？

答：液氯一般采用0.5t或1t的钢瓶包装，液氯钢瓶安全使用的要求如下。

1）液氯钢瓶运到单位后，首先应检查钢瓶零部件是否完好，钢瓶内液氯是否超重，使用期限是否超过等，超期超重钢瓶不得使用。

2）液氯钢瓶的储存和使用场所最高温度不得超过40℃，夏天要有遮阳措施，防止日光曝晒，并严禁接近一切明火和引火物。

3）液氯钢瓶的安全装置一般由液氯钢瓶夹套汽化器、压力缓冲器、热水槽等组成，它的作用是保证液氯逐渐汽化，稳定控制氯气的使用压力，从而做到安全用氯。

4）液氯汽化时要吸收热量，热量吸收得越多，汽化的速度就越快。根据这个原理在液氯钢瓶与压力缓冲器之间需装置夹套汽化器，夹套水下进上出，水温一般不得超过45℃，且水量不宜过大，汽化速度不宜太快。

5）钢瓶内液氯禁止全部用完，一般应保留0.03～0.05MPa的余压，以防其他气体进入瓶内。

6）液氯钢瓶内如带进水或其他液体介质，充装液氯后，合成次氯酸或盐酸产生高温，使易熔塞熔化或腐蚀瓶壁，从而冲击大量氯气毒害极大。

第9章 压力容器、气瓶安全培训和人员考核

9-1 如何搞好特种设备安全培训工作?

答：搞好特种设备安全培训工作是提高监察、检验和管理、作业人员的素质水平；保证特种设备安全运行，减少事故，保障人民生命安全起到关键的重要作用，有十分重要的意义。

特种设备安全领域里的办班培训工作范围广，工作量大，任务艰巨。培训对象既包括安全监察机构的领导与监察人员，也包括检验、检测单位的检验、检测人员，还包括设计、制造、安装、使用、修理、改造单位的相关从业人员，甚至扩大到相关资质的鉴定评审人员。同时各类安全法规、标准的宣贯等也都开办各种类型的学习班、培训班。所有人员的培训质量及各类法规、标准的宣贯与培训集中一点关系到特种设备安全运行。由此看出，培训工作十分重要。

据统计，近年来，全国平均每年共办各类班培训：特种设备监察、检验(含无损检测）人员5万余人次；特种设备相关作业人员多达180余万人次。数字可以反映工作成就，就是特种设备安全管理的培训取得了一定成绩，但我们的培训工作仍然存在一些需要完善和改进的方面。根据近年来发生特种设备事故情况来看，管理、操作人员应知应会方面确实存在薄弱环节，加强全员培训非常必要。

1）明确办班培训目的。办班培训的目的：提高相关作业人员的政治素质和技术业务素质，保证特种设备安全运行。从事办班培训工作多为检验检测单位和一些中介组织诸如隶属各级质监部门的各类协会。办各类培训班，需要投入一定成本，但可以得到较大的产出。由于目前各地物价部门均未出台办班收费标准，有的办班时间仅3~5天，收费几百元，或几千元。应该认识到：办班也是服务，收费本无可厚非，但应以不盈利为目的。

2）编著有针对性教材，选好授课人员。目前我国特种设备培训教材，总体质量有待提高，而且个别教材内容比较陈旧，未能适时反映新技术、新工艺、新材料的内容；数字信息技术、计算机技术在特种设备安全管理应用在培训教材中涉及不多，教材的内容有些滞后于时代的发展。培训教材，应针对不同的培训对象分别编纂。对象不同，讲授的内容与要求不同；特种设备类型不同，工作机理、安全要求也不同。

培训教材质量与针对性是影响培训质量的重要因素。授课人员的授课水平

也是影响培训质量的重要因素。有的地方办班从大专院校、企业或办班单位聘请非专业人员授课，缺少特种设备安全管理的知识与实践，授课内容与特种设备安全技术离题较远，很难达到目的。授课人员要有深厚的知识功底，丰富的实践经验，严谨的逻辑水平是提高培训质量的保障。

3）严格考试纪律，检验培训成果。

9-2　如何建立特种设备作业人员培训考核体系？

答：为了提高特种设备作业人员培训考核的工作质量，我国特种设备管理机构根据具体实际情况，对传统的特种设备作业人员培训考核方法进行改革创新，研究开发出特种设备作业人员培训考核系统，建立和完善特种设备培训检测基地。这一创新，对特种设备作业人员的培训考核进行了积极有益的探索。通过对作业人员安全知识理论教学和现场模拟仿真设备的操作训练相结合，使作业人员的培训考核从传统的安全知识教育转向以安全操作技能训练为主的方向发展，减少特种设备操作事故隐患。

1. 培训考核工作急需改善

1）近些年来，特种设备使用范围和数量不断增大，特种设备的使用安全以及操作人员的培训考核问题日益突出。而国家对特种设备的安全问题越来越重视，先后在2009年1月颁布《特种设备安全监察条例》（修订版）、2013年6月颁布《中华人民共和国特种设备安全法》、2013年12月生效《特种设备检验人员考核规则》及《特种设备作业人员考核规则》等，对特种设备作业人员的培训、考试、监管等工作做了明确的要求。但从现状看，由于各种因素造成了特种设备作业人员培训“纸上谈兵”的现象比较严重，虽然能够取得国家质检总局颁发的“特种设备作业人员证”，但真正到岗位上操作，由于缺乏安全操作技能训练，多数不能适应岗位安全操作要求。

2）长期以来，对特种设备作业人员的培训考核工作，基本上处于安全知识理论教学、书面答题或面试的模式，教学方法单一，缺乏感性认识和安全操作技能的实践。传统的培训考核模式使企业作业人员对特种设备真实的结构和操作处于模糊状态，造成经培训、考核合格的作业人员在实际岗位上缺乏对特种设备故障排除操作和应急事故的处理能力。

2. 培训考核工作面临困境

1）特种设备作业人员整体素质不高。目前，从事特种设备作业的人员，大多数为外来务工人员，文化水平多在高中以下，有些人员对特种设备的一些专业术语甚至处于“只知道这东西叫什么，却不知道如何具体使用”的水平，对于教科书上理论知识的接受、理解、融会贯通和运用能力相对较低。

2）企业对生产安全承担主体责任的法律意识比较淡薄。目前大量中小型企业对从事特种设备作业人员主动申报培训、申请考核取得“特种设备作业人员证”缺少计划性。由于员工换岗、调动等原因，对新员工培训考核取证上岗的责任意识弱，造成安全监察机构很难对作业人员的持证率进行有效监管。

3）培训考核机构硬件设施跟不上。《特种设备作业人员考核规则》中明确规定考试机构应当满足下列条件：具备满足考试的固定场所；具有满足与所承担考试项目相适应的设备及设施。但是由于投入成本较高、场地受限等因素，目前国内特种设备培训考核工作大多数仅仅局限于笔试，而且各地区培训教材不统一，师资情况没有纳入统一管理。

大多数培训考核仅局限于安全知识的教育，作业人员实际操作水平不能在培训考核中得到有效提高。

4）目前有关特种设备作业人员培训时间一般3或4天，其中2/3以上时间为基础理论教学，现场教学甚少，多数流于参观性教学，增加一点感性认识。

3. 建立培训考核体系，全面提高作业人员实际安全操作技能

（1）近年来江苏某市建立特种设备培训及检测新基地　培训检测基地内设业务大厅——设置了呼叫系统，便于考试安排；多媒体阶梯教室——共144个座位，内部配备了投影仪、计算机等教学设备；电化考试室——共36个机位，是理论练习和无纸化考试的主场地；锅炉作业模拟教室——内设两台燃煤仿真锅炉和两台燃油仿真锅炉，可进行实际操作培训和考试；起重机械作业模拟考试车间——设置了桥式起重机，学员可进行现场练习及考试，提高学员驾驶操作技能；场（厂）内机动车辆作业模拟考试场地——配置了叉车，要求在规定区域按指定路线行驶，提高学员驾驶叉车的能力；特种设备模型室——有各类锅炉模型，通过视频可直观的了解锅炉的内部结构和运行方式，有仿真电梯及主要电梯实物配件，使学员对这类特种设备有直观的了解、认识，掌握操作和排除故障的技能。其他还设有阀门检测中心、水质分析实验室和力学性能实验室等三大实验室，供学员实习用。

（2）近年来，某市建立培训考试新系统　特种设备作业人员培训考试系统包括培训系统和考试系统。培训系统功能有模拟练习、课后作业、知识竞赛等。模拟练习是培训的主要功能，学员对所学知识进行练习和巩固，加深学员的理解和记忆。考试系统功能根据设置试题的难度系数，从题库中随机出卷，学员上机考试。试卷的批改及成绩统计均可由系统自动完成，学员可当场查询考试成绩，增加了考试的公平性和透明度，使教师能够从出题、批卷、成绩统计等繁重的任务中解放出来，提高培训效率。该系统还可进行后台管理，包括题库管理、试卷管理、练习管理、考试管理、考试监控等功能。题库分设了综合类法律法规题库，承压类题库、机电类题库，公共题库等。题库内容侧重为是非题、判断题和选择题，改变传统的理论试卷模式，突出学员掌握安全知识。

（3）近年来，某市新建锅炉仿真培训考核系统　锅炉仿真培训考核系统包

括了燃煤及燃气锅炉培训考核系统和燃油锅炉培训考核系统，由软件和锅炉实物两大部分组成，包含了培训和考试两大功能。培训考试软件内含考生管理、监考人员管理、试题管理、成绩管理等功能，考试方法依据试卷内容要求由监考老师发出操作指令，考生在锅炉上按指令要求操作，由软件自动评判操作是否合格。该系统有助于提高学员的动手操作能力和判断能力。该系统具有以下八大特色。

1）网络化。采用目前的网络通信技术，所有客户端的操作结果都会自动通过网络汇集到服务器上，同时服务器上的试卷和学员、考官信息也可以通过网络下载到各个客户端，组成一个分布网络化的模拟机培训考核系统。

2）系统可以连接锅炉实体做模拟运行，也可以脱离锅炉实体，在计算机网络上做全仿真模拟运行，极大地提高了资源的利用率。

3）系统软件具有强大的硬件检测功能，通过软件界面给控件一个检测参数，实体控件立即会做出响应，从而判断硬件状态是否正常。

4）含无关动作容忍度的评分系统比较符合实际情况。

5）模拟音效系统采用无线头戴式耳机，避免了锅炉音效相互干扰、学员听不清音效和提示音的弊端。

6）锅炉初始状态智能语音提示功能解放了考官的手脚，实现了全自动、无人工干预的培训考试方式。

7）采用管理有序的计算机排队叫号系统，由教师控制实习或考试次序，依次发出呼叫信号通过大厅显示屏和广播通知学员参加实习或考试。

8）采用考官区与学员区分开，学员只能进入实习考试功能区，而考官则透过玻璃进行监控，一目了然。两者功能独立，互不干扰。

（4）近年来，某市新建电梯仿真培训考核系统　电梯仿真培训考核系统的重要设备就是高技术含量的双控透明教学电梯。该电梯设备采用了交流变频调速器与PLC编程的开关量与模拟量双制式控制。功能与真实的交流变频调速电梯相同，具有全集选功能，能自动平层、自动关门，响应轿厢内、外的呼梯信号，并且在电梯上设置了电路、电器、变频、PLC、机械等常见的40多项故障可供学员动手实操。该系统在教学中可实现以下3大功能。

1）帮助学员了解电梯的基本概念和基本结构，熟悉电梯各系统的功能和作用，掌握电梯安全运行的原理，特别是对初次培训的学员，在理论学习的基础上有进一步的感性认识。

2）可以帮助学员充分掌握安全驾驶技术，进一步深化了解安全操作规程及相关安全规章制度实施的重要性和必要性。

3）可以帮助学员对电梯的一些常见故障有一个初步的认识，使其在实际工作中有一点识别故障和排除故障的能力，从而使其在应急救援中起到积极和安全的作用。

9-3　如何加强特种设备检验人员的培训考核工作？

答：根据《中华人民共和国特种设备安全法》及《特种设备安全监察条例》（修订版）规定：从事本条例规定的监督检验、定期检验和型式试验的特种设备检验检测人员应当经国务院特种设备安全监督管理部门组织考核合格，取得检验检测人员证书，方可从事检验检测工作。国家质量监督检验检疫总局（以下简称国家质检总局）颁布的《特种设备检验人员考核规则》，对特种设备检验检测人员的培训、考核都有明确的要求。

特种设备监督管理部门对特种设备检验检测人员考核前往往需要进行岗前培训，而此项培训工作一般委托有资格的专业机构办理。为加强特种设备检验人员的培训考核工作。

1）强化职业道德，强化理论与实际相结合。目前特种设备检验检测人员的培训工作往往忽视“职业道德”的课程内容，即做事先做人，有德才成人。针对当前持续发展的市场经济，对特种设备检验检测人员的培训，首先应注重职业道德的教育，其次才是提高学员专业技术水平，牢牢掌握安全技术知识，特别是紧急预案的操作（但培训中现场实习，紧急预案演示、处理往往因故删除）。通过培训后应使学员真正成为一名具备职业道德及理论与实际结合的称职的持证人员，这样才达到预期的培训目标，因此职业道德教育这课是必不可缺的。

2）严格把关申报检验资格人员的条件，这是提高检验检测人员整体素质主要因素。

3）对培训教材不断更新，特别对新颁布标准、规范必须编入教材内尽快学习，并贯彻执行。同时对安全事故应急预案及处理措施内容要详细编入教材内，以提高培训教材的指导性、针对性和实用性。

4）控制授课教时，参加取证的专业技术培训一般不得少于规定学时。

5）尽快建立一支能讲好课、讲清课、讲懂课的师资队伍。

6）根据《特种设备检验人员考核规则》精神和要求，严格做好对特种设备检验人员考核和发证工作。

7）抓好特种设备监管工作，应从培训的源头抓起，严格按照国家质检总局2011年7月颁发的《特种设备作业人员监督管理办法》、（2013年12月生效）《特种设备检验人员考核规则》等要求，抓好每一环节，严把质量关，使参加培训的每位学员不仅回去持证上岗，更要合格上岗。杜绝事故首先从人头抓起。

9-4　特种设备（压力容器）作业人员监督管理办法有什么内容？

答：锅炉、压力容器（含气瓶）、压力管道、电梯、起重机械、客运索道、大型游乐设施等特种设备的作业人员及其相关管理人员统称特种设备作业人员。为了加强特种设备作业人员监督管理工作，规范作业人员考核发证程序，保障特种设备安全运行，某市对特种设备（压力容器）作业人员监督管理办法的具体内容如下。

1）从事特种设备作业的人员经考核合格取得“特种设备作业人员证”，方可从事相应的作业或者管理工作。

① 国家质量监督检验检疫总局（以下简称国家质检总局）负责全国特种设备作业人员的监督管理，县以上质量技术监督部门负责本辖区内的特种设备作业人员的监督管理。

② 申请“特种设备作业人员证”的人员，应当首先向发证部门指定的特种设备作业人员考试机构（以下简称考试机构）报名参加考试；经考试合格，凭考试结果和相关材料向发证部门申请审核、发证。

③ 特种设备生产、使用单位（以下统称用人单位）应当聘（雇）用取得“特种设备作业人员证”的人员从事相关管理和作业工作，并对作业人员进行严格管理。

④ 特种设备作业人员应当持证上岗，按章操作，发现隐患及时处置或者报告。

⑤ 特种设备作业人员考核发证工作由县以上质量技术监督部门分级负责，具体分级范围由省级质量技术监督部门决定，并在本省范围内公布。

⑥ 特种设备作业人员考试机构应当具备相应的场所、设备、师资、监考人员以及健全的考试管理制度等必备条件和能力，经发证部门批准，方可承担考试工作。

发证部门应当对考试机构进行监督，发现问题及时处理。

⑦ 特种设备作业人员考试和审核发证程序包括考试报名、考试、领证申请、受理、审核、发证。

⑧ 发证部门和考试机构应当在办公处所公布本办法、考试和审核发证程序、考试作业人员种类、报考具体条件、收费依据和标准、考试机构名称及地点、考试计划等事项。其中：考试报名时间、考试科目、考试地点、考试时间等具体考试计划事项，应当在举行考试之日两个月前公布。

⑨ 申请“特种设备作业人员证”的人员应当符合下列条件：a. 年龄在18周岁以上；b. 身体健康并满足申请从事的作业种类对身体的特殊要求；c. 有与申请作业种类相适应的文化程度；d. 有与申请作业种类相适应的工作经历；e. 具有相应的安全技术知识与技能；f. 符合安全技术规范规定的其他要求。

⑩ 用人单位应当加强作业人员安全教育和培训，保证特种设备作业人员具备必要的特种设备安全作业知识、作业技能和及时进行知识更新。

⑪ 符合条件的申请人员应当向考试机构提交有关证明材料，报名参加考试。

⑫ 考试机构应当制定和认真落实特种设备作业人员考试组织工作的各项规章制度，严格按照公开、公正、公平的原则，组织实施特种设备作业人员的考

试，确保考试工作质量。

⑬ 考试结束后，考试机构应当在20个工作日内将考试结果告知申请人，并公布考试成绩。

⑭ 考试合格的人员，凭考试结果通知单和其他相关证明材料，向发证部门申请办理“特种设备作业人员证”。

⑮ 发证部门应当在五个工作日内对报送材料进行审查，或者告知申请人补正申请材料，并做出是否受理的决定。能够当场审查的，应当当场办理。

⑯ 对同意受理的申请，发证部门应当在20个工作日内完成审核批准手续。准予发证的，在10个工作日内向申请人颁发“特种设备作业人员证”；不予发证的，应当书面说明理由。

2）对持有“特种设备作业人员证”的人员，必须经用人单位的法定代表人（负责人）或者其授权人雇（聘）用后，方可在许可的项目范围内作业。

① 用人单位应当加强对特种设备作业现场和作业人员的管理。

② 特种设备作业人员应当遵守以下规定：a. 作业时随身携带证件，并自觉接受用人单位的安全管理和质量技术监督部门的监督检查；b. 积极参加特种设备安全教育和安全技术培训；c. 严格执行特种设备操作规程和有关安全规章制度；d. 拒绝违章指挥；e. 发现事故隐患或者不安全因素应当立即向现场管理人员和单位有关负责人报告。

③“特种设备作业人员证”每2年复审1次。持证人员应当在复审期满3个月前，向发证部门提出复审申请。复审合格的，由发证部门在证书正本上签章。对在2年内无违规、违法等不良记录，并按时参加安全培训的，应当按照有关安全技术规范的规定延长复审期限。

④ 复审不合格的应当重新参加考试。逾期未申请复审或考试不合格的，其“特种设备作业人员证”予以注销。跨地区从业的特种设备作业人员，可以向从业所在地的发证部门申请复审。

⑤“特种设备作业人员证”遗失或者损毁的，持证人应当及时报告发证部门，并在当地媒体予以公告。查证属实的，由发证部门补办证书。

⑥ 任何单位和个人不得非法印制、伪造、涂改、倒卖、出租或者出借“特种设备作业人员证”。

⑦ 各级质量技术监督部门应当对特种设备作业活动进行监督检查，查处违法作业行为。

⑧ 发证部门应当加强对考试机构的监督管理，及时纠正违规行为，必要时应当派人现场监督考试的有关活动。

⑨ 发证部门要建立特种设备作业人员监督管理档案，记录考核发证、复审和监督检查的情况。发证、复审及监督检查情况要定期向社会公布。

3）对违反规定的行为，都要进行处罚。

① 申请人隐瞒有关情况或者提供虚假材料申请“特种设备作业人员证”的，不予受理或者不予批准发证，并在1年内不得再次申请“特种设备作业人员证”。

② 有下列情形之一的，应当吊销“特种设备作业人员证”：a. 持证作业人员以考试作弊或者以其他欺骗方式取得“特种设备作业人员证”的；b. 持证作业人员违章操作或者管理造成特种设备事故的；c. 持证作业人员发现事故隐患或者其他不安全因素未立即报告造成特种设备事故的；d. 持证作业人员逾期不申请复审或者复审不合格且不参加考试的；e. 考试机构或者发证部门工作人员滥用职权、玩忽职守、违反法定程序或者超越发证范围考核发证的。

违反 a. 、b. 、c. 、d. 项规定的，持证人三年内不得再次申请“特种设备作业人员证”；违反前款第 b. 、c. 项规定，造成特大事故的，终身不得申请“特种设备作业人员证”。

③ 有下列情形之一的，责令用人单位改正，并处1000元以上3万元以下罚款：a. 违章指挥特种设备作业的；b. 作业人员违反特种设备的操作规程和有关的安全规章制度操作，或者在作业过程中发现事故隐患或者其他不安全因素未立即向现场管理人员和单位有关负责人报告，用人单位未给予批评教育或者处分的。

④ 非法印制、伪造、涂改、倒卖、出租、出借“特种设备作业人员证”，或者使用非法印制、伪造、涂改、倒卖、出租、出借“特种设备作业人员证”的，处1000元以下罚款；构成犯罪的，依法追究刑事责任。

⑤ 发证部门未按规定程序组织考试和审核发证，或者发证部门未对考试机构严格监督管理影响特种设备作业人员考试质量的，由上一级发证部门责令整改；情节严重的，其负责的特种设备作业人员的考核工作由上一级发证部门组织实施。

⑥ 考试机构未按规定程序组织考试工作，责令整改；情节严重的，暂停或者撤销其批准。

⑦ 发证部门或者考试机构工作人员滥用职权、玩忽职守、以权谋私的，应当依法给予行政处分；构成犯罪的，依法追究刑事责任。

9-5　特种设备（压力容器）作业人员考核规则有什么要求？

答：对特种设备（压力容器）作业人员的考核，其考核工作包括考试、审核、发证和复审等，对特种设备作业人员的考核工作由国家质量监督检验检疫总局（以下简称国家质检总局）和各级质量技术监督部门组织实施，某省具体要求如下。

1）特种设备作业人员的考试包括理论知识考试和实际操作考试两个科目，均实行百分制，60分合格。具体考试方式、内容、要求、作业级别、项目，特种设备作业人员的具体要求，按照国家质检总局制订的相关作业人员考核大纲执行。

2）考试机构的主要职责如下：a. 审查特种设备作业人员考试申请材料；

b. 组织实施特种设备作业人员考试；c. 公布、通知和上报考试结果；d. 建立特种设备作业人员考试管理档案；e. 根据申请人的委托向发证部门统一申请办理并且协助发放“特种设备作业人员证”；f. 根据申请人的委托向发证部门统一申请办理“特种设备作业人员证”的复审；g. 向国家质检总局或者发证部门提交年度工作总结及考试相关统计报表；h. 国家质检总局或者发证部门委托或者交办的其他事项。

3）国家质检总局确定的考试机构由国家质检总局向社会公布，各级发证部门确定的考试机构由省、自治区、直辖市质量技术监督局向社会公布。

4）报名参加特种设备作业人员考试的人员，应当向考试机构提交下列材料：a. “特种设备作业人员考试申请表”，见表9-1；b. 身份证（复印件，1 份）；c. 1 寸正面免冠照片（两张）；d. 毕业证书（复印件）或者学历证明（1 份）。

表 9-1　特种设备作业人员考试申请表

<table>
<tr><td>申请人姓名</td><td></td><td>性别</td><td></td><td rowspan="4">照片</td></tr>
<tr><td>通信地址</td><td colspan="3"></td></tr>
<tr><td>文化程度</td><td></td><td>邮政编码</td><td></td></tr>
<tr><td>身份证号</td><td></td><td>联系电话</td><td></td></tr>
<tr><td>申请考核
作业种类</td><td></td><td>申请考核
作业项目</td><td colspan="2">类别、级别：</td></tr>
<tr><td>用人单位</td><td colspan="2"></td><td>单位联系人</td><td></td></tr>
<tr><td>单位地址</td><td colspan="2"></td><td>联系电话</td><td></td></tr>
<tr><td colspan="5">是否委托考试机构办理取证手续：☐是　　☐否</td></tr>
<tr><td>工作简历</td><td colspan="4"></td></tr>
<tr><td>培训情况</td><td colspan="4"></td></tr>
<tr><td>用人单位
意见①</td><td colspan="4">（公章）
年　月　日</td></tr>
<tr><td>相关材料</td><td colspan="4">☐身份证（复印件，一份）
☐1 寸正面免冠照片（两张）
☐毕业证书（复印件）或者学历证明（一份）
☐其他
声明：本人对所填写的内容和所提交材料实质内容的真实性负责。
申请人（签字）：　　日期：</td></tr>
</table>

① 用人单位应当明确申请人身体状况能够适应所申请考核作业项目的需要，经过安全教育和培训，有 3 个月以上申请项目的实习经历。

“特种设备作业人员考试申请表”由用人单位签署意见，明确申请人身体状况能够适应所申请考核作业项目的需要，经过安全教育和培训，有3个月以上申请项目的实习经历。

5）考试机构应当在收到报名材料后15个工作日内完成对材料的审查。对符合要求的，通知申请人按时参加考试；对不符合要求的，通知申请人及时补正材料或者说明不符合要求的理由。

① 考试机构应当根据各类特种设备作业人员考核大纲的要求组织命题。

② 考试机构按照公布的考试科目、考试地点、考试时间组织考试。需要更改考试科目、考试地点、考试时间的，应当提前30天公布，并通知已申请考试的人员。

③ 考试组织工作要严格执行保密、监考等各项规章制度，确保考试工作的公开、公正、公平、规范，确保考试工作的质量。

④ 考试机构应当在考试结束后的20个工作日内，完成考试成绩的评定，将考试结果报国家质检总局或者发证部门并且通知申请人。

⑤ 考试成绩有效期为1年。单项考试科目不合格者，1年内允许申请补考1次。两项均不合格或者补考仍不合格者，应当重新申请考试。

⑥ 考试合格的人员，由考试机构向发证部门统一申请办理“特种设备作业人员证”。

⑦ 参加国家质检总局确定的考试机构统一考试的，由考试机构向设备所在地的省级发证部门申请审核、发证。

6）持“特种设备作业人员证”的人员，应当在期满3个月前，向发证部门提出复审申请，也可以将复审申请材料提交考试机构，由考试机构统一办理。

7）申请复审时，持证人员应当提交以下材料：a.“特种设备作业人员复审申请表”见表9-2；b.“特种设备作业人员证”（原件）；c.“特种设备作业人员复审申请表”由用人单位签署意见，明确申请人身体状况能够适应所申请复审作业项目的需要，经过安全教育和培训，有无违规、违法等不良记录。

8）复审时，满足以下所有要求的为复审合格：a. 提交的复审申请资料真实安全；b. 男年龄不超过60周岁，女年龄不超过55周岁；c. 在复审期限内中断所从事持证项目的作业时间不超过12个月；d. 没有造成事故的；e. 符合相应作业人员考核大纲规定条件的。

9）发证部门应当在5个工作日内对复审材料进行审查，或者告知申请人补正申请材料，并且做出是否受理的决定。能够当场审查的，应当当场办理。

对同意受理的复审申请，发证部门应当在20个工作日内完成复审。合格的在证书上签章；不合格的，应当书面说明理由。

10）在有效期内无违规、违法等不良记录，并且按时参加安全培训的持证人员，可以申请延长下次复审期限，延长的复审期限不得超过四年。

11）复审不合格的持证人员应当重新参加考试。逾期未申请复审或重新考试不合格的，其“特种设备作业人员证”失效，由发证部门予以注销。

12）用人单位应当加强对特种设备作业人员的管理，为特种设备作业人员的取证和复审提供客观真实的证明材料。

表 9-2　特种设备作业人员复审申请表

申请人姓名		性别		照片
文化程度		邮政编码		
通信地址				
身份证号		联系电话		
申请考核 作业种类		申请考核 作业项目	类别、级别：	
是否申请延长下次复审期限：□是　□否 是否委托考试机构办理复审手续：□是　□否				
用人单位		单位联系人		
单位地址		联系电话		
工作简历				
培训情况				
用人单位 意见①	（公章） 年　月　日			
复审材料	□《特种设备作业人员证》（原件） □其他 声明：本人对所填写的内容和所提交材料实质内容的真实性负责。 申请人（签字）：　　日期：			

① 用人单位应当明确申请人身体状况能够适应所申请考核作业项目的需要，经过教育和培训，有无违规、违法等不良记录。

附录　试题选编

1. 特种设备综合管理试题选编（压力容器及气瓶部分）

特种设备综合管理（压力容器及气瓶部分）试题选编内容有判断题、选择题、简答题三种类型。

（1）判断题

1）TSG Z8002—2013《特种设备检验人员考核规则》中规定：检验人员的检验项目分为定期检验和监督检验。（√）

2）《特种设备作业人员监督管理办法》将锅炉、压力容器（含气瓶）、压力管道、电梯、起重机械、客运索道、大型游乐设施等特种设备的作业人员及其相关管理人员统称特种设备作业人员。（√）

3）从事特种设备作业的人员应当按照《特种设备作业人员监督管理办法》的规定，经考核合格取得《特种设备作业人员证》，方可从事相应的作业或者管理工作。（√）

4）《中华人民共和国特种设备安全法》规定：特种设备生产单位应当保证特种设备生产符合安全技术规范及相关标准的要求，对其生产的特种设备的安全性能负责。（√）

5）《特种设备安全监察条例》规定，压力容器安全性能监督检验应在制造过程中进行，未经监督检验或经监督检验不合格的产品不得销售、使用。（√）

6）按照《锅炉压力容器制造许可条件》的规定，境外企业出口到中国的压力容器产品，其产品检验要求中的外观检查、焊接接头的力学性能试验、金相检验和断口检验、水压试验、无损检测的项目和比例等须满足上述中国技术规范中的有关要求。（√）

7）《中华人民共和国特种设备安全法》的立法宗旨是：为了加强特种设备安全工作，预防特种设备事故，保障人身和财产安全，促进经济社会发展。（√）

8）《中华人民共和国特种设备安全法》规定：进口的特种设备应当符合我国安全技术规范的要求，并经检验合格；需要取得我国特种设备生产许可的，应当取得许可。（√）

9）军事装备、核设施、航空航天器、铁路机车、海上设施和船舶以及煤矿矿井使用的特种设备的安全监察不适用《特种设备安全监察条例》。（√）

10）《特种设备安全监察条例》规定，特种设备检验检测机构，应当接受特

种设备安全监督管理部门依法进行的特种设备安全监察。（✓）

（2）选择题

1）叙述下列哪些符合《特种设备安全监察条例》的规定？__A、B、C__

A. 压力容器生产、使用单位应当建立健全压力容器安全管理制度和岗位安全责任制度。

B. 压力容器生产、使用单位的主要负责人应当对本单位压力容器的安全全面负责。

C. 压力容器生产、使用单位应当接受特种设备安全监督管理部门依法进行的压力容器安全监察。

2）特种设备检验检测机构，应当依照《特种设备安全监察条例》规定，进行检验检测工作，对其检验检测结果、鉴定结论承担__C__。

A. 经济责任　B. 工作质量责任　C. 法律责任

3）下列叙述哪些符合《特种设备安全监察条例》的规定？__A、B、D__

A. 县级以上地方人民政府应当督促、支持特种设备安全监督管理部门依法履行安全监察职责，对特种设备安全监察中存在的重大问题及时予以协调、解决。

B. 国家鼓励推行科学的管理方法，采用先进技术，提高特种设备安全性能和管理水平，增强特种设备生产、使用单位防范事故的能力。

C. 只有特种设备安全监督管理部门才受理有关违反《特种设备安全监察条例》行为的举报。

D. 特种设备安全监督管理部门应当建立特种设备安全监察举报制度，公布举报电话、信箱或者电子邮件地址，受理对特种设备生产、使用和检验检测违法行为的举报，并及时予以处理。

4）《特种设备安全监察条例》规定，压力容器生产单位对其生产的压力容器的__A、B__负责。

A. 安全性能　B. 产品质量

5）《中华人民共和国特种设备安全法》规定，特种设备在出租期间的使用管理和维护保养义务由特种设备__A__承担，法律另有规定或者当事人另有约定的除外。

A. 出租单位　B. 承租单位

6）《特种设备安全监察条例》是一部__D__。

A. 安全技术法规　B. 行政规章　C. 法律　D. 行政法规

7）根据《特种设备安全监察条例》，判断下列叙述哪些是正确的？__A、B__

A. 《特种设备安全监察条例》所指的锅炉、压力容器的生产包括其设计、制造、安装、改造和维修。

B. 锅炉、压力容器的生产、使用、检验检测及其监督检查应当遵守《特种设备安全监察条例》。

8）《特种设备安全监察条例》规定，压力容器的维修单位应当有与压力容器维修相适应的专业技术人员和技术工人以及必要的检测手段，并经＿B＿许可，方可从事相应的维修活动。

A. 国务院特种设备安全监督管理部门

B. 省、自治区、直辖市的特种设备安全监督管理部门

C. 国务院特种设备安全监督管理部门或省、自治区、直辖市的特种设备安全监督管理部门

9）压力容器的＿A＿，必须由依照《特种设备安全监察条例》取得许可的单位进行。

A. 安装、改造、维修

B. 设计、安装、改造、维修

C. 设计、安装、改造、维修、检验检测

D. 设计、安装、改造、维修、检验检测、安全监督管理

10）《特种设备安全监察条例》规定，特种设备检验检测机构进行特种设备检验检测，发现＿A＿，应当及时告知特种设备使用单位，并立即向特种设备安全监督管理部门报告。

A. 严重事故隐患　　　　　　B. 事故隐患

11）《特种设备安全监察条例》规定，锅炉、气瓶和氧舱的设计文件，未经国务院特种设备安全监督管理部门核准的检验检测机构鉴定，擅自用于制造的，由特种设备安全监督管理部门＿B＿。

A. 予以取缔，处以5万元以上20万元以下罚款；有违法所得的，没收违法所得；触犯刑律的，对负有责任的主管人员和其他直接责任人员依照刑法关于非法经营罪或者其他罪的规定，依法追究刑事责任。

B. 责令改正，没收非法制造的产品，处5万元以上20万元以下罚款；触犯刑律的，对负有责任的主管人员和其他直接责任人依照刑法关于生产、销售伪劣产品罪、非法经营罪或者其他罪的规定，依法追究刑事责任。

12）《特种设备安全监察条例》规定，压力容器出厂时，未按照安全技术规范的要求附有设计文件、产品质量合格证明、安装及使用维修说明、监督检验证明等文件的，由特种设备安全监督管理部门＿B＿。

A. 责令限期改正；逾期未改正的，处2万元以上10万元以下罚款。

B. 责令改正；情节严重的，责令停止生产、销售，处违法生产、销售货值金额30%以下罚款；有违法所得的，没收违法所得。

13）《中华人民共和国特种设备安全法》规定，特种设备运行不正常时，特

种设备 B 应当按照操作规程采取有效措施保证安全运行。

A. 安全管理人员　　B. 作业人员

14）《锅炉压力容器使用登记管理办法》规定，压力容器使用登记证在压力容器 C 有效。

A. 登记后的 5 年内　　B. 登记后的 3 年内　　C. 定期检验合格期内

（3）简答题

1）《特种设备安全监察条例》对在用压力容器的日常维护保养和自行检查提出了什么要求？

答：压力容器使用单位应当对在用压力容器进行经常性日常维护保养，并定期自行检查；应当至少每月进行 1 次自行检查，并做出记录；自行检查和日常维护保养时发现异常情况的，应当及时处理。

2）按照《特种设备安全监察条例》的规定，什么情况的压力容器应当报废？

答：压力容器存在严重事故隐患，无改造、维修价值，或者超过安全技术规范规定使用年限，压力容器使用单位应当及时予以报废。

3）《特种设备安全监察条例》对压力容器的使用单位的安全管理机构或者安全管理人员的配备提出了什么要求？压力容器的安全管理人员有哪些责任和权力？

答：压力容器使用单位应当根据情况设置安全管理机构或者配备专职、兼职的安全管理人员。

安全管理人员应当对压力容器使用状况进行经常性检查，发现问题的应当立即处理；情况紧急时，可以决定停止使用压力容器并及时报告本单位有关负责人。

4）《特种设备安全监察条例》对压力容器的制造、安装、改造单位应当具备的条件是如何规定的？

答：压力容器的制造、安装、改造单位应当具备下列条件：

① 有与压力容器制造、安装、改造相适应的专业技术人员和技术工人。

② 有与压力容器制造、安装、改造相适应的生产条件和检测手段。

③ 有健全的质量管理制度和责任制度。

5）《特种设备安全监察条例》对压力容器出厂时应附的文件是如何规定的？

答：压力容器出厂时，应当附有安全技术规范要求的设计文件、产品质量合格证明、安装及使用维修说明、监督检验证明等文件。

6）《特种设备安全监察条例》对压力容器的哪些过程提出了进行监督检验的要求？由谁进行监督检验？按什么要求进行监督检验？

答：压力容器的制造过程和压力容器的安装、改造、重大维修过程，必须经国务院特种设备安全监督管理部门核准的检验检测机构按照安全技术规范的要求进行监督检验；未经监督检验合格的不得出厂或者交付使用。

7）《特种设备安全监察条例》对压力容器使用单位的特种设备安全技术档案内容是如何要求的？

答：安全技术档案应当包括以下内容：

① 压力容器的设计文件、制造单位、产品质量合格证明、使用维护说明等文件以及安装技术文件和资料。

② 压力容器的定期检验和定期自行检查的记录。

③ 压力容器的日常使用状况记录。

④ 压力容器及其安全附件、安全保护装置、测量调控装置及有关附属仪器仪表的日常维护保养记录。

⑤ 压力容器运行故障和事故记录。

8）根据《特种设备安全监察条例》，说明对未经许可，擅自从事压力容器及其安全附件、安全保护装置的制造、安装、改造及压力管道元件的制造活动的情况如何处理？

答：由特种设备安全监督管理部门予以取缔，没收非法制造的产品，已经实施安装、改造的，责令恢复原状或者责令限期由取得许可的单位重新安装、改造，处5万元以上20万元以下罚款；触犯刑律的，对负有责任的主管人员和其他直接责任人员依照刑法关于生产、销售伪劣产品罪、非法经营罪、重大责任事故罪或者其他罪的规定，依法追究刑事责任。

9）按照《特种设备安全监察条例》的规定，特种设备安全监督管理部门根据举报或者取得的涉嫌违法证据，对涉嫌违反本条例规定的行为进行查处时，可以行使哪些职权？

答：可以行使下列职权：

① 向特种设备生产、使用单位和检验检测机构的法定代表人、主要负责人和其他有关人员调查、了解与涉嫌从事违反本条例的生产、使用、检验检测有关的情况。

② 查阅、复制特种设备生产、使用单位和检验检测机构的有关合同、发票、账簿以及其他有关资料。

③ 对有证据表明不符合安全技术规范要求的或者有其他严重事故隐患的特种设备或者其主要部件，予以查封或者扣押。

10）《特种设备安全监察条例》对特种设备安全监察人员的条件，资格和行为准则提出了哪些要求？

答：特种设备安全监察人员应当熟悉相关法律、法规、规章和安全技术规范，具有相应的专业知识和工作经验，并经国务院特种设备安全监督管理部门考核，取得特种设备安全监察人员证书。

特种设备安全监察人员应当忠于职守、坚持原则、秉公执法。

11）按照《特种设备安全监察条例》的规定，对压力容器制造过程和压力容器的安装、改造、重大维修过程，未经国务院特种设备安全监督管理部门核准的检验检测机构按照安全技术规范的要求进行监督检验，出厂或者交付使用的情况应当如何处理？

答：由特种设备安全监督管理部门责令改正，没收违法生产、销售的产品，已经实施安装、改造或者重大维修的，责令限期进行监督检验，处5万元以上20万元以下的罚款；有违法所得的，没收违法所得；情节严重的，撤销制造、安装、改造或者维修单位已经取得的许可，并由工商行政管理部门吊销其营业执照；触犯刑律的，对负有责任的主管人员和其他直接责任人员依照刑法有关生产、销售伪劣产品罪或者其他罪的规定，依法追究刑事责任。

12）根据《锅炉压力容器使用登记管理办法》的规定说明有哪些情形的压力容器，不得申请变更登记？

答：使用压力容器有下列情形之一的，不得申请变更登记：

① 在原使用地未办理使用登记的。

② 在原使用地未进行定期检验或定期检验结论为停止运行的。

③ 在原使用地已经报废的。

④ 擅自变更使用条件进行过非法修理改造的。

⑤ 无技术资料和铭牌的。

⑥ 存在事故隐患的。

⑦ 安全状况等级为4级、5级的压力容器或者使用时间超过20年的压力容器。

2. 压力容器培训考核试题选编

压力容器培训考核试题选编简答题如下。

(1) 压力容器主要受压部分的焊接接头分为哪几类？

答：压力容器主要受压部分的焊接接头分为A、B、C、D四类。

1）圆筒部分的纵向接头（多层包扎容器层板层纵向接头除外）、球形封头与圆筒连接的环向接头、各类凸形封头中的所有拼焊接头以及嵌入式接管与壳体对接连接的接头，均属A类焊接接头。

2）壳体部分的环向接头、锥形封头小端与接管连接的接头、长颈法兰与接管连接的接头，均属B类焊接接头，但已规定为A、C、D类的焊接接头除外。

3）平盖、管板与圆筒非对接连接的接头，法兰与壳体、接管连接的接头，内封头与圆筒的搭接接头以及多层包扎容器层板层纵向接头，均属C类焊接接头。

4）接管、人孔、凸缘、补强圈等与壳体连接的接头，均属D类焊接接头，但已规定为A、B类的焊接接头除外。

（2）压力容器的主要受压元件有哪些？

答：压力容器的筒体、封头（端盖）、人孔盖、人孔法兰、人孔接管、膨胀节、开孔补强圈、设备法兰；球罐的球壳板；换热器的管板和换热管；M36以上的设备主螺栓及公称直径大于等于250mm的接管和管法兰均作为主要受压元件。

（3）压力容器的哪些环节必须严格执行TSG 21—2016《固定式压力容器安全技术监察规程》的规定？

答：压力容器的设计、制造（组焊）、安装、使用、检验、修理和改造等七个环节必须严格执行《压力容器安全技术监察规程》的规定。

（4）安全阀出现什么情况时，应停止使用并更换？

答：安全阀出现以下情况时，应停止使用并更换？

1）安全阀的阀芯和阀座密封不严且无法修复。

2）安全阀的阀芯和阀座黏死或弹簧严重腐蚀、生锈。

3）安全阀选型错误。

（5）进行液压试验的压力容器，符合什么条件为合格？

答：符合以下条件为合格：

1）无渗漏。

2）无可见的变形。

3）试验过程中无异常的响声。

4）对抗拉强度规定值下限大于等于540MPa的材料，表面经无损检测抽查未发现裂纹。

（6）奥氏体不锈钢压力容器的热处理指的是什么？

答：奥氏体不锈钢压力容器的热处理一般指1100℃的固溶处理或875℃的稳定化处理。

（7）什么叫“无损检测”？

答：在不破坏产品的形状、结构和性能的情况下，为了了解产品及各种结构物材料的质量、状态、性能及内部结构所进行的各种检测叫作无损检测。

（8）开展无损检测的目的是什么？

答：无损检测的目的是改进制造工艺、降低制造成本、提高产品的可靠性、保证设备的安全运行。

（9）常用的无损检测方法有哪些？

答：常用的无损检测方法有：射线检测（RT）、超声检测（UT）、磁粉检测（MT）、渗透检测（PT）、涡流检测（ET）和目视检测（VT）。

(10) 简述磁粉检测的基本原理。

答：有表面和近表面缺陷的工件磁化后，当缺陷方向和磁场方向呈一定角度时，由于缺陷处的磁导率的变化使磁力线逸出工件表面，产生漏磁场，可以吸附磁粉而产生磁痕显示。

(11) 简述渗透检测的基本原理。

答：渗透检测的基本原理是利用毛细管现象使渗透剂渗入表面开口缺陷，经清洗使表面上多余渗透剂去除，而使缺陷中的渗透剂保留，再利用显像剂的毛细管作用吸附出缺陷中的余留渗透剂，而达到检验缺陷的目的。

(12) 简述渗透检测的基本步骤。

答：渗透检测的基本步骤有预清洗→渗透→去除→显像→观察检查→后清洗。

(13) 渗透检测有哪些优点和局限性？

答：渗透检测的优点和局限性概括如下：

1) 渗透检测可以用于除了疏松多孔性材料外任何种类的材料。

2) 形状复杂的部件也可以用渗透检测，并一次操作就可以做到全面检测。

3) 同时存在几个方向的缺陷，用一次检测操作就可以完成检测。

4) 不需要大型的设备，可不用水电。

5) 试件表面粗糙度影响大，检测结果往往容易受操作人员水平的影响。

6) 可以检出表面开口的缺陷，但对埋藏缺陷或闭合型的表面缺陷无法检出。

7) 检测工序多，速度慢。

8) 检测灵敏度比磁粉检测低。

9) 材料较贵，成本较高。

10) 有些材料易燃、有毒。

(14) 影响射线照相影像质量的3个要素是什么？

答：影响射线质量的3个要素是：

1) 对比度。

2) 清晰度。

3) 颗粒度。

(15) 射线检测的优点和局限性有哪些？

答：射线检测的优点和局限性概括如下：

1) 检测结果有直接记录——底片。

2) 可以获得缺陷的投影图像，缺陷定性定量准确。

3) 体积型缺陷检出率很高，而面积型缺陷的检出率受到多种因素影响。

4) 适宜检验厚度较薄的工件而不适宜检验较厚的工件。

5）适宜检测对接焊缝，检测角焊缝效果较差，不适宜检测板材、棒件、锻件。

6）有些试件结构和现场条件不适合射线照相。

7）对缺陷在工件中厚度方向的位置、尺寸（高度）的确定比较困难。

8）检测成本高。

9）射线检测速度慢。

10）射线对人体有伤害。

（16）超声检测应采用哪些透声性好，且不损伤检测表面的耦合剂？

答：主要的耦合剂有：全损耗系统用油、糨糊、甘油和水等。

（17）焊缝超声检测中，常见的伪缺陷波有哪些？

答：焊缝超声检测中，常见的伪缺陷有：

1）仪器杂波。

2）探头杂波。

3）耦合剂反射波。

4）焊缝表面沟槽反射波。

5）焊缝上下错位引起的反射波。

（18）超声检测的优点和局限性有哪些？

答：超声检测的优点和局限性概括如下：

1）面积型缺陷的检出率较高，而体积型缺陷的检出率较低。

2）适宜检验厚度较大的工件，不适宜检验较薄的工件。

3）应用范围广，可用于各种试件。

4）检测成本低、速度快，仪器体积小、质量轻，现场使用较方便。

5）无法得到缺陷直观图像，定性困难，定量精度不高。

6）检测结果无直接见证记录。

7）对缺陷在工件厚度方向上的定位较准确。

8）材质、晶粒度对检测有影响。

9）工件不规则的外形和一些结构会影响检测。

10）探头扫查面的平整度和表面粗糙度对超声检测有一定的影响。

（19）压力容器的定义是什么？

答：根据 TSG 21—2016《固定式压力容器安全技术监察规程》，压力容器是指盛装气体或者液体，承载一定压力的密闭设备，同时具备以下条件的压力容器：a. 工作压力大于等于 0.1MPa（表压）；b. 容积大于或等于 $0.03m^3$ 并且内直径（非圆形截面指截面内边界最大几何尺寸）大于或者等于 150mm；c. 盛装介质为气体、液化气体及介质最高工作温度高于或者等于其标准沸点的液体。

（20）压力容器按工艺要求可分为哪几类？

答：反应压力容器、换热压力容器、分离压力容器、贮存压力容器。

（21）压力容器拼接与组装有哪些要求？

答：根据 TSG 21—2016《固定式压力容器安全技术监察规程》，压力容器拼接与组装要求：

1）球形储罐球壳板不允许拼接。

2）压力容器不宜采用十字焊缝。

3）压力容器制造过程中不允许强力组装。

（22）哪些压力容器必须进行气密性试验？

答：压力容器介质毒性为极度、高度危害或设计上不允许有微量泄漏的压力容器必须进行气密性试验。

（23）对用于制造压力容器受压元件的焊接材料有哪些规定？对焊接材料进行管理应建立哪些制度？

答：用于制造压力容器受压元件的焊接材料，应按相应标准制造、检验和选用。焊接材料必须有质量证明书和清晰、牢固的标志。

压力容器制造单位应建立并严格执行焊接材料验收、复验、保管、烘干、发放和回收制度。

（24）在哪些条件下，用于制造压力容器壳体的碳素钢和低合金钢板应逐张进行超声检测？

答：以下五种钢板应逐张进行超声检测：

1）盛装介质毒性程度为极度、高度危害的压力容器。

2）盛装介质为液化石油气且硫化氢含量大于100mg/L的压力容器。

3）最高工作压力大于等于10MPa的压力容器。

4）GB 150.4—2011《压力容器　第4部分：制造、检验和验收》及其他国家标准和行业标准中规定应逐张进行超声检测的钢板。

5）移动式压力容器。

（25）按照 TSG 21—2016《固定式压力容器安全技术监察规程》的规定，压力容器出厂时，制造单位应向用户提供哪些技术文件和资料？

答：应提供的技术文件和资料包括：

1）竣工图样。

2）产品质量证明书及产品铭牌的拓印件。

3）压力容器产品安全质量监督检验证书（未实施监检的产品除外）。

4）移动式压力容器还应提供产品使用说明书（含安全附件使用说明书）、随车工具及安全附件清单、底盘使用说明书等。

5）强度计算书。

（26）对压力容器焊接接头返修的现场记录有哪些要求？

答：返修的现场记录应详尽，其内容至少包括坡口形式、尺寸、返修长度、焊接参数（焊接电流、电弧电压、焊接速度、预热温度、层间温度、后热温度和保温时间、焊材牌号及规格、焊接位置等）和施焊者及其钢印等。

(27) 按照要求，哪些情况下压力容器的耐压试验按设计图样规定可采用气压试验?

答：由于结构或支撑原因，不能向压力容器内充灌液体，以及运行条件不允许残留试验液体的压力容器，可按设计图样规定采用气压试验。

(28) 对用于压力容器上安全阀的质量证明书应包括哪些内容?

答：安全阀的质量证明书应包括以下内容：

1) 铭牌上的内容。

2) 制造依据的标准。

3) 检验报告。

4) 其他的特殊要求。

(29) 按照要求，用于压力容器的液面计出现哪些情况时，应停止使用并更换?

答：出现以下情况应停止使用并更换：

1) 超过检修周期。

2) 玻璃板（管）有裂纹、破碎。

3) 阀件固死。

4) 出现假液位。

5) 液面计指示模糊不清。

(30) 对用于压力容器的压力表的选用提出了哪些要求?

答：压力表的选用要求如下：

1) 选用的压力表，必须与压力容器内的介质相适应。

2) 低压容器使用的压力表精度不应低于2.5级；中压及高压容器使用的压力表精度不应低于1.5级。

3) 压力表盘刻度极限值应为最高工作压力的1.5~3.0倍，表盘直径不应小于100mm。

(31) 对压力容器焊接接头的表面质量提出了哪些要求?

答：压力容器焊接接头的表面质量要求如下：

1) 形状、尺寸及外观应符合技术标准和设计图样的规定。

2) 不得有表面裂纹、未焊透、未熔合、表面气孔、弧坑、未填满和肉眼可见的夹渣等缺陷，焊缝上的熔渣和两侧的飞溅物必须清除。

3) 焊缝与母材应圆滑过渡。

4) 焊缝的咬边要求如下：a. 使用抗拉强度规定值下限大于等于540MPa的

钢材及铬、钼低合金钢材制造的压力容器，奥氏体不锈钢、钛材和镍材制造的压力容器，低温压力容器，球形压力容器及焊缝系数取 1.0 的压力容器，其焊缝表面不得有咬边；b. 上条以外压力容器的焊缝表面的咬边深度不得大于 0.5mm，咬边的连续长度不得大于 100mm，焊缝两侧咬边的总长不得超过该焊缝长度的 10%。

5）角焊缝的焊脚高度，应符合技术标准和设计图样要求，外形应平缓过渡。

（32）按照规定，压力容器缺陷安全评定仅适用于什么样的压力容器？

答：大型关键性在用压力容器，经定期检验，发现大量难于修复的超标缺陷。使用单位因生产急需，确需通过缺陷安全评定来判定能否监控使用到下一个检验周期或者设备更新时，才能按规定程序向国家锅炉压力容器安全监察机构提出进行评定的申请。

（33）锅炉压力容器产品安全性能监督检验的内容有哪些？

答：锅炉压力容器产品安全性能监督检验的内容有两个方面：

1）对锅炉压力容器制造过程中涉及安全性能的项目进行监督检验。

2）对受检企业锅炉压力容器制造质量体系运转情况进行监督检查。

（34）对压力容器材料的监检项目和方法是如何规定的？

答：监检时压力容器材料的监检项目和方法的规定如下：

1）审查材料质量证明书、材料复验报告。

2）审查材料标记移植。

3）审查主要受压元件材料的选用和材料代用手续。

（35）按照 GB 150.4—2011《压力容器　第4部分：制造、检验和验收》的要求，焊后热处理应优先采用在炉内加热的方法，其操作应符合哪些规定？

答：应符合以下规定：

1）焊件进炉时炉内温度不得高于 400℃。

2）焊件升温至 400℃后，加热区升温速度不得超过 $5000/\delta_s$℃/h（δ_s 为焊接接头处钢材厚度，单位为 mm），且不得超过 200℃，最小可为 50℃/h。

3）升温时，加热区内任意 5000mm 长度内的温差不得大于 120℃。

4）保温时，加热区内最高与最低温度之差不宜超过 65℃。

5）升温及保温时应控制加热区气氛，防止焊件表面过度氧化。

6）炉温高于 400℃时，加热区降温速度不得超过 $6500/\delta_s$℃/h，且不得超过 260℃/h，最小可为 50℃/h。

7）焊件出炉时，炉温不得高于 400℃，出炉后应在静止空气中继续冷却。

（36）GB 150.4—2011《压力容器　第4部分：制造、检验和验收》对开孔形状有何要求？

答：开孔应为圆形、椭圆形或长圆形，当在壳体上开椭圆形（或类似形状）或长圆形孔时，孔的长径与短径之比应不大于2.0。

(37) 按照GB 150.4—2011《压力容器　第4部分：制造、检验和验收》的要求，采用补强圈补强时应符合什么条件?

答：应符合以下条件：

1）钢材的标准抗拉强度下限值小于等于540MPa。

2）补强圈厚度小于或者等于δ_n。

3）壳体名义厚度$\delta_n \leqslant 38$mm。

(38) 按照GB 150.4—2011《压力容器　第4部分：制造、检验和验收》的要求，出现哪些情况时，没有有效防护措施不得施焊?

答：出现下列情况之一，并且无有效防护措施时，不得施焊：

1）焊条电弧焊时风速大于10m/s。

2）气体保护焊时风速大于2m/s。

3）相对湿度大于90%。

4）雨、雪环境。

(39) 按照GB 150.4—2011《压力容器　第4部分：制造、检验和验收》的要求，压力容器在什么情况下，必须采用爆破片装置?

答：压力容器在以下四种情况下，必须采用爆破片装置：

1）压力快速增长。

2）对密封有更高要求。

3）压力容器内物料会导致安全阀失效。

4）安全阀不能适用的其他情况。

(40) 根据GB 150.4—2011《压力容器　第4部分：制造、检验和验收》的规定、压力容器产品质量证明书应包括哪些内容?

答：压力容器产品质量证明书至少包括：

1）主要零部件材料的化学成分和力学性能。

2）无损检测要求和结果。

3）焊接质量的检查结果（包括超过两次的返修记录）。

4）压力试验与气密性试验结果。

5）与GB 150.4—2011和图样不符的项目。

(41) GB/T 151—2014《热交换器》对热交换器主要受压元件腐蚀裕量的考虑原则有哪些规定?

答：对腐蚀裕量的规定如下：

1）管板、浮头法兰、球冠形封头和钩圈两面均应考虑腐蚀裕量。

2）平盖、凸形封头、管箱和圆筒的内表面应考虑腐蚀裕量。

3）管板和平盖上开槽时，可把高出隔板槽底面的金属作为腐蚀裕量，但当腐蚀裕量大于槽深时，还应加上两者的差值。

4）压力容器法兰和管法兰的内直径面上应考虑腐蚀裕量。

5）换热管不考虑腐蚀裕量。

6）拉杆、定距管、折流板和支持板等非受压元件，一般不考虑腐蚀裕量。

（42）焊接工艺评定的含义是什么？

答：为验证所拟定的焊件焊接工艺的正确性而进行的试验过程及结果评价。

（43）按照NB/T 47014—2011《承压设备焊接工艺评定》的规定，焊接工艺评定应包括哪些内容？

答：拟定焊接工艺指导书、施焊试件和制取试样、检验试件和试样、测定焊接接头是否具有所要求的使用性能、提出焊接工艺评定报告对拟定的焊接工艺指导书进行评定。

（44）按照NB/T 47014—2011的规定，对对接焊缝试件进行的检验项目包括哪些内容？

答：对接焊缝试件进行的检验项目包括：

1）外观检查。

2）无损检测。

3）力学性能和弯曲性能试验。

（45）按照NB/T 47105—2011《压力容器焊接规程》的要求，根据什么条件确定对压力容器进行焊后热处理？

答：根据母材的化学成分、焊接性能、厚度、焊接接头的拘束程度、压力容器使用条件和有关标准综合确定。

（46）根据HG/T 20581—2011《钢制化工容器材料选用规定》规定的选材一般规则，在什么情况下选用不锈钢？又在什么情况下不宜选用不锈钢？

答：在介质腐蚀性较高（电化学腐蚀、化学腐蚀）有防止铁离子污染要求场合，或设计温度大于500℃或设计温度小于-100℃的场合，应考虑选用不锈钢。

不含稳定化元素，且碳的质量分数大于0.03%的奥氏体不锈钢需经焊接或400℃以上热加工时，不应使用于可能引起不锈钢晶间腐蚀的环境。

（47）根据HG/T 20581—2011《钢制化工容器材料选用规定》的要求，压力容器主要受压元件用钢板，在什么情况下需逐张按标准进行超声检测？

答：在以下四种情况下，需逐张进行超声检测：

1）δ_n >30mm的20R、16MnR钢板及其他性能相近的钢板。

2）δ_n >25mm的其他低合金钢板，δ_n >20mm的低温容器用低合金钢板。

3）设计压力p≥10.0MPa的多层容器内筒钢板及单层容器壳体钢板，或调质状态供货的钢板。

4）使用介质毒性为极度，高度危害的或在湿 H_2S 腐蚀环境使用，且 $\delta_n >$ 20mm 的铁素体钢板。

（48）年度检查的定义？

答：是指为了确保压力容器在检验周期内的安全而实施的运行过程中的在线检查，每年至少 1 次。

（49）根据 TSG 21—2016《固定式压力容器安全技术监察规程》的规定，说明压力容器年度检查包括哪几个方面的检查内容？

答：压力容器年度检查包括使用单位压力容器安全管理情况检查、压力容器本体及运行状况检查和压力容器安全附件检查等。

（50）医用氧舱年度检验有哪些主要内容？

答：医用氧舱年度检验主要内容有：

1）使用单位安全管理情况。

2）医用氧舱舱体及内装饰。

3）电气、通信和空调系统。

4）测氧仪及测氧记录仪。

5）供、排氧系统和供、排气系统。

6）安全附件和消防系统。

7）仪表、接地装置等。

8）空气加压舱配套压力容器的年度检验情况。

（51）根据 TSG 21—2016《固定式压力容器安全技术监察规程》的规定，说明压力容器检验一般程序包括哪几个阶段？

答：检验的一般程序包括检验前准备、全面检验、缺陷及问题的处理、检验结果汇总、结论和出具检验报告等常规要求，检验人员可以根据实际情况，确定检验项目，进行检验工作。

（52）什么是压力容器全面检验？其检验周期如何确定？

答：全面检验是指压力容器停机时的检验。全面检验应当由检验机构进行。其检验周期为：

1）安全状况等级为 1 级、2 级的，一般每 6 年 1 次。

2）安全状况等级为 3 级的，一般 3 ~6 年 1 次。

3）安全状况等级为 4 级的，其检验周期由检验机构确定。

（53）压力容器（不包括移动式压力容器和医用氧舱）全面检验的项目有哪些？

答：全面检验的具体项目包括宏观（外观、结构以及几何尺寸）、保温隔热层衬里、壁厚、表面缺陷、埋藏缺陷、材质、紧固件、强度、安全附件、气密性以及其他必要的项目。

（54）在哪些情况下，全面检验周期应适当缩短？

答：有下列情况之一的压力容器，全面检验周期应适当缩短：

1）介质对压力容器材料的腐蚀情况不明或者介质对材料的腐蚀速率大于0.25mm/年，以及设计者确定的腐蚀数据与实际不符的。

2）材料表面质量差或者内部有缺陷的。

3）使用条件恶劣或者使用中发现应力腐蚀现象的。

4）使用超过20年，经过技术鉴定或者由检验人员确定按正常检验周期不能保证安全运行的。

5）停止使用超过两年的。

6）改变使用介质并且可能造成腐蚀现象恶化的。

7）设计图样注明无法进行耐压试验的。

8）检验中对其他影响安全的因素有怀疑的。

9）介质为液化石油气且有应力腐蚀现象的，每年或根据需要进行全面检验。

10）采用“亚铵法”造纸工艺，且无防腐蚀措施的蒸球根据需要每年至少进行一次全面检验。

11）球形储罐（使用抗拉强度下限大于等于540MPa材料制造的，投用1年后应当开罐检验）。

12）搪玻璃设备。

（55）对压力容器进行壁厚测定的主要目的是什么？

答：主要目的为：

1）为强度计算提供最小剩余壁厚。

2）可以发现母材中的可疑部位。

3）根据剩余壁厚分析工况对压力容器的影响，为压力容器使用提供预防措施。

（56）什么是耐压试验？

答：耐压试验是指压力容器停机检验时，所进行的超过最高工作压力的液压试验或气压试验。对固定式压力容器，每2次内外部检验期间内，至少进行1次耐压试验，对移动式压力容器，每6年至少进行1次耐压试验。

（57）根据TSG 21—2016《固定式压力容器安全技术监察规程》的规定，说明压力容器全面检验时，在什么情况下应该进行强度校核？

答：全面检验时，下列情况须进行强度校核：

1）腐蚀深度超过腐蚀裕量的。

2）设计参数与实际情况不符的。

3）名义厚度不明的。

4）结构不合理，并且已发现严重缺陷的。

5）检验人员对强度有怀疑的。

（58）根据 TSG 21—2016《固定式压力容器安全技术监察规程》的规定，说明有哪些情况下的压力容器，全面检验合格后必须进行耐压试验？

答：有以下情况之一的压力容器，全面检验合格后必须进行耐压试验：

1）用焊接方法更换受压元件的。

2）受压元件焊补深度大于 1/2 壁厚的。

3）改变使用条件，超过原设计参数并且经过强度校核合格的。

4）需要更换衬里的（耐压试验应当于更换衬里前进行）。

5）停止使用 2 年后重新复用的。

6）从外单位移装或者本单位移装的。

7）使用单位或者检验机构对压力容器的安全状况有怀疑的。

（59）根据 TSG 21—2016《固定式压力容器安全技术监察规程》的规定，厚度测定点的位置，一般应当选择什么部位？

答：厚度测定点的位置，一般应当选择以下部位：

1）液位经常波动的部位。

2）易受腐蚀、冲蚀的部位。

3）制造成形时壁厚减薄部位和使用中易产生变形及磨损的部位。

4）表面缺陷检查时，发现的可疑部位。

5）接管部位。

（60）对有保温层的压力容器进行全面检验时，什么情况下可以不拆除保温层？

答：有以下情况之一者，可以不拆除保温层：

1）外表面有可靠的防腐蚀措施的。

2）外部环境没有水浸入或者跑冷的。

3）对有代表性的部位进行抽查，未发现裂纹等缺陷的。

4）壁温在露点以上的。

5）有类似的成功使用经验的。

（61）按照规定，安全评定所需的基础数据有哪些？

答：安全评定所需的基础数据包括：

1）缺陷的类型、尺寸和位置。

2）结构和焊缝的几何形状和尺寸。

3）材料的化学成分、力学和断裂韧度性能数据。

4）由载荷引起的应力。

5）残余应力。

3. 气瓶培训考核试题选编

压力容器培训考核试题选编简答题如下：

（1）TSG R0006—2014《气瓶安全技术监察规程》规定，哪些情况下需重新进行型式试验？

答：1）改变原设计。

2）中断生产超过 6 个月。

3）改变冷热加工、焊接、热处理等主要制造工艺。

（2）TSG R0006—2014《气瓶安全技术监察规程》规定，瓶阀应满足哪些要求？

答：1）瓶阀材料应符合相应标准的规定，所用材料既不与瓶内盛装气体发生化学反应，也不影响气体的质量。

2）瓶阀上与气瓶连接的螺纹，必须与瓶口内螺纹匹配，并符合相应标准的规定。瓶阀出气口的结构，应有效地防止气体错装、错用。

3）氧气和强氧化性气体气瓶的瓶阀密封材料，必须采用无油的防燃材料。

4）液化石油气瓶阀的首轮材料，应具有阻燃性能。

5）瓶阀阀体上如装有爆破片，其公称爆破压力应为气瓶的水压试验压力。

6）同一规格、型号的瓶阀，质量允差不超过 5%。

7）非重复充装瓶阀必须采用不可拆卸方式与非重复充装气瓶装配。

8）瓶阀出厂时，应逐个出具合格证。

（3）《气瓶安全技术监察规程》规定，易熔合金塞应满足哪些要求？

答：1）易熔合金塞不与瓶内气体发生化学反应，也不影响气体的质量。

2）易熔合金的流动温度准确。

3）易熔合金塞座与瓶体连接的螺纹应保证密封性。

（4）《气瓶安全技术监察规程》规定，瓶帽应满足哪些要求？

答：1）有良好的抗撞击性。

2）不得用灰铸铁制造。

3）无特殊要求的，应配带固定式瓶帽，同一工厂制造的同一规格的固定式瓶帽，质量允差不超过 5%。

（5）在送检人员在场的情况下，接收送检气瓶时应做好哪些工作？

答：接收送检气瓶时，在送检人员在场的情况下，做好以下工作：

1）查清送检气瓶数量，按气瓶用途的不同分别存放。

2）检查气瓶安全附件是否齐全，瓶阀是否损坏，将缺少和损坏的附件记录在案，并告知送检人员。

3）瓶阀型号与气瓶用途不相符的，必须问明原因，以防可燃气体气瓶与助燃气体气瓶、禁油气瓶与不禁油气瓶混用。

4）对用户自行喷涂漆色的气瓶，必须问明原漆色及充装介质，以防用户自行改装气瓶和用户用漆色掩盖瓶体缺陷。

5）对未到期提前送检的气瓶，应问清原因或损伤的性质及部位，以便列入检验重点。对要求喷涂漆色、修理或调换瓶阀的气瓶，应与待检瓶分别存放或马上修理发还用户。属于误送检的气瓶，则退还给用户。

6）在送检人员在场时，记录每只气瓶的编号、制造厂和瓶阀、安全附件等是否齐全，有否损坏、送检瓶数量等内容，并经送检者和接收者双方核实后签字，以防日后发生纠纷。

（6）待检气瓶瓶内余气如何排放？

答：无毒、非可燃气体气瓶的余气，可采用直接“放空”的方法将瓶内的余气排至大气中。

其他易燃、可燃气体，应回收处理。

有毒气体气瓶内余气的排放，最妥善的方法是“抽空”，也可采用“化学吸收”的方法排放余气。在排放余气后，还必须根据瓶内介质性质采取有效措施进行瓶内解毒处理。

（7）外观检查中，哪些气瓶应判废？

答：1）瓶体存在裂纹、鼓包、结疤、皱折或夹杂等缺陷的气瓶应判废。

2）瓶体磕伤、划伤，凹坑处的剩余壁厚小于设计壁厚90%的气瓶应判废。如受检气瓶其剩余壁厚应不小于该瓶设计制造规程或有关标准确定的规定值。

3）瓶体凹陷深度超过2mm或大于凹陷短径1/30的气瓶应判废。

4）瓶体凹陷中带有划伤或磕伤时，若其缺陷深度等于大于有关规定；或其缺陷深度虽小于有关规定，但其磕伤或划伤长度等于或大于凹陷短径，且凹陷深度超过1.5mm或凹陷深度大于凹陷短径的1/35，则该气瓶应判废。

5）瓶体存在弧疤、焊迹或明火烧烤等热损伤而使金属受损的气瓶应判废。

6）瓶体上孤立点腐蚀处的剩余壁厚小于设计壁厚2/3的气瓶应判废。

7）瓶体线腐蚀或面腐蚀处的剩余壁厚小于设计壁厚90%的气瓶应判废。如受检气瓶其剩余壁厚应不小于该瓶设计制造规程或有关标准确定的规定值。

8）颈圈松动无法加固的气瓶，或颈圈损伤且无法更换的气瓶应判废。

9）底座松动、倾斜、破裂、磨损或其支撑面与瓶底最低点之间距离小于10mm的气瓶应判废。

10）筒体圆度超过2.0%的气瓶应判废。

11）筒体直线度允差超过瓶体长度4‰，且弯曲深度大于5mm的气瓶应判废。

12）瓶体垂直度允差超过瓶体长度8‰的气瓶应判废。

（8）试述GB/T 13004—2016《钢质无缝气瓶定期检验与评定》对音响检查

的规定。

答：外观检查合格的气瓶，应逐只进行音响检查。

气瓶在没有附加物或其他妨碍瓶体振动的情况下，用木槌或重约 250g 的小铜锤轻击瓶壁，如发出的音响清脆有力，余韵轻而长且有旋律感，则此项检验合格。

音响十分混浊低沉，余韵重而短并伴有破壳音响的气瓶应判废。

（9）GB/T 13004—2016《钢质无缝气瓶定期检验与评定》对瓶口螺纹检查有什么要求？

答：用自测或低倍放大镜逐个检查螺纹有无裂纹、变形、腐蚀或其他机械损伤。

瓶口螺纹不得有裂纹性缺陷，但允许瓶口螺纹有不影响使用的轻微损伤。对高压气瓶允许有不超过 2 牙的缺口；对低压气瓶允许有不超过 3 牙的缺口，且缺口长度不超过圆周的 1/6，缺口深度不超过牙高的 1/3。

瓶口螺纹的轻度腐蚀、磨损或其他损伤可用符合 GB/T 10878—2011《气瓶锥螺纹丝锥》规定的丝锥修复。修复后用符合 GB/T 8336—2011《气瓶专用螺纹量规》的量规检验，检验结果不合格时该气瓶应判废。

（10）《钢质无缝气瓶定期检验与评定》对内部检查有什么规定？

答：应用内窥镜或电压不超过 24V、具有足够亮度的安全灯逐只对气瓶进行内部检查。

对盛装氧化性介质的气瓶，要特别注意检查瓶内有无被油脂沾污。发现有油脂沾污时，必须进行脱脂处理。

内表面有裂纹、结疤、皱折、夹层或凹坑的气瓶应判废。

内表面存在腐蚀缺陷时，孤立点腐蚀处的剩余壁厚小于设计壁厚 2/3 的气瓶应判废；线腐蚀或面腐蚀处的剩余壁厚小于设计壁厚 90% 的气瓶应判废，如受检气瓶其剩余壁厚应不小于该瓶设计制造规程或有关标准确定的规定值。

（11）水压试验过程中，什么情况下受检气瓶应判废？

答：水压试验时，瓶体出现渗漏、明显变形或保压期间压力有回降现象（非因试验装置或瓶口泄漏）的气瓶应判废。

高压气瓶在水压试验时，应同时测定容积残余变形率。容积残余变形率超过 6% 时，应测定瓶体的最小壁厚，其最小壁厚不得小于设计壁厚的 90%。容积残余变形率超过 10% 的气瓶应判废。如受检气瓶其剩余壁厚应不小于该瓶设计制造规程或有关标准确定的规定值。

（12）气瓶瓶阀检验的主要内容有哪些？

答：瓶阀应逐个进行解体检验、清洗和更换损坏的零部件，保证开闭自如、不泄漏。密封垫片宜更换新件，爆破片也应更换。用于氧气、强氧化剂等禁油气瓶的瓶阀应做脱脂处理。

阀体和其他部件不得有严重变形，螺纹不得有严重损伤。

更换瓶阀或密封材料时，必须根据盛装介质的性质选用合适的瓶阀或材料。在装配瓶阀之前，必须对瓶阀进行气密性试验。

（13）气瓶检验结束后应进行哪些工作？

答：检验人员必须将气瓶检验与评定结果填入气瓶定期检验与评定记录。并出具检验报告。

定期检验合格的气瓶应按 TSG R0006—2014《气瓶安全技术监察规程》的规定打上或压印检验标志、喷涂检验色标，并按规定重新喷涂气瓶颜色标记。

判废气瓶由检验单位负责销毁，销毁方式为压扁或锯切并按《气瓶安全技术监察规程》的规定填写“气瓶判废通知书”通知气瓶产权单位。

（14）GB/T 9251—2011《气瓶水压试验方法》对试验装置有哪些要求？

答：1）试验装置必须具备有效的控制试验压力的设施。

2）除试验压力和受试瓶瓶口部位因密封而需受力及实施外侧法时水套中的水对气瓶施加的液体静压力外，试验装置不得对受试瓶施加能影响瓶体变形的其他外力。

3）试验装置的内部必须保证清洁。禁油与非禁油气瓶的试验装置不得混用。

4）水压泵必须具有良好的密封性能。为使受试瓶缓慢而平稳地升压，水压泵的流量不宜过大。对于仲裁试验，受试瓶升压时其瓶体环向应力的增长速率不得大于 10N/mm · s。

5）试验装置连同受试瓶内的空气应能完全排出。

6）试验装置、受试瓶及待试瓶必须置于同一室内，且应避免日光直射和其他热源的影响。

7）外测法试验装置应对温度变化有较好的适应性，其水套及水套盖必须有足够的刚性以免在装置运行时产生附加变形；试验装置上设有活动量管时，量管支架上的水准线必须相对固定；试验装置必须按标准进行校验。

8）内测法试验装置全部承压管道必须采用金属管装设，承压管道在受试瓶试验压力下的压入水量 B 值（不含管道容积）的测量周期不得超过 3 个月，且在试验装置检修后必须重新测量，B 值的测量方法按规定执行。试验装置的水压泵是单缸单作用泵时，泵在停止状态下应能从泵的外部判明和调整柱塞的行程位置。

9）试验装置中的承压管道必须固定。新试验装置或检修后的试验装置必须进行水压试验，以确保承压管道足够的强度与良好的密封，试验压力应等于试验装置最高工作压力的 2 倍。

10）试验装置上应采用时间继电器控制保压时间。

11）试验装置连同受试瓶必须具备可靠的安全防护设施。

（15）GB/T 9251—2011《气瓶水压试验方法》对压力测量仪表的要求是什么？

答：试验装置上至少应在两点各安装一只能同时正确显示试验压力的电接点压力测量仪表，其量程宜是受试瓶试验压力的 2～3 倍，用于读取试验压力的压力测量仪表之精度级别必须不低于 1.5 级。该压力测量仪表的定期检验周期不得超过一个月。

为了便于校验显示试验压力用的压力测量仪表，必须在试验装置上安装精度压力测量仪表，其精度级别不得低于 0.4 级，其量程不宜超过受试瓶试验压力的 2 倍。在每天开始试验第一只气瓶时或发现压力测量仪表的指示异常时，应用精密压力测量仪表进行校验。试验装置正常运行时，必须关严通往精密压力测量仪表的阀门。精密压力测量仪表本身的定期检验按有关规定执行。

（16）《气瓶水压试验方法》对试验用水有哪些规定？

答：1）水质　试验用水必须是洁净的淡水，受试瓶是含铬合金钢气瓶时，试验用水中氯离子含量应不大于 25×10^{-6}；受试瓶用于充装氧或其他强氧化性介质时，注入或压入受试瓶中的试验用水严禁受到油脂的污染。

2）水温　试验用水的温度不得低于 5℃；试验用水的温度与环境温度之差不宜大于 5℃；对于外测法试验，试验前后受试瓶内水温的变化及受试瓶内外水温之差均应不大于 20℃；对于内测法试验，待试瓶内的水温与试验时即将压入到受试瓶内的水温之差应不大于 2℃。

3）供水方式　在设有试验装置的室内必须设置盛装试验用水的水槽，水槽的盛水量应与日检气瓶量相适应。水槽内充入新水后必须敞口放置 24 小时，方可用于水压试验；试验用水应能稳定连续供给。

（17）《气瓶水压试验方法》中，试验压力、试验温度、保压时间是如何规定的？

答：待试瓶的试验压力必须按待试瓶上标记的试验压力或按待试瓶上标记的公称工作压力依照有关标准的规定确定。

必须在临试验前测出待试瓶内试验用水的温度，将其作为试验温度。

受试瓶在试验压力下的保压时间必须符合有关标准的规定，但不得小于 30s。

（18）耐压试验的操作步骤是哪些？

答：耐压试验的操作步骤为：记录待试瓶的有关数据→安装受试瓶→排气→检漏→升压→保压→卸压→检查受试瓶→拆卸受试瓶→试验结果记录。

（19）水压试验中的注意事项有哪些？

答：根据 GB/T 9251—2011 水压试验中的注意事项有：

1）安装压力测量仪表时，应注意排净压力测量仪表及其接管内的空气。

2）水压试验前必须拆除防振圈，放松夹紧气瓶用的夹具。

3）在升压过程中若发现升压速度明显增快或减慢的现象时，应立即停止水压泵，寻找升压速度异常的原因并予以处理。

4）受试瓶内的压力超过公称工作压力后，不得使受试瓶受到冲击或碰撞。

5）压力测量仪表的示值未降为“零”时，严禁拆卸承压管道上的一切承压件和拆装受试瓶，严禁旋紧承压管道上的接头。

6）卸压时必须使压力缓慢下降。

7）一般情况下试验装置应按待试瓶的充装介质分类使用或专用。如用同一试验装置试验充装介质不同的待试瓶时，应注意待试瓶内未除净的残留物可能彼此产生影响，必要时应更换试验用水。

8）若发现试前准备或试验过程中某一环节有失误，则可能影响试验结果的正确性时，则该次试验无效。对于试验无效的受试瓶若试验中已将压力升到受试瓶试验压力的90%以上时，应将试验压力提高 0.7MPa，或提高至原试验压力的1.1倍（取两者中的小值），重新进行试验；如需计算容积全变形及容积残余变形率，应按提高后的压力进行计算。

(20) GB/T 12137—2015《气瓶气密性试验方法》对试验条件有何要求？

答：气瓶气密性试验在耐压试验合格之后，表面涂敷之前进行；气瓶气密性试验环境温度 >0℃；受试瓶的表面不得有油污或其他杂物；根据不同气瓶的试验要求，按规定的充气速度将受试瓶充到气密性试验压力。

(21) 气瓶瓶阀气密性试验有什么操作步骤？

答：将瓶阀装在专用装置上，分别使阀处于关闭或任意开启状态（阀处于开启状态时封闭出气口），通过专用装置往阀内充入氮气或空气至规定试验压力，浸入水中，各持续 30 秒，检查瓶阀在试验压力下有无泄漏。

(22) GB 15382—2009《气瓶阀通用技术要求》对瓶阀材料有何要求？

答：对于毒性或腐蚀性气体，阀应选用不与瓶内盛装气体发生化学反应，及不影响气体质量的材料。

阀内使用的非金属密封材料必须与使用介质相适应，并应符合相应的标准。

阀体及主要零件一般采用 HPb59-1 铅黄铜或性能不低于它的材料制造，HPb59-1 铅黄铜的化学成分应符合 GB/T 5231—2012《加工铜及铜合金牌号和化学成分》的规定；力学性能应符合规定。对阀所选用材料有特殊要求时，应符合相应标准规定。

手轮应用金属材料制造，一般选用 ZL102 铝合金制造，其化学成分和力学性能应符合 GB/T 1173—2013《铸造铝合金》规定，采用其他金属材料时应符合相应标准。

(23) GB 15382—2009《气瓶阀通用技术要求》对瓶阀有哪些性能要求?

答:启闭力矩、气密性、耐振性、耐温性、耐压性、耐用性、安全装置、真空度、耐机械冲击性、耐氧压力激燃性、耐盐酸腐蚀性等。

(24) 对气瓶字样有什么规定?

答:字样是指气瓶的充装气体名称(也可含气瓶所属单位名称和其他内容,如溶解乙炔气瓶的“不可近火”等)。

充装气体名称一般用汉字表示,凡属液化气体,气体名称应冠以“液”或“液化”字样;凡属医用或呼吸用气体,在气体名称前应分别加注“医用”或“呼吸用”字样。对于小容积气瓶,充装气体名称可用化学式表示。

汉字字样采用仿宋体,公称容积40L的气瓶,字体高度为80~100mm,其他规格的气瓶,字体大小宜适当调整。

立式气瓶的充装气体名称应按瓶的环向横列于瓶高3/4处,单位名称应按瓶的轴向竖列于气体名称居中的下方或转向180°的瓶面。

卧式气瓶的充装气体名称和单位名称应以瓶的轴向从瓶阀端向右(瓶阀在视者左方)分行横列于瓶中部,单位名称应位于气体名称之下,行间距为筒体周长的1/4或1/2。

(25) 对气瓶色环有什么规定?

答:公称工作压力不同的气瓶充装同一种气体而具有不同充装压力或不同充装系数的,公称工作压力比规定起始级高一级的气瓶涂一道色环(简称单环,下同),高二级的涂两道色环(简称双环,下同)。

公称容积40L的气瓶,单环宽度为40mm,双环的各环宽度为30mm。其他规格的气瓶,色环宽度宜适当调整。双环的环间距等于环宽度。

色环应于气瓶环向涂成连续一圈、边缘整齐且等宽的色带,不应呈现螺旋状、锯齿状或波状,双环应平行。立式气瓶的色环应位于瓶高约2/3处,且介于气体名称和单位名称之间。卧式气瓶的色环应位于距瓶阀端约筒体长度的1/4处。

(26) 气瓶防震圈的外观质量应符合哪些规定?

答:根据LD 52—1994《气瓶防震圈》规定,气瓶防震圈的表面不得有明显的杂质和污点;表面不得有裂纹和不超过1mm凸凹缺陷5处;表面不允许有欠硫及喷霜现象;表面上的名义质量值和制造厂名称或代号的标记应清晰。

(27)《气瓶安全技术技术监察规程》规定,哪些情况下为改变气瓶原设计,应重新办理设计审批?

答:1) 改变气瓶瓶体材料牌号。

2) 改变设计壁厚。

3) 改变瓶体结构、形状。

(28)《气瓶安全技术监察规程》规定，气瓶检验单位的主要职责有哪些？

答：1）对气瓶进行定期检验，出具检验报告，并对其正确性负责。

2）对气瓶附件进行更换。

3）进行气瓶表面的涂敷。

4）对报废气瓶进行破坏性处理。

(29)《气瓶安全技术监察规程》规定，检验气瓶前，应对气瓶进行处理。达到什么条件方可进行检验？

答：1）确认气瓶内压力降为零后，方可卸下瓶阀。

2）毒性、易燃气体气瓶内的残余气体应回收，不得向大气排放。

3）易燃气体气瓶须经置换，液化石油气气瓶需经蒸汽吹扫，达到规定的要求。否则，严禁用压缩空气进行气密性试验。

(30)《气瓶安全技术监察规程》规定，气瓶的报废处理有哪些规定？

答：1）由气瓶检验员填写“气瓶判废通知书”，并通知气瓶充装单位。

2）由气瓶检验单位对报废气瓶进行破坏性处理，报废气瓶的破坏性处理为压扁或将瓶体解剖。经地、市级质量技术监督行政部门锅炉压力容器安全监察机构同意，可指定检验单位，集中进行破坏性处理。

(31)《气瓶安全技术监察规程》规定，气瓶的制造钢印标记应有哪些内容？

答：应有充装气体名称或化学分子式、气瓶编号、水压试验压力、公称工作压力、实际质量、实际容积、瓶体设计、单位代码和制造年月、监督检验标记、气瓶制造单位许可证编号、产品标准号。

(32) 按 GB/T 13075—2016《钢质焊接气瓶定期检验与评定》的规定，气瓶的检验周期是如何规定的？

答：1）盛装一般气体的气瓶，每 3 年检验 1 次；盛装腐蚀性气体的气瓶，每 2 年检验 1 次。

2）在使用过程中若发现气瓶有严重腐蚀、损伤或对其安全可靠性有怀疑时，应提前进行检验。

3）库存或停用时间超过一个检验周期的气瓶，启用前应进行检验。

(33) 按 GB/T 13075—2016《钢质焊接气瓶定期检验与评定》的规定，气瓶定期检验的项目包括哪些？

答：外观检查、焊缝检查、阀座与塞座检查、内部检查、容积测定、水压试验、瓶阀及泄压阀检验、气密性试验、易熔合金塞等，并出具定期检验报告。

(34) 按 GB/T 13075—2016《钢质焊接气瓶定期检验与评定》的规定，检验前逐个检查登记的内容是什么？

答：逐个检查登记气瓶制造标志和检验标志。登记内容包括制造国别、制造厂名称或代号、出厂编号、出厂年月、公称工作压力、水压试验压力、实际容积、实际质量、上次检验日期。

（35）按 GB/T 13075—2016《钢质焊接气瓶定期检验与评定》的规定，检验前有哪些情况的气瓶按报废处理？

答：未经特种设备安全监督部门认可的厂商制造的气瓶、制造标志不符合 TSG R 0006—2014《气瓶安全技术监察规程》规定的气瓶、制造标志模糊不清或关键项目不全而又无据可查的气瓶、有关政府文件规定不准再用的气瓶，登记后不予检验按报废处理。

（36）按 GB/T 12135—2016《气瓶检验机构技术条件》的规定，气瓶检验站建站审批有何规定？

答：1）建立检验站之前必须通过当地锅炉压力容器安全监察机构向省级锅炉压力容器安全监察机构提出书面申请，经批准后方可筹建。

2）经批准建站的单位在站址选定后，必须向当地环保、公安、锅炉压力容器安全监察机构申报，经实地考察批准后方可实施建筑和设备安装。

3）在厂房完工和设备安装调试合格后，须按国家锅炉压力容器安全监察机构的有关规定由省级锅炉压力容器安全监察机构负责组织审查和批准，并报国家锅炉压力容器安全监察机构备案统一编发检验站号，领取气瓶检验许可证后方可实施气瓶检验。

（37）按 GB/T 12135—2016《气瓶检验机构技术条件》的规定，气瓶定期检验站的主要职责是什么？

答：1）对气瓶进行定期检验并出具检验报告。

2）对气瓶附件进行维修或更换。

3）进行气瓶表面的涂敷。

4）对报废气瓶进行破坏性处理。

5）气瓶改装。

6）按时向业务主管部门和所在地锅炉压力容器安全监察机构书面报告气瓶检验评定情况和气瓶安全状况，其内容应包括各类气瓶检验总数、合格数、报废数和改装数。

（38）按 GB/T 12135—2016《气瓶检验机构技术条件》的规定，气瓶定期检验站的基础设施有何要求？

答：1）检验站的设施、建筑必须符合有关的防火、防爆、环境保护和劳动保护的要求。

2）检验站必须有与所检气瓶种类、数量相适应的厂房、场地、安全设施、检测设备和工器具，年检量达 3000 个气瓶的检验站应建立微机数据处理和管理系统。

3）检验站必须建立与所检气瓶相适应，能确保检验质量的质量管理体系、规章制度，并有相应的标准、规范等技术条件。

4）检验站必须有符合环保、公安、锅炉压力容器安全监察机构要求的处理易燃、有毒气体和残液的装置。

（39）GB/T 9251—2011《气瓶水压试验方法》规定的瓶体异常是指什么？

答：水压试验中发生下列任一现象时，称为瓶体异常：

1）瓶体泄漏。

2）由于瓶体本身的原因导致了保压期间压力下降。

3）在试验压力的作用下瓶体上发生了可见变形。

4）瓶体上发生明显响声。

（40）GB/T 9251—2011《气瓶水压试验方法》对水压试验用水水温有何规定？

答：1）试验用水的温度不得低于5℃。

2）试验用水的温度与环境温度之差不宜大于5℃。

3）对于外测法试验，试验前后受试瓶内水温的变化及受试瓶内外水温之差均应不大于2℃。

4）对于内测法试验，试瓶内的水温与试验时即将压入到受试瓶内的水温之差应不大于2℃。

（41）GB/T 9251—2011《气瓶水压试验方法》对水压试验供水方式有何要求？

答：1）在设有试验装置的室内必须设置盛装试验用水的水槽，水槽的盛水量应与日检气瓶量相适应。水槽内充入新水后必须敞口放置24小时，方可用于水压试验。

2）试验用水应能稳定连续供给。

（42）GB/T 12135—2016《气瓶检验机构技术条件》对检验液有何规定？

答：1）检验液用于涂液法气密性试验。

2）检验液不得对受试瓶产生有害的作用，用于盛装氧气或氧化性气体的气瓶，应用无油脂的检验液。

3）检验液应选择表面张力较小的液体。

（43）GB/T 12137—2015《气瓶气密性试验方法》对气密性试验的试验条件有何规定？

答：1）气瓶气密性试验环境温度＞0℃。

2）气瓶气密性试验在耐压试验合格之后，表面涂敷之前进行。

3）受试瓶的表面不得有油污或其他杂物。

4）根据不同气瓶的试验要求，按规定的充气速度将受试瓶充到气密性试验压力。

（44）GB/T 12137—2015《气瓶气密性试验方法》对浸水法气密性试验有哪些规定？

答：1）将充以试验压力气体的受试瓶放入试验水槽中，使受试瓶任何部位离水面不小于5cm。

2）缓慢地转动受试瓶，时间不少于1min，目视检查各部位有无出现气泡，有下列情况之一，则判该受试瓶气密性试验不合格：

① 连续冒出气泡。

② 固定气泡抹去后，仍出现气泡。

（45）按 GB 8335—2011《气瓶专用螺纹》的规定，对圆锥螺纹应如何检查？

答：1）圆锥外螺纹用圆锥螺纹环规检查。环规螺纹大端的螺纹尺寸应与该螺纹基面上的螺纹尺寸相同。当环规旋合在外螺纹上时，外螺纹小端平面应在环规小端台阶高度范围内。

2）内螺纹用螺纹塞规检查，塞规台阶大端部位的螺纹尺寸应与该螺纹基面上的螺纹尺寸相同。当把塞规旋入内螺纹时，螺纹端面应在台阶高度范围内。

（46）GB 5100—2011《钢质焊接气瓶》对钢瓶开孔有何规定？

答：1）不允许在筒体上开孔。在封头上开孔时，沿封头的轴线垂直方向测量孔边缘与封头外圆的距离不宜小于瓶体外直径的10%。

2）开孔应考虑补强，补强采用等强补强方法，补强材料应和瓶体材料相适应，并具有良好的焊接性能。

（47）GB 5100—2011《钢质焊接气瓶》对焊接接头有什么规定？

答：1）主体焊缝的焊接接头应采用全焊透对接形式。凸面承压封头与筒体连接的焊接接头可采用角接或搭接形式。

2）纵焊缝不得有永久性垫板。

3）环焊缝允许采用永久性垫板，或者在接头的一侧做成台阶形的整体式垫板。

（48）GB 5100—2011《钢质焊接气瓶》对焊缝外观有什么规定？

答：1）瓶体对接焊缝的余高为0～3.5mm，同一焊缝最宽最窄处之差不大于4mm。

2）阀座、塞座角焊缝的几何形状应圆滑过渡至母材表面。

3）瓶体上的焊缝不允许有咬边，焊缝和热影响区表面不得有裂纹、气孔、弧坑、凹陷和不规则突变。

（49）GB 5100—2011《钢质焊接气瓶》对焊缝返修有什么规定？

答：1）焊缝返修应按返修工艺进行。返修部位应重新按标准规定进行外观和射线透照检测合格。

2）焊缝同一部位返修次数不得超过两次。若超过时，每次返修均须经技术总负责人批准。

3）返修次数和返修部位应记入产品生产检验纪录，并在产品合格证中注明。

（50）对钢瓶的表面质量的要求是什么?

答：钢瓶外表面应光滑，不得有裂纹、重皮、夹杂和深度超过0.5mm的凹坑、划伤、腐蚀等缺陷，否则应进行修磨，修磨处应圆滑，其壁厚不得少于设计壁厚。

（51）对液氯瓶阀性能试验有什么要求?

答：1）启闭力矩。在公称压力作用下，阀的最大启闭力矩应不大于10N·m。

2）气密性。在公称压力作用下，阀在关闭和任意开启状态下均应无泄漏。

3）耐振性。在公称压力作用下，阀应能承受全振幅为2mm、频率为33.3Hz、时间为30min振动，振动后各连接处不应松动和泄漏。

4）耐温性。在公称压力作用下，阀在-40～60℃温度范围内应无泄漏。

5）耐压性。在2倍公称压力作用下，阀应无泄漏及其他异常现象。

6）耐用性。在公称压力作用下，阀在全行程启闭2000次内（包括2000次），应无泄漏及其他异常现象。

（52）对于检验不合格的乙炔瓶，应怎样进行处理?

答：1）出具“溶解乙炔气瓶判废通知书”，交乙炔瓶送检单位。

2）在乙炔瓶上打上报废钢印。

3）对报废的乙炔瓶采用压扁或瓶体解体的方法进行破坏性处理。

4）对于填料报废而钢瓶仍可安全使用的乙炔瓶，可只对填料进行破坏性处理，但应做出标记，予以严格隔离。待积累到一定数量，造册向所在地的地、市级质量技术监督部门特种设备安全监察机构备案后，再将乙炔瓶送原制造单位回用。

（53）溶解乙炔气瓶瓶阀安全性能试验包括哪些内容?

答：1）外观检查。瓶阀外观采用目视的方法按有关要求进行检查，阀体表面不得有裂纹、折叠、过烧、夹杂物、未充满等有损瓶阀性能的缺陷。

2）质量检查。将组装后的瓶阀放在精度允差不超过1‰，感应量不超过5g的天平上称量，与瓶阀质量标记允差不超过5%。

3）启闭力矩试验。将瓶阀装在专用装置上，使瓶阀处于关闭状态，从瓶阀进气口往阀内充入氮气或空气至公称压力，在此压力下不得有泄漏。然后在有气压的情况下，用力矩扳手启、闭瓶阀，其启、闭力矩均不得大于10N·m。

4）气密性试验。将瓶阀装在专用装置（瓶阀校验台）上，分别使瓶阀处于关闭和任意开启状态（瓶阀处于开启状态时出气口用堵帽封闭），从瓶阀进口往瓶阀内充入氮气或空气至公称压力（3.0MPa），浸入水中，各持续30s。应无泄漏。

5）耐振性试验。将瓶阀装在专用装置上，使瓶阀处于关闭状态，从瓶阀进气口往瓶阀内充入氮气或空气至公称压力，然后将专用装置安装在振动试验台上振动，应能承受振幅2mm、频率33(1/3)Hz、持续时间30min的振动，瓶阀上各螺纹连接处不应松动，并无泄漏。

6）易熔合金塞动作试验。将瓶阀装在专用装置上，使瓶阀处于关闭状态，从瓶阀进气口往瓶阀内充入氮气或空气至0.4MPa压力，将专用装置放入盛有甘油的槽内逐渐升温，其动作温度应为（100±5)℃。

7）耐温性试验。将瓶阀装在专用装置上，从瓶阀进气口往瓶阀内充入氮气或空气至公称压力，放入恒温箱内逐渐升温至65℃，并保温2h(启、闭各1h)，在空冷至室温后放入低温箱内逐渐降温至-40℃，保温2h(启、闭各1h)，瓶阀不得有泄漏。

8）耐压性试验。将瓶阀进气口与试压泵相连，封闭出气口，使瓶阀处于开启状态，充压至2倍公称压力，持续3min，阀体不得泄漏并无其他异常现象。

9）耐用性试验。将瓶阀装在专用装置上，封闭出气口，使瓶阀处于关闭状态，从瓶阀进气口往瓶阀内充入氮气或空气至公称压力，以8～15次/min的速度全行程启闭2500次，不得泄漏并无其他异常现象。

(54）乙炔瓶气压试验过程中有哪些安全注意事项？

答：1）操作人员在升压时必须离开水槽5m以外和隔墙进行操作。

2）气压试验过程中，如果发现有异常响声、压力下降或试验装置发生故障等不正常现象时，应立即停止试验并查明原因。

3）在气压试验过程中消除乙炔瓶阀门或易熔合金塞与瓶体连接处漏气，必须在卸压后进行。

4）在气压试验中和气压试验后的卸压速度均应缓慢。

5）气压试验后乙炔瓶和管道内的氮气应排出室外。

4. 安全事故调查与处理试题选编

安全事故调查与处理试题选编内容有名词解释、选择题、填空题、简答题等四种类型。

（1）名词解释

1）特种设备事故　特种设备事故是指满足特种设备安全技术规范规定条件，已经具有特种设备破坏能量（危险特征）的机械类设备设施，因其本身或外在因素导致其爆炸、损毁、失效、缺陷、故障而造成人员伤害、财产损失或者造成重大环境影响等严重后果的突发事件。凡属人为破坏、交通事故、自然灾害、不可抗力等引发的事故或特种设备未出现失效、缺陷或者故障而造成特种设备操作或者相关人员伤亡的事故不属于特种设备事故。

2）爆炸事故　承压设备（锅炉、压力容器、压力管道）在使用中或进行压力试验时，受压部件发生破坏，设备中介质积蓄的能量迅速释放，其压力瞬间降至大气压力的事故。

3）坍塌坠落事故　特种设备在使用过程中发生倒塌和高空坠落的事故。如建筑工地塔式起重机或施工升降机发生倒塌、起重机械被吊物品坠落、游乐设施的游客从高处坠落等。

4）事故隐患　人的活动场所、设备及设施的不安全状态，或由于人的不安全行为和管理上的缺陷而可能导致人身伤亡或者经济损失的潜在危险。

5）全部责任　是指由一方违反法律、法规、标准造成事故，其他方没有任何责任，则违法方应承担事故的全部责任。当事人故意破坏、伪造事故现场、毁灭证据、未及时报告事故等致使事故责任无法认定的，当事人应当承担全部责任。

（2）选择题

1）换热容器发生爆炸事故，其起因主要是（A）。

A. 物理爆炸　B. 化学爆炸　C. 原子爆炸　D. 二次爆炸

2）造成1~2人死亡的事故称为（D）。

A. 特别重大事故　B. 重大事故　C. 较大事故　D. 一般事故

3）承压设备在正常使用压力范围内，无塑性变形的情况下，突然发生的爆炸称为（B）。

A. 塑性破裂　B. 脆性破裂　C. 疲劳破裂　D. 蠕变破裂

4）在一起特种设备事故中，造成10人重伤的，由（C）组织调查。

A. 国务院　B. 省级人民政府

C. 设区的市级人民政府　D. 县级人民政府

5）事故调查报告的批复时间如需延长，则延长的时间不得超过（B）天。

A. 15　B. 30　C. 45　D. 60

6）移动式特种设备异地发生事故由（C）有关部门组织事故调查组。

A. 设备注册地　B. 单位所在地　C. 事故发生地

（3）填空题

1）事故调查组的组成应遵循________、________的原则，调查工作应遵循________、________的原则。（精简、效能、实事求是、尊重科学）

2）事故处理“四不放过”原则的内容是________、________、________、________。

（事故原因没有查清楚不放过、事故责任者没有严肃处理不放过、广大职工没有受到教育不放过、防范措施没有落实不放过）

3）重大事故是指：________________、________________________________、________________。（造成 10 ~ 29 人死亡，或 50 ~ 99 人重伤，或直接经济损失 50000 万元以上（含）到 1 亿元以下的事故）

4）事故发生后，事故现场有关人员应当立即向________报告，________接报后，应当于______小时内向事故发生地县级以上人民政府有关部门报告。（本单位负责人、单位负责人、1）

5）特种设备自事故发生之日起______日内，事故造成的伤亡人数发生变化的，应当及时补报。（30）

6）事故发生后，有关单位和人员应当妥善保护事故现场及相关证据，任何单位和个人不得________、________。（破坏事故现场、毁灭相关证据）

7）事故报告的方式有：________、________、________、________、________。（逐级上报、直接报告、异地报告、统计报告和举报）

8）承压类特种设备爆炸时，气体膨胀释放的能量与________、________、________有关。（气体压力、容积、介质的物态）

9）事故调查组应当在事故发生日起______日内提交事故调查报告，特殊情况经批准延长的，延长期限不超过______日。（60、60）

10）事故调查组成员应当具有________、________。（事故调查所需要的知识和专长、与调查的事故没有直接利害关系）

（4）问答题

1）事故报告应包含哪些内容？

答：事故报告应包括以下内容：

① 事故发生单位（或者业主）名称、联系人、联系电话。

② 事故发生地点。

③ 事故发生时间（　　年　　月　　日　　时　　分）。

④ 发生事故设备名称。

⑤ 事故类别。

⑥ 人员伤亡、经济损失及事故概况。

事故报告的内容应当真实、准确、完整。

2）简述事故调查分析工作一般程序。

答：事故调查组进行事故调查与分析的一般工作程序如下：一是了解事故

概况，听取事故情况介绍，逐步勘察事故现场，查阅并封存有关档案资料；二是确定事故调查内容；三是组织实施技术调查。必要时进行检验、试验或者鉴定；四是确定事故发生原因及责任；五是对责任者提出处理建议；六是提出预防类似事故的措施建议；七是写出事故调查报告并归档。

3）事故调查组的职责是什么？

答：事故调查组应当履行下列职责：

① 调查事故发生前设备的状况。

② 查明人员伤亡、设备损坏、现场破坏及经济损失情况（包括直接和间接经济损失）。

③ 分析事故原因（必要时应当进行技术鉴定）。

④ 查明事故的性质和相关人员的责任。

⑤ 提出对事故有关责任人员的处理建议。

⑥ 提出防止类似事故重复发生的措施。

⑦ 写出事故调查报告。

4）如何保护好事故现场？

答：保护好现场，主要应做到：

① 加强现场警戒保卫，防止故意破坏现场。禁止无关人员进入现场，进入现场人员应履行有关登记等手续。

② 为抢救人员和防止事故扩大而需要改变现场状况时，必须做好标志，绘制现场简图并写出书面记录，见证人员应签字，必要时应当对事故现场和伤亡情况录像或者拍照。妥善保存现场重要痕迹、物证。

③ 消防、救灾时做好路线、方位、位置的选择，尽量保持好现场原始状态。

④ 不得随意改变事故现场的地形、地貌，不得移动或取走现场的任何物品，不得改变现场设备、管子、管件、阀门、控制或保护装置、仪器仪表的位置、状态以及显示数字或指针的位置等。

⑤ 破裂设备的断口，如不影响事故原因分析，可以涂全损耗系统用油以保护断口不锈蚀和腐蚀。

5）简述事故报告书应包含的内容。

答：事故报告书应当包括下列部分或全部内容：

① 事故发生单位（或者业主）的一般情况。包括事故编号、单位（或者业主）名称、详细地址、邮政编码、联系人、联系电话、所有制形式、行业、主管部门、隶属关系、事故发生时间、地点、事故类别、事故资料来源等。

② 设备情况。包括设备名称、代码、型号、用途、种类、安全等级、设计单位、设计规格与参数、制造单位、制造年月、投用年月、安装单位、安装年月、检验单位、上次检验日期等。

③ 事故造成的后果。包括人员伤亡情况，经济损失情况，设备、周围建筑物及设施等损坏（害）情况。必要时应当描述事故对社会或者环境造成的重大影响。

④ 事故经过和原因分析。包括事故经过简要情况及其分析，必要时应当附事故现场示意图予以说明，事故原因综合分析和有关事故照片，技术检验、试验或者鉴定报告。

⑤ 事故责任者处理建议。事故的责任分析和对责任者的处理意见。

⑥ 事故调查组成员有不同意见时，附事故调查组成员的不同意见。

⑦ 参加事故调查的单位和人员名单（签名）。

⑧ 组织事故调查部门对事故调查报告书的意见。

6）特种设备事故原因分析主要从哪几个方面进行？

答：根据事故调查或者技术检验、试验及鉴定的情况进行原因分析。按其造成事故的关系分为直接原因、间接原因；按其造成事故的影响程度分为主要原因、次要原因。

在确定事故的直接原因、间接原因和主要原因、次要原因的同时，进一步从生产、使用、检验检测、充装、安全附件及安全保护装置等方面进行归类。

① 设计。非法设计；结构、选材、选型不合理；强度计算错误及设计技术要求不正确等。

② 制造和安装。非法制造和安装；焊接、加工、组装质量及制造、安装工艺不符合要求；材料错用或者材料质量不合格等。

③ 使用。非法使用；安全责任制及规章制度不落实，应急措施不当，应急救援预案不落实；作业人员无证上岗；违章操作、违章指挥；维护保养不良；事故隐患未消除；没有按规定进行定期检验等。

④ 维修和改造。非法维修和改造；维修、改造方案不合理；维修、改造工艺和质量不符合要求；材料用错或者质量不合格等。

⑤ 检验检测。非法检验检测；检验检测责任制不落实；检验检测方案不合理；检验检测工艺、方法及检验检测工作质量不符合要求等。

⑥ 充装。非法充装；安全责任制及规章制度不落实；作业人员无证上岗；违章操作、违章指挥；过量充装、错装、混装和超期充装；超过储存期、违章运输等。

⑦ 安全附件及安全保护装置。非法制造；不全、不灵、不可靠；安装不当或者排量计算有误；没有按规定进行定期检验、校验等。

7）事故现场调查的内容主要有哪些？

答：事故现场的调查应当收集较完整的原始客观证据，数据要准确，资料要真实。

① 事故现场检查的一般要求。仔细勘察记录各种现象，并进行必要的技术测量。记录特种设备的承压、承重部件、事故发生部位及周围设施损坏情况，要注意检查安全附件及安全保护装置等情况。

② 人员伤亡情况的调查。包括事故造成的死亡、受伤（重伤、轻伤可按 GB 6441—1986《企业职工伤亡事故分类》界定）人数及所处位置、伤亡人员性别、年龄、职业、职务，从事本职工作的年限，持证情况等。

③ 事故现场破坏情况的调查。主要包括设备损坏的状况，设备损坏导致的现场破坏情况与波及范围，拍摄现场照片，绘制现场简图，记录环境状态。如属倒塌事故，应当收集直接引起倒塌的零件、部件残件；如属爆炸事故，应当寻找爆炸源，收集设备爆炸碎片及其残余介质。

④ 设备本体及部件损坏情况的检查。主要包括部位、形状、尺寸。工作中注意保护好严重损伤部位（特别注意保护断口、爆破口），仔细检查断裂或者失效部位内外表面情况，检查有无腐蚀减薄、材料原始缺陷等；测量断裂或者失效部件的位置、方向、尺寸，绘出设备损坏位置简图；收集损坏碎片，测量碎片飞出的距离，称量飞出碎片的质量，绘制碎片形状图；对无碎片的设备，应当测量开裂位置、方向、尺寸。

⑤ 安全附件、安全保护装置、附属设备（施）损坏情况的调查。

⑥ 事故涉及的特种设备的附属设备（施）等的调查。

⑦ 事故发生过程中采取应急措施与应急救援情况的调查。

⑧ 其他需要了解情况的调查。

8）事故资料调查的主要内容有哪些？

答：调查组重点查阅以下资料：

① 特种设备的生产档案资料。特种设备结构、强度、材料的选用情况；特种设备及其安全附件、安全保护装置的制造质量情况；型式试验、安装、改造、维修质量情况，并对特种设备损坏造成的影响进行分析。

② 特种设备及其安全附件、安全保护装置定期检验情况及存在问题整改情况。

③ 安全责任制、相关管理制度、应急措施与应急救援预案的制定和执行情况；特种设备使用登记、作业人员持证情况；运行中违章作业、违章指挥或者误操作情况，运行相关记录情况，运行的参数波动等异常情况。

④ 使用单位对存在事故隐患的整改情况。

5. 压力容器及气瓶安全培训班试卷（案例）

答：压力容器及气瓶安全培训班试卷共分 A 卷和 B 卷。每种试卷有填空题、问答题两种类型。

（A 卷）

1. 填空题（每题5分）

(1) 压力容器必须同时具备下列3个条件：

1) 工作压力（p_W）≥＿＿＿＿＿＿；2) 容积（V）≥＿＿＿＿＿＿m^3并且内径≥＿＿＿＿＿＿；3) 盛装介质为气体，液化气体以及介质最高工作温度高于或者等于＿＿＿＿＿＿。

(2) 按工作压力来分，压力容器可分为：

1) ＿＿＿＿＿；2) ＿＿＿＿＿；3) ＿＿＿＿＿；4) ＿＿＿＿＿。

按生产工艺过程，压力容器可分为：

1) ＿＿＿＿＿；2) ＿＿＿＿＿；3) ＿＿＿＿＿；4) ＿＿＿＿＿。

(3) 制造压力容器的材料总的要求是＿＿＿＿＿＿和＿＿＿＿＿＿，焊接压力容器要求＿＿＿＿＿＿，腐蚀性介质压力容器要求＿＿＿＿＿＿。

(4) 气瓶属于一种＿＿＿＿＿＿压力容器，它是指设计压力为＿＿＿＿＿＿、容积＿＿＿＿＿＿的盛装压缩空气和液化气体的钢质气瓶。

(5) 气瓶的瓶帽主要用于＿＿＿＿＿＿，为防止瓶帽承受压力，瓶帽上开有＿＿＿＿＿＿。

(6) 压力容器常见破坏形式有＿＿＿＿＿＿；＿＿＿＿＿＿；＿＿＿＿＿＿；＿＿＿＿＿＿；和＿＿＿＿＿＿。

(7) 气瓶一般不得靠近＿＿＿＿＿＿，可燃、助燃性气体气瓶与明火应保持＿＿＿＿＿m以上的距离。

(8) 乙炔瓶肩部至少应设置一个＿＿＿＿＿＿，＿＿＿＿＿＿的熔点为＿＿＿＿＿＿℃。

(9) 压力容器在生产过程中操作人员要严格控制＿＿＿＿＿＿，严禁＿＿＿＿＿＿运行。

(10) 根据锅炉压力容器的损坏程度可分为＿＿＿＿＿＿事故、＿＿＿＿＿＿事故和＿＿＿＿＿＿事故；当锅炉压力容器发生＿＿＿＿＿＿以至造成＿＿＿＿＿＿事故的单位，应立即向主管部门和当地特种设备安全监察部门报告并组织联合调查。

2. 问答题（每题10分）

(1) 气瓶库有什么安全要求？

(2) 压力容器安全操作规程有哪些内容？

(3) 压力容器外部检查的要求是什么？

(4) 试述压力容器焊缝的表面质量要求。

(5) 气瓶水压试验有什么要求？

（B卷）

1. 填空题（每题5分）

（1）乙炔瓶至少__________进行一次技术检验，检验项目应包括有：__________、__________、__________、__________等。

（2）气瓶水压试验时，首先将气瓶灌满水后，要排除__________，环境温度与水温差不低于__________，操作人员与试验气瓶应设置__________。

（3）气瓶经技术检验后，当气瓶壁有__________、__________或__________的应作报废处理。

（4）压力容器的焊接工作必须由经__________担任。

（5）__________瓶与__________气瓶充装时，未辨别或辨别后未严格清洗，以致可能产生燃烧爆炸的混合气体导致气瓶的爆炸。

（6）压力容器维修要求中，特别强调提出：不得在压力容器上任意__________；检修中要制定正确的__________，检修后要进行必要的__________和彻底的__________。

（7）按工作压力来规定：

低压容器的工作压力范围：__________；

中压容器的工作压力范围：__________；

高压容器的工作压力范围：__________；

超高压容器的工作压力范围：__________。

（8）压力容器的定期检验一般可分为__________、__________和__________。

（9）对盛装易燃易爆、有毒介质的压力容器进行技术检验前，要进行__________、__________、__________、__________等措施。

（10）一般计算氧气瓶内氧气的储存量时，只需将__________。

2. 问答题（每题10分）

（1）TSG 21—2016《固定式压力容器安全技术监察规程》如何把压力容器分为一类、二类、三类容器的？

（2）制造压力容器的材料一般要满足哪些要求？

（3）乙炔瓶的附件有哪些安全要求？

（4）气瓶在使用、运输和贮存有什么要求？

（5）压力容器无损检验有哪几种方法？

6. 乙炔气焊专业操作人员安全培训班试卷（案例）

答：乙炔气焊专业操作人员安全培训班试卷共分A卷和B卷，每种试卷有填空题、问答题两种类型。

(A卷)

1. 填空题（每题5分）

(1) 乙炔是一种________的气体，它的分子式是________，乙炔也是一种________化合物。

(2) 电石的分子式是________，又名________。

(3) 乙炔气瓶瓶体的表面温度不应超过________。

(4) 乙炔气体使用不应遭受剧烈的________或________。

(5) 输送中压乙炔气体一般应采用________钢管，它的管边之间连接一般要采用________的方法。

(6) 乙炔回火防止器是________小型安全装置。

(7) 电石是属于________品，在________、________、________过程中，都必须要特别注意________。

(8) 只要空气中含有________的乙炔，遇到________、________时，就有可能会发生爆炸。

(9) 电石在水中分解速度与其________、________、________、________等有密切关系，其中以________影响较大。

(10) 乙炔气瓶工作时应直立放置，卧放会使________，这是非常危险的。

2. 问答题（每题10分）

(1) 写出乙炔完全燃烧（氧化）反应方程式。

(2) 写出电石与水作用反应方程式。

(3) 乙炔压力表的用途是什么？

(4) 卸压孔的作用是什么？

(5) 试述乙炔使用中（气焊、气割）的安全技术。

(B卷)

1. 填空题（每题5分）

(1) 目前中小型企业生产使用乙炔不多，一般可选用________气瓶。

(2) 乙炔爆炸特性大致可分成：________的爆炸性；________的爆炸性；________的爆炸性。

(3) 乙炔气瓶使用必须装设专用的乙炔________和乙炔________。

(4) 乙炔瓶放置地点，不得靠近热源，与明火距离不得小于________。

(5) 乙炔气瓶工作时应直立放置，卧放会使________，这是非常危险的。

(6) 乙炔阀门宜用________，不用________在一般情况下，允许采用________的部件。

(7) 乙炔操作中发生火灾，应用________灭火机，严禁用________或________，也可用________作为辅助消火物。

(8) 干式回火防止器是用__________片或____________________片来起阻止回火作用的。

(9) 在气割、气焊中，当__________速度大于__________速度，就会产生回火。

(10) 在乙炔瓶使用过程中，发现泄漏要____________________，严禁在________________。

2. 问答题（每题10分）

(1) 乙炔气瓶严禁用尽，留有剩余压力有何要求？

(2) 使用乙炔气瓶有什么优点？要注意哪些安全事项？

(3) 写出电石与水作用反应方程式？

(4) 什么叫乙炔回火防止器？它能起到什么安全作用？

(5) 乙炔压力表安全使用有何要求？

参考文献

[1] 洪孝安，杨申仲．设备管理与维修工作手册［M］．修订版．长沙：湖南科学技术出版社，2007.

[2] 质检总局关于2015年全国特种设备安全状况情况的通报［J］．中国特种设备安全，2016（4）：15-16.

[3] 杨申仲，等．现代设备管理［M］．北京：机械工业出版社，2012.

[4] 杨申仲，李秀中，杨炜．特种设备管理与事故应急预案［M］．北京：机械工业出版社，2013.

[5] 梅应虎，张东辉，孙树惠．奥氏体不锈钢压力容器的制造特点［J］．压力容器，2016（4）：65-69.

[6] 赵荣宾，赵齐欢．蒸压釜齿圈的合理设计与制造工艺简析［J］．特种设备安全技术，2008(2)：40-42.

[7] 邓红星．压力容器安装监督检验的探讨［J］．特种设备安全技术，2008(5)：38-40.

[8] 杨书宝．董哲．400m^3 液氨球罐裂纹成因分析及处理措施［J］．特种设备安全技术，2008(3)：51-52.

[9] 陈通林．由一起空气加压氧舱火灾事故谈定期检验的重点［J］．特种设备安全技术，2008(1)：48-50.

[10] 牛庆伟，卞卫国，高压白油加氢装置换热器Ω环泄漏的修复［J］．中国特种设备安全，2007，24(6)：48-50.

[11] 王启文．低温液体贮槽安全使用［J］．中国特种设备安全，2007，24(7)：51-52.

[12] 冯辉．浅谈锅炉压力容器的应力腐蚀破裂［J］．特种设备安全技术，2007(6)：61-62.

[13] 冯小康，谢袁飞．液化石油气储罐防超温控制系统设备［J］．特种设备安全技术，2007(8)：54-56.

[14] 朱省初，郭新建，赵立凡，等．在用压力容器安全阀密封性能可靠性分析［J］．中国特种设备安全，2007（8）：48-51.

[15] 朱宽龙．烃泵出口压力表损坏的原因及防范对策［J］．特种设备安全技术，2008(8)：61-63.

[16] 吴青．一起换热器压力试验泄漏问题的分析［J］．特种设备安全技术，2008(2)：41-43.

[17] 谢教忠．一台蒸压釜爆炸原因分析［J］．特种设备安全技术，2008(2)：48-51.

[18] 仇彬. 制冷装置中压力容器的耐压试验 [J]. 特种设备安全技术，2008(2)：59-61.
[19] 周运武. 氧气瓶爆炸原因分析 [J]. 特种设备安全技术，2007(5)：54-55.
[20] 宋相承. 浅谈关于建立特种设备责任保险制度 [J]. 中国特种设备安全，2014 (12)：41-43.
[21] 戚月娣，叶亮，施鸿均，等. 特种设备法规标准论坛 [J]. 中国特种设备安全，2017 (1)：19-20.
[22] 王雯雯，业成，夏志敏，等. 特种设备制造企业产品资料管理系统的设计及应用 [J]. 中国特种设备安全，2014 (10)：21-24.
[23] 李建国. 321，347 不锈钢焊接接头的焊后热处理 [J]. 压力容器，2016 (8)：71-74.
[24] 李志敏，曾永忠，戴建红.《压力容器监督检验规则》实施中的问题与对策 [J]. 特种设备安全技术，2015 (1)：24-26.
[25] 邹晖华，祝学军，冯涛. 机电类《特种设备目录》2014 修改版的变动分析 [J]. 特种设备安全技术，2014 (6)：27-29.